数据分析从Excel到Power BI

Power BI商业数据分析思维、技术与实践

张煜◎编著

内 容 简 介

本书以 Power BI 数据分析软件为平台，将企业实际工作需求作为出发点，分别从思维、技术、实践这三个方面，全面系统地讲解和分享了 Power BI 在企业日常数据分析场景的运用思维、实操技能及综合管理应用的思路。

本书分为三大部分。第 1 篇（第 1 ～ 4 章）以循序渐进的方式介绍企业数据分析的基本流程、常见模型及应用案例。第 2 篇（第 5 ～ 8 章）主要介绍和讲解了企业数据分析人员必知必会的 Power BI 工具的操作技能、应用技巧及经验，内容包括各种实用工具的使用技能、常见问题的解决方法，以及各类函数和各种图表的作用及具体运用方法。这部分知识可帮助商业数据分析人员精进、精通 Power BI 的核心技术。第 3 篇（第 9 ～ 10 章）则是主要介绍如何通过 Power BI 来制作数据分析报表，并结合常见的应用案例，综合前面篇章所讲的各种技能，讲解 Power BI 在企业日常数据分析工作中的实践应用，同时向读者分享数据报表的管理思路与应用经验。

全书内容循序渐进，由浅入深，案例丰富翔实，既适合数据分析从业人员提高 Power BI 技能水平，积累和丰富实战工作经验，也适合基础薄弱的初学者快速掌握 Power BI 技能，还可作为培训机构、各职业院校的教学参考用书。

图书在版编目(CIP)数据

数据分析从Excel到Power BI：Power BI商业数据分析思维、技术与实践 / 张煜编著. — 北京：北京大学出版社，2021.5
ISBN 978-7-301-32142-3

Ⅰ. ①数… Ⅱ. ①张… Ⅲ. ①可视化软件－数据分析 Ⅳ. ①TP317.3

中国版本图书馆CIP数据核字(2021)第069449号

书　　名　数据分析从Excel到Power BI：Power BI商业数据分析思维、技术与实践
SHUJU FENXI CONG EXCEL DAO POWER BI：POWER BI SHANGYE SHUJU FENXI SIWEI、JISHU YU SHIJIAN
著作责任者　张　煜　编著
责任编辑　张云静　吴秀川
标准书号　ISBN 978-7-301-32142-3
出版发行　北京大学出版社
地　　址　北京市海淀区成府路205 号　100871
网　　址　http://www.pup.cn　新浪微博：@ 北京大学出版社
电子信箱　pup7@ pup.cn
电　　话　邮购部010-62752015　发行部010-62750672　编辑部010-62580653
印 刷 者　北京宏伟双华印刷有限公司
经 销 者　新华书店
787毫米×1092毫米　16开本　19.75印张　448千字
2021年5月第1版　2021年5月第1次印刷
印　　数　1-4000册
定　　价　99.00 元

前言

FOREWORD

企业要想决策好，数据分析少不了

为什么写这本书？

在当前科技信息时代，大数据的商业价值显得格外重要。当下越来越多的企业开始注重挖掘数据信息的商业价值，并从企业长远发展角度出发，不断加大资源投入数据分析领域，力求从多方面收集、整理、分析企业内外部数据信息，从而帮助企业制订发展战略，解决企业运营中面临的各种问题。

商业数据分析之所以变得如此重要，是因为很多企业在进行战略决策制订时，开始越来越多地依仗数据分析预测的结果，而不再是单纯地依靠管理层经验。

在众多的数据分析工具中，Power BI 是微软在商业智能数据分析方面的一个划时代产品。它不仅提供了强大的数据分析和计算引擎，同时兼顾了易用性特点，只要用户具有 Excel 使用经验，学习 Power BI 数据分析就能轻松上手、水到渠成。

遗憾的是，Power BI 作为近几年新兴的分析工具，它强大的数据可视化功能并没有被广泛地挖掘和利用起来。能用 Power BI 制作出专业商务图表效果的人很少，大部分人只掌握了 Power BI 中最基础的图表制作技能，而不太擅长用 Power BI 中的其他功能制作出专业的商务图表。我们做教育培训、图书出版十余年，深知 Power BI 数据分析的便捷性和图表制作功能的强大。本书的终极目的不在于大而全地介绍软件，而是深刻剖析专业图表制作工具的相关功能，结合实例，将可行、实用、接地气的制作方法手把手传授给读者。

这本书的特点是什么？

（1）本书杜绝出现读者难以理解的高深理论。数据分析和可视化展示是一门带点艺术性的数据处理学问，但是学了不能用到工作、生活中，不能解决实际问题，等于零。本书将深奥的概念化为直白的语言，有些内容的安排旨在打破读者对商业数据分析的局限思维，从思维层面告诉读者，原来数据分析还可以转换到这个角度来进行。本书中的案例多是结合行业中触手可及的例子进行讲解，力求让读者看得懂、学得会、用得上。

（2）本书既传授心法又传授技巧，注重“知行合一”。根据“数据整理→数据分析→数据呈现”的业务处理逻辑，本书梳理了数据分析的全过程，并提供了一个数据呈现所遵循的数据可视化原理与实用方法的参考指南，以此来帮助大家有效利用 Power BI 完成专业的数据分析和可视化应用。

（3）本书内容在精不在多。Power BI 中的数据计算公式和图表制作具有很多操作技巧，如果要全面讲解，五六百页都写不完。书中内容遵循“二八定律”，将有关 Power BI 数据分析和可视化的所有原理及基本操作技法都传授给读者，再精心挑选 Power BI 中 20% 最常用的数据分析技巧进行讲解，可以帮助读者解决工作、生活中 80% 的常见数据分析问题。

（4）根据心理学大师研究出来的学习方法得知，有效的学习需要配合及时的练习。为了检验读者的学习效果，本书提供了 29 个“高手自测”题，并提供了参考答案。

（5）Power BI 工具有很强的扩展性，本书还介绍了 4 个对数据可视化有帮助的第三方插件，借以帮助读者获取更多的数据可视化技巧。

这本书写了些什么？

本书知识内容安排如下图所示。

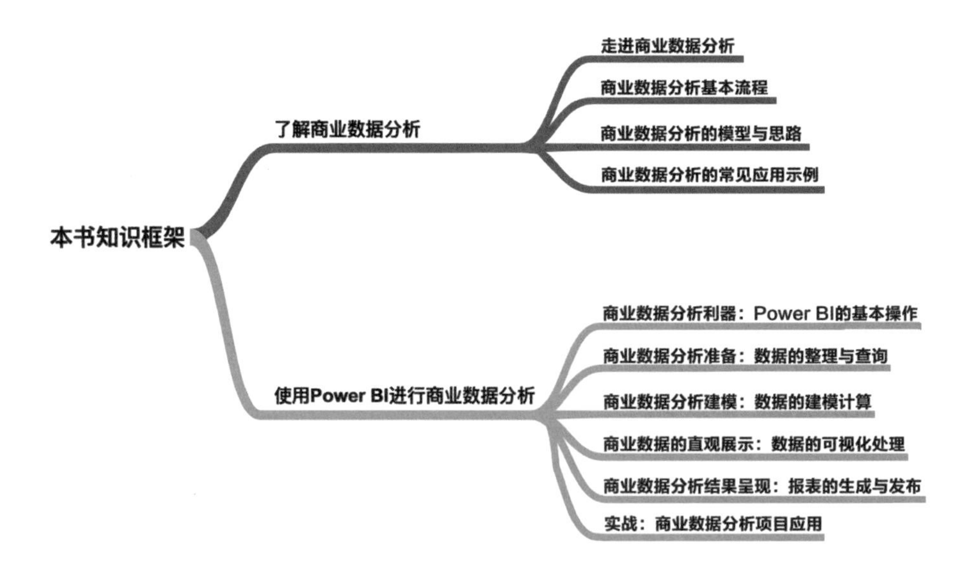

读者能通过这本书学到什么？

（1）为何要进行商业数据分析：只有了解清楚何为商业数据分析、商业数据分析的目的是什么，才能制作出让老板满意的商业数据分析报表。

（2）如何才能成为一名合格的商业数据分析师：我们每天都在接触商业数据，需要清楚哪些是核心数据，哪些是补充说明数据，应该从哪些方面去评判，又应该从哪些方面去下功夫改善商业报表的专业度。

（3）掌握商业数据分析的基本流程和所用模型：常规的商业数据分析开展方式都有一个基本流程，按照这个流程中必要的步骤一步一步来展开，并选用合适的分析模型，就能保证生成的数据分析报表最有价值。

（4）Power BI 中的基本操作技巧：Power BI 中提供了上千种数据分析功能，只要掌握常用必备的工具就可以更高效地对日常中的大部分数据进行解析。

（5）使用 Power BI 对原始数据进行修正：向 Power BI 加载数据有 3 种方法，选择和使用合适的方法可以让分析工作变得更加便捷。本书还专门列举了对原始数据中的信息进行修正，以及添加补充信息来对数据进行说明的方法。

（6）数据查询语言 M：使用 Power BI 进行数据分析离不开数据查询语言，本书讲解了 M 数据查询语言的基本构成、使用方法和进行排错的相关技能。

（7）数据分析表达式 DAX：数据分析表达式 DAX 与数据查询语言 M 的区别在哪里，与 Excel 中的函数又有哪些不同？如何使用函数对数据进行计算？常见的几类 DAX 函数应该如何使用？有哪些注意事项？学完本书之后读者就明白了。

（8）Power BI 中的视觉对象：Power BI 中的视觉对象有好几类，掌握它们的选择和使用方法，以及对视觉对象进行配置的技巧，才能让最终呈现的可视化效果更专业。

（9）创建 Power BI 数据分析报表：数据分析报表有几种常见格式，需要了解它们分别适用于哪些场景，应该如何选择和使用。

（10）对 Power BI 数据分析报表进行管理：数据分析报表的内容一般涉及的信息很全面，也具有一定的商业保密性。所以，针对不同的查阅者，可以查看的信息应该有一定的范围，这就要求对 Power BI 报表设置权限，实现不同的用户看到不同的报表信息效果等。这需要在 Power BI 中进行相应的设置，还应掌握将 Power BI 数据分析报表共享给他人的技巧。

有什么阅读技巧或者注意事项吗？

（1）适用软件版本。笔者推荐使用微软官方网站上发布的最新版本。微软每个月会在官网上发布一次 Power BI 更新包供用户免费下载使用。新版本的 Power BI 桌面应用可以打开老版本创建的数据报表。

（2）由于 Power BI 更新比较频繁，可能出现新版本中界面功能按键的名称、样式和布局发生了些微小变化，与本书中的截图稍有不符，希望读者能多包涵。

（3）高手自测。本书每个小节均有一道测试题，建议读者根据题目回顾小节内容，进行思考后动手写出答案，最后再查看参考答案。

除了书，还能得到什么？

（1）本书同步的素材文件，方便读者学习和操作使用。相关素材都在“学习文件夹”中对应的章节里。

（2）赠送：10 小时的《Excel 2016 完全自学教程》视频教程。

（3）赠送：10 招精通超级时间整理术视频教程。

（4）赠送：5 分钟学会番茄工作法视频教程。

温馨提示：以上资源，请用手机微信扫描下方任意二维码关注公众号，输入代码 e2058B，获取下载地址及密码。

本书由凤凰高新教育策划并组织编写。在本书的编写过程中，作者竭尽所能地为您呈现最好、最全的实用功能，但仍难免有疏漏和不妥之处，敬请广大读者不吝指正。

Chapter 01 走进商业数据分析

Chapter 02 商业数据分析基本流程

Chapter 03 商业数据分析的模型与思路

Chapter 04 商业数据分析的常见应用示例

Chapter 05 商业数据分析利器：Power BI 的基本操作

Chapter 06 商业数据分析准备：数据的整理与查询

Chapter 07 商业数据分析建模：数据的建模计算

Chapter 08 商业数据的直观展示：数据的可视化处理

Chapter 09 商业数据分析结果呈现：报表的生成与发布

Chapter 10 实战：商业数据分析项目应用

走进商业数据分析

在当前信息化时代，越来越多的企业开始注重挖掘数据信息所能带来的商业价值，并从企业长远发展角度出发，不断加大资源投入数据分析领域，力求从多方面收集、整理、分析企业内外部数据信息，从而帮助企业制订发展战略，解决企业运营中面临的各种问题。

伴随着企业内决策层对数据分析需求的空前高涨，越来越多的企业部门都参与到了数据分析工作当中。例如，早期企业的财务部门对财务人员的要求多偏向于其在记账、核算、审计等方面的能力。但是近些年，随着财务部门更偏重挖掘财务数据背后的企业运营能力及产品市场变化，越来越多的财务从业人员发现只有具备基础的数据分析能力才能完成日常工作，才有晋升高层管理人员的可能。

因此，了解什么是商业数据分析、明白商业数据分析的基本方法，并且会使用一两种常见的数据分析软件，无疑会对今后的职业发展起到良好的推动作用。本章主要介绍商业数据分析的相关基本信息，以及从事商业数据分析工作所需的基本技能。

请带着下面的问题走进本章：

（1）什么是商业数据分析？

（2）企业为什么要借助数据分析结果解决运营中面临的问题？

（3）商业数据从何入手？

（4）商业数据分析师主要责任是什么？

（5）如何成为一名商业数据分析师？

1.1 什么是商业数据分析

数据分析有很多方向层面，根据项目发起的主体不同，其分析目的和意义也不尽相同。

例如，由高校或科研单位发起的数据分析项目，多是为了寻找或验证某一理论假设，从而解决相应的科学问题。这类数据分析对源数据的严谨性、准确性、时效性等都有很高的要求，并且在数据分析中使用的算法和模型也更加复杂，对数据分析人员的统计学知识和计算机操作能力的要求自然也更高。

而由企业主导的数据分析则有很明显的“逐利性”，其分析目的最终基本都会落在“如何帮助企业提高利润”这一主题上。因此，商业数据分析要求其从业人员对企业的商业运作规律有较好的理解，可以快速定位到所要解决的问题，能从大量的企业数据中提取关键信息来建立可靠的数据分析模型。

1.1.1 老板为什么要商业数据分析报告

如图 1-1 所示，罗致恒富公司曾在一次财务论坛上对与会的 2100 多名 CFO（首席财务官）进行过一项问卷调查，让每个人评定其对财务工作者数据分析能力的要求，结果超过 60% 的 CFO 认为从事财务工作岗位的人员需要具备数据分析能力。此外，在老板眼中，很多岗位的职员具备数据分析能力已经从技能亮点转变成必要条件了。

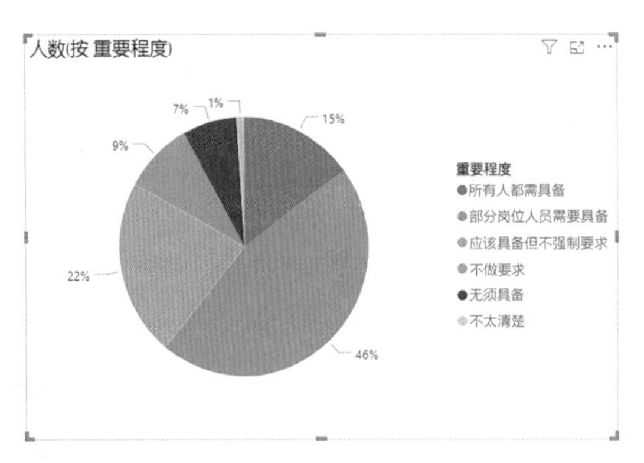

▲图 1-1

商业数据分析之所以变得如此重要，是因为很多企业在进行战略决策制订时，开始越来越多地依仗数据分析预测的结果，而不再是单纯地依靠管理层经验。

例如，当查找什么原因导致公司西南地区的销售额比去年下跌了 15% 时，如果没有相应的数据分析报告，各部门只能根据经验列举出产生该问题的可能原因。如由于某核心销售人员离职，或者竞争对手进行了大规模促销推广，又或者某批次产品返修率太高导致公司产品口碑变差等。虽然这些猜测信息都是依据实际发生事件提出的，但无法评估某个事件对销售额产生的负面影响具体有多少。因此管理层很难仅凭这些信息做出正确的战略调整。

如果有根据各部门提供的信息汇总生成的销售数据分析报告，就可以大致评估出每个事件对销售额产生的影响。这样，管理层就可以借助这些数据快速地找到引起销售额下降的关键因素，从而制订改进计划。同时，凭借往期的历史数据信息还能预测未来的销售情况，帮助管理层及时发现潜在问题，从而调整运营策略，以尽量避免同类事件再度发生。

商业应用研究中心（Business Application Research Center）做过一次调查，如图 1-2 所示，是企业投入资源进行商业数据分析主要想达到的 4 个方面目的的占比。

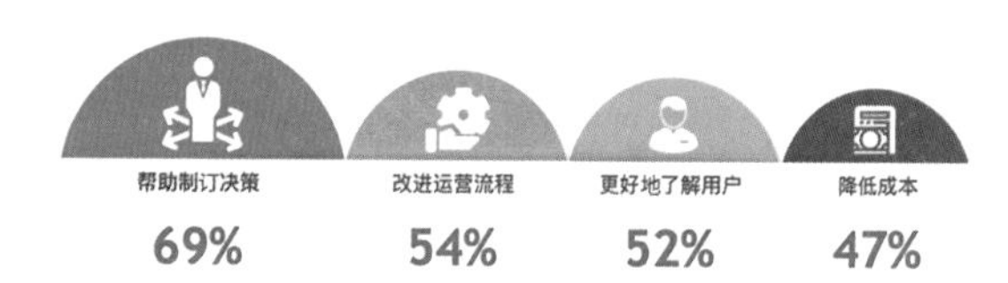

▲图 1-2

1. 帮助制订决策

商业数据分析应该能帮助管理层分析当前企业运营的基本情况，以及目标客户群体特征，评估当前企业提供产品服务的优缺点，计算出企业各项支出和收益，从而帮助企业制订决策以获取最大利润和最高效率。

如图 1-3 所示，根据调查，对于快餐行业来说，消费者通常都会关注其在餐厅内排队取餐等待的时间，无论是排队时间过长还是餐品制作耗时较久，都会对消费者用餐体验产生负面影响，进而影响销售收入。要解决这一问题，老板们通常都期盼有这样一套数据分析模型，可以根据历史销售数据预估出每日高峰客流量出现的时间段及点餐率最高的菜品，从而帮助他们制订出最优的员工工作安排及相应的食材采购配比。

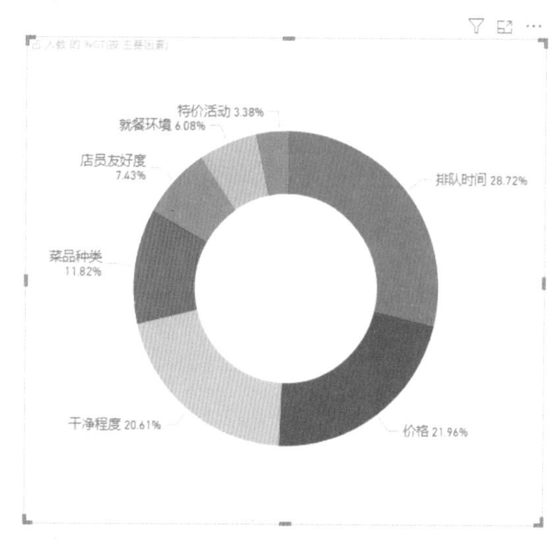

▲图 1-3

此外，当排队就餐人数过多时，模型应该能计算出哪几样菜品的制作时间最短，这样餐厅可以对这些菜品进行重点推广，从而引导消费者优先选择此类菜品进行购买，以减少等待时间。当排队就餐人数较少时，模型还应该能分析出哪些菜品的利润率最高，从而提示餐厅向消费者推荐购买这几样菜品以便获得最大利润。

2. 改进运营流程

通过创建数据分析模型，企业可以对关键运营数据进行监控，设置警戒点并预测其发展走势。当某项运行指标发生异常时，企业可以第一时间获知情况并着手进行应对，从而降低运营风险。

例如，对于医疗机构来说，如何提高就诊率，降低运营成本，一直以来都是管理层重点关注的问题。如图 1-4 所示，通过引入 BI 系统来创建数据分析模型，能帮助管理层实现对当

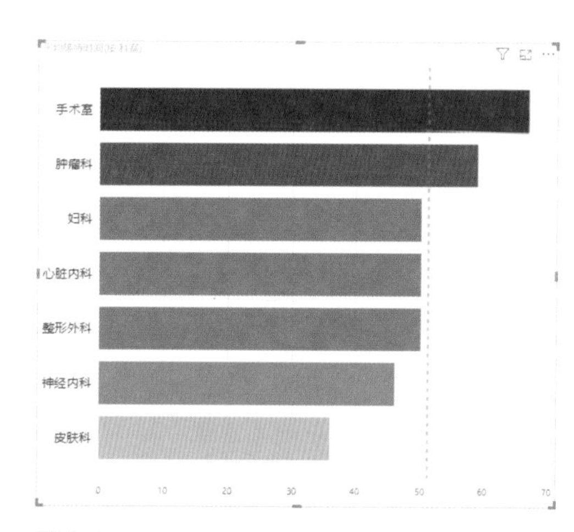

▲图 1-4

前医疗信息的实时监控，及时反馈各个医疗区运行状态，能对核心医疗资源数据进行汇总分析，对潜在的超负荷运转部门发出警示，从而帮助管理人员及时调整运营策略，以提升工作效率。

3. 更好地了解用户

企业能否持续发展的一个关键因素，在于其是否可以不断更新产品和服务来满足用户不断变化的需求。通过收集用户的消费、使用、反馈等相关信息，可以创建数据模型，帮助分析人员深入了解用户行为习惯，从而发现潜在的市场需求，以提升企业的产品竞争力和服务能力。

例如，对于租赁服务类行业，客户续租率一直是影响企业营业额的一个关键因素。如图 1-5 所示，通过对用户续租情况进行数据分析，能帮助企业了解其产品对客户的吸引力大小，找到有哪些因素会影响客户续订公司产品和服务，并能计算出不同因素对客户续租率影响的大小，从而帮助企业快速制订出提升续租率的方法。

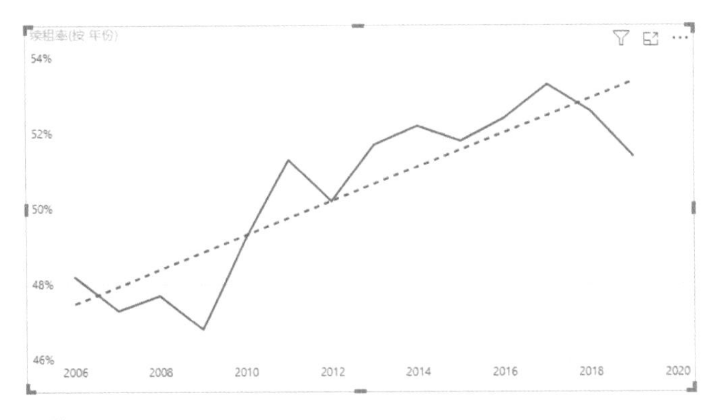

▲图 1-5

进一步，对于影响续租率的关键因素，数据模型还应该能根据企业当前情况分析出要改善或解决该问题需要投入多少资源，并以此预估出续租率增长幅度，从而帮助企业计算投入产出比，以决定是否应该去解决这类用户反馈的问题。

4. 降低成本

降低成本一直是企业日常运营管理中的一项主要任务。创建数据模型对企业各项运营成本进行分析，可以帮助企业找出最优的原材料消耗比重，计算出合理的设备利用率，发现影响产品成本的主要因素，找到提高劳动生产率的可行性方法等。

例如，对于保险行业来说，与保险欺诈的斗争永无止境，如何能在众多理赔申请中快速定位可疑目标，一直是保险欺诈管理中的一项主要内容。通过大数据分析并结合机器学习技术，保险企业可以创建出一套分析系统，定义测量点，然后对每个理赔申请进行欺诈性评分，自动筛选出高危保单，从而降低人工初审的工作量，以节约资源成本。

因此，无论是从事产品、市场、运营、售后等对外业务，还是做项目、人力、维护等对内管理，如果想提升自身能力水平，提高业务管理能力，就需要对数据分析理念有基本的了解，掌握一定的数据分析方法，从而能将收集到的信息进行分析汇总，创建可视化数据分析报告来帮助解决工作中遇到的问题。

1.1.2 谁才是商业数据分析的对象

在搞清楚老板们为什么要开展商业数据分析工作后，接下来需要弄明白如何确定商业分析对象。只有确定了分析对象，才能根据需求来着手开展相关的数据收集工作，之后才能确定分析角度，进行数据建模，从而获取所需的结果。

通常情况下，企业进行商业数据分析是从某个问题出发，涉及的对象主要有 4 个方面，如图 1-6 所示。

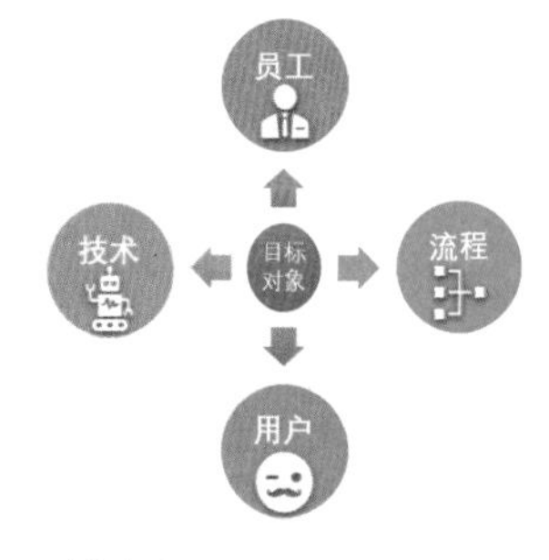

▲图 1-6

1. 员工

企业内开展的很多数据分析都是针对内部员工，主要目的是评定个人工作绩效及计算人力资源管理成本，多数由人力资源部门发起，其他部门协助参与。

对于企业来说，收集员工日常行为数据相对比较容易，可控性较好，时效性较高，可以根据分析需要灵活进行采集。因此，针对企业员工进行的数据分析比较容易展开，分析使用的数据源可靠性较高，数据量较少，计算模型相对简单并且容易获取分析结果。

例如，企业制订年度培训计划之前会让人力资源部门进行调查，了解每个部门对培训的需求情况，以便更加合理地针对不同部门制订相应的培训计划方案，如图 1-7 所示。

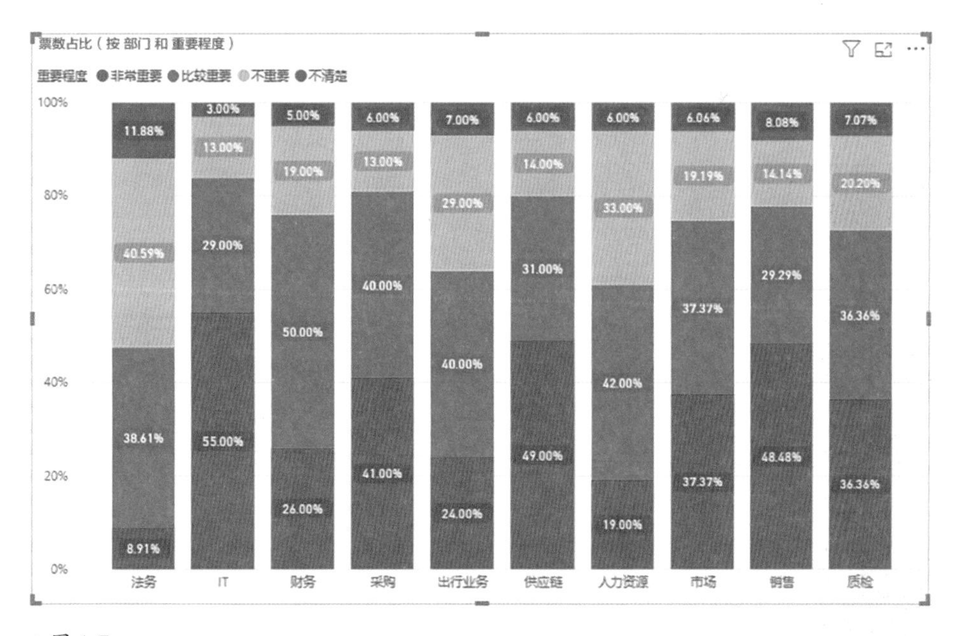

▲图 1-7

2. 技术

为了保证产品拥有持续的竞争力，很多企业每隔一段时间就会对其使用的开发技术进行阶段性评估，以确保其产品能满足市场需求。技术评估主要由相关主管部门发起，并由多个部门协助完成。为了提高评估的准确性，所使用的评估数据应该由企业内部数据和行业外部数据合并构成。内部数据作为主要分析源来解析使用，外部数据可作为对比参考，以保证数据模型的分析结果尽可能真实、全面地反映当前所面临的技术问题，从而帮助企业进行技术改进。

▲图 1-8

例如，汽车厂商在开发新能源车之前会对市场进行调查，获取类似图 1-8 所示的市场分析报告，以便对当前新能源汽车市场情况进行深入了解，从而制订相应的发展战略。

3. 流程

企业内部使用的各项规章流程也应定期进行分析评估，以便适时调整，从而达到提高工作效率、减少不必要开销等目的。通常情况下，更改企业流程会涉及多个部门，每个部门诉求点可能不尽相同。因此，在进行数据信息收集工作时应尽可能从多个角度出发，覆盖每个流程环节，确保不缺失关键数据。同时，在建模分析时也应针对不同部门的业务特点来展开，从而确保数据结果能全方位真实地反映当前流程状况。

例如，当企业新上了一套邮件管理系统后，会创建一个类似图 1-9 所示的报表来跟踪该系统的使用情况，以此评估新系统能为企业员工提高工作效率带来多大帮助，进而分析该笔投资所能带来的回报价值。

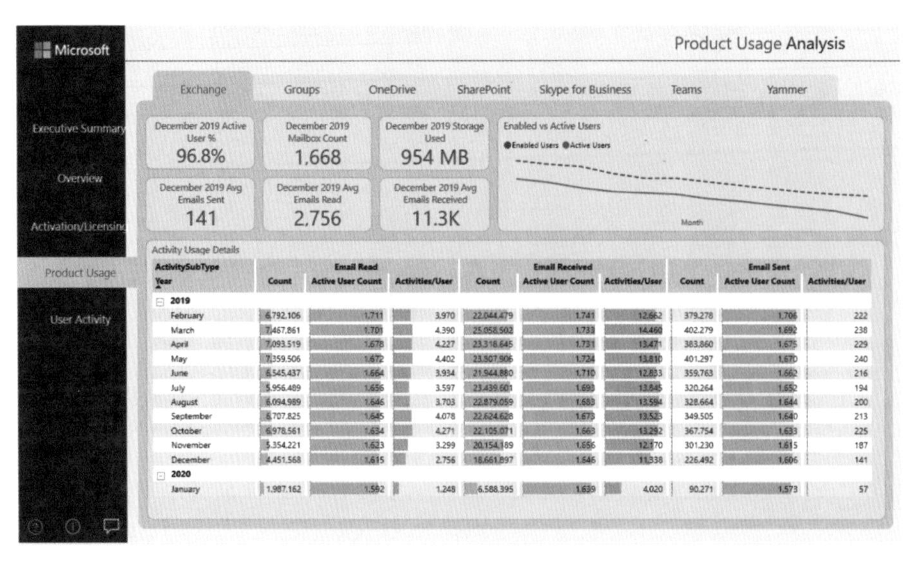

▲图 1-9

4. 用户

用户分析多由企业内的市场、产品、推广等部门发起，主要目的是通过收集用户相关行为数据来创建分析模型，对用户进行解析，获知其主要需求，发现潜在市场，并以此为依据来更新产品和服务，从而扩大销售、获得更高的利润。但用户分析存在一大难点，即如何获得可靠的用户数据。如果数据源不可靠，会导致后续的建模结果存在偏差，进而对管理层制订决策产生误导。因此，在进行用户分析时，需要投入更多的精力在用户信息整理上，以便获取可靠的建模数据。

图 1-10 显示了一份客户投诉问卷调查结果，该数据信息可以帮助企业有针对性地解决客户关心的问题，从而在一定程度上帮助企业提高营业额，获得更多利润。

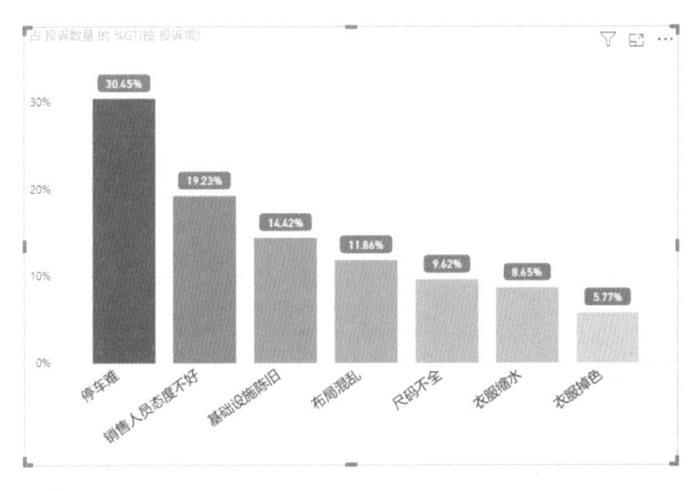

▲图 1-10

由此可见，在商业数据分析中，根据不同的分析对象能采取的分析手段和方式也不尽相同。因此，当有需要进行商业数据分析时，一定要先搞清楚分析的对象，明确分析目标，这样才能确保后续的数据收集和建模工作有明确的方向，得出对管理层有益的分析结果。

1.1.3 什么样的分析报告能获得老板的青睐

一份好的数据分析报告一定是能帮助老板解决其面临的实际问题的，能从各个角度对实际情况进行深入分析，减少人为主观层面的误判错误，能根据往期历史信息挖掘事件规律并建立预测系统，能基于现有条件给出最优解决方案，从而帮助企业提高生产效率和利润率，降低运营成本，挖掘新的市场需求。

通常情况下，如图 1-11 所示，一份好的数据分析报告应该包括以下内容。

▲图 1-11

1. 问题解析

在编写商业数据分析报告或进行商业数据分析演示时，首先应该对所要分析的商业问题进行概括性讲解说明。主要介绍分析报告的主题对象、涉及的目标元素及报告使用群体等相关因素。相关信息说明应该尽量简洁明了，从而使读者或听众能快速获知进行当前数据分析的意义。

以麦肯锡发布的 *Digital India：Technology to transform a connected nation* 报告为例，如图 1-12 所示，这份商业分析报告在第一部分对当前印度所面临的经济形势及数字技术发展情况进行了阐述，介绍了当前报告的关注点和所要分析的问题，帮助读者快速地了解这份报告所关注的主题内容。

2. 数据说明

除了介绍分析报告中涉及的核心商业问题外，还需简要说明针对该问题都使用了哪些数据信息用于建模分析。数据的收集、整理和加工过程不必深入讲解，但应该让读者或听众能了解收集这些数据信息的目的、作用及信息的可靠程度，以便其能评估后续分析报告结果的应用价值。

如图 1-13 所示，在麦肯锡发布的这份报告中，最后有专门一部分内容对报告基于的数据情况进行了简单说明，介绍了数据来源和采集方向，为报表中得出的分析观点和角度提供了有力的支撑。

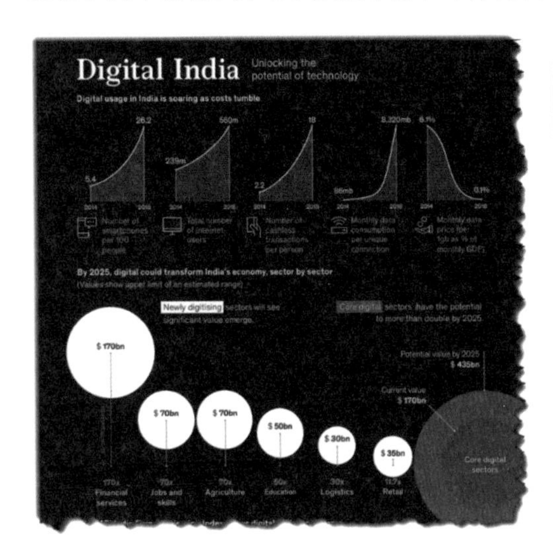

▲图 1-12

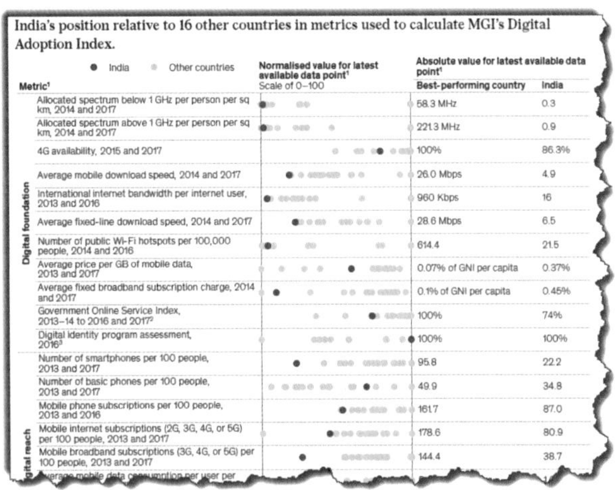

India's position relative to 16 other countries in metrics used to calculate MGI's Digital Adoption Index.

● India ● Other countries

	Metric[1]	Normalised value for latest available data point[1] Scale of 0–100	Absolute value for latest available data point[1] Best-performing country	India
Digital foundation	Allocated spectrum below 1 GHz per person per sq km, 2014 and 2017		58.3 MHz	0.3
	Allocated spectrum above 1 GHz per person per sq km, 2014 and 2017		221.3 MHz	0.9
	4G availability, 2015 and 2017		100%	86.3%
	Average mobile download speed, 2014 and 2017		26.0 Mbps	4.9
	International internet bandwidth per internet user, 2013 and 2016		960 Kbps	16
	Average fixed-line download speed, 2014 and 2017		28.6 Mbps	6.5
	Number of public Wi-Fi hotspots per 100,000 people, 2014 and 2016		614.4	21.5
	Average price per GB of mobile data, 2013 and 2017		0.07% of GNI per capita	0.37%
	Average fixed broadband subscription charge, 2014 and 2017		0.1% of GNI per capita	0.45%
	Government Online Service Index, 2013–14 to 2016 and 2017[2]		100%	74%
	Digital identity program assessment, 2016[3]		100%	100%
Digital reach	Number of smartphones per 100 people, 2013 and 2017		95.8	22.2
	Number of basic phones per 100 people, 2013 and 2017		49.9	34.8
	Mobile phone subscriptions per 100 people, 2013 and 2016		161.7	87.0
	Mobile internet subscriptions (2G, 3G, 4G, or 5G) per 100 people, 2013 and 2017		178.6	80.9
	Mobile broadband subscriptions (3G, 4G, or 5G) per 100 people, 2013 and 2017		144.4	38.7

▲图 1-13

3. 探索性分析 / 建模

为了体现报告的专业性，还应该说明数据分析采用的基本方法、切入的角度及建模过程。由于这部分内容包含一定专业性知识，在进行阐述时需要考虑到不同身份角色的读者或听众对内容的接受程度。通常情况下，尽量使用通俗易懂的语言对涉及的算法理论进行概括说明，点到为止即可。

如图 1-14 所示，麦肯锡的这份报告从多个维度对印度数字化市场的发展趋势进行了分析，读者可以从不同视角来了解当前印度数字化市场的整体情况。

4. 可行性验证

可行性验证指的是根据分析模型得出的结论，通过实践验证查看其是否能解决实际问题。例如，对某一工作流程进行分析得出了几条改进建议，可以在小范围团队内进行实验，从而验证根据模型计算的结果的准确性。对于一部分有条件的数据分析报告，可以在结尾处附上可行性验证说明，帮助读者或听众更清晰地了解报告结论，从而制订后续计划。

如图 1-15 所示，在麦肯锡的这份报告中，有专门的章节介绍基于之前的分析结果提出数字化升级对企业的业务流程可能带来的变化。有了这些信息作参考，读者能更深入地体会到数字化转型对未来业务发展产生的影响，有助于制订企业未来发展的计划和战略。

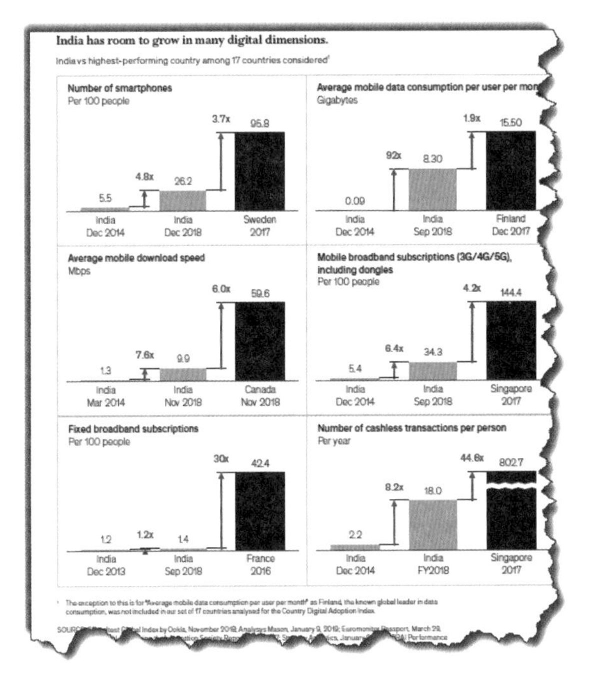

▲图 1-14

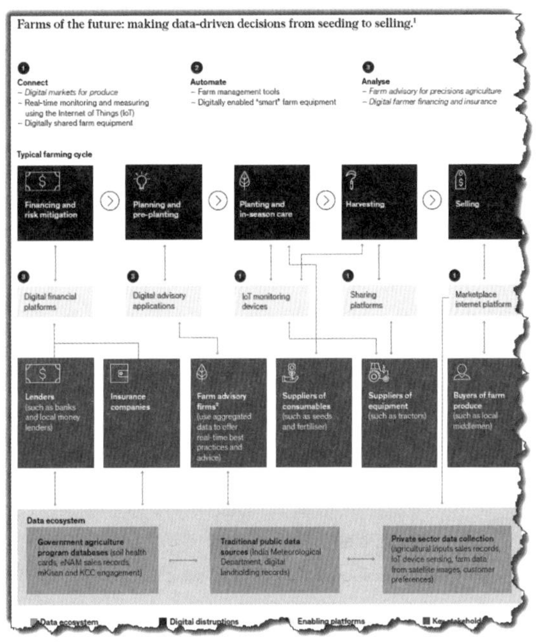

▲图 1-15

5. 可视化图表

所有数据分析结果都应该通过可视化图表进行展示，并贯穿报告始终。相比文字和图片，具有交互性的可视化图表更能吸引人的注意，更能直观展现分析元素的各项特征，并且能根据参数的变化动态输出不同的计算结果，从而帮助读者或听众更好地了解分析模型，理解相应的计算结果。

在麦肯锡的报告中大量使用了可视化图表来展示商业分析结果，如图 1-16 所示，这些图表能帮助读者直观地了解当前印度数字化发展的情况，便于理解报告中的观点内容。

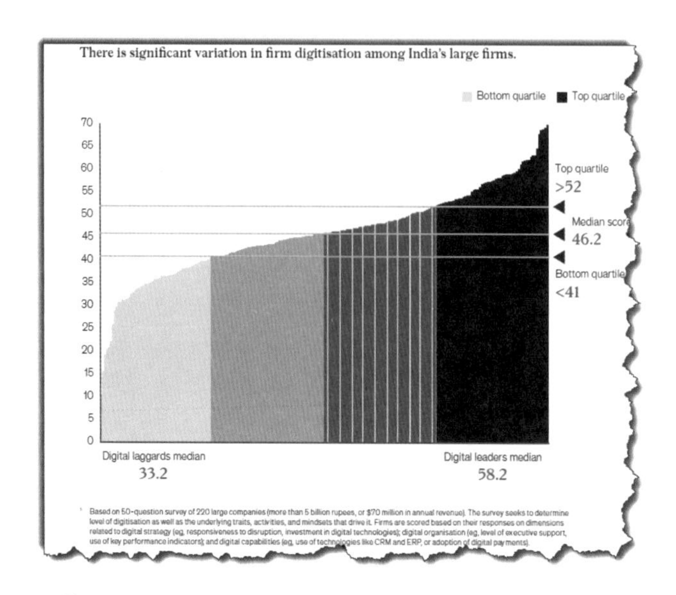

▲图 1-16

进行任何数据分析工作都应该养成编写相应数据分析报告的习惯，将所分析的问题、使用的数据、采用的模型方法，以及获得的结论等信息一一记录在案。这不但是对当前工作的总结，也是后续维护数据模型的依据。同时，当需要对当前数据模型进行更新时，也能有据可循，方便日后的工作。

高手自测 1： 公司希望能开发海外市场，什么样的数据分析报表能帮助管理层制订战略决策？

1.2 不同企业对商业数据分析的不同定位

随着数据分析行业的不断发展，现在有很多企业在内部设定了商业数据分析相关岗位。不过，由于不同行业情况差别很大，企业自身经营规模也各不相同。因此，每个企业对数据分析岗位工作人员的能力需求也存在差异，侧重点也不尽相同。目前，涉及商业数据分析的岗位主要工作内容有商业分析、数据分析及数据科学。

1.2.1 商业分析与数据分析

商业分析（Business Analytics）专注于研究企业日常经验管理流程工作，发现其中潜在的问题，然后分析其产生原因并提出改进建议。例如，商业分析师会对企业的采购流程进行分析，搞清楚整个采购过程会涉及多少环节和因素，这些因素分别会对采购成本产生多少影响，如果采购出现问题，又会影响企业的哪些生产活动，可能会造成多少损失。

数据分析（Data Analytics）则更侧重技术层面，主要是进行数据收集、整理、清洗、加工、建模、寻找变化规律等相关工作。与商业分析相比，数据分析工作对从业人员的计算机和统计学能力要求更高，但对经济学或商业知识的要求会降低，其日常工作更多是与数据打交道，为企业的管理决策提供事实依据。

如表 1-1 所示，商业分析和数据分析的工作内容和方向主要区别如下。

表 1-1　商业分析和数据分析工作的主要区别

	商业分析	数据分析
目标	主要职责在于构建分析报告，帮助企业解决面临的商业、管理等方面问题	主要负责对数据进行整理分析，发现其变化规律，并创建模型及验证各种假设的可行性
研究方法	主要对数据进行静态分析和对比分析研究	偏重于对数据做探索性分析，并通过数据挖掘过程来对各种假设条件进行验证
数据源	按需收集企业内已有的数据结果来进行分析	通常情况下需要搭建收集器获取原数据来进行分析
数据转换	多数情况下，在收集数据时会要求协助方按既定格式要求提供，所需转换工作较少	需要通过数据库对原数据进行大量转换整理后才能进行使用
可靠性	基本上基于事实数据进行分析，干扰信息较少，可靠性相对较高	属于“理论分析”，可能会有干扰性未被计算，所得结论具有推测演绎性质
数据建模	根据已存在数据结构进行建模	需要基于收集到的原数据搭建数据结构，再进行建模
分析方向	回顾性分析，描述性分析	预测性分析，规律性分析

商业分析和数据分析相辅相成，通常情况下需要相互配合才能为企业提供某一问题的解决方案。例如，当管理层想解决用户流失率较高这一问题时，商业分析师会先分析有哪些因素会影响用户继续购买公司产品和服务。之后，将相关数据发送给数据分析师让其建立分析模型，计算出每种因素的影响大小。最后，商业分析师会对计算结果进行可行性分析，提出减少用户流失的改进意见及相应代价，供管理层参考。

在不少公司，基于业务规模大小考虑，商业分析和数据分析工作会由同一个部门完成，这就要求从业人员既要具备数据处理能力，又要了解商业运营知识，才能胜任工作。如果只专注于发展某一方面，而忽略另一方面，很可能在今后的事业发展中受到限制。因此，对于从事商业数据分析相关工作的人员，应该尽量做到精通一方面知识，并对另一方面知识有基本的了解，才能获得更好的职业发展。

1.2.2 商业分析与数据科学

如图 1-17 所示，随着大数据分析的兴起，很多企业不再满足于进行传统的数据分析，转而设立专门的部门对大数据进行研究。这部分工作主要由数据科学（Data Scientist）岗位的技术员进行。他们具有更专业的计算机及统计学知识，除了善用已有分析软件外，还能自主开发计算机程序对数据进行收集、加工和整理，能通过机器学习、数据挖掘等技术创建分析模型，帮助企业获取市场经济规律，预测未来发展方向，计算潜在危险因素等相关信息。

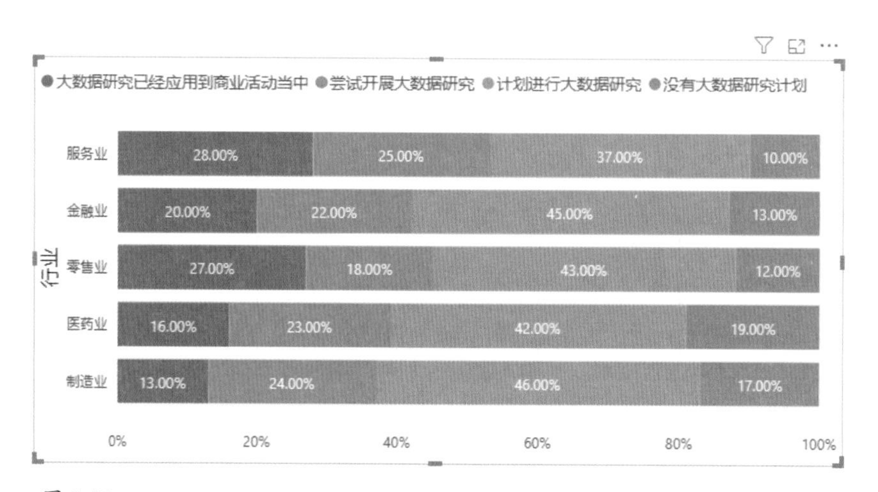

▲图 1-17

数据科学岗位应该算是普通数据分析岗位的进阶提升，它的工作与商业分析有着十分紧密的联系，两者主要区别如表 1-2 所示。

表 1-2　商业分析与数据科学工作的主要区别

	商业分析	数据科学
目标	研究各类商业问题，致力于帮助企业管理者找到提高生产效率和利润的方法。作为纽带，管理者将需求传递给数据科学专家，让其通过创建分析模型获取解决方案	专注于大数据研究，根据需求收集信息，创建数据模型，解析其背后规律，挖掘潜在商业价值
技能需求	有商科背景，掌握市场、产品，以及运营管理等相关知识，具备进行商业流程研发、挖掘用户需求等能力。能使用主流数据分析软件基本功能进行商业分析	丰富的统计学知识；能熟练使用 Python、R 语言等进行数据分析；对数据库功能有充分了解，并有一定编程能力
日常任务	根据具体商业问题设计分析方案，跟不同组织部门沟通相关需求，收集整理所需元素，创建需求分析模型。向数据分析团队提交数据分析要求和目标，获取结果后开始进一步的商业分析，从中获得解决商业问题的方案	对大数据进行分析处理，使用数据库从海量数据中抽取有价值的商业信息；利用机器学习技术对复杂多样的数据进行深层分析；获取用户行为、市场变化，以及经济政策变化等相关规律，从而帮助企业制订战略决策

大数据是一个很热门的就业方向，但相比商业分析和传统的数据分析，数据科学对从业人员的专业性要求更强，入门门槛更高，更适合喜欢研究技术、钻研数学知识的人。

1.3 如何成为一名商业数据分析师

美国一家调查公司发布的商业数据分析师需求统计显示，2019 年全美一共发布了超过 4.7 万条的数据分析师招聘启事，规定的学历要求为本科或以上，最低工作年限要求为 0~5 年，大约有一半的招聘条件中明确规定应聘者需具备商业管理和计算机等专业知识。图 1-18 列举了用人单位认为最适合从事商业数据分析岗位的 5 个大学专业。

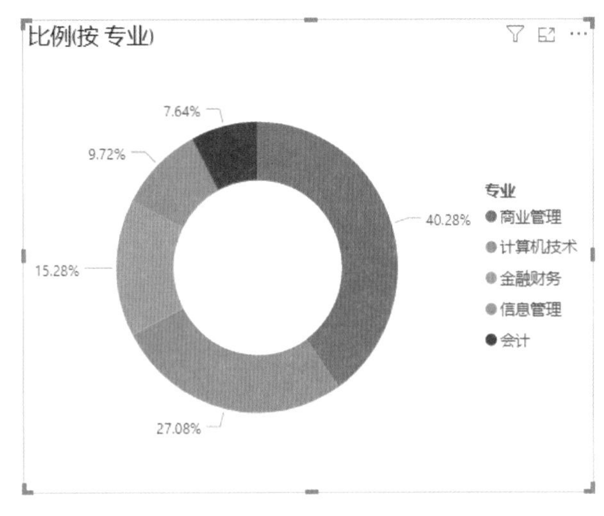

▲图 1-18

在调查中发现，绝大多数雇主都认为只擅长商业管理或计算机技术无法胜任商业数据分析工作，从业人员应该兼具这两种能力才能帮助企业处理解决商业问题。大约有一半的招聘条件中要求应聘者具备基本的 IT 技能，并能使用软件工具进行数据分析解决商业问题。可见，具有商科背景，并具备一定计算机操作技能，是成为一名商业数据分析师的必要条件。

1.3.1 经济学背景

想要成为一名优秀的商业数据分析师，应该对基本的经济学概念、理论和规律有所掌握。因为这些知识能帮助你厘清分析重点，明确分析对象，提供建模思路，使分析工作更加专业可靠。

例如，对产品市场进行研究时，很多时候都要依据供求关系这一经济学理论来展开，如图 1-19 所示。

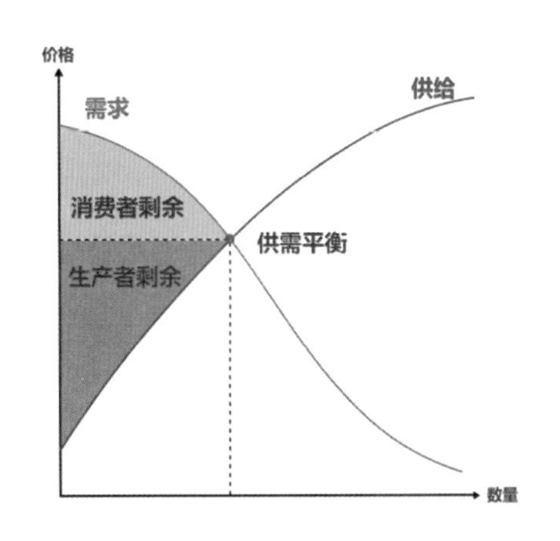

▲图 1-19

根据西方经济学观点，决定“需求”的因素主要有 5 个：市场价格、平均收入水平、市场规模、商品的替代品情况及消费者选择偏好。一般假定除了价格因素以外，其他4类因素在一定时期内相对稳定，此时，通过下调商品价格，就能提升该商品的需求量。在数据分析中可以通过模型预估出最优商品定价，从而获得理论上的最大利润率。

对于“供给”，其决定因素主要包括：市场价格、生产成本、生产要素价格和其他商品价格。当某一商品价格不变时，有效增加利润率的方法是降低生产成本。当生产要素价格上升时，势必会增加生产成本。如果要保证利润率，就需要提高产品价格，而提高产品价格又会对销量产生影响，反而有可能达不到预期效果。因此，很多企业会专门对这类问题进行深入分析，创建数据模型，计算出最优的价格和产量指标，从而保证获得最高的利润率。

除了供求关系以外，在商业分析中涉及的常用经济学理论还包括稀缺性、成本和收益、机会成本、价值悖论等。作为一名商业数据分析师，应该对这些经济学知识有所掌握，了解其核心思想、理论和关键因素，从而运用这些理论来创建数据分析模型，去解决企业遇到的各类商业问题。

1.3.2 统计学常识

要想成为数据分析师就必须掌握统计学相关知识，因为统计学是一门研究数据收集、整理、分析、归纳、展示的学科，没有统计学相关概念和理论做支持，就无法进行数据分析工作。

例如，进行商业数据分析时或多或少都会通过描述性分析和概率论对结果进行解读，从而获取有价值的商业信息。而描述性分析和概率论就来自统计学，其核心内容包括了概率分布、统计显著性、假设检验和回归分析等，这些都是进行数据分析应掌握的理论知识。

在进行商业数据分析时，经常涉及的统计学知识有以下几个。

1. 平均数、中位数和众数

在统计算法中，平均数是一个很常见的测量项，表示的是一组数据集中趋势的量数。最常见的是算术平均数，获取方法是用一组数据之和除以这组数据的个数。此外，还有几何平均数、调和平均数、加权平均数等。

中位数指的是按顺序排列的一组数据中处于中间位置的数，将数值集合划分为相等的上下两部分。

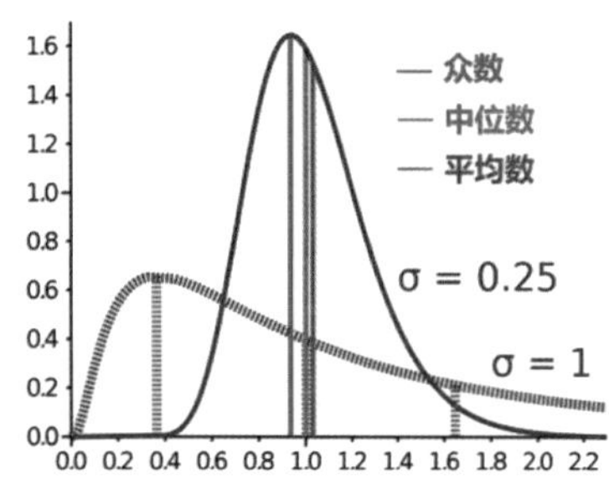

▲图 1-20

众数代表的是一组数据集中出现次数最多的数值，指的是统计分布上具有明显集中趋势点的数值，反映了数据的一般水平。

如图1-20所示，相对于其他测量指标，平均数、中位数和众数比较容易获取，因此经常用来在数据分析中预览数据集的整体特征。

虽然这三类指标容易获取，并且有较好的测量意义，但数据集内的数据呈发散状态、偏态分布或有大量的极端值时，会对平均数、中位数和众数产生很大影响，使其无法很好地说明数据趋势。因此，在使用这三类数值作为测量值时一定要考虑数据分布情况，必要时还应去掉个别极端值或划分子数据集再进行计算。

2. 标准差

标准差也叫均方差，在统计分布的测量中反映一个数据集的离散程度。标准差的获取方法是总体各单位标准值与其平均数离差平方的算术平均数的平方根。当标准差数值较大时，代表数据集内大部分数据与平均值之间的差异较大，反之，则代表大部分数据都接近平均值。

图 1-21 代表了 68-95-99.7 法则，用来判断一组数据是否呈正态分布。其原理是假设一组数据具有近似正态分布的概率分布，则在数据集中，和平均值偏离在 1 个标准差范围之内的数约占 68%，偏离 2 个标准差范围之内的约占 95%，偏离 3 个标准差范围之内的约占 99.7%。

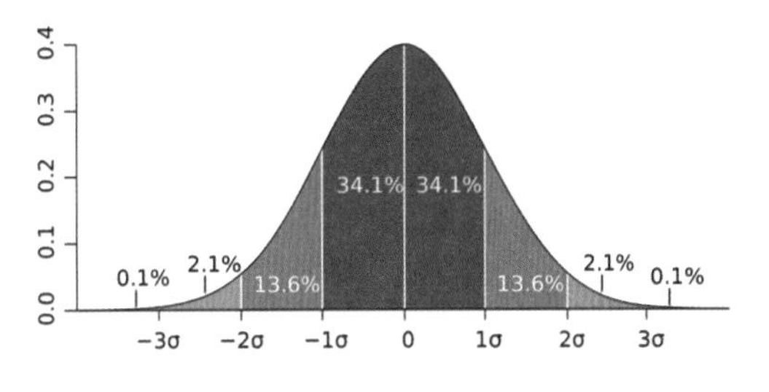

▲图 1-21

与平均数类似，数据的分布情况也对标准差的准确性产生很大影响。当数据处于非正态分布或有大量的离群值时，标准差结果可能与真实值差距较大，不能真实反映数据特征。

3. 回归分析

回归是研究一组变量与另一组变量之间关系的统计分析方法，常常用来判断两种事物之间是否具有相关关系，有何种相关关系，哪个是因，哪个是果，影响程度如何，等等。通常情况下，在回归分析中，先根据因果关系确定因变量和自变量，之后建立回归模型，然后根据样本数据对模型中的各个参数进行求解，最后再代入实际数据对回归模型进行测试，看拟合结果。如果拟合得好，则说明这一套回归模型可对自变量进行有效预测。

回归分析方法有很多，其中最简单、最基础，在商业数据分析中应用相对较多的就是一元线性回归分析。一元线性回归只涉及两个变量，其数学模型是一个直线方程，它可以用来分析如图 1-22 所示的数据图。

在做回归分析时通常会将异常值剔除，再进行计算。然而，在商业数据分析中，有些时候，数据集中的异常值会具有很明显的实际意义，直接将其忽略会大大降低模型结果的准确性，需谨慎进行。

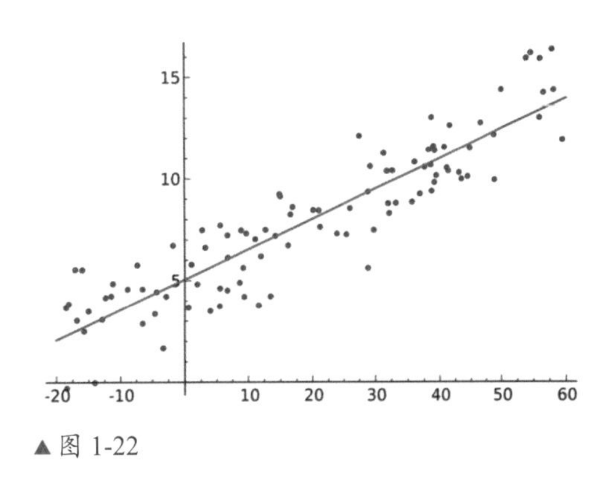

▲图 1-22

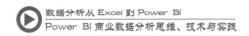

4. 样本容量

样本容量指的是一个样本中包含的单位数。统计学分析对样本数据基本都具有很强的依赖性，样本容量的大小与推断估计的准确性有直接的关联关系，样本越小误差就会越大，甚至会出现统计结果违反现实规律的情况。

从建模需求来看，样本容量越大准确性会越高，但收集和整理样本数据都会有很大的成本支出。因此，在商业数据分析中，如何选择合适的样本容量，在满足建模需求的同时又能降低数据收集成本，是一个重要的实际问题，必须进行合理规划。

5. 假设检验

假设检验是根据“小概率事件”原理，用来判断样本与样本、样本与总体的差异是由抽样误差引起还是本质差别造成的统计推断方法。显著性检验是假设检验中最常用、最基本的统计推断形式，操作方法可以大致归结为先对总体参数提出一个假设值，之后利用模型判断这一假设是否成立。

假设检验的目的是分析样本指标和总体指标是否存在显著性差异。在商业数据分析中，通过假设检验可以判断当前分析模型的可靠程度，评估预测结果的准确性，从而能更好地运用数据分析结果去解决实际问题。

值得庆幸的是，随着软件行业的发展，越来越多的计算工作都可以由计算机来完成，这在很大程度上降低了数据分析行业的入门门槛，使得不是统计学专业的人员也可以进入数据分析相关领域。但即使如此，掌握基础统计学知识仍然是商业数据分析师的一项必备技能，否则就无法很好地开展数据分析相关工作。

1.3.3 计算机基础

现在，几乎所有的数据建模分析都是通过计算机来完成的。因此，掌握计算机技术，会熟练使用商业数据分析中涉及的各类软件是数据分析师的一项必备技能。通常情况下，进行基本的商业数据分析，主要会应用到以下几类软件。

1. 文本编辑软件

▲图 1-23

如图 1-23 所示，微软 Office 系列的 Word、Excel 和 PowerPoint 是最常用来编写商业数据分析报告的软件，所有的商业数据分析师都应该能熟练地用这些软件处理文字和演示文稿。此外，Office 中的 Visio 也是一个经常被用到的软件，它的主要功能是创建流程图，能更加清晰、详尽、明了地记录数据分析过程。

2. 数据库

如图 1-24 所示，绝大多数商业数据分析使用的源数据都会存储在数据库中。因此，作为商业数据分析师，应该掌握数据库基本知识，如关系型数据库的表结构；熟悉标准 SQL 语句，如查询语句、新增语句、更新语句、去重语句、排序语句等的使用方法；了解主流数据库，如 SQL Server 和 Oracle 的使用方法。

3. 程序设计语言

如果要对数据信息进行深入挖掘，还需要通过程序设计语言编写工具对数据进行科学计算。目前，业界主流的用于数据分析的程序设计语言是 Python 和 R，如图 1-25 所示。这两种语言的特点是开源、免费，集成统计分析与图形显示于一体。相比传统的编程语言，Python 和 R 的语法通俗易懂，更加易学易用，入门门槛较低，更容易上手。

▲图 1-24

▲图 1-25

4. 商业智能分析软件

商业智能（Business Intelligence）分析软件是市场上新兴的一类数据分析软件，提供了从数据筛选、整理、建模、创建可视化报表等一系列功能，几乎覆盖了商业数据分析工作所需的全部工具。

与传统数据分析类软件相比，这类软件的特点是界面友好，容易操作上手，提供了很多“傻瓜式”的数据计算功能，使得用户只需简单几步配置就可以创建内容丰富的视觉对象来展示数据分析结果，计算机知识薄弱的人员经过简单的培训后也能使用。数据分析过程可以无须 IT（信息技术）人员参与，直接由相关商业用户进行即可。

除了注重易用性，主流商业智能软件自身对数据分析处理的能力也十分强大。它们或搭载，或利用现有的数据库处理引擎对数据进行建模分析，提供了大量内置优化过的计算类、统计类函数，最大限度上降低了对用户编程能力的要求。同时，这类软件也通过提供插件的方式，允许用户使用 Python 或 R 语言对数据进行计算，从而保证了其功能的可扩展性，满足很多深层次商业数据分析需求。

图 1-26 所示的魔力象限图展示了高德纳公司依据其测评标准对商业智能软件市场供应商所进行的分析。

▲图 1-26

目前，微软在该领域处于领导地位，其商业智能分析软件 Power BI 通过其提供的强大数据分析和可视化功能，相对低廉的价格及与微软其他产品无缝衔接的能力，成为很多企业进行商业数据分析的首选工具。

计算机软件行业的更新发展速度很快，作为一名商业数据分析师，必须实时更新相关技能，才会有更好的行业发展机会。

1.3.4 其他能力

除了技术能力之外，商业数据分析师的日常工作还需要跟很多人打交道，这就要求从业人员应该是一个好的沟通者，方便与不同团队进行通力协作；同时也需要是一个好的聆听者，能全面收集各类反馈信息；更要拥有好的洞察力和分析能力，能根据问题表象发现内在原因，并提供合理的解决方案解决根本问题，最终整理成文字，编写成需要的报告。

1. 沟通能力

作为商业数据分析师，需要具备很好的沟通技巧，因为从确认问题到收集信息，再到阐述解决方案，都需要跟企业内多个团队进行沟通合作。好的沟通能力可以保证全面准确地确定商业问题，更快更顺畅地收集数据信息，更好地让他人协助测试解决方案，从而提高工作效率。通常情况下，沟通技能主要包括以下两个方面。

◎ 语言沟通能力

商业数据分析师日常工作包括开展商业分析相关的会议和研讨会，参与调研和访谈，与他人交流并收集观点、概念、事实情况等信息。显然，要顺利完成这些任务，需要具备良好的语言沟通能力，否则相关工作就无法顺利进行。

商业数据分析师的语言交流能力，主要体现在如何让目标对象详细地描述出现的问题，阐述自己的根本需求，提供合理有效的反馈信息。通常情况下，如果需要受访者确认某个问题或现象，商业数据分析师会采用闭合性问题进行交流；如果是想让受访者尽可能多地提供有效信息，商业数据分析师多数会使用开放性问题进行询问，例如，“你有什么样的使用感受”“你对这个问题有什么想法”“解释一下这个如何运行”等。这种提问方式能让受访者降低紧张感，同时能给他们提供思考时间，以便其组织语言进行有效陈述。

◎ 非语言沟通能力

非语言沟通指的是用语言符号以外的方式进行沟通交流，如通过形体动作、面部表情、手势符号、眼神交流等方式传递信息。为了在收集信息时给受访者营造轻松愉悦的氛围，商业数据分析师应该适当使用非语言沟通方式进行交流。例如，当聆听他人陈述时，身体应该微向前倾，眼神应该正视对方，表达出友善、诚恳和专注的态度。当向他人阐述观点时，应该抬头挺胸，直视听众，适当地使用小幅度手部动作来表现出自信感。

2. 倾听能力

在进行沟通交流时商业数据分析师还应该善于倾听他人的陈述，分析其表述重点，从中发现关键信息，进而更好地进行数据分析工作。倾听能力主要体现在以开放的态度接受意见和建议，不去打断他人陈述，尽可能让对方完整表达其内容。好的倾听能力能帮助商业数据分析师与交谈对象建立良好的沟通气氛，让对方感觉到自己的想法和提议被尊重，让对方更愿意提供协助，从而提高自己的工作效率。

3. 写作能力

编写商业数据分析报告是商业数据分析师最重要的工作之一。好的写作能力可以保证读者能够充分理解数据分析的出发点、事实情况、理论依据及所得结论。

所有的分析工作最后都要汇总落实成一份完整的报告，才能最终体现分析师的业务能力。要写好分析报告，商业数据分析师的用词必须精准、流畅、言简意赅。报告内容要逻辑清晰，主次分明，应该尽量使用客观描述性词语进行编写。报告内容不能过于学术化，应尽量通俗易懂，让读者能清晰明了地获知分析结果；也不能过于生活化，用词须严谨，对涉及的核心理论知识、分析方法应该进行适当介绍，从而体现出报告的价值。

良好的沟通能力是商业数据分析师的一项必备技能，需要在日常工作中不断进行锻炼才能慢慢

提高。对于语言能力，可以先训练如何做到与他人交流时不怯场、不紧张，能把想说的话完整流利地陈述出来。对于写作能力，可以多参考成熟报告案例，从模仿他人的思路开始不断地累积经验，提升自身文字表达能力。

高手神器1：2个学习数据分析的优秀网站

对于刚刚从事商业数据分析相关工作的人员来说，厘清分析思路，找到分析重点并不是一件容易的事情。此时，最高效的学习方法是参考现成的数据分析报告，模仿其研究分析思路，不断探索尝试，然后才能逐渐掌握要领。

国内外有很多专门的咨询公司提供了很多免费的数据分析报告可作参考。例如，国内做数据资讯平台的艾瑞网（https://www.iresearch.cn/）就提供了很多免费公共数据研究报告，如图1-27所示。登录艾瑞网后可以选择相关报告进行免费下载。

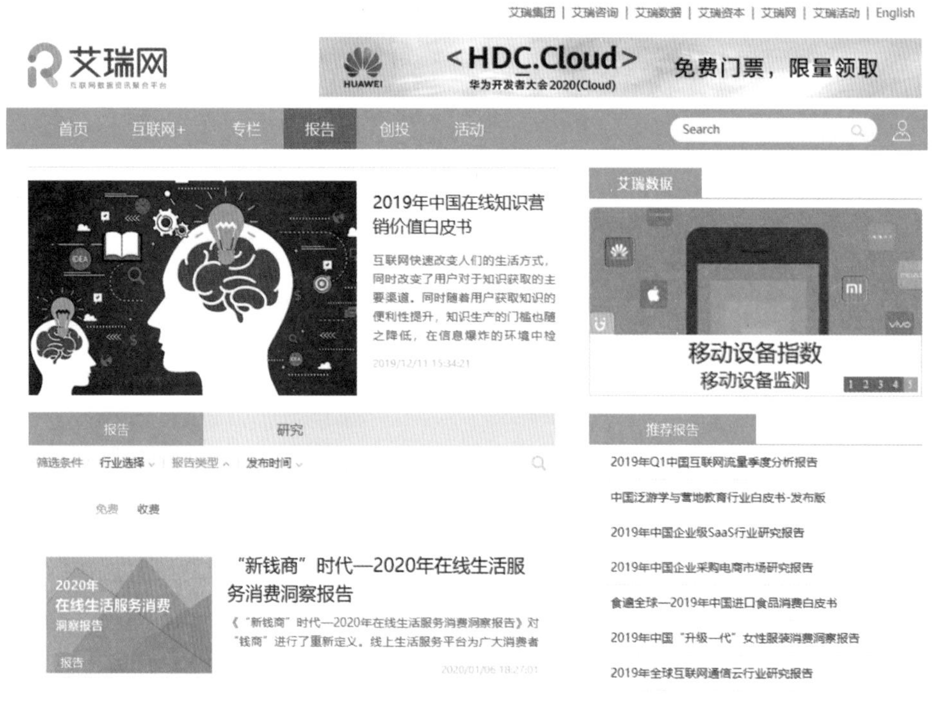

▲图1-27

如果英文掌握得好，也可以参考国外公司创建的数据分析报告，比如作为咨询行业领头羊的麦肯锡公司就在其官网（https ://www.mckinsey.com/featured-insights/future-of-work）上发布了很多数据分析报告供用户免费获取，如图1-28所示。这些分析报告中包含的分析思路和方法都有很好的参考价值，经过模仿掌握后能对自己的数据分析思路有很大帮助和提高。

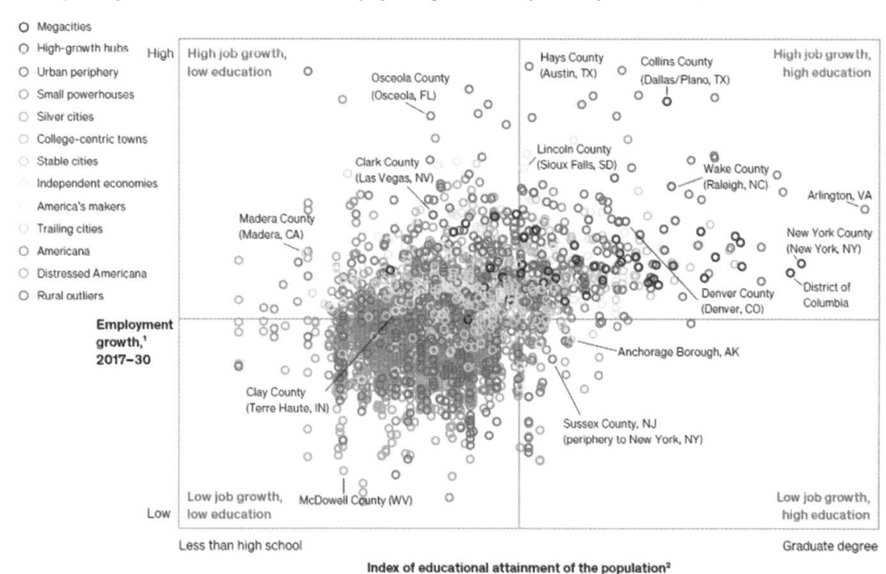

▲图 1-28

1.4 本章小结

本章对商业数据分析的相关基本知识做了介绍，包括数据分析行业基本情况，主流发展方向及目前各大公司对从业人员专业知识的相关要求。相信通过对本章内容的学习，读者朋友已经对商业数据分析工作有了初步的了解。如果打算从事商业数据分析相关工作，希望以上内容能帮助读者搞清楚企业对商业数据分析报告的相关需求，明白数据分析的商业意义，了解分析报告所包含的关键点，以及明确作为分析师所应掌握的技能，从而找到今后努力学习的方向。

本章“高手自测”答案

高手自测 1：公司希望能开发海外市场，什么样的数据分析报表能帮助管理层制订战略决策?

答：一份海外市场研究报告可以帮助公司管理层制订发展海外市场的相关策略。与编写国内市场研究报告的步骤类似，海外市场研究报告也包括明确商业问题、确定调查目标、制订研究方法、收集相关信息、进行数据建模、创建可视化分析报告等几部分内容。

通常情况下，如果企业还没有开展海外业务，对管理层来说，首先需要确定选择哪个海外市场进行开发最合适。因此，他们需要一份关于海外市场如何选择的商业数据分析报告来确定哪个海外市场有投资价值，以此帮助制订发展策略。对于这类分析报告，如图1-29所示，其内容通常包含以下4大部分。

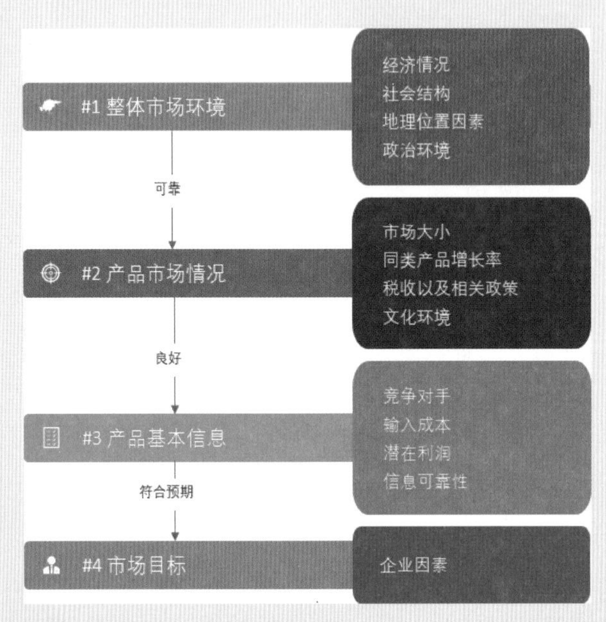

▲图1-29

首先，分析报告应该对备选海外国家的整体宏观环境进行分析，以确定其商品市场是否具有投资性。研究的方向主要包括经济、社会、地理及政治等几方面因素，以便确定其商品市场是否具有投资性。其次，针对产品所在市场，对其整体情况进行分析，确定需求量大小、增长情况及潜在目标客户等基本信息。再次，结合企业产品自身特点，预估其在海外市场中的竞争力。最后，结合以上所有分析结果和企业自身因素，评估进入目标市场的可行性，并对相关投资收益进行预估。

无论是何种类型的市场研究报告，都需要从所面临的现状出发，牢牢抓住核心商业管理问题进行研究，然后从多角度出发，进行全方位的综合分析，才能获得管理层的认可。

商业数据分析基本流程

进行商业数据分析是一项充满挑战又富有成就感的工作。虽然要进行分析的商业问题各不相同，需要分析的数据内容也千差万别，但总体来说，分析师都会遵循一套行业既定的流程来开展商业数据分析工作。

通常情况下，商业数据分析的基本流程主要包含 5 个部分，囊括了从确认问题、明确分析对象，到收集数据、加工处理数据、进行建模，再到获取分析结果及提出改进意见等相关过程。

本章会对商业数据分析全过程进行讲解说明，介绍一些数据分析常见步骤、方法及注意事项，力求帮助读者对商业数据分析工作有一个更明确的认识和了解。

请带着下面的问题走进本章：

（1）商业数据分析通常都要进行哪几部分工作？

（2）如何才能有效地进行数据收集？

（3）数据加工整理有哪些注意事项？

（4）如何进行数据建模？

（5）如何实现数据可视化分析？

2.1 确认问题

要进行商业数据分析，首先需要明确所要解决的商业问题是什么，这样才能搞清调查对象，从而制订相应的分析方案，保证后续的数据分析工作能满足实际需求，如图 2-1 所示。如果没有搞清楚问题就开始数据收集、建模、计算等相关工作，很有可能导致分析结果出现偏差，缺少实际应用价值。因此，商业数据分析前，首先应该学会如何确认问题。

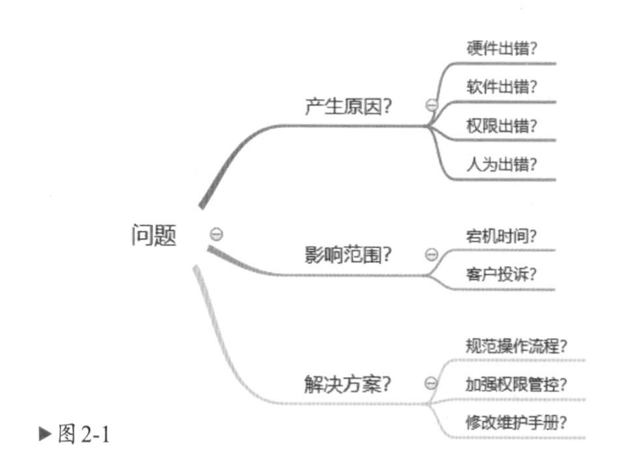

▶图 2-1

2.1.1 如何展开问题调查

企业在日常经营活动中会遇到各种各样的问题，既有来自企业内部的，如员工绩效考核、IT 软 / 硬件设备管理、物资采购等；也有来自企业外部的，如技术更新、市场政策变化、出现替代品等。这些问题可能会有很多种表象，作为商业数据分析师，应该能将各类问题进行剖析，然后找到主要矛盾，最终确定产生问题的根本原因。

对于商业数据分析师来说，要明确一个商业问题产生的根本原因，需要从多个方面进行考虑，进行全面系统的考察，在排除各种干扰现象后才能明确问题产生的根本原因。明确问题的常见思路有以下 4 种。

1. 上升到一定高度来观察问题

如图 2-2 所示，在实际生产活动中，很多商业活动涉及的流程会比较多，一些问题都是通过一些细枝末节的现象表现出来的。例如，销售人员可能会抱怨最近公司的 CRM（客户关系管理）系统运行缓慢，市场部门同事反映最近很少收到用户的反馈信息，销售人员发现最近客户回购热情下降等。在面对这些问题时，不应该立刻草率地就将问题归类到具体某个部门、某些工种上面，而是应该从涉及的商业流程出发，逐一分析流程中每一步骤执行的原因、涉及的因素，以及产生的结果。只有先对商业流程运作进行全面掌握，才能从各个角度出发对问题进行全面分析，最终确定后续的调查方向，从而尽快发现问题产生的根本原因。

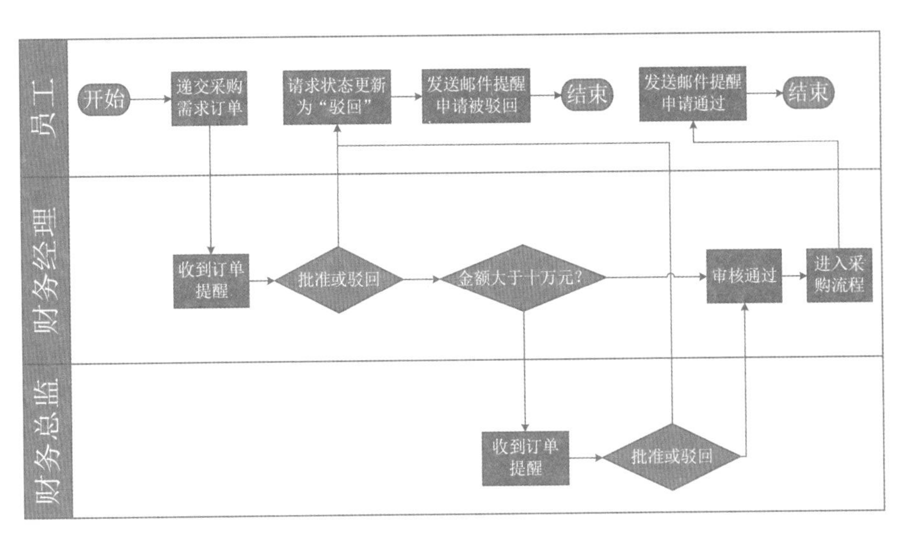

▲图 2-2

2. 尽可能收集一手信息

当发现某一问题时，应着重从事件当事人处收集相关信息，并从事件发生时所涉及的商业流程出发，查看是否还有其他人员遇到了类似事件。因为事件当事人作为直接关系方，他们提供的信息最为全面，细节更丰富，可靠性相对较高。在抛开个人主观因素后，最有可能帮助商业分析师定位出问题产生的原因。

如图 2-3 所示，当发现流失较多客户时，应该积极与流失的客户取得联系，了解其不再选择企业产品或服务的原因，从而有针对性地进行改进和提高，以便重新赢得客户的青睐。

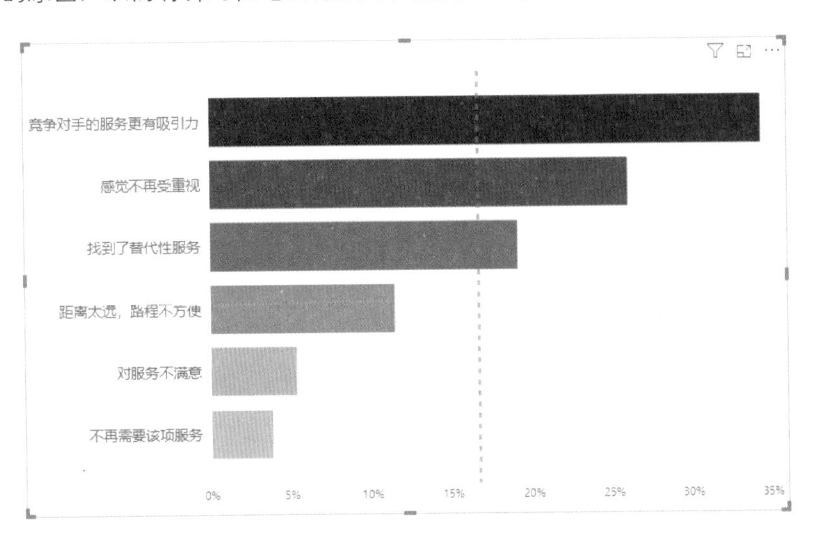

▲图 2-3

3. 多方面考虑问题产生的可能性

有些问题可能是由于偶然事件引发的，而有一些问题则在一定条件下可重复发生。在收集商业问题相关信息时，要特别注意了解事件发生的频率及是否能按照一定规律进行重现。重点优先研究那些发生频率高、对工作影响严重并且可重复发生的事件。

4. 抛开外在表象挖掘本质信息

一个问题可能会有多种外在表现形式。例如，当网络设备出现问题时可能会表现出下载速度变慢、视频会议卡顿、邮件延时等多种现象。遇到这类问题时，要多观察在不同现象中是否有相似情况，如果有，要进行归类整理，将相似情况进行汇总分析，从而发现导致不同现象发生的根本问题，从根本上进行解决，如图 2-4 所示。

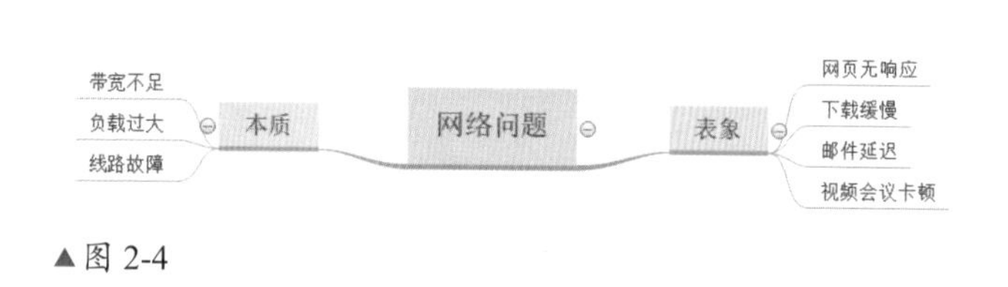

▲图 2-4

调查问题采用的方法和思路需要根据实际情况进行不断调整，作为一名商业数据分析师，应该能掌握各种分析方法并灵活变通，同时结合企业自身的商业流程特点，快速、准确、高效地确认商业问题。

2.1.2 问题调查时的注意事项

在对商业问题进行分析时，需要收集各类信息，与不同部门人员进行交流。为了确保调查方向正确，作为一个分析师还需要注意以下几点问题。

1. 不要被大量的数据信息所迷惑

在对商业问题进行调查时，潜意识里会认为收集的信息越多，就越能对问题进行深入研究，找到根本解决方案。但实际情况则是，只有进行过充分研究的数据才能对问题的调查分析产生帮助。如果只是收集了大量的信息，而没有进行深入研究，则对商业问题的解决产生不了太大作用。

作为商业数据分析师，应该找好数据收集和分析之间的平衡点，制订好数据收集方案，保证有足够的时间对收集到的数据进行研究分析。避免由于在前期投入过多的时间精力进行大量的数据收集工作，导致后续的数据分析时间被压缩，不能对收集到的数据进行充分有效的解析。

2. 明确问题的调查范围

在制订问题分析方案时需要明确调查范围，这样可以避免收集无关信息，从而排除一切与当前事件无关的因素，帮助商业数据分析师将精力集中投入解决主要问题当中。在确定调查范围时需要充分覆盖商业问题涉及的相关事件，但不应过度发散联想，去处理跟主要问题无关或关联关系很小的次要事件。

3. 放宽眼光从全局考虑问题

在对商业问题进行调查时，通常从直接关系人的角度出发来确认问题产生的原因并提出解决方案。但在实际企业的生产运营活动中，一个商业流程往往会牵扯到多个部门的相关工作。如果一个方案只能解决少数人面临的问题，而对多数人的工作造成负担，则不具备可行性。作为商业数据分析师，如果要通过修改商业流程来解决一类问题，需要在确保收益最大化的同时，尽量平衡多方利害关系，使得绝大多数人都能受益。

在商业调查阶段可能会遇到各种各样的问题，作为分析师应该以解决问题作为根本出发点，将精力专注于挖掘事件产生的根本原因，这样才能制订合理的数据收集计划，为后续分析工作打下良好基础。

2.1.3 使用 5WHY 分析法明确调查方向

5WHY 分析法又称“5 问法”，其思路是当发生某一问题时，应该连续反复地多次询问“为什么”，从而挖掘出问题产生的根本原因。它的核心思想是通过反复推敲探讨的方式，尽量排除人为主观假设和无关现象的干扰，通过严格的逻辑关系链条进行推理，确认问题产生的根本原因。

5WHY 分析法最早由日本的丰田佐吉提出，并在丰田公司进行推广运用。经过几十年的发展，这种方法已经成为丰田生产系统的一个入门课程，并被很多公司吸收采纳作为管理方法的一部分。

一个典型的 5WHY 分析案例如图 2-5 所示。当电机出现故障时，先从最直观的保险丝熔断原因入手开始分析，根据相关机械原理逐一对关联部件进行调查，最后定位出由于缺少过滤系统而导致电机故障。整个分析过程由表及里，并以客观事实为依据来对问题进行研究，从而保证获得的解决方案准确可靠，能从根本上解决该问题。

5WHY 分析法的流程比较清晰明了，其核心过程概括起来如图 2-6 所示。在具体实施方面，通常情况下，首先，将事件问题相关人员召集到一起，通过 5 次或 N 次询问来逐步探讨问题产生的根本原因。问题讨论的角度可以是“为什么会发生？”“为什么之前没有发现？”“为什么没有预防机制？”等。其次，根据讨论结果制订解决方案，并分配给具体负责人实施用以验证可行性。最后，将实施结果公布给相关团队，并从流程角度出发制订相应的后续改善方案，以避免相同的问题再次出现。

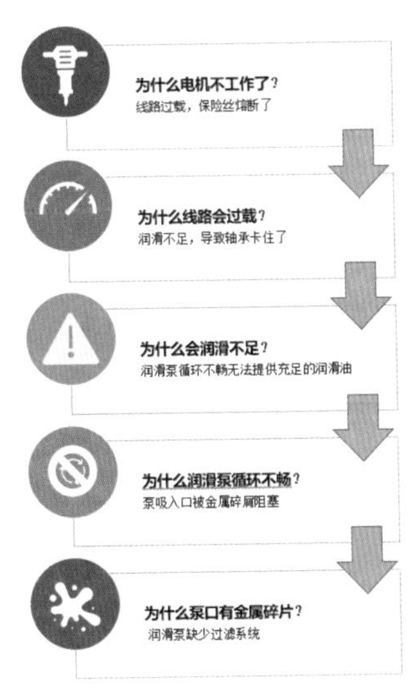

▲图 2-5

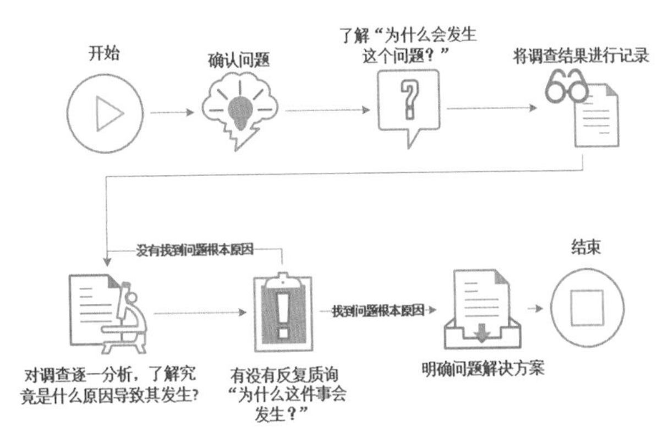

▲图 2-6

在使用5WHY分析法时需要注意，不要问太多的“为什么”，要控制好“度”。如果一直提出疑问，很可能会收到很多与主要问题关联性很小甚至无关的信息，对事件调查产生干扰。

高手自测2：公司最近一次的软件更新发布被推迟，请使用5WHY分析法尝试解析可能导致更新推迟发布的原因。

2.2 数据收集

在明确好要解决的商业问题并确认好分析思路后，就可以开始相关的数据收集工作。通常情况下，数据分为一手数据和二手数据。商业数据分析师需要根据实际情况确定收集哪种类型的数据，并制订相应的数据收集方案。

2.2.1 收集一手数据

▲图2-7

一手数据（Primary Data）通常也被称为原始数据（Raw Data），指的是分析师针对当前问题，联系特定当事人直接采集到的数据信息。通常情况下，可以通过调查和观察实验两种方式收集到一手数据。

1. 调查

调查指通过对目标对象询问特定问题的方式收集一手信息。常见的形式如图2-7所示，包括线下问卷调查、线上问卷调查、电话采访及面对面采访4种方式。

◎ 线下问卷调查：是一种传统的数据收集方式，指的是将所要调查的问题打印成纸质文档，然后请目标人员进行填写，最后进行回收整理的一种数据收集方式。为了降低制作成本，线下问卷调查要求分析师对问卷内容进行精准设计，确保覆盖到全部所需收集信息。同时，由于需要通过人工方式对问卷进行分发和回收，为了节约人力成本，在实施线下调查前，分析师需要明确调查地点和目标人群，以便最大限度获得有效数据。

◎ 线上问卷调查：指的是通过互联网向调查对象派发问卷请其填写。相比线下问卷调查，线上问卷的内容形式可以更加充实丰富，除了文字描述以外，还可以通过添加图片、音频和视频等方式来鼓励调查对象提供相关信息，并且线上调查问卷的制作成本相对较低，问卷分发和回收更加灵活便捷，后期维护也更加方便。因此，越来越多的公司都在采用线上调查问卷方式来收集一手数据。

◎ 电话调查：指的是以电话为媒介，通过问答的方式向目标客户收集数据信息。电话调查的特点是不受物理空间限制，可以随时随地进行调查，但进行的时间不宜过长，不适合提出发散性问题。

◎ 面对面采访：是以面谈的方式向目标对象收集信息。在面对面采访中，可以针对某一问题跟目标对象进行深入讨论，挖掘更多信息，但组织成本相对较高，比较耗时，不适合大规模展开。

2. 观察实验

观察实验指的是在现场，通过观察记录实验对象的行为举动来收集一手信息的一种方式。这种收集方式不需要目标对象回答特定问题，只需其根据自身的认知和喜好做出相应反馈即可。

观察实验可采用的一种模式如图 2-8 所示，实验对象在一个房间中对所要调查的对象进行操作，而分析师则在另外一个房间对实验对象进行观察，并对其选择过程、操作流畅程度、停留时间等信息进行记录。例如，某个玩具厂商为了检验设计的玩具是否受消费者喜爱，可以采用观察实验方式，找一些小朋友试玩，通过观察孩子们的反应来对产品进行修改更新。

▲图 2-8

除了通过“面对面”的方式进行观察实验，现在很多互联网公司也通过在网站或 App 上采集用户使用的数据信息来进行观察实验。例如，通过收集用户浏览网站页面的停留时间，某些内容的点击和分享次数等数据，可以分析出网站中的热门和冷门信息，从而为网站结构优化调整提供依据。

观察实验的特点是可以从调查对象处获得最直观的反馈信息，所收集到的数据信息更加真实可靠。但是相比问卷调查，使用观察实验方式来进行数据采集的成本较高，前期需要进行大量的部署规划工作，更适用于对专项问题的研究，不适合用于大规模人群的调查研究。

商业数据分析在收集一手数据时可以根据实际情况灵活选择收集方式，如果有必要，调查和观察实验两种方式都可以使用。无论使用何种方法，都需先做好数据收集规划，并控制好数据收集成本，以免造成人力、物力和财力上的浪费。

2.2.2 收集二手数据

二手数据（Secondary Data）指的是那些已经存在的数据信息。二手数据的提供商主要包括政府统计部门、高校研究室、专门的市场调查公司及一些企业自身收集到的数据信息。

相比一手数据，二手数据并非针对当前调查问题而准备，其数据收集、整理和分析过程都与当前事件无关。但二手数据提供的信息内容可以为当前事件调查做准备，能为进一步收集一手信息奠定基础，也能为后续相关分析提供佐证。

二手数据的主要特点是容易获取，可有效降低数据收集的时间和成本。缺点在于缺乏相关性，时效性较差，可靠性较低。因此，在使用二手数据前必须对其进行仔细筛选，及时剔除掉过时或无关信息，从而提高数据分析的准确性。

一手数据和二手数据的主要区别如表 2-1 所示。

表 2-1　一手数据和二手数据的主要区别

比较点	一手数据	二手数据
定义	针对当前问题专门收集到的数据	为实现其他目的而收集整理好的数据
时效性	高	相对较低，都是历史数据
关联性	高	相对较低
可靠性	高	相对较低
来源	通过调查和观察实验方式获得	从政府、高校、市场调查公司处获得
收集过程	比较烦琐，需要进行大量前期规划和准备	比较容易，可以直接从数据所有方获取
收集成本	高	相对较低
收集时间	长，可能需要花费几个月的时间进行数据收集	比较短，多数情况下，几天内就可获得所需数据
加工处理	往往需要进行大量的加工处理工作后才能使用	多数情况下可以直接使用

在实际的数据分析过程当中，一手数据和二手数据往往是结合在一起来使用的。例如，公司需要在某城市选址开设一家门店，此时，通过走访市内商业区对潜在目标客户进行调查获得的信息就是一手信息；而通过相关调查机构获得的该城市消费人群的年龄分布、收入水平、消费关注点等信息就是二手信息。只有将两种信息结合使用，才能获得可靠的分析结果。

2.3 数据加工整理

多数情况下，收集到的原始数据中都会缺少部分信息，或者包含一些冗余信息，无法直接进行建模分析。因此，需要分析师在建模前先对数据进行加工整理，主要进行的工作包括：过滤分离无关或不可靠数据，删除原始表单中的空列、无用列等冗余信息，从不同数据表当中提取合并数据；对信息进行脱敏，添加补充缺失信息等。

如图 2-9 所示，在微软的 Power BI 内有两个模块可以对原始数据进行整理，分别是 Power Query 查询编辑器和数据视图编辑器。在查询编辑器中对数据进行编辑，也就是在把数据导入 Power BI 生成数据集前进行整理，这种方式能优化并减少需要导入的数据量，可以从根本上提升数据分析效率。因此，制作可视化报表时应该优先使用查询编辑器中的功能对数据进行整理，之后再使用数据视图编辑器加工数据。如果两者提供相同的功能，应优先考虑在查询编辑器中对数据进行整理。

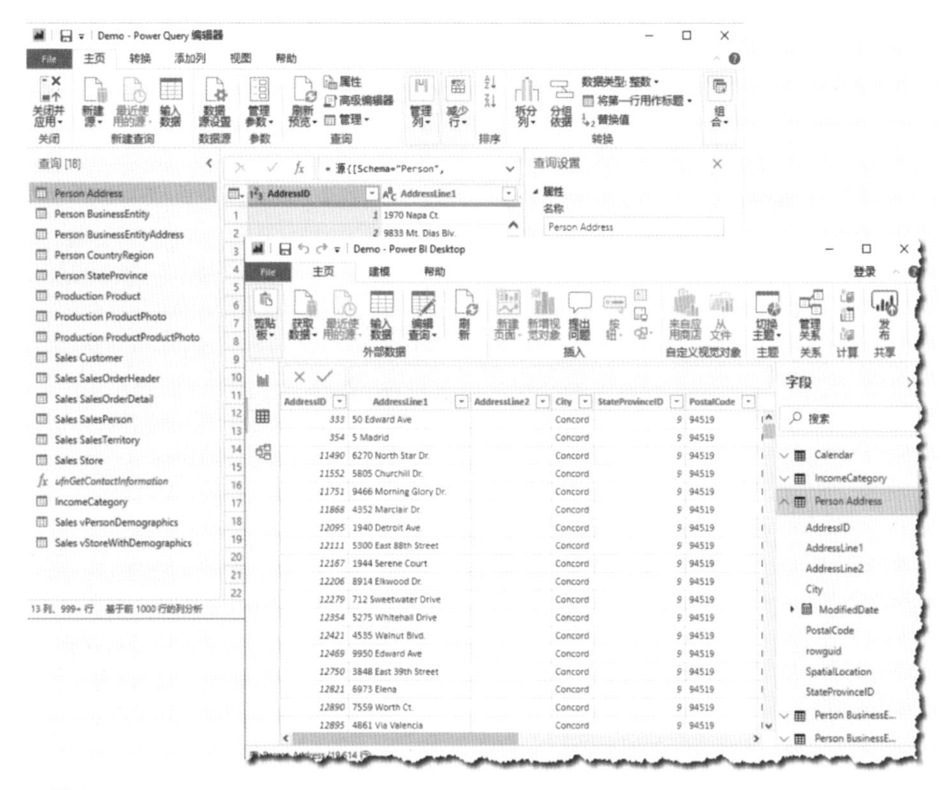

▲图 2-9

2.3.1 去除冗余数据

无论收集到的是一手数据还是二手数据，都有可能包含部分无关或不可靠信息。在进行数据建模分析前，应该对这类数据进行过滤，避免将其导入数据分析软件当中。

在 Power BI 中，应该尽量使用查询编辑器中提供的功能来去除冗余数据，这样能有效地减少需要进行加载建模的数据量。去除冗余数据的手段主要包括删除、合并及聚合等。

以微软的 AdventureWorks 示例数据库为例，该数据库可以在微软官方网站进行下载（https：//docs.microsoft.com/zh-cn/sql/samples/adventureworks-install-configure ？ vicw=sql-server-2017）。如图 2-10 所示，在这个数据库中 Person.Address 表内记录了所有与公司有相关业务往来单位团体的地址信息，包括其线下实体店的位置，总共近 2 万条数据。而 Sales.Store 表则只记录了实体店的具体情况，包含 700 条左右的记录。如果只针对实体店的销售情况进行分析，可以选择将 Person.Address 表内非实体店地址信息进行过滤，只保留与 Sales.Store 表相关的信息，从而减少数据量的加载。

方法如图 2-11 所示，在“合并”窗口中，上表选择 Sales.Store，下表选择 Person.Address，然后以“左外部”方式进行联接合并。

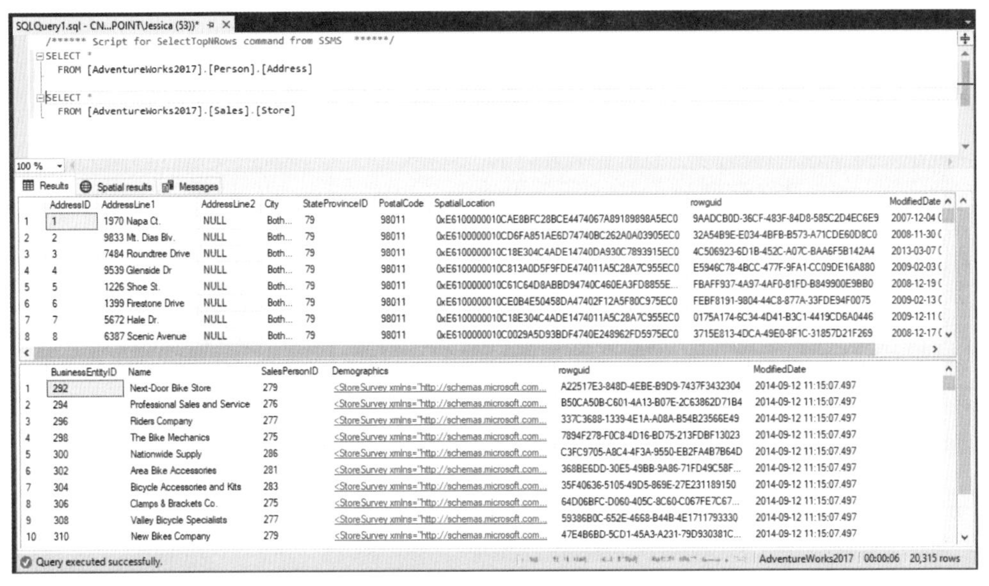

▲图 2-10

▶图 2-11

2.3.2 提取整合数据

在实际生产活动中，企业的数据信息多数情况下都会存储在数据库中。为了优化数据结构，数据库中很多相关信息会分散存储在不同表单内，然后通过特定的标识进行关联。在使用 Power BI

对这类数据进行分析时，为了减少加载的数据量，提高数据分析效率，很多情况下只需加载包含主体数据信息的表单即可。对于补充说明信息，可以通过使用自定义函数进行提取，然后整合到主表单中来使用。

例如，在 AdventureWorks 示例数据库中包含一个 Person.Person 表单，存储了用户的个人信息，包括 ID、姓名、职位、联系方式等个人信息。如果要进行分析的产品销售报表只需要使用 Person.Person 表单中的用户姓名这一列，为了减少数据加载量，可以选择不将 Person.Person 表单导入 Power BI 当中，而是如图 2-12 所示，利用自定义函数将其包含的用户姓名信息追加到包含销售信息的 Sales.SalesPerson 表单中来使用。关于自定义函数的详细使用说明方法，可以参考 5.1.5 小节中的内容。

▲图 2-12

2.3.3 对数据进行脱敏

数据脱敏指的是将数据中包含的敏感信息进行替换，避免泄露给第三方，从而实现对隐私数据的保护。当处理的数据信息包含用户敏感信息或商业敏感信息时，必须先对这类数据进行脱敏，之后才能用来进行数据建模。

目前，各个国家的法律法规对个人敏感信息的判断依据大致相似。个人可识别敏感信息（Sensitive PII）指的是以此为依据可以用来辨别主体特征的信息，主要包括姓名、身份证号、社会保障号、驾照号码、邮箱地址、信用卡号、护照号、银行账号等。而非敏感信息（Non Sensitive PII）指不具备唯一识别性的信息，如邮政编码、种族、性别、出生年月日、出生地等。

分析师在收集数据信息时就应该避免收集敏感类信息，以防产生泄露风险。例如，当要从公司某一数据存储介质中提取信息时，首先应该避免提取用户个人信息，尽量使用团体信息，如公司名称，或用户 ID 这一类标识代表分析个体；如果有必要提取用户信息，如手机号码或邮箱地址等，则应该对数据先做替换处理后再使用。

在 Power BI 中，使用“替换”功能可以对数据做脱敏处理。例如，对于 11 位的手机号码，可以采取将中间 4 个数字替换成字母 X 的方式进行脱敏。方法如图 2-13 所示，在查询编辑器中选择要替换的列 Phone Number，然后单击“示例中的列”按钮来添加一个新列。根据替换要求在新列的头几行内手动输入新的电话号码表示方式，之后 Power BI 会根据操作规律自动预测并将剩余行进行替换，最后再删除原始 Phone Number 列即可完成数据脱敏处理。

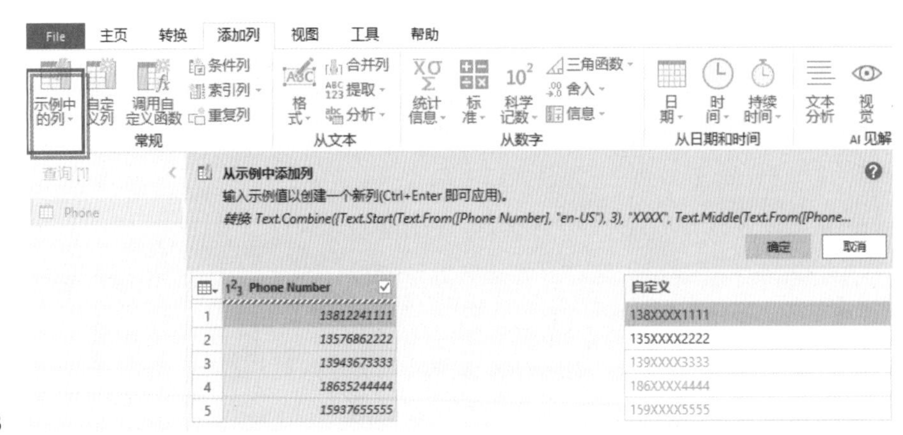

▶图 2-13

2.3.4　修正问题数据

在数据整理过程中经常能发现由于人为原因或系统本身设计缺陷，导致收集上来的数据有部分信息不够完整清晰，对后续的分析工作也会产生一定影响。为了解决这类问题，分析师可以对收集上来的原始数据进行适当补充修改，在不破坏数据可靠性的基础上使其实用性变得更强。

例如，在 AdventureWorks 示例数据库中就存在数据信息不完整的情况。有一些列中部分数据是空值（Null），会对后面的汇总计算和报表生成产生一定的影响。为了便于分析计算，可以对这部分数据进行修正。常见的修正方法主要有“替换”“拆分”“合并”等。

DaysToManufacture	ProductLine	Class
0	null	null
0	null	null
1	R	H
1	R	H
0	S	null
0	S	null

▲图 2-14

如图 2-14 所示，在 Production.Product 表内 ProductLine 列下有部分数据是空值，如果想要按组分析每个产品线上产品的销售情况就不太方便，此时可以根据需要对这些值进行替换。

如果要基于一定条件来对值进行替换，如当 Class 列值是 M 时，将 ProductLine 列中的值替换成 T，则可以通过 M 语言脚本来实现。方法是在 Table.ReplaceValue 函数中添加判断条件，只有当 Class 列中的数值是 M 时才进行替换，不符合条件则保持不变。M 语言参考脚本如下。

```
#"Replaced Condational Value" = Table.ReplaceValue(#"Replaced Value",
each[ProductLine],each if [Class]="M " then "T" else [ProductLine],
Replacer.ReplaceValue,{"ProductLine"})
```

注意：在 AdventureWorks 示例数据库中有一些数值存储得不规范，如这个 Class 列中的字母值后面有一个空格。因此在书写 each if [Class]="M " 这段脚本时必须书写成字母 M 后跟一个空格的形式，否则无法获得期望结果。

2.4 数据建模

数据建模指的是根据表单之间的关联关系创建数据模型的过程，涉及的主体部分包括数据对象、不同对象之间的关联关系，以及数据处理规则。数据建模的目的是确保收集到的数据在逻辑层面上能建立完整的组织关系，从而保证后续的数据可视化工作能顺利实施。

在 Power BI 中，主要通过如图 2-15 所示的数据视图和模型视图两个模块进行数据建模操作。操作主要包括对数据格式和数据类型进行规范，添加计算列和度量值对数据进行数学处理，创建表单关联关系等。

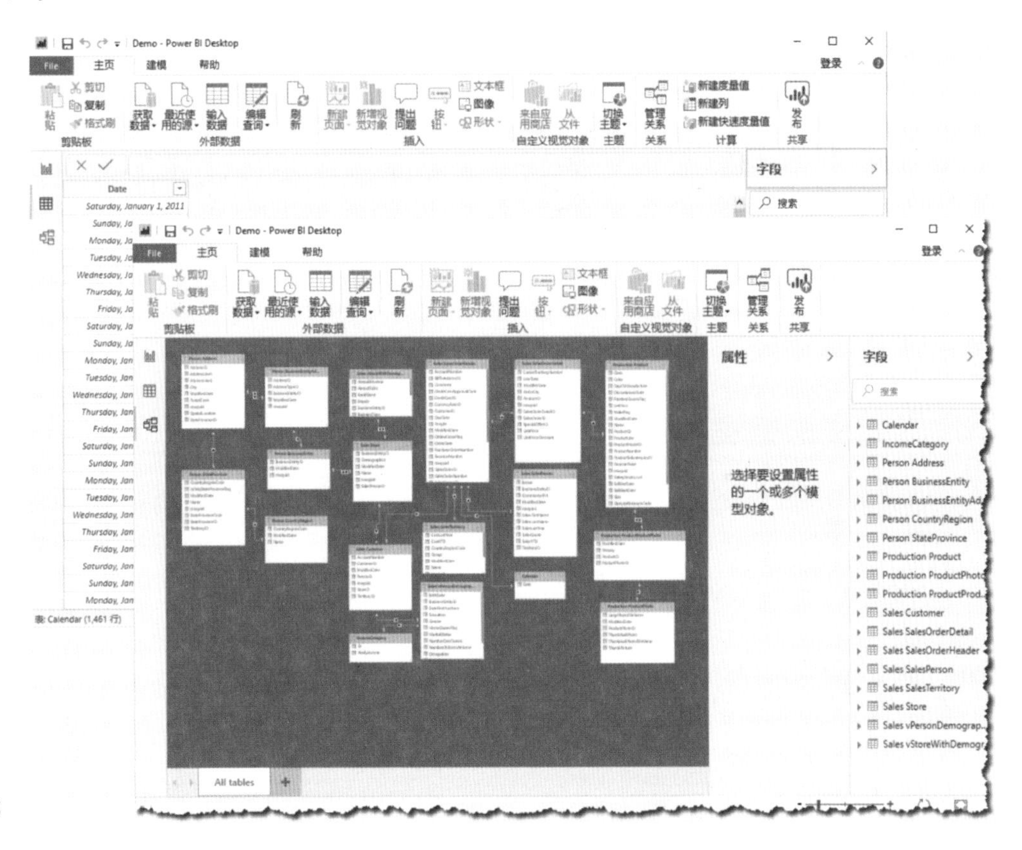

▶图 2-15

2.4.1 规范数据指代名称

对于收集来的数据，往往由于数据来源不同，导致很多相同意义的数据会由不同的表示符所代表。例如，在公司 CRM 数据库当中，员工的 ID 可能由 Employee ID 代表；在 HR（人力资源）系统中，员工的 ID 可能由 User ID 代表；Accounting 系统也有一个 User ID，但其表示的是客户的 ID。当对这 3 个数据库创建关联关系时，应该尽量修改成统一指代名称，这样在今后的计算使用中可以保持统一，便于理解。

另外，如果对跨国数据进行汇总计算，需要特别留意由于每个国家书写规范、计量单位等的不同，造成数据显示差异的问题。例如，我国日期格式按照“年、月、日”规则进行显示，美国使用的是“月、日、年”规则，而英国使用的则是“日、月、年”规则。如果将这类数据导入到 Power BI 内，当通用区域设定使用了“美国”时，Power BI 会按照月、日、年的规则进行解析。此时，对于采用英国格式设定的日期，解析会出现问题，导致出现如图 2-16 所示的错误。

对于这个问题，可以如图 2-17 所示，通过选择“更改类型”下的“使用区域设置”命令来解决，从而保证导入 Power BI 中的日期能正确进行显示。

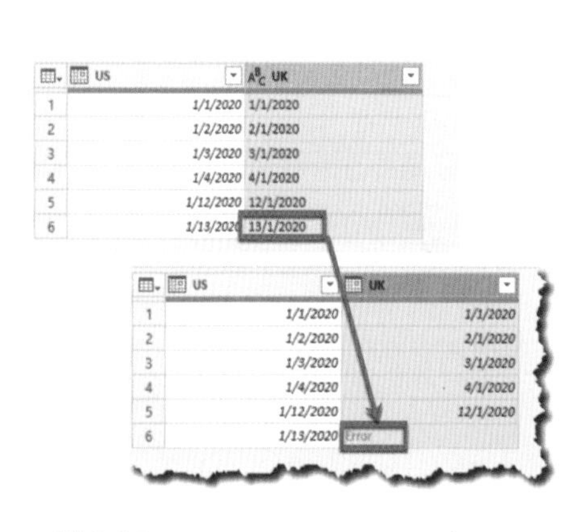

▲图 2-16

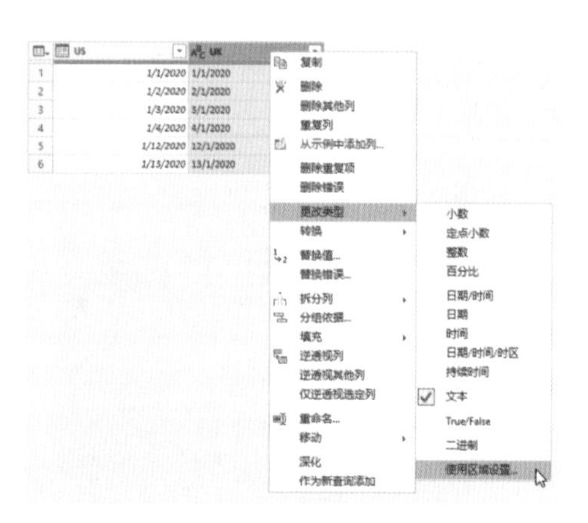

▲图 2-17

2.4.2 定义数据类型

对于收集上来的数据，还需要根据实际情况对数据类型进行定义，以便数据分析软件能对其进行正确的汇总解析。例如，有些数据源当中会存储二进制数据，而这种类型的数据可能无法被分析软件所识别。因此，要想使用这些二进制信息，就需要对其数据类型进行重新定义，以便分析软件能正确识别信息。

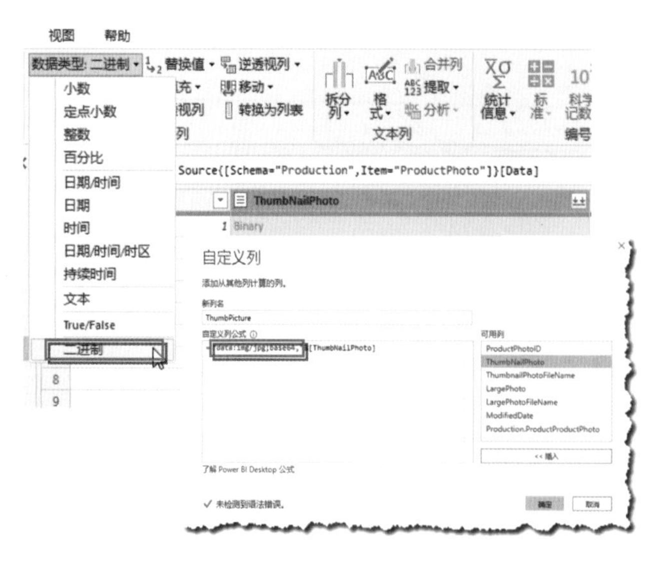

▲图 2-18

例如，在 AdventureWorks 示例数据库中以二进制的方式存储了一部分产品的图片。如果想在 Power BI 报表中显示这些图片信息，就需要将其数据格式转换成文本，再进行 Base64 编码处理。操作方法也很简单，如图 2-18 所示，在查询编辑器中先将数据格式从“二进制”改为“文本”，之后在文本信息前再添加一个前缀“data:image/jpeg;base64,”即可。

而数据分类则是根据数据整体特征进行标记，从而使得分析软件能更明白地获知其代表的意义。例如，我国有个吉林省，也有个吉林市。如果有一列包含“吉林”两个字的数据记录代表的城市名称，则应该将其数据分类定义为城市，这样在地图类型的可视化工具中就可以正确显示吉林市的位置。

2.4.3 建立表单关联关系

建立表单关联关系指的是根据表单之间的关系字段，将两张表单进行关联的操作。当两张表单之间建立了关联关系后就可以进行相互查询，从而获得更加丰富多样的信息，便于进行后续的分析工作。表和表之间一般存在一对一、一对多和多对多三种关联关系。

如图2-19所示，一对一（1∶1）代表两张表单中用于创建关联关系的数据列中的数值完全相同，也就是说两张表单实际上可以合并成一张表单进行使用。而多对一（*∶1）或一对多（1∶*）表示多的一方表单中用于创建关联关系的数据列包含一的一方中对应列下所有数值，并且一的一方列中数据值具有唯一性。而多对多（*∶*）则表示用于关联两张表单的关系列中彼此之间都包含有对方一部分数据信息，但又各自有一部分数据在对方列下没有对应值。

确定好表单关联关系后要设定查询方向，即指定进行查询时是只能从一张表单向另外一张表单进行，还是可以在两张表单之间相互进行。如图 2-20 所示，通常情况下，表单默认都会使用“单一”查询方式进行连接，即分别从 A 表和 B 表出发，都能查询到 C 表中的内容，但是从 A 表出发无法借助 C 表来查询 B 表中的内容，从 B 表出发也不能查询到 A 表内的数据。

如果改为图 2-21 所示的“双向”查询模式，就可以实现从 A 表出发，借助 C 表来查询 B 表中的数据。

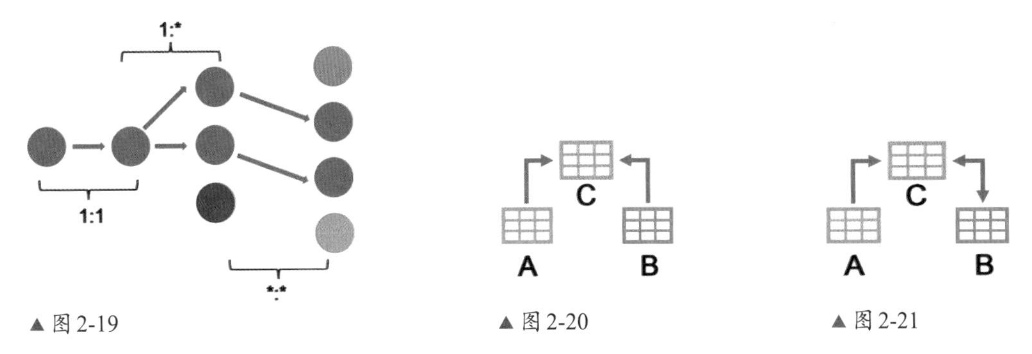

▲图 2-19　▲图 2-20　▲图 2-21

对于表单关联关系的创建，Power BI 中规定表单之间进行查询时，只能有一条查询路径，不能有多条。例如，在图 2-22 中，AdventureWorks 示例数据库中 Person.BusinessEntityAddress 表、Person.BusinessEntity 表、Sales.Store 表及 Sales.vStoreWithDemographics 表建立了一套关联关系。当再在 Person.BusinessEntityAddress 表和 Sales.vStoreWithDemographics 表之间建立关系时，Power BI 会自动将这一关系设置成“不可用状态”。原因是从 Person.BusinessEntityAddress 表出发，存在两条查询路径可以被用来从 Sales.vStoreWithDemographics 表中查询数据。如果两条路径就都处于

可用状态，会导致 Power BI 在运算时无法判断应该使用哪条路径进行查询。因此必须将其中一条禁用，才能顺利完成查询任务。

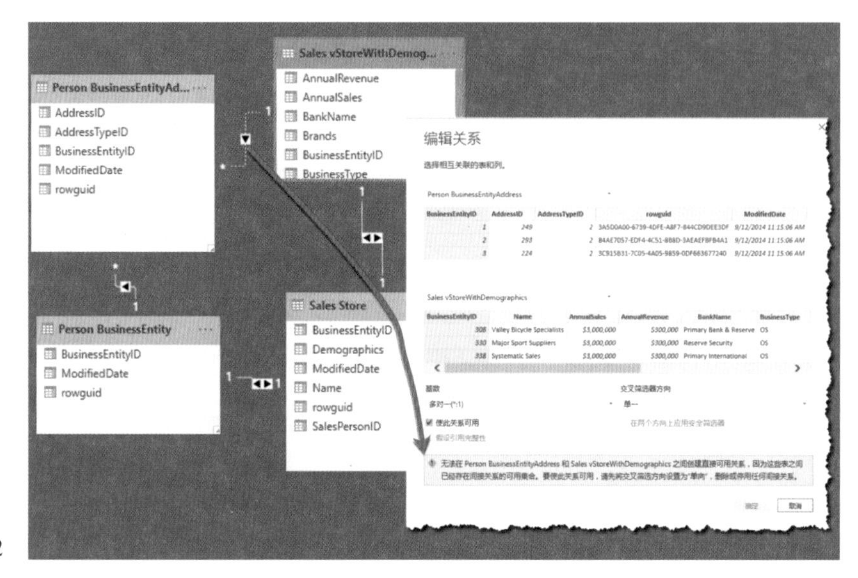

▶图 2-22

2.4.4 进行数学运算

数据准备完毕后就可以根据需求开始数学运算工作。常见的计算包括算术运算、关系运算、筛选运算、统计运算、逻辑运算等。在 Power BI 中，对数据的运算主要使用 DAX 语言来完成，而进行运算则需要创建计算列（Column）或度量值（Measure）来进行。

如图 2-23 所示，在表单中添加一个计算列相当于在当前表单中追加一个新列来存储函数的运算结果。计算列可以当作参数被其他函数使用，也可以用来创建可视化图表，还能用来创建表与表之间的关联关系。

而创建一个度量值（Measure）后，如图 2-24 所示，在导入的 Power BI 表单页面中并不会看到有实质的列增加，只有在创建视觉对象时才能看到度量值相关的计算结果。与计算列不同，度量值在使用上有一定限制，主要包括：一些 DAX 函数的参数不允许使用度量值；度量值不能用来创建表与表之间的关联关系；在切片器可视化对象中不能使用度量值；在矩阵图可视化对象中不能用度量值创建行。

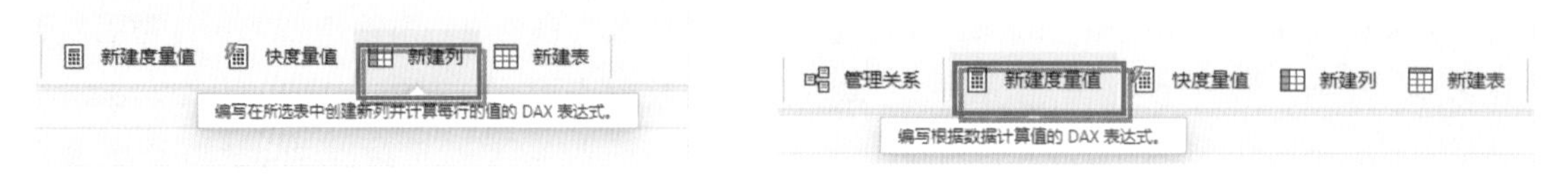

▲图 2-23　　▲图 2-24

虽然度量值在使用上有一定限制，但它的优势在于“随用随运算”，即度量值只有在可视化对象进行加载更新时才执行，主要消耗的是 CPU（中央处理器）资源，对内存资源的需求不高。而计算列生成的数据会被存储在当前的 Power BI 表单当中，每次启动该表单时，之前生成的计算列都会被加载到内存当中进行处理。当数据量过于庞大或创建计算列所使用的函数过于复杂时，处理计算列会占用较多的服务器内存。

作为数据分析师，在使用 Power BI 创建分析报表时应该灵活选用计算列和度量值进行数据运算，在满足数据分析需求的同时还应该兼顾性能效率问题，从而给用户带来更好的使用体验。

2.5 制作数据分析报表

数据建模完成之后，就可以开始使用这些数据信息来创建可视化对象，进行数据分析相关工作。之后，可视化报表中的信息可以用来生成相应的分析报告用于解决所面临的商业问题。

2.5.1 创建可视化对象

数据可视化可以通俗地理解为通过图形、图像甚至动画的方式将数据信息表现出来。数据经过可视化处理后能更生动立体、清晰明了、易于理解，对普通商业用户更加友好，能更加准确、便捷、有效地传达与沟通信息。

常见的数据可视化对象如图 2-25 所示，主要分为点、线、面、柱几种类型。数据分析师应该根据当前的数据特点选择恰当的可视化对象进行展示。例如，如果当前需要侧重分析元素随时间变化的情况，多数情况下会优先使用折线图；如果要强调子元素在整体中所占比例，通常使用饼图、堆积图或柱状图；如果想查看元素排序情况，应该选择使用柱形图或条形图；而如果涉及地理位置信息，则会优先考虑使用地图类可视化对象进行数据展示。

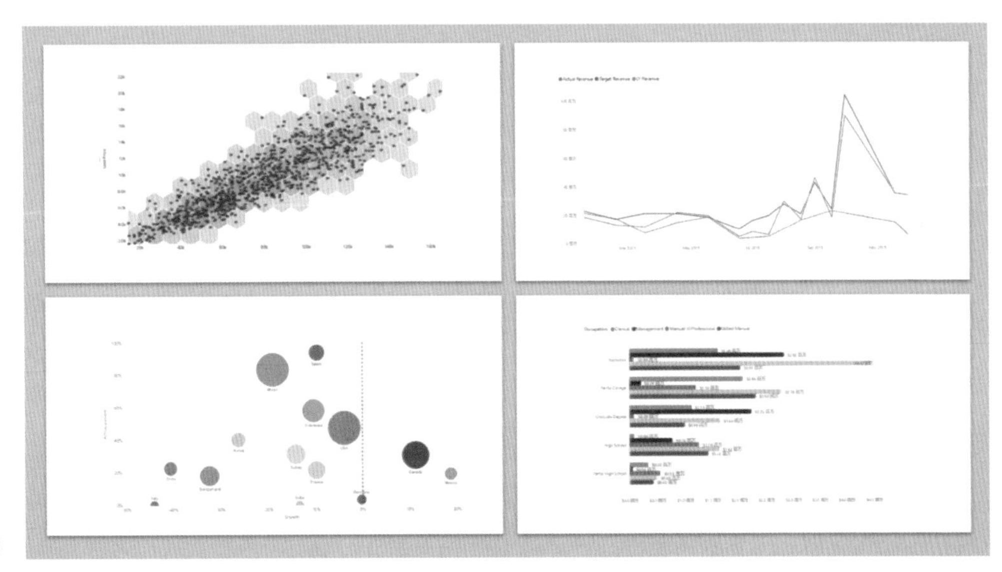

▶图 2-25

除了要根据数据特点选择合适的可视化对象以外，还要特别注意对每个可视化对象进行恰当的配置。例如，报表中的可视化对象必须进行清晰命名，如果有必要，还需配置描述信息对其内容进行介绍说明，以方便读者理解。当可视化对象中包含坐标属性时，还应该保证坐标单位清晰易读，并且同一张报表中的数据单位应该尽量保持统一。如图 2-26 所示，如果销售收入的准确数值是 11 695 019.0605，在可视化对象中可以将其显示为“12 百万”，即一千一百多万，以方便用户阅读。

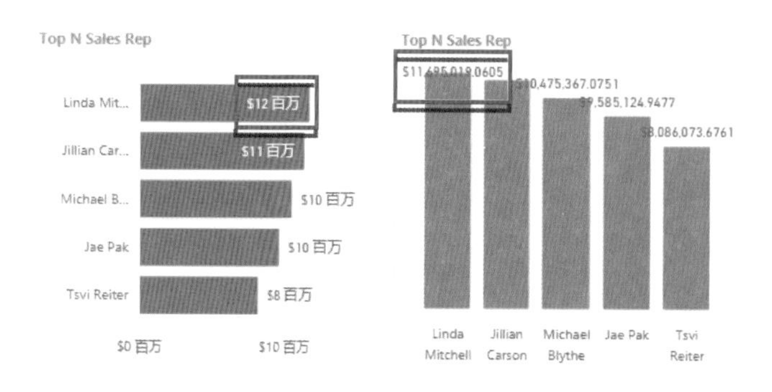

▲图 2-26

2.5.2 报表用户的权限分配

报表创建完毕后，为了保证数据的私密性和安全性，需要根据实际情况配置用户对报表的使用权限。例如，图 2-27 所示的企业结构中，HR 手中的员工绩效分析报表多数情况下只有 HR 部门和高级别管理人员才有查看权限；北美地区产品销售分析报告可能会对所有北美地区的销售人员开放，但亚太地区的普通销售人员则不能访问。

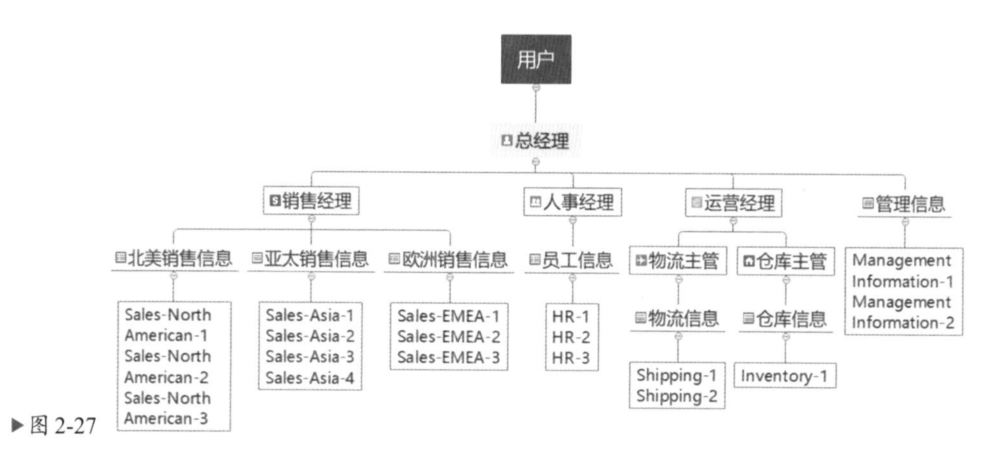

▶图 2-27

目前，Power BI 提供两种用户权限分配方式，一种是固定角色分配，另一种是动态角色分配。固定角色分配的特点是通过在报表中使用 DAX 函数创建角色组来定义用户权限。动态角色分配则是先创建用户管理表单，之后通过表单关联关系对数据进行过滤来定义用户权限的一种方式。

对于数据分析师来说，当报表使用者较少且数据过滤条件比较简单时，推荐使用固定角色分配法。如果报表使用者较多，并且数据集中的表单关联关系比较复杂时，可以优先考虑使用动态角色分配法。关于权限的配置方法详解，请参见第五章 5.2.4 小节。

2.5.3 报表的发布与更新

报表配置完毕后就可以发布给用户使用，并进行定期的维护更新。在发布 Power BI 数据报表时要特别注意其数据源的存储方式，否则可能会导致后续更新失败。例如，如果数据源是 Excel 或 CSV 类型文件，应该优先考虑将这些源文件存储在 SharePoint 或 OneDrive 站点上，因为 Power BI 可以自动连接这些数据存储介质来获取数据。如果数据源是本地 SQL Server 或其他类型的数据库，则需要部署如图 2-28 所示的 Power BI 本地网关，以便 Power BI 在线应用服务可以与本地数据存储介质进行连接。

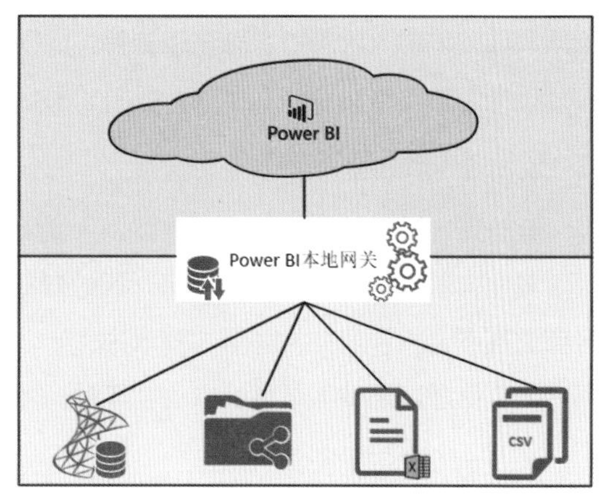

▲图 2-28

对于报表刷新，当使用 Power BI 桌面应用中的“导入模式”连接外部数据源时，所有数据建模过程都基于导入 Power BI 文件内部的数据来进行。如果外部数据源中的数据发生变化，Power BI 并不会主动更新，需要进行手动刷新或定时刷新来加载新数据。

如果报表使用的是在线或直连（Live/DirectQuery）方式连接数据源，则每次加载可视化报表时都会从数据源获取最新数据。这种情况下，不需要进行任何特殊配置，即可保证每次获得最新的报表数据。

2.5.4 编写数据分析报告

数据报表创建完毕后需要编写相应的分析报告对报表中的数据信息作出解释。通常情况下，数据分析报告应该围绕商业问题展开并给出合理预测及相应的可行性方案。图 2-29 所示为一个数据分析报告示例。

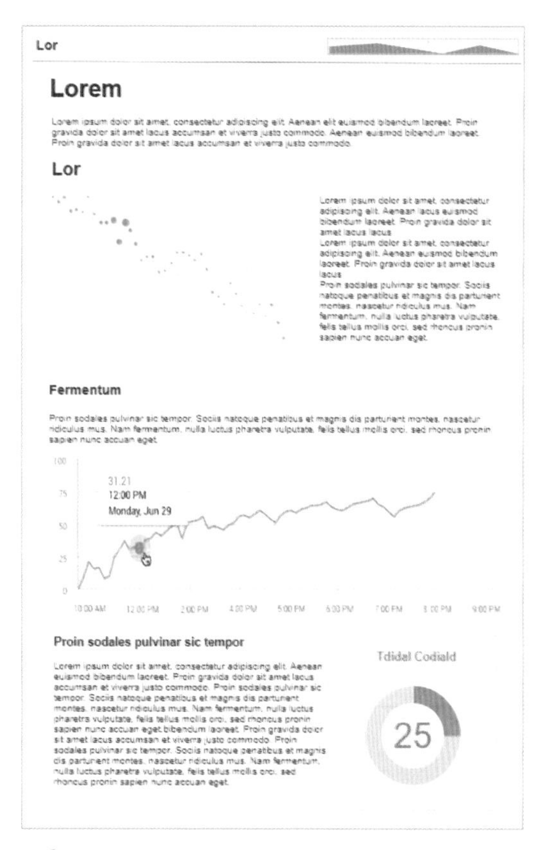

▲图 2-29

编写数据分析报告需要做到以下三点。

1. 将数字转换成文字

虽然通过可视化对象能将数据信息以更加清晰明了的方式展现给读者，但很多缺乏背景信息或相关领域知识的人士仍然很难马上理解报表所展示的信息内容。因此，对于商业数据分析师来说，在分析报告中应该用通俗易懂的文字对数字信息进行说明，尽量少使用数学语言或程序语言。

2. 报告主体明确

分析师应该从报表中着重挑选可以为商业问题提供可行性解决方案的数据进行重点描述分析，对于其他辅助信息做简要说明即可。好的数据分析报告不是数据报表使用说明文档，也就是说，作为商业数据分析师，如果只是在报表中逐一介绍每个可视化对象的名称、配置的元素、使用的统计学方法等信息，那么其蕴含的价值就较低，无法满足报表使用对象的需求。

3. 清晰合理的报告结构

数据分析报告应该按照说明文文档格式进行编写，所用语言需要客观、真实，尽量不要有过于主观、情绪化或抒情类的描写。文体结构通常包括简介信息、数据收集概述、数据分析所用方法、分析结果和可靠性说明及所得结论。如果进行了可行性试验，也需要将这部分信息归纳到数据分析报告当中。

要想编写一份好的、实用性强的商业数据分析报告并不容易，需要平时不断地进行积累和练习。多阅读他人优秀的报告能帮助新手分析师快速获得写作思路，是一个不错的学习方法。

高手神器 2：通过思维导图来厘清商业数据分析思路

进行商业数据分析时由于需要进行多个步骤，每个步骤都需要从不同角度切入分析，这就使得涉及的相关数据来源可能会比较复杂，进而导致建模过程变得比较烦琐。为了确保分析师可以建立清晰的工作思路，可以通过使用思维导图来规划整个商业数据分析过程，将每一个分析点都列举清楚，从而确保分析工作能有条不紊地进行下去。

思维导图就是用图形结合的方式，通过层级结构将各个主题的关联关系表现出来。思维导图的特点是将关键词与图形、图像、颜色等相结合，从而帮助使用者能以轻松的方式建立记忆链接。

市场上有很多思维导图创建工具，其中有很多厂商提供免费版供用户使用。商业数据分析师可以根据自身喜好选择一款合适的思维导图工具用来记录数据分析过程中涉及的步骤和关键点等信息。例如，当需要对销售情况进行分析时，可以创建一个如图 2-30 所示的思维导图来明确分析点，制订数据收集计划。

在开始进行数据分析前，也可以如图 2-31 所示，将数据分析可能应用到的方法进行一一列举，然后根据所要解决的商业问题的特点，选择恰当的方法进行分析。

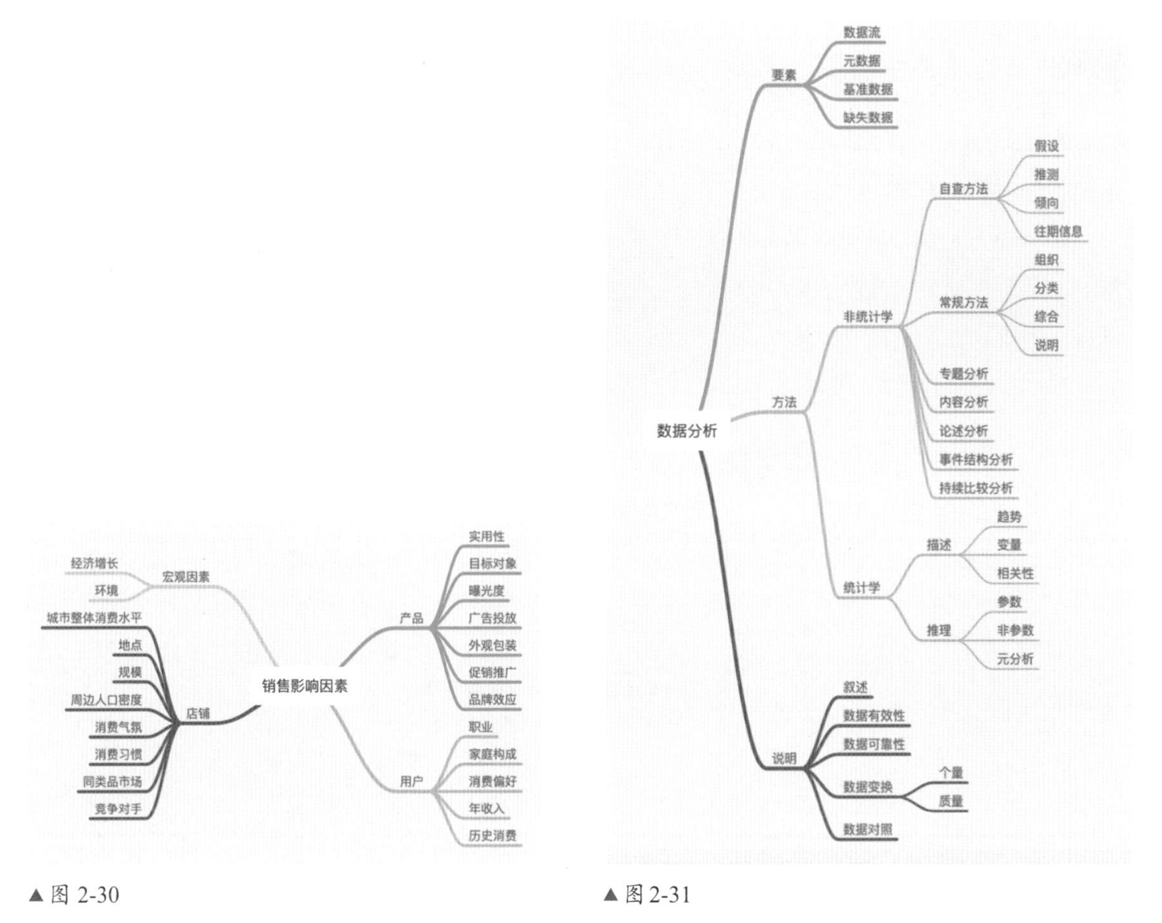

▲图 2-30　　▲图 2-31

相比传统方式，通过思维导图能非常清晰明了地列举所有潜在的因素，更便于分析师寻找到重点分析对象，制订相应的分析策略，找到最优的解决方法，还能在一定程度上减少错误的发生。

2.6 本章小结

本章对商业数据分析过程中涉及的主要流程做了介绍，并结合 Power BI 中的相关功能对数据分析中的基本操作做了简单讲解。阅读完本章内容，相信读者朋友已经能厘清商业数据分析工作中涉及的相关内容和所需执行的步骤，希望读者在今后进行商业数据分析相关工作时能灵活利用各种理论来处理相关问题。

本章"高手自测"答案

高手自测 2：公司最近一次的软件更新发布被推迟，请使用 5WHY 分析法尝试解析可能导致更新推迟发布的原因。

答：5WHY 分析法的核心是根据紧密的逻辑关系，由表及里，通过层层分析来找到某一问题产生的根本原因。当一个软件更新发布被推迟，多数情况下最直接的原因是发现有严重的 bug 不能及时修复。可以此为突破口，研究 bug 产生的原因，从而尽量避免此类问题再次出现。

例如，在图 2-32 中，显示了一个使用 5WHY 分析法对软件推迟发布原因的调查供读者参考。

▲图 2-32

Chapter 03 商业数据分析的模型与思路

当完成了对商业问题表象的初步调查后，就要根据所需处理商业问题的特点，制定一套恰当的分析模型和调查思路，从而保障商业数据分析工作能有序展开。商业分析模型能帮助分析师确定问题调查的层面和方向，制订各阶段工作计划，从整体上对分析工作进行规划。而商业分析思路则能帮助分析师确认具体使用的分析手段，明确数据收集目标，规划数据收集方案及数据建模思路等，从相对更细节的方面制定相关分析工作。

目前，在商业数据分析中可以应用到的模型和思路比较多，本章将对其中广泛使用的几个模型和思路做介绍。作为一个商业数据分析师需要掌握这些基本的商业数据分析模型和思路，并能根据实际面临的商业问题来灵活地选择和运用分析模型和思路。

请带着下面的问题走进本章：

（1）什么是描述性分析，什么是预测性分析，什么是指导性分析？

（2）如果要对宏观经济进行分析应该采用哪种模型？

（3）哪种模型适合对营销问题进行分析？

（4）哪种模型适合对生产管理问题进行分析？

（5）数据分析的基本思路有哪些，应该如何选择？

3.1 商业数据分析的四个层次

企业进行商业数据分析的根本目的是通过获取数据变化的规律来制订相应的业务流程，从而解决某一特定类型的商业问题。对于分析师来说，整个过程的关键点和难点就在于如何获取数据变化的相关规律。那么如何才能洞察数据背后反映的商业规律呢？

如图 3-1 所示，全球知名的咨询公司高德纳归纳总结了一套数据分析的框架，从 4 个层面以循序渐进的方式来对数据进行分析。这套商业数据分析方法随着分析难度的增加，其分析结果的价值也越来越高。整个过程遵循的规律是先对现有情况进行归纳分析，之后根据数据结果反映出的现象规律来计算未来相关事件重复发生的可能性，最后总结出解决这类问题的根本方法。

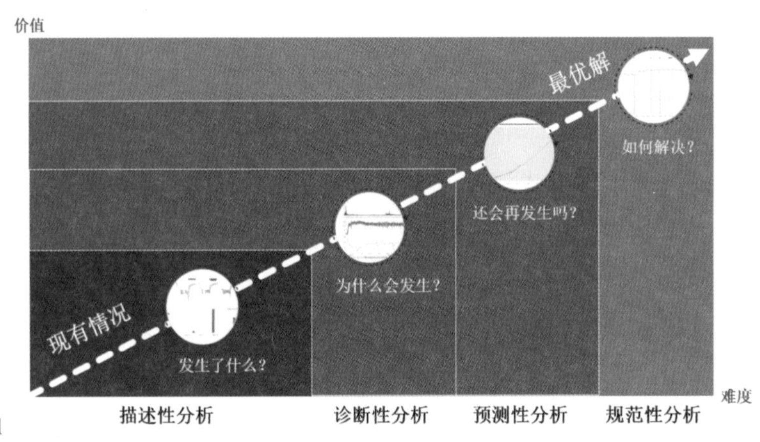

▶图 3-1

3.1.1 描述性分析

描述性分析（Descriptive Analytics）是商业数据分析中最基础、最常见的一种分析方式。它的主要作用是来回答“发生了什么”这一问题。描述性分析是针对已有数据进行调查，然后通过分类、对比、总结等方式对所发生的商业问题进行全面阐述。这种分析方法相对比较简单，不会对数据进行过多复杂的数学计算。

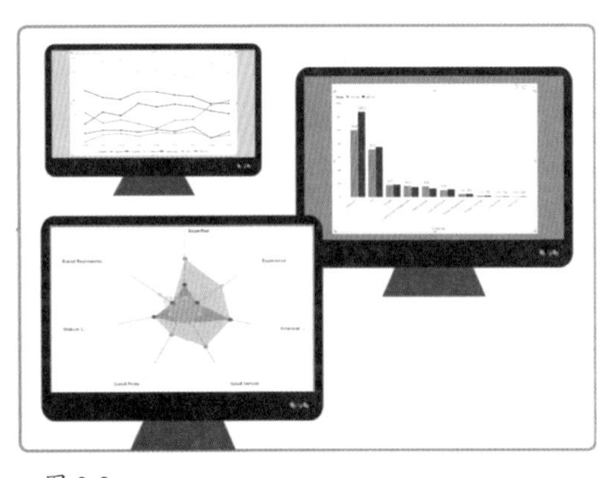

▲图 3-2

描述性分析的目的是对历史信息进行归类整理，从而让报表读者能非常清晰明了地获知这些数据反映出来的行为规律。在描述性分析中多使用到求和、求平均值、求中位数、求百分比等基础的统计学方法。如图 3-2 所示，其生成的数据报表中多使用一些常见的可视化图形来展示数据分析结果，如饼图、柱状图、折线图或表单等。

企业内有很多常见的数据分析报表都是基于描述性分析层面来创建的。比如销售情况报表、年度收支报表、员工绩效报表、IT 设备维护报表等。这些报表反映的都是企业在某一特定时间范围内的真实运行情况信息，管理层通过对这些信息的解读可以判断过去一段时间内企业各项业务运行的平稳性，从而决定是否需要对某项运营流程或策略进行调整和改进。

例如，图 3-3 展示的就是一个典型的描述性分析图表，它以消费者的年龄段为基准，统计了不同年龄段、不同性别人群的消费习惯。这种数据可以帮助企业对消费者行为进行分析，从而制订更有针对性的产品营销方案。

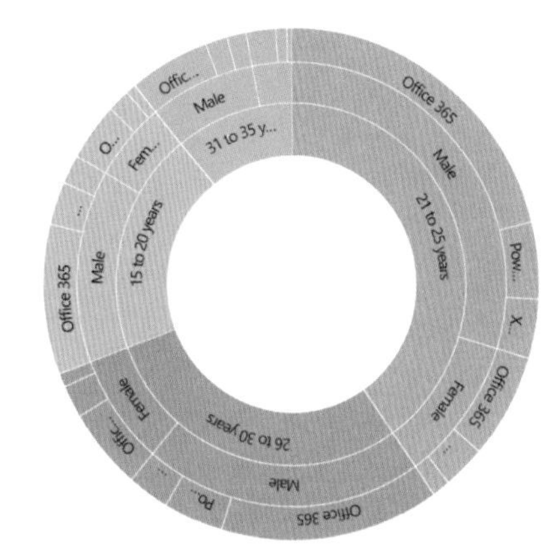

▲图 3-3

3.1.2 诊断性分析

与描述性分析相比，诊断性分析（Diagnostic Analytics）会对数据信息内容进行更进一步的挖掘。它以描述性分析获得的结果为出发点，尝试从不同层面来分析数据走势，以求获得数据背后所反映的事实规律。

诊断性分析的主要目的就是要回答“为什么会发生”这一问题，它主要通过以下三个步骤来开展。

1. 识别异常数据

完成描述性分析之后，分析师必须对报表中的信息进行研究，查看是否有哪些数据的走势无法用已知规律进行解答。例如，通常情况下，市场促销活动能对产品销售量带来很大幅度的提升，假如某次促销活动后产品销售量提升幅度很小，甚至出现了下降，那么这部分数据就可以归类为异常数据。

再比如，一般公司网站的浏览量都是每天千人次左右，如果某一天突然出现了几万人次的浏览记录，则这个数据也属于异常数据。对于商业数据分析师来说，当有异常数据出现时，就需要进行诊断分析，来查找异常发生的原因。

例如，图 3-4 统计了某个产品在某段时间内的销售情况及相应时间段内的退货率。一般来说，退货率越高、数值波动越大说明产品销售情况越不稳定。在图 3-4 中，4 月份产品的销售量不高，但是退货率却上升到了最高点，并且在之后的两个月内连续下降。对于这种情况，可以将其认定为一个异常值并展开相应调查分析。

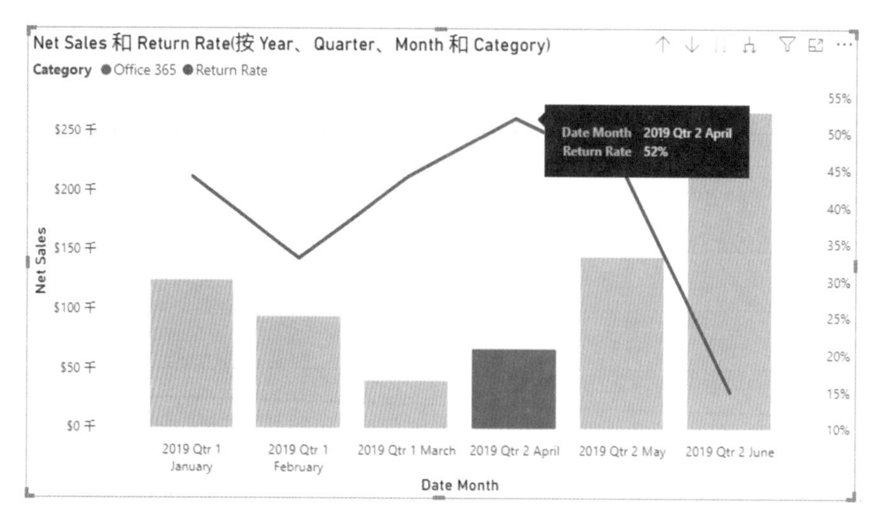

▶图 3-4

2. 对异常数据进行解读

当有异常数据出现时，商业数据分析师需要全面系统地对整体数据进行研究，以便查找一切可能导致该问题产生的原因。通常情况下，有异常数据就说明当前用于分析数据变化规律的依据存在一定的瑕疵，可能有某些影响因素未被认定为数据分析点。此时，分析师除了需要对已有数据进行调查外，还需要查看是否存在某些未被收集整理的外部数据也可能导致异常数据的产生。

3. 确定异常数据的影响因素

在全面排查所有可能对数据变化规律产生影响的因素后，通常可以确认数据发生异常变化的原因。之后，通过概率论、回归分析、时间序列分析等统计学方法可以找到异常数据产生的规律，为管理层提供制订相关解决方案的依据。

早些时期，诊断分析所要进行的相关工作都必须手动完成，整个过程基本都依赖于分析师个人对异常信息的判断能力、对影响因素变化规律的洞察能力，以及对数据的建模计算能力。如果个人能力欠缺或出现判断失误，就会导致整个分析结果出现偏差，甚至给管理层提供错误的决策信息。

现在，随着计算机技术的发展，机器学习功能已经被引入了数据分析领域。通过大量的推演计算，计算机能快速捕捉异常信息，发现数据波动规律，找到事件因果关系，并且能根据数据的更新变化及时修正数据分析模型，计算效率与可靠性都有了大幅提升。

3.1.3 预测性分析

预测性分析（Predictive Analytics）指的是通过对已有数据的分析来预测未来数据的走势变化。它的本质其实是使用历史数据创建一套数学模型，然后基于时间的变化，来计算出模型上各个变量的对应变化值，从而预测某一事件的未来发展方向，以便管理层制订相应的处理策略。

进行预测性分析的根本目的是要解答“还会再发生吗？”这一问题。例如，保险公司的保单都是通过预测分析模型来进行定价。当客户对购买的机动车进行投保时，保险公司会对机动车的价格、历史出险信息等情况进行考察，然后计算出一个风险等级，之后再将风险等级代入预测分析模型中来计算该机动车的投保费用。再比如，很多公司都会根据往年的财务信息来制定财务预算报表，用来预测未来一段时间内公司的各项收支情况，并以此为依据来对经营策略进行调整。

相比前面介绍的诊断性分析，预测分析对分析师的数据处理能力要求更高。如图 3-5 所示，目前，很多企业内的预测分析工作都由专门的数据工程师或数据科学家团队来进行。他们通过使用机器学习和深度学习等技术对大数据进行挖掘，探索其变化规律，然后基于回归、集群、分类、时间序列分析等方法创建模型来对数据变化进行预测。

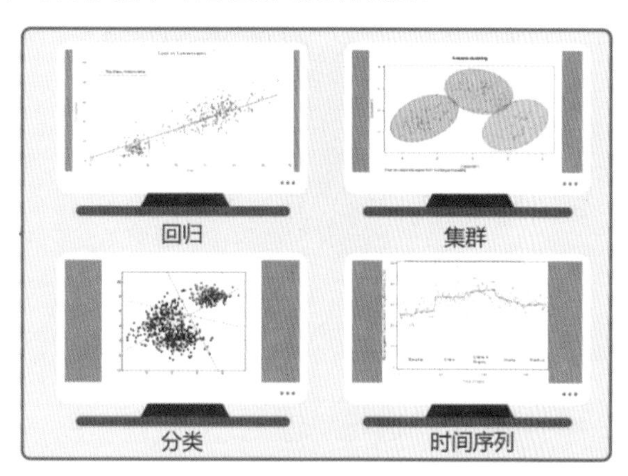

▲图 3-5

虽然预测分析工作比较复杂，但随着计算机行业技术的提高，现在有很多软件提供了“智能预测”功能，用户只需几步简单的配置即可基于现有数据信息快速创建一个预测模型，在很大程度上降低了预测分析的入门门槛，使得更多企业可以从数据分析中获益。

例如，Power BI 中有部分可视化对象提供了“预测”功能，可以基于一段时间内的元素变化情况来预测未来一段时间内相应的变化情况。图 3-6 所示的折线图中，绿色线条代表了产品在 1 月到 6 月这段时间内的实际销售情况，而绿色线条后紧跟的灰色线条则代表了对未来 7 月到 9 月这段时间内的销售预测情况，灰色阴影区域代表了预测波动幅度。在预测的过程中，用户不需要创建任何计算公式就可以获得所需结果。

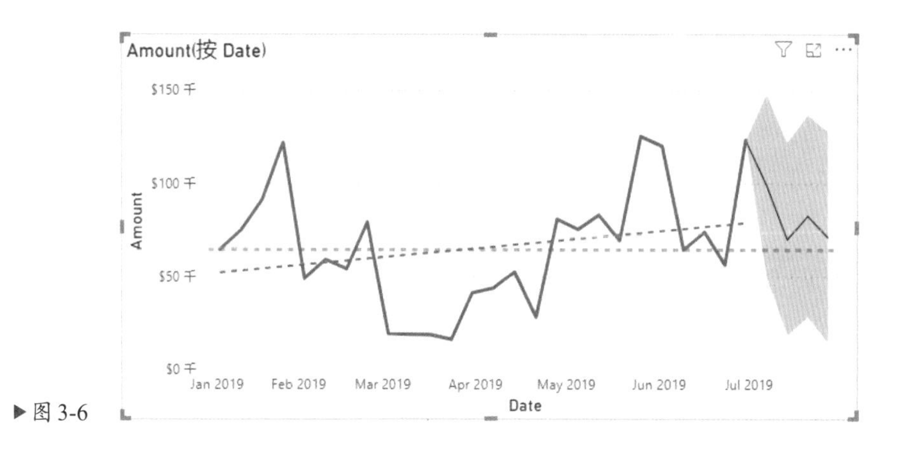

▶图 3-6

3.1.4 规范性分析

规范性分析（Prescriptive Analytics）是商业数据分析的最后一个阶段，相比前 3 种主要针对数据层面进行的分析，规范性分析是为了从数据分析结果中获得解决方案，强调的是为企业管理人员提供决策依据。

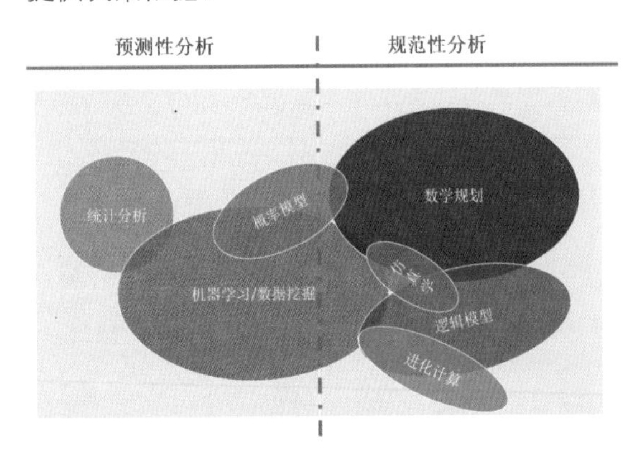

▲图 3-7

进行规范性分析的目的是回答“如何解决”这一问题。它不但能根据现有信息来预测某一事件的发生走向，还能判断在出现甲、乙、丙等不同条件后事件将发生什么变化。如图 3-7 所示，规范性分析所使用的分析方法与预测性分析有一定的重合性，规范性分析相当于在预测性分析的基础上又迈进了一步，通过引入各种各样的假设条件预测事件相应的发展方向，然后从中找到一组能引导事件向所期待方向发展的最优条件。

例如，在进行市场经营活动时需要确定产品推广目标。在传统的使用描述性分析的案例中，分析师基本上会根据用户的年龄情况进行分组，然后针对不同的年龄组，使用不同的营销手段来推广不同的产品。这种分析方案虽然有效但准确性可能较差，效率较低。而在规范性分析中，分组方式则可以通过收集用户的消费行为信息，然后使用人工智能、机器学习等技术对这些大数据进行建模分析来获得。进一步，通过规范性分析，针对不同的分组还能计算出最优的产品推广方案，使得市场营销活动变得更有针对性，效率更高。

规范性分析的目的是以数据分析结果作为企业制订决策的依据。它的出发点是减少人为主观认识对分析结果的影响，强调的是依据客观的计算结果来指导现实工作。规范性分析的好处是一旦完成建模，能快速推演出各种条件下事件的表现结果，能很大程度上节约分析时间，提高工作效率，节约成本。

例如，图 3-8 显示了退货率对利润变化的影响。当退货率达到 40% 时，可以预测出未来三个月的产品销售平均利润将无法达到 10 万美元。而当退货率下降到 10% 以后，未来三个月销售的平均利润将很有可能超过 10 万美元。通过这个简单的推算模型，企业能非常直观地了解到退货率对利润的影响，从而制订相应的产品营销策略，以便能获得最大利润。

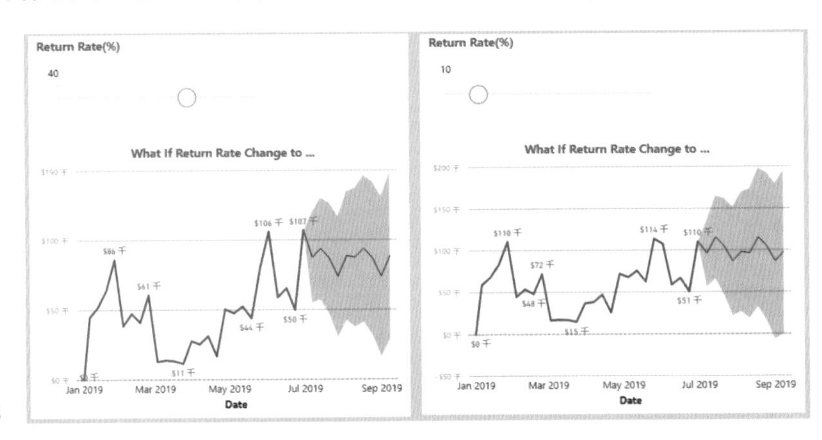

▶图 3-8

但规范性分析中也存在一个风险因素，即个体行为变化是不可预测的，也就是说在规范性分析中只能使用一个相对可靠的群体行为作为建模依据，一旦群体行为发生变化，就会导致分析结果出现偏差，甚至得出错误的指导意见。所以，在制订决策时不应该完全依赖规范性分析的结果，也需要适当结合人为主观分析，从而最大限度保证可以获得正确的决策制订依据。

在实际商业数据分析中，描述性分析、诊断性分析、预测性分析及规范性分析之间并非相互独立使用，而是紧密结合在一起来解决相关商业问题。描述性分析和诊断性分析对分析师的计算机操作能力和统计学知识要求相对较低，比较容易入手开展工作。而预测性分析和规范性分析则要求分析师有丰富的统计学知识或对人工智能及机器学习技术有深入了解，入门门槛较高，需要进行一定的时间积累和学习才能进行相关工作。

虽然描述性分析和诊断性分析不如另外两种分析类型价值高，但它们足以用来解决很多常见的商业问题。因此，如果不打算往偏向技术领域的数据科学家或数据工程师方向发展，可以将精力更多地投入这两种分析方法的学习当中。

3.2 商业数据分析的常用模型

商业分析模型指的是通过建立结构模型来分析商业领域相关事件，从而为企业管理者解决相关问题提供决策依据。在企业实际日常经营活动中，商业分析模型的应用非常广泛，如产品定价、市场推广、竞争对手分析等研究中都会使用到各种不同类型的分析模型。

商业分析模型的种类很多，应用的领域、适用解决的问题也不尽相同。本小节对全球各大咨询公司常用的5种分析模型进行介绍，以求帮助读者对分析模型有一个基本了解。

3.2.1 PEST宏观环境分析模型

PEST宏观环境分析模型是一种用来分析企业所处宏观环境情况的模型，分析的对象是那些不受企业自身控制的外部环境影响因素。如图3-9所示，PEST是4个英文单词的缩写，分别代表政治（Politics）、经济（Economy）、社会（Society）及技术（Technology）。PEST模型强调从这4个因素入手去分析宏观环境对企业营收能力的影响，多被用于制订企业的整体发展战略、商业计划、投资策略等相关分析工作当中。

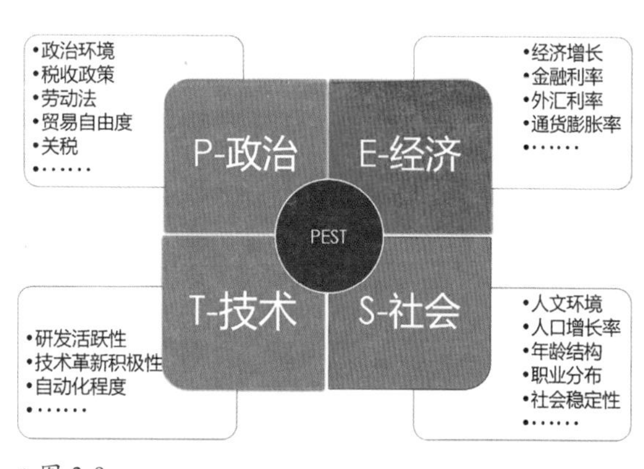

▲图3-9

1. 政治因素

PEST 模型中的政治影响因素主要包括企业所处地区的整体政治环境，其他项还包括税收政策、相关劳动保护法完善程度、贸易往来自由度及关税情况等。这一分析的目的是帮助企业衡量政治因素对其自身发展的影响。通常情况下可以认为某一国家或地区的政治因素越稳定，企业能得到的保障性也就越高，各项生产经营活动的平稳性越高，获得利润的可能性也更高。

政治因素主要的分析对象是政府部门颁布的各项能对企业经营活动产生影响的法律法规。例如，税收政策的变化会对企业的营收产生显著影响，如果一个国家或地区的税收政策频繁变化，那么企业的营收也会随之产生波动，导致企业的经营风险增高。

2. 经济因素

经济影响因素主要指企业所处地区的整体经济环境情况，主要包括市场整体增长水平、各项金融利率、外汇利率及通货膨胀率或通货紧缩率等。该项分析的目的是帮助企业评估当前所在市场的成熟度和稳定性，帮企业判断当前市场是否有持续投资发展的价值。

经济因素分析研究的主要对象是央行及政府金融部门发布的各种政策信息。例如，图 3-10 所示的贷款利率就是一项对企业融资成本有很大影响的经济因素。而消费价格指数（CPI）的增长率则能反映出当前市场的稳定性。良好的经济环境有助于企业进行稳定持久的发展，而当经济环境出现恶化迹象时，企业必须做出相应的战略调整，从而减少经济因素对企业营收的影响。

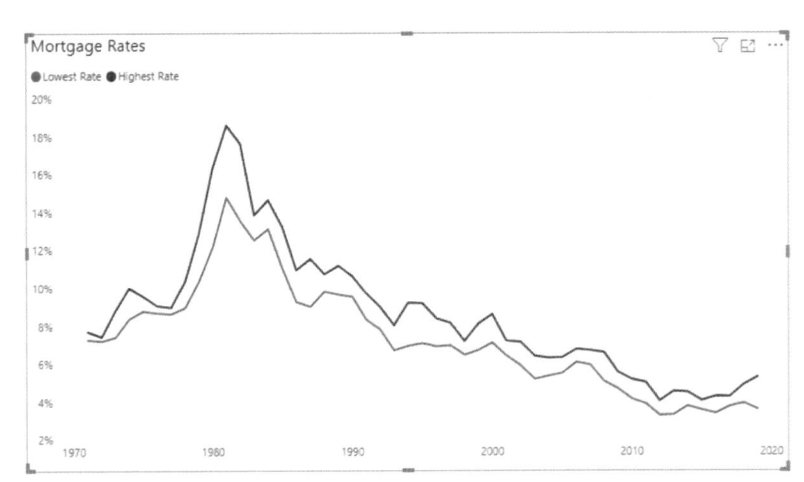

▶ 图 3-10

3. 社会因素

社会因素在 PEST 模型中主要指的是企业日常经营活动中所处的社会环境情况，包括人文、历史、文化等因素，以及人口增长情况、各年龄层所占比例、人均或家庭年收入、职业分布情况等。它相当于在宏观层面上对市场消费群体进行了分析，便于企业对目标客户群进行初步筛选。

进行社会因素分析的主要目的是帮助企业了解市场上的消费群体特征，摸清用户的消费习惯，以及影响消费支出的关键因素等。例如，可以根据图 3-11 中人口结构变化来进行推测，某一地区人口出生率显著提高，意味着一段时间内的婴幼儿商品销量会大幅增长；但同时也意味着一部分生活非必需品的销量可能会下滑；此外，还可能意味着家电、汽车、住房等商品的消费能力发生改变；甚至还可能预示着20年之后人力资源价格的变化。因此，企业必须根据自身所处的社会环境来制订发展策略，并进行定期更新，以保证自身发展方向与社会发展相匹配。

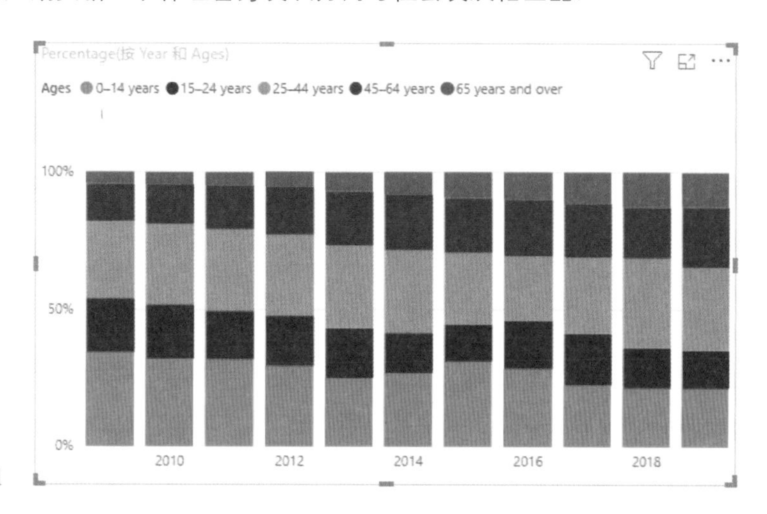

▶图 3-11

4. 技术因素

PEST模型中的技术因素主要分析的是市场环境中出现的新技术、新工艺、新材料等对企业生产经营活动产生的影响。它的目的是分析当前市场上出现某种技术革新时，企业应该做出何种反应才能适应当前变化，才能确保其利润率稳步增长。主要分析点包括研发活跃程度、技术革新的积极性、行业自动化程度及技术更新频率等。例如，图3-12反映了最近几年游戏平台的变化情况，可见PC游戏市场正在逐渐被手机游戏蚕食，反映出越来越多的用户开始习惯通过手机来进行游戏娱乐活动。

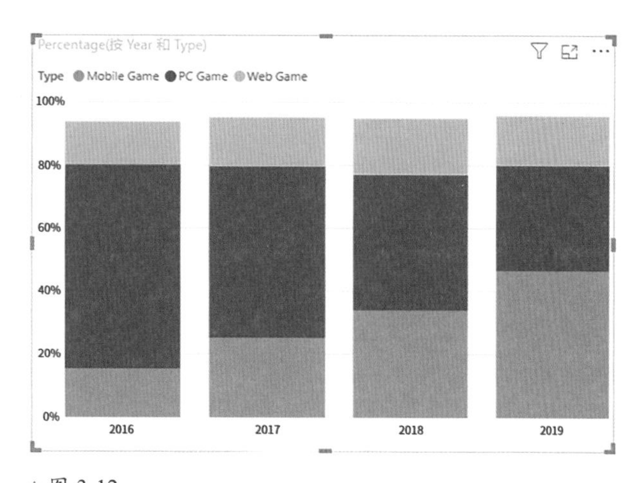

▲图 3-12

新技术的出现对企业来说既代表着机遇也意味着挑战。进行技术因素分析主要就是帮助企业回答是否要针对该项新技术投入研发，是否有必要采用新技术进行生产，何时应该进行技术升级等问题。过早孤注一掷地投入不成熟的新技术领域可能导致企业付出巨大成本却无法获得可靠收益，但对技术革新反应缓慢也可能致使企业错失新市场带来的丰厚收益。因此，当市场上出现某种新技术时，企业必须对其进行谨慎的判断分析，然后做出恰当的反应才能保证自身可以从中获得最大的收益。

PEST 模型主要适用于制订企业的长期发展策略，它能帮助企业了解自身所处市场环境的综合情况，洞察宏观风险因素，挖掘潜在商业发展机遇。针对 PEST 分析模型中的 4 种因素，通常会从以下 5 个方面对其进行测量，从而对当前市场宏观环境情况进行评定，以便帮助企业管理者制订相应发展计划。

◎ 潜在影响：高、中、低。

◎ 重要性：高、中、低。

◎ 时间范围：即刻、短期、长期。

◎ 类型：积极、消极。

◎ 直接效应：增长、降低。

在实际的生产活动中，对于分析师来说，要进行 PEST 分析，就必须从政府及社会相关机构中收集掌握大量充分的研究资料，并对企业当前的生产经营活动进行充分深刻的了解后才能展开相关工作，否则很难保证分析结果的准确性。对于企业来说，进行 PEST 分析需要耗费的时间和成本相对较高，不应该盲目地开展。如果有必要，可以聘请专门的公司对当前宏观市场环境进行分析，以保证企业能获得最准确的 PEST 分析结果。

3.2.2 SWOT 条件综合分析模型

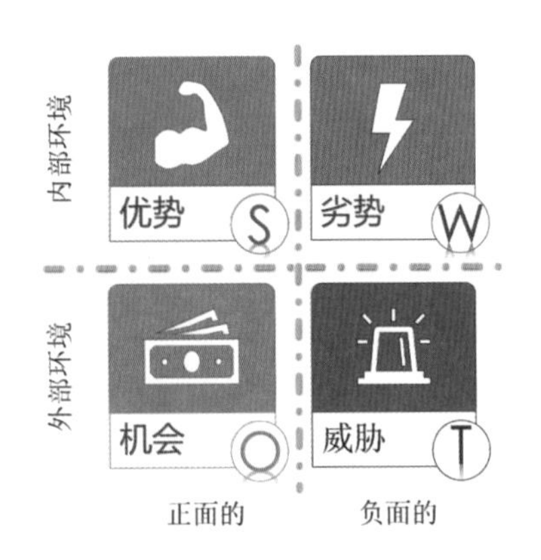

▲图 3-13

SWOT 条件综合分析模型是商业分析当中最常见、适用范围最广的一种分析模型，它既可以用来分析企业所在行业的宏观影响因素，也可以用来分析与企业自身条件相关的微观竞争环境。

如图 3-13 所示，SWOT 是 4 个英文单词的缩写，其中，S（Strengths）是优势，W（Weaknesses）是劣势，O（Opportunities）是机会，而 T（Threats）则是威胁。这种模型分别从这四个方面对企业的内部环境和所处的外部环境进行分析，帮助企业充分了解认识到自身的优势和劣势，从而制订相应的发展策略。

1. 优势

SWOT 模型中的“优势”属于企业内部的影响因素，它主要指的是与同行相比，企业自身具备的有力竞争要素。例如，先进的技术、良好的品牌效应、忠实的客户群、优秀的管理团队、稳定的资金链等。这些优势属于企业自身经过长期发展积累获得的有利条件，由企业自身主导进行开发和维护。

企业的有形资产和无形资产都可以成为一种优势因素帮助企业在市场竞争中脱颖而出。通常情况下会认为，企业的优势因素越多，就说明企业在当前市场竞争中处于优势地位，其未来的发展前景也会越好。例如，由于品牌效应的影响，知名厂商发布的新产品往往比普通厂商的同类产品更容易被消费者所接受。在进行条件综合分析时，如果需要对多个主体进行比较，可以如图 3-14 所示，将优势项目进行列举，然后逐一打分，以便比较不同主体的表现情况。

2. 劣势

与 SWOT 模型中的优势因素相对，劣势因素指的是企业与同行相比所欠缺的竞争要素，包括人力资源、技术水平、财务风险、管理流程等方方面面。劣势也属于一种内部环境因素，代表企业自身能力在某些方面的不足，它能显著影响企业的竞争能力，对企业的发展产生制约。

企业必须对其自身的劣势因素进行掌控，尽可能地减少甚至去除劣势因素带来的负面影响，不能对这些劣势因素放任不管。例如，当企业员工流动率过高时，人力资源部门必须着手进行调查并提出相应的解决方案，以避免企业由于人员流失过多而出现系统性风险。与优势项目类似，如图 3-15 所示，劣势项目也可以通过列举打分的形式来分析不同主体的表现情况。

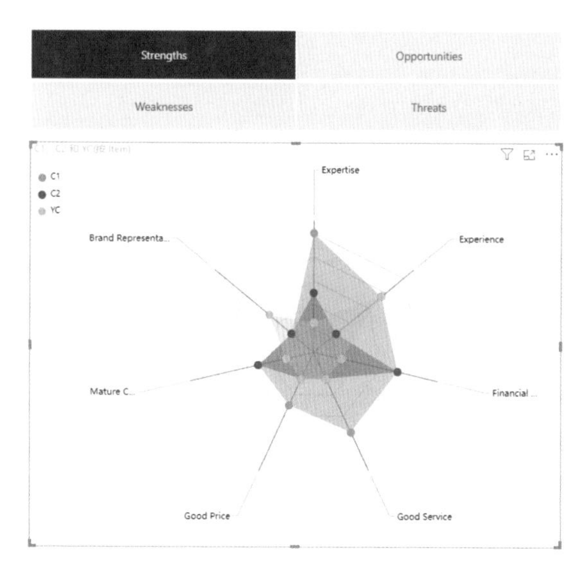

▲图 3-14

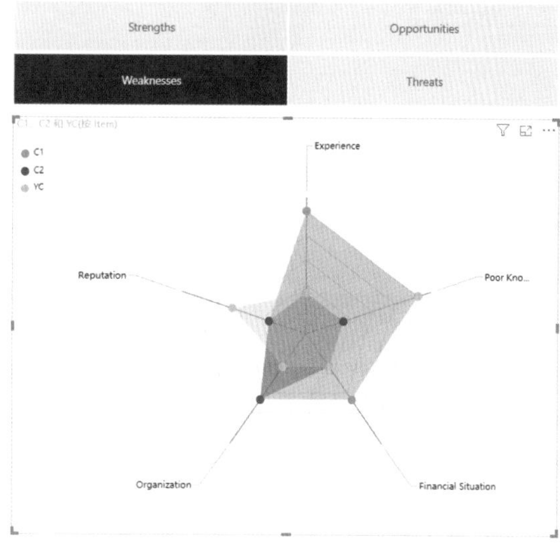

▲图 3-15

3. 机会

SWOT 模型中的机会因素是一种外部影响因素，它指的是市场上出现的能为企业带来积极影响的要素。例如，新的客户需求、新的工业技术、新的利好政策等。机会因素理论上能为市场上的所有企业都带来积极影响，但由于它的出现时间和形式不受控制，因此只有最先把握机会的企业才能获得巨大的红利，那些没有及时发现机会甚至错过机会的企业不但会失去一个增长点，甚至可能出现收入下滑的情况。对于机会分析，如图 3-16 所示，可以通过比较不同主体在不同机会项的得分情况来对该主体所面临的机会进行分析。

4. 威胁

与机会因素相对，SWOT 模型中的威胁因素指的是来自外部的对企业发展产生负面影响的因素。常见的威胁因素包括自然灾害、原材料或劳动力价格上涨、出现替代产品、市场上涌现强大竞争对手等。当有威胁因素出现时，企业必须及时采取行动进行应对，以便降低不利因素带来的负面影响。如图 3-17 所示，与机会因素类似，对于威胁因素，也可以通过比较得分情况来进行评估。

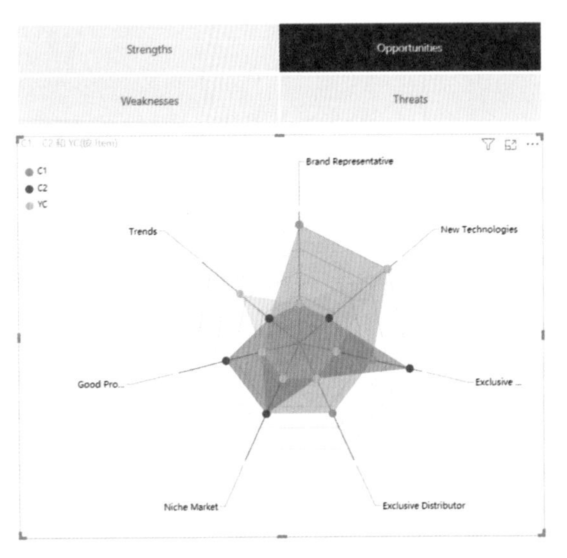

▲图 3-16

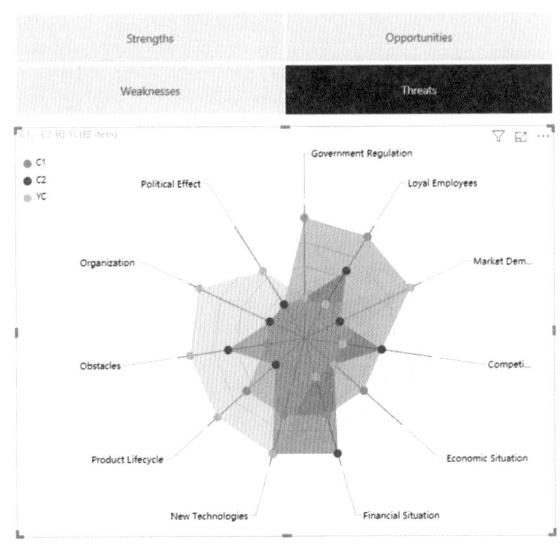

▲图 3-17

不过有些时候，机会因素和威胁因素并没有鲜明的界限。例如，当出现一种新技术时，如果企业能快速掌握这项技术并加以利用来优化自己产品的功能和质量，那么这项新技术就可以算作是一种机会因素，能为企业带来可观收入。但如果这项新技术被企业的竞争对手率先掌握并应用于生产，那么它就变成了一个威胁因素，会对企业的营收造成负面影响。因此，当市场上出现了一个新的外部竞争因素时，企业必须在第一时间做出反馈，这样才有可能把握住机会因素获得最大利润或化解威胁因素使损失最小化。

▲图 3-18

SWOT 分析模型的结果清晰明了，非常适合在讨论会上使用。图 3-18 所展示的是一个食品公司对旗下某款商品做的 SWOT 分析，4 种因素对应的表现结果都存在于一个 2×2 的矩阵当中。管理团队通过这一张图片即可对该款商品在市场中的表现和定位有一个基本了解，并且很容易就下一步产品发展策略展开讨论。

SWOT 分析模型的应用范围非常广泛，无论是宏观因素还是微观因素都可以用它进行分析。它的优点在于分析的角度非常直观，结果清晰明了，便于管理层展开后续的相关工作。但它的缺点在于所有结论都是基于当前时间点获得，缺少前瞻性，并且基本只针对大的影响因素进行分析，可能会忽略掉某些关键细节。因此只能适用于做描述性分析，不能做规范性分析。

3.2.3 波特五力分析模型

波特五力分析模型又称为波特竞争力分析模型，由迈克尔·波特于20世纪80年代提出，主要适用于企业的竞争战略分析。如图3-19所示，波特五力模型从现有竞争者能力、潜在进入者能力、供应商砍价能力、消费者砍价能力及替代品能力这5个方面来分析当前企业在行业中的竞争力。

▲图3-19

波特五力模型主要从宏观因素角度来帮助企业制订竞争策略，它明确指出了影响企业竞争力的几方面因素，使得企业可以结合自身特点，非常有针对性地对某些方面进行深入分析以便制订相应策略，从而使得自身可以在行业竞争中处于优势地位。

1. 现有竞争者能力

现有竞争者能力是针对当前市场上竞争对手数量和质量进行分析。图3-20列举了一些常见与现有竞争对手相关的分析考察点。当竞争对手较多时，企业多会通过价格战或强大的宣传手段来吸引消费者。此外，竞争的激烈程度也同时决定供应商和消费者的可选择程度。当市场竞争非常激烈时，一旦企业的产品或服务出现瑕疵，供应商和消费者就可随时转投另外一个商家，对企业营收带来显著影响。相反，如果市场上没有几家竞争对手，此时供应商和消费者的选择权就会很小，企业可以在供求关系中掌握主动权，从而可以获得更加丰厚的收益。

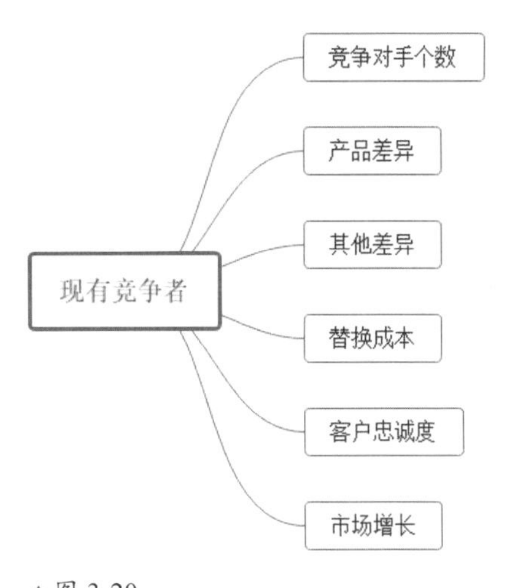

▲图3-20

2. 潜在进入者能力

除了已经在市场当中存在的竞争者以外，那些打算进入该行业，提供相似产品和服务的企业也是潜在的对手，也会对当前市场的竞争环境产生影响。图3-21列举了一些常见与潜在进入者相关的分析考察点。通常情况下，一个市场是否能够吸引新企业进入，主要取决于该市场能否给企业带来丰厚的利润。利润率越高，准备进入市场的企业就会越多，带给现有市场中企业的竞争压力就会越大。

不过，由于每个市场都有一定的准入门槛，包括资金、技术、人力、政策等要求，这就决定只有部分企业才有能力从潜在进入者变为真正的市场竞争者，所以企业对潜在进入者能力进行分析时，需要充分结合当前市场情况来进行。如果准入门槛高，潜在进入者就会比较少，企业的竞争者相对较少。但如果准入门槛低，或者出现某项技术革新使得准入门槛变低，那么就有可能在短时间内涌入大量的竞争对手，对企业所占的市场份额产生重大影响。

3. 供应商砍价能力

供应商砍价能力指的是供应商通过控制原材料的价格间接影响企业产品定价的能力。图3-22列举了一些常见与供应商相关的分析考察点。作为产业链上游的供应商，如果其自身竞争对手少，在市场定价中处于主导地位，那么它就可以对下游企业的商品定价产生重大影响。反之，当原材料市场竞争激烈时，企业在供应商选择方面就有很大的灵活空间，可以最大限度降低采购成本，从而保证企业可以牢牢掌控其商品的定价。

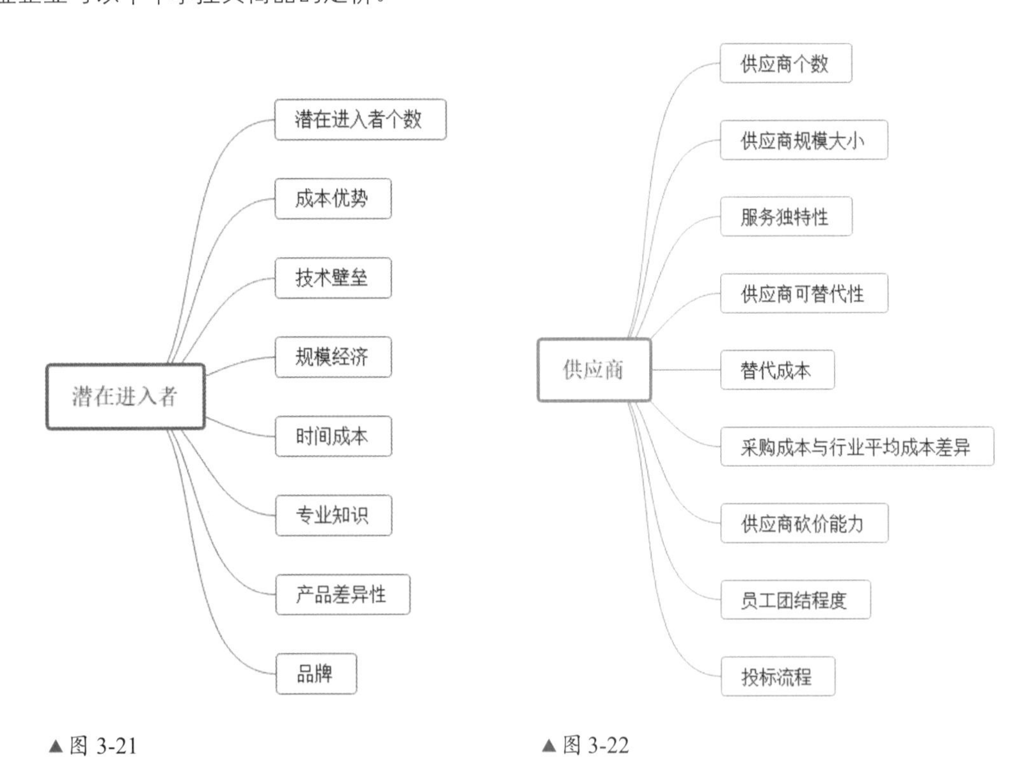

▲图3-21　　▲图3-22

4. 消费者砍价能力

消费者砍价能力反映了消费者需求对企业提供的产品或服务价格的影响能力。图3-23列举了一些常见与消费者相关的分析考察点。如果消费者的需求旺盛并且市场上可以提供相同产品或服务的厂商很少，就意味着企业有很强的产品或服务定价权，可以获取较高的利润。反之，如果消费者的购买欲望不强烈或市场上存在大量竞争对手，消费者的行为就能对企业的产品或服务定价产生影响。例如，企业通常会选择降低产品或服务的价格来吸引消费者，以薄利多销的策略在市场上生存。

5. 替代品能力

替代品指的是当几种商品能给消费者带来近似需求满意度时，那么这几种商品相互之间就为彼此的替代品。图 3-24 列举了一些常见与替代品相关的分析考察点。例如，面粉就是大米的替代品，它们都可以满足消费者的温饱需求。当市场上的大米价格上涨时，消费者对面粉的需求就会增加。

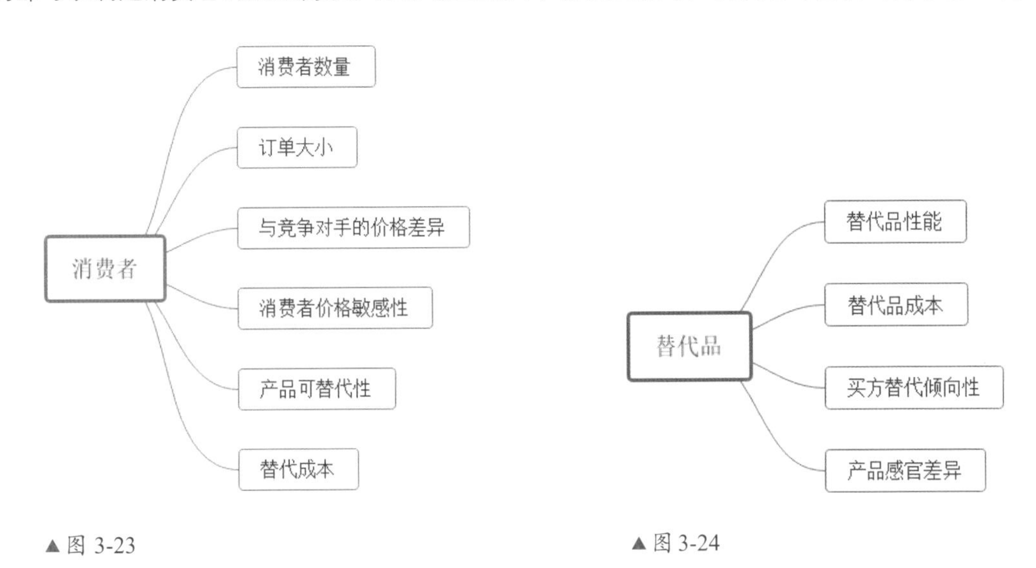

▲图 3-23

▲图 3-24

波特五力模型中的替代品能力反映的是替代品价格对企业商品价格的影响。如果市场上的替代品越少，那么消费者对企业商品的依赖性就越高，企业就越容易获得高额利润回报。反之，如果消费者可以轻松地获取替代品，就说明企业所处环境的竞争压力很大，企业必须通过调整价格或者提高产品及服务质量等方式来争取更多的消费者。

如图 3-25 所示，与 SWOT 模型分析结果表现形式类似，波特五力模型也是先通过对各个竞争因素进行分析评价，然后再汇总得出企业所面临的整体竞争形势。其分析结果清晰明了，能让管理层迅速获知企业所处的竞争环境，并有针对性地对高风险点提出应对方案，将威胁降到最低。

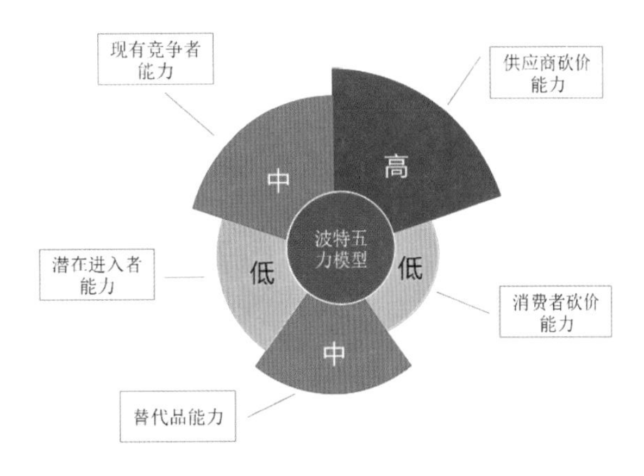

▲图 3-25

波特五力模型除了能帮助企业对所处竞争环境进行评估，它还能帮助企业评估进入新市场所面临的各种风险，评估扩大生产规模的可行性，以及帮助企业对竞争对手各项优缺点进行深入分析。不过在使用波特五力模型进行分析时应该意识到，除了模型中明确标识的 5 个因素以外，还会有其他一些因素对企业的竞争力产生影响。例如，即使企业在波特五力模型中的每个竞争影响因素上都处于优势状态，但有可能政府发布的某项税收政策也会对企业营收产生负面影响。因此，在对企业做竞争力分析时，需要针对当前企业所处的整体环境展开，结合实际情况来进行，除了 5 点关键因素外，还应对其他潜在可能威胁进行评估，尽量全面地列举企业面临的风险因素。

3.2.4 4P 营销分析模型

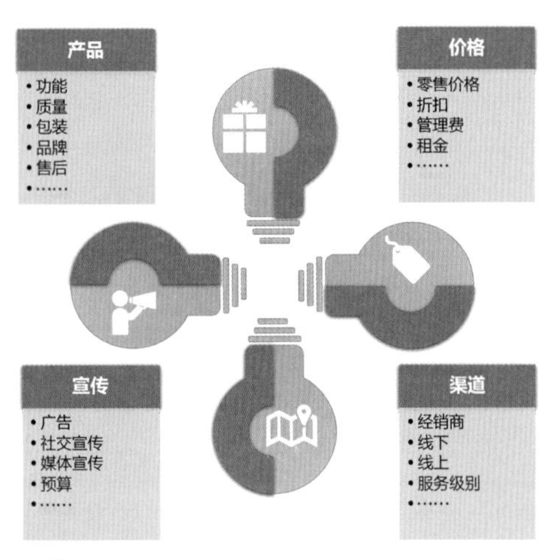

▲图 3-26

4P 营销分析模型是基于 4P 营销理论创建出来的分析模型，主要针对企业的市场营销问题进行分析。如图 3-26 所示，模型中的 4P 指的是产品（Product）、价格（Price）、渠道（Place）及宣传（Promotion）。这 4 个因素既受到企业内部因素情况的影响，也受到企业所在外部环境的影响，通过对这 4 个因素进行研究，企业可以了解其产品或服务在市场上的竞争力，并制订相应的营销策略以提升营业额，从而获得更多的利润。

1. 产品

4P 营销分析模型中的产品指的是企业在市场上提供的产品或服务。企业提供的产品能否对消费者产生吸引力，主要取决于它是否满足消费者要解决某一问题的需求。例如，图 3-27 显示了 2018 年和 2019 年市场上不同品牌智能手机销售量的变化情况。

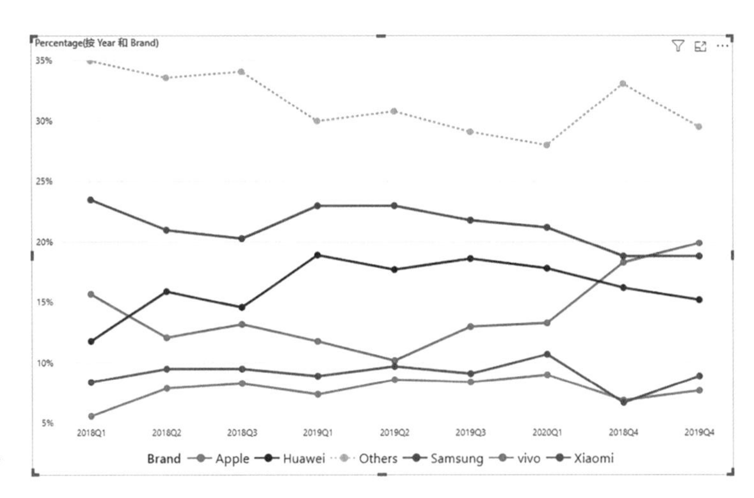

▶图 3-27

如果企业的产品能满足很多消费者的迫切需求，就说明该产品在市场上能吸引到大量的客户群，有为企业创造出大量利润的潜力。反之，如果企业提供的产品无法满足客户需求，那么该产品对消费者就缺乏吸引力，就无法为企业带来价值。因此，在对产品因素进行分析时，需要充分考虑到它提供的功能跟消费者需求之间的契合度，这样才能确保所得结果可以真实有效地反映出企业产品在市场中的地位。

2. 价格

价格指的是消费者购买产品所需花费的金额。从理论上来讲，产品的定价应该反映出其自身的真实价值量。例如，图 3-28 显示了生猪出栏量和价格之间的关系。但通常情况下，除了供应成本以外，企业对产品的定价还会从多个方面进行考虑，如市场供求关系、竞争对手产品价格、品牌定位、替代品价格等。此外，企业还会根据营销策略周期性地对产品价格进行调整，以求获得最大的利润。

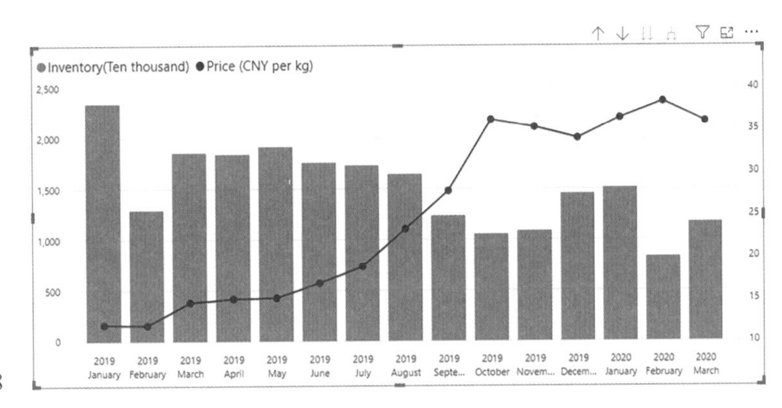

▶图 3-28

3. 渠道

4P 营销分析模型中的渠道指的是企业将产品投放到市场中的方式。例如，图 3-29 显示了一些产品线下和线上销售量的对比。早先，大多数企业都会选择将产品通过线下的实体店来投放给消费者。例如，通过专卖店、购物中心或超市来售卖产品。现在，越来越多的企业会选择使用线上销售的方式来将产品投放到市场当中，如通过在各大热门购物网站上开设网店来满足用户的消费购物需求。

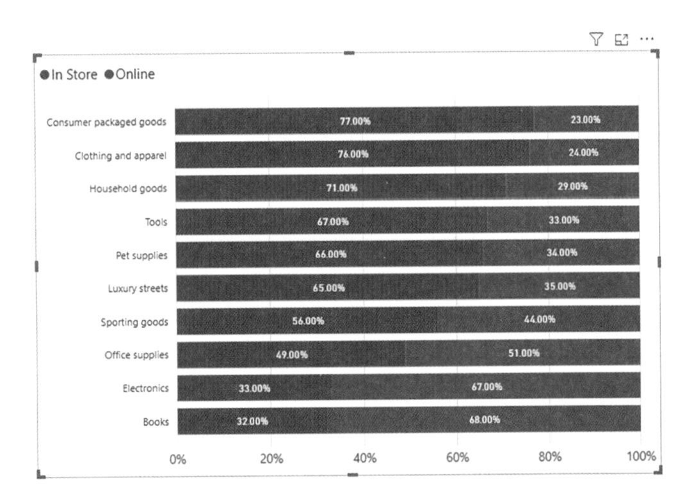

▲图 3-29

企业在进行渠道选择时必须从自身产品的功能特点、目标客户群、品牌定位、发布时间等多方面因素来考虑。例如，奢侈品被定义为一种超出人们生存与发展需要的，具有独特性、稀缺性、珍奇性等特点的非生活必需品。这就意味着在奢侈品销售渠道的选择上也必须本着相应的顶级性和奢华性来进行，要与一般性商品相区别，不能使用常规的购物中心、超市或网店作为销售渠道。

4. 宣传

宣传指的是市场上对产品进行的一系列推广活动，如商业广告、社交媒体宣传、电子邮件投放、视频和音频，以及搜索引擎推广等。图 3-30 显示了某企业在不同宣传渠道商的广告花费变化情况。企业产品宣传的目的在于扩大其在市场上的知名度，吸引更多的消费者进行购买。与渠道选择方式类似，企业进行的宣传推广活动也必须基于产品的功能属性来进行。例如，产品代言人的选择必须与目标客户的价值观相匹配，否则就无法起到应有的推广作用。

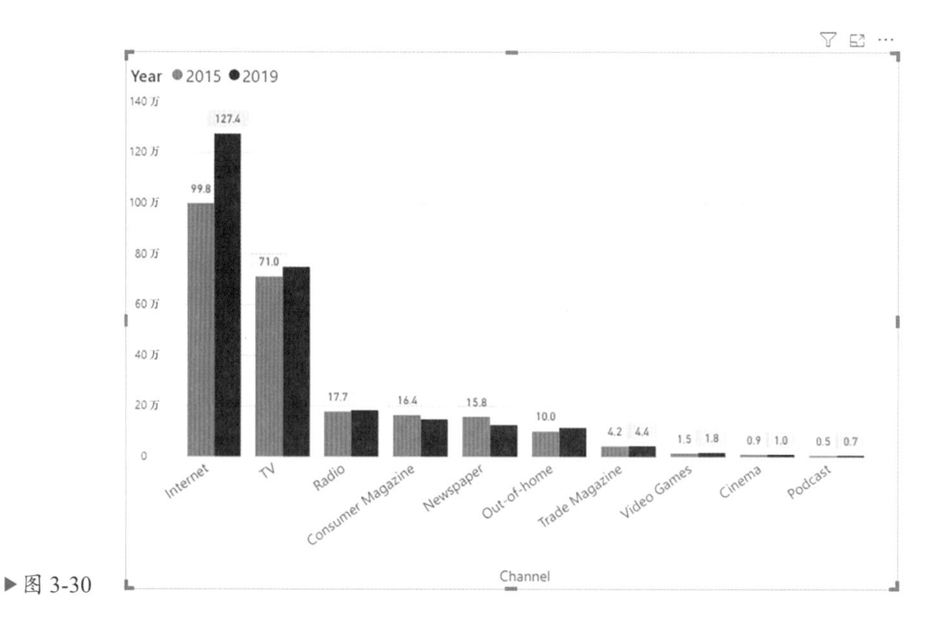

▶图 3-30

4P 营销分析模型主要用于帮助企业规划市场推广策略，特别是当企业有新产品推向市场时，多会从这 4 个方面着手制订相应的发布计划。当然，除了这 4 个因素外，还有其他一些因素也会对市场营销活动产生影响，如市场推广流程、目标推广群体及市场环境等。分析师在使用 4P 营销分析模型进行商业数据分析时，应该结合企业所处环境特点，从最关键的影响因素入手，逐层分析市场情况，为企业制订市场营销方案提供参考。

3.2.5 5W2H 分析模型

5W2H 分析模型也翻译成七问分析模型，它主要帮助企业针对某一问题展开系统性调查分析并形成相应的行动计划。如图 3-31 所示，5W2H 实际上是 5 个以 W 开头的英语单词和 2 个以 H 开头的英语单词的简写。5W2H 分析模型通过这 7 个单词引导的设问句来逐步寻找解决问题的线索，确定事件产生的根本原因，并探索相应解决方案。

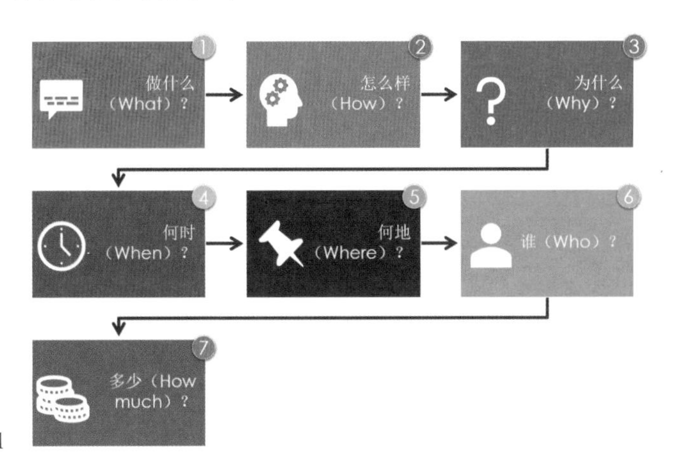

▶图 3-31

1. 做什么（What）？

在 5W2H 分析模型中，提出“做什么”或“发生了什么”这一问题的目的是收集事件相关详细描述信息，以便从整体上对事件进行分析，评估相应影响的严重程度，从而为后续的步骤和计划做准备。

2. 怎么样（How）？

提出“怎么样”这一问题的目的是开展对事件产生原因的调查分析，对所有可能导致事件发生的因素进行排序，找到关键因素，排除掉无关项和干扰项，使得分析工作可以划分主次，更利于发现导致事件产生的根本原因。

3. 为什么（Why）？

提出“为什么”这一问题的目的是强调基于上一步收集到的信息，找出所有可能引起事件发生的原因，从而为进一步的详细调查做准备。

4. 何时（When）？

通过提出“何时”这一问题可以从事件发生的频率展开调查，强调了“时间”因素对于事件调查的重要性。通过掌握事件发生的时间规律，能更快速地确定引起问题产生的根本原因。

5. 何地（Where）？

与“何时”这一问题类似，“何地”这一问题能从地理位置上对事件发生情况进行调查，强调了“地理”因素对事件调查的影响性。

6. 谁（Who）？

通过“谁”这一问题可以对事件的关联人员进行调查，强调了调查人为因素对事件影响的重要性。

7. 多少（How much）？

“多少”这一问题关注的是事件调查和解决所花费的成本，目的是帮助企业确定最优的解决方案。

相比其他分析模型，5W2H 分析模型更加简单、方便、易于理解和使用，并且有很强的适应性。在使用 5W2H 模型对事件进行分析时，可以根据实际情况灵活地对调查计划和步骤进行调整，也可以与其他分析模型相结合，完成对复杂问题的调查研究。

高手自测 3：请使用 SWOT 条件综合分析模型对星巴克公司的现状进行简单分析。

3.3 商业数据分析的常见思路

对数据进行分析，实际上就是通过一系列的数据拆分、重组、聚合、分离等操作，将隐藏在数据背后的有价值信息提取出来的过程。要做好数据分析工作，除了需要具备相应的商业背景知识来理解数据信息外，还需要掌握一定的分析技巧，从而快速高效地完成对数据的加工和处理。本小节将介绍 5 种最常见的数据分析思路，供刚刚接触商业数据分析工作的人士参考。

3.3.1 细分分析

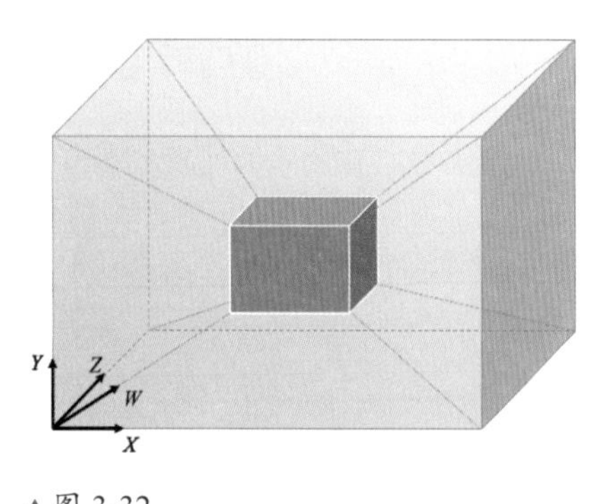

▲图 3-32

细分分析是数据分析中一种非常基础并且重要的思维方式，它的核心思想是将如图 3-32 所示的多维度数据信息进行拆分，按照不同角度对其进行提取，从而发现数据变化的规律，最后以此为依据来挖掘隐藏在数据信息背后的真正影响因素，从而制订出相应的解决方案。

“细分”过程，实际上就是将一个“整体”事件按照不同属性因素拆分成多个基本组成事件的过程。例如，当需要对用户消费行为进行分析时，多会以细分分析思路为基础来建立数据模型，如图 3-33 所示。首先，会对用户依据其性别、年龄、所在地区、受教育程度、职业、收入、有无子女、有无自有住房等属性进行划分；其次，分别以每种属性作为切入点，分析用户消费行为在不同属性值下的变化情况；最后，根据变化规律，制订出有针对性的市场影响策略，从而获得更高收益。

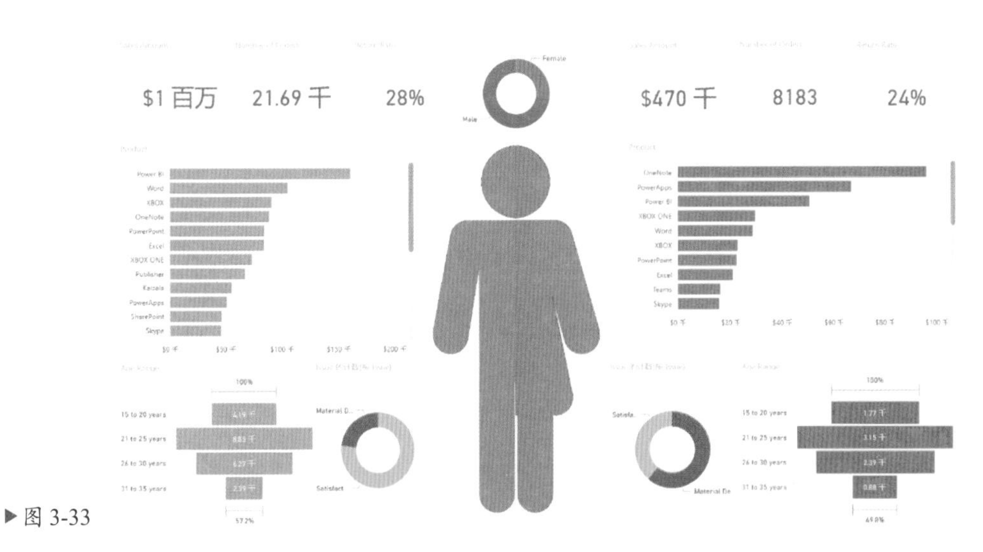

▶图 3-33

细分分析有两种常见的分析方法，一种是拆分法，另一种是交叉法。

1. 拆分法

拆分法也称为逐步细分分析法，指的是依据某个维度纵面，由浅入深、由粗到细地逐步将整体事件拆分成单元个体事件的过程。例如，最常见的就是基于时间的细分分析，即将时间轴拆分成一个一个时间段，将分析单位从年细分到月和日，甚至到小时和分钟，从而发现数据随时间变化的规律。

除了时间，常见的拆分目标还包括以下几种。

◎ 地理位置：当需要基于地理位置因素对事件进行分析时，可以从大洲细分到国家、省、市、县等。

◎ 销售渠道：按照销售方式的不同，可以细分为线上销售和线下销售或直销和代理等。

◎ 人口结构：当需要对用户进行分析时，可以从性别、年龄、受教育程度、职业、年收入、婚姻状况等多个细分方面入手。

◎ 产品特性：对于产品可以从型号、颜色、目标客户群、发布时间等多个细分角度入手进行分析。

以拆分法为核心延伸出来的分析方法有很多，常见的有杜邦分析法和漏斗分析法，前者主要用于根据财务比率之间的关系来分析企业的财务状况，而后者则是基于流程步骤，多用于对用户行为状态的分析。

2. 交叉法

交叉法也称为维度交叉分析法，与拆分法集中于研究某一个维度信息不同，交叉法强调从立体角度出发提取不同维度的信息，通过从横向、纵向等多维度的组合，由外到内，由底层到顶层地对数据进行深入分析。

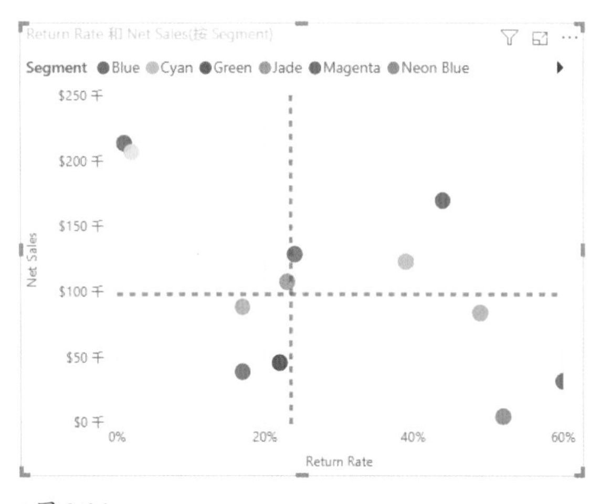

▲图 3-34

四象限分析法是一种最常见的基于交叉思想来对数据进行分析的方法。它从两个维度出发来分析数据主体的表现情况。一般斜对的两个象限（如第一象限和第三象限、第二象限和第四象限）代表相对立的信息情况，可以作为对照组进行分析。例如，依据四象限分析法，将散点图按照横、纵轴的中位值进行划分，就得到了一个四象限图，可以依据销售额和退货率两个维度来分析颜色因素对产品销售情况的影响，如图 3-34 所示。

3.3.2 对比分析

对比分析也叫作比较分析，它指的是将两个或两个以上有一定关联关系的个体，按照某一标准进行比较的过程。对比分析的目的是从数量的变化上来分析个体之间的差异，从而挖掘出导致差异产生的根本原因。例如，在图 3-35 中对比了相同商品在不同区域专卖店的销售情况。

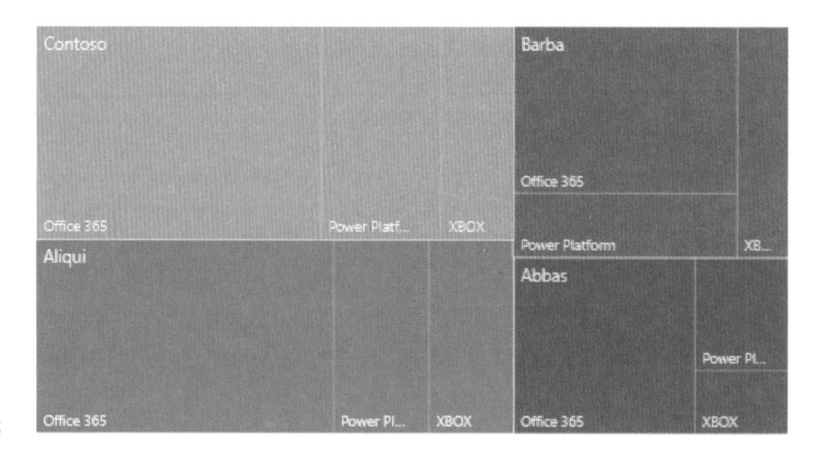

▶图 3-35

对比分析法作为最常用的一种数据分析方法，被广泛地应用到各种数据建模案例当中。通常情况下，进行对比分析需要掌握以下几个要点。

1. 确定对比方式

根据需求，在对比分析中可以选择对数据进行“绝对数比较”或“相对数比较”。

绝对数比较是直接以数值进行比较，然后根据所得差异分析其增减变化情况。在进行绝对数比较分析时，既要关注数据变动的差额，也要关注变动的百分比。例如，常见的资产负债表比较、利润表比较、现金流量比较等都属于绝对数比较。

相对数比较是在绝对数比较的基础上，通过进一步计算各项指标的变动比率，来分析增减变动幅度情况，以此来预测发展趋势。在财务分析中使用的定基动态比率（定基动态比率 = 报告期数值 ÷ 固定基期数值）和环比动态比率（环比动态比率 = 报告期数值 ÷ 上期数值）就属于相对数比较。

2. 选择对比标准

对比分析的原则是需要基于同一维度对各项数据进行对比，也就是说要选择不同个体之间都具有的相同属性，然后以这个属性为标准来分析个体变化差异。经常使用的对比标准包括下面 4 种。

◎ 时间：即选择不同时间的指标数值作为对比标准，如财务分析中经常使用到的“同比”“环比”“历史最好水平”等比较分析就是基于时间标准进行。

◎ 空间：与时间标准类似，空间标准指的是选择不同空间指数数据进行比较，如国内与国外的比较，不同城市、地区之间的比较等。

◎ 计划：指的是将实际完成值与计划值、定额值或目标值进行比较，如在销售分析中经常需要统计的销售额完成情况就是一种基于计划标准的对比分析。

◎ 同类别：将几个同类型的事物进行比较就是同类比较。例如，某个汽车厂商会将旗下生产的某款汽车与另外一家厂商生产的类似款式汽车进行比较，这种对比就是同类别对比。

3. 明确比对因素

比对因素的选择应该依据分析需求来进行，主要选择能反映主体表现情况的影响因素。例如，在财务报表中，经营活动、投资回报、收入支出等相关数据都可作为比对因素来进行分析。

3.3.3 趋势分析

趋势分析是根据事物发展的连续性原理，通过对历史数据的分析来预测事物未来的发展走向。在企业的很多生产经营活动中都涉及趋势分析。例如，通过对最近几个月产品销售额的分析，可以预估未来几个月该产品的销售情况，从而制订相应的市场推广策略，如图 3-36 所示。

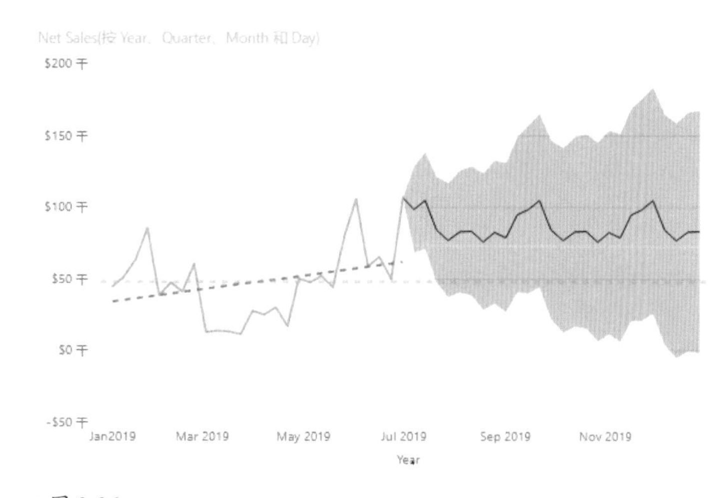

▲图 3-36

再比如，通过对用户历史消费信息数据的分析，可以预测出用户的消费倾向，从而制订相应的产品发展策略以满足用户日益增长的需求等。

在预测分析中最常使用的就是时间序列预测分析法，即按照时间顺序对数据信息进行排列，之后用相应的数学模型来预测其未来发展情况。目前，时间顺序趋势预测采用的数学方法主要包括以下几种。

1. 简单移动平均法

简单移动平均法也就是算术平均法，是用过去若干时期数值的算数平均值作为预测数。假设用 X_1 到 X_n 来表示时间序列上前 n 期中每一期的实际值，那么第 n+1 期的预测值可以用以下公式来计算得到：

$$X_{n+1}=\left(X_1+X_2+\ldots+X_n\right)\div n$$

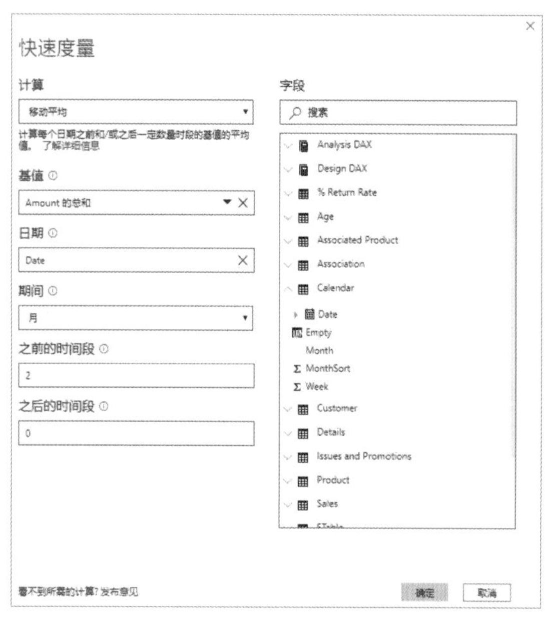

▲图 3-37

算术平均法的优点是简单易用，缺点是由于使用了平均值作为预测基准，可靠性较差。如果历史数据波动量较大，预计数量与实际数量的误差就较大。所以这种方法只适用于数据量较小的情况，如预测人口出生率、死亡率，一些生活必需品的销量等情况。

在 Power BI 中，要对数据进行简单移动平均计算，可以通过使用创建快速度量值的方式来实现。如图 3-37 所示，在快速度量中选择时间智能方法下的移动平均公式，设定相应的基值、日期、期间及时间段即可。

度量值生成完毕后就可获得所要的简单移动平均值。之后，可以用其创建如图 3-38 所示的折线图，来对未来两个月的数据走势进行预测。

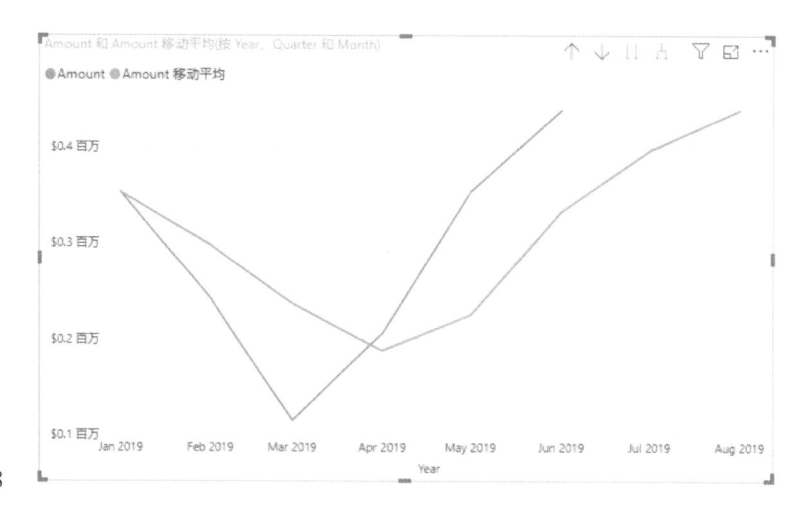

▶图 3-38

2. 加权移动平均法

加权移动平均法是指通过对历史数据赋予不同的权重，然后来预测数据的未来发展走势。假设用 W_n 来表示每一期的权重值，那么使用加权移动平均法对第 $n+1$ 期值进行预测的计算公式如下：

$$X_{n+1}=W_1\times X_1+W_2\times X_2+\ldots+W_n\times X_n$$

其中：$W_1+W_2+\ldots+W_n=1$。

相比简单移动平均法，加权移动平均法依据近期观察值更能反映近期数据变化趋势这一原则，通过调整不同时期数据所占比重，提高了预测值的可靠性。但需要注意的是，如果数据变化具有明显的季节性特征，用加权移动平均法所得的预测值可能会出现偏差，因此这类数据不适合用加权移动平均法进行预测。

目前，通过 DAX 语言或 M 语言中的函数还无法对数据进行加权移动平均计算。因此，如果要在 Power BI 中获取加权移动平均结果，需要借助 R 语言脚本来进行。例如，在 R 语言中，movavg 方法可以进行时间序列相关计算，其中就包括按照加权移动平均法（weighted）方式对数据走势进行预测，如图 3-39 所示。

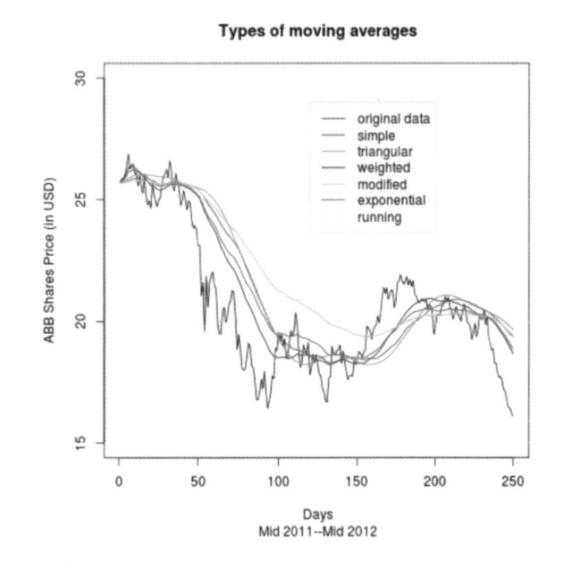

▲图 3-39

3. 指数平滑法

指数平滑法属于一种特殊形式的加权移动平均法，在考虑所有历史数据对未来预测值都会产生一定影响的基础上，按照影响程度由近到远逐渐减弱的规律，对于历史数据赋予不同的权重值，来预测未来数据的变化情况。相比对所有历史数据赋予相同权重的简单移动平均法和不考虑较远期数据的加权移动平均法，指数平滑法兼容了两者的特点，使得预测准确率得到了进一步提升。

指数平滑法的基本公式是：

$$S_t=a\times y_t+(1-a)\,S_{t-1}$$

其中：

S_t 代表 t 时间的平滑值。

y_t 代表 t 时间的实际值。

S_{t-1} 代表 t-1 时间的平滑值。

a 代表平滑常数，其取值范围是从 0 到 1，a 越接近 1，平滑后的值越接近当前时间的数值；a 越接近 0，平滑后的值越接近前 t 个数值的平均值。

要使用指数平滑法对数据进行预测，可以使用微软提供的 Power BI 自定义可视化控件 Time Series Forecasting Chart 来进行。如图 3-40 所示，这个自定义控件对 R 语言相关方法进行了包装，用户通过几步简单配置即可对数据进行指数平滑计算。

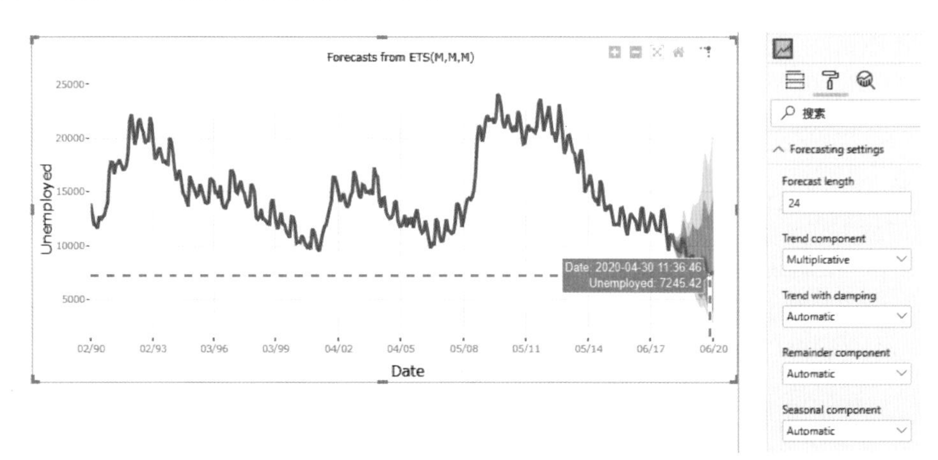

▶图 3-40

3.3.4 组群分析

组群分析也可称为聚类分析，是一种用来识别数据组成结构的探索性分析。它的目的是通过观察数据集当中每个个体的特征情况，将具有相似特征值的个体划分在同一组群内，之后再在各个组群内研究数据变化的规律。

组群分析经常与其他分析方法相结合，用来研究数据之间的差异性、相似性等特征。例如，在医疗分析当中，经常使用组群分析法对样本群进行分类，根据收集到的病症特点，将具有相似症状的样本分为一组，从而为下一步进行更有针对性的诊断治疗做准备。再比如，在植物学分析当中，如果要对物种进行分类，需要收集各种各样不同类型的植物表现数据，之后，根据观察到的这些属性特点对其进行聚类，从而建立相应分组信息。

K 均值聚类方法是最常见的对数据进行族群分类的方法。其思路是根据初步观察将数据分成 K 组并随机选取 K 个对象作为初始的聚类中心，之后计算每个对象与各个种子聚类中心之间的距离，把每个对象分配给距离它最近的聚类中心。之后利用一个循环定位理论，通过重新对各个对象进行划分计算来改善分配质量，最终获得一个最优的聚类结果。

在 Power BI 中要对数据进行组群分析，可以借助自定义可视化控件 Clustering 来进行。如图 3-41 所示，Clustering 可视化对象是基于 R 语言中提供的 K 均值聚类算法来对数据进行分组。使用时很简单，只需指定值和数据标识即可进行分组计算，Power BI 会根据数据特点自动定义 K 值，用户也可以自定义分组个数。

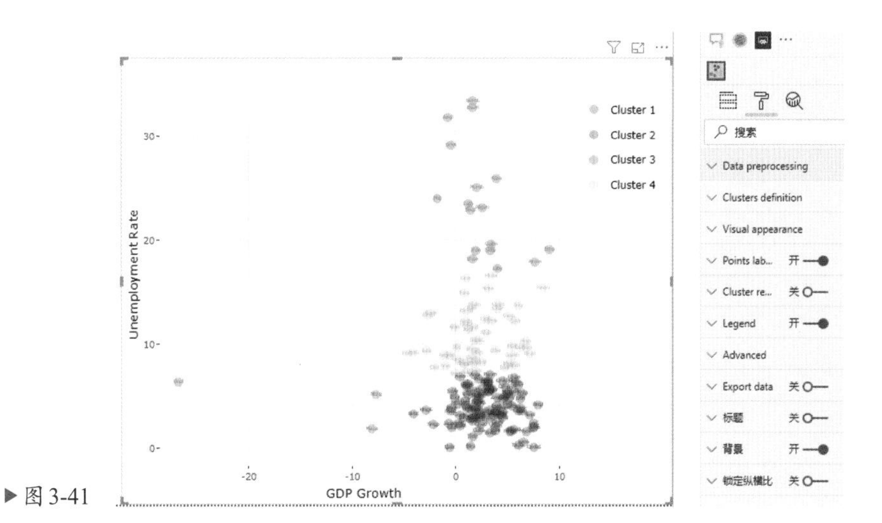

▶图 3-41

3.3.5 关联分析

关联分析是数据分析中一项重要的基础分析方法，它的目的是挖掘数据集中个体之间潜在的关联性、相关性或因果性，进而获得个体间相互影响变化的规律。也就是说，关联分析法实际上是为了寻找一组事件当中“由于某件事发生而可能引起另外一件事发生”的规律。

在商业数据分析当中，最经典的关联法分析案例就是通过对消费者购物篮中的商品种类进行分析，挖掘出消费者的购物习惯并获取不同商品之间的潜在联系，从而制订相应的商品零售营销策略。例如，如果通过超市的销售记录分析出有 67% 购买咖啡的客户同时也会购买牛奶，那么对咖啡进行促销时，很有可能就会带动牛奶的销量，从而给超市带来更多的营业收入。

对数据进行关联分析时经常会使用到几个概念，下面进行简单介绍。

1. 项、项集和 *k*- 项集

项指的是在关联分析中被研究的个体对象。例如，在表 3-1 所示的购物清单案例中，咖啡就是一个项，而牛奶是另外一个项。项集则是这些个体对象组成的一个集合，即一个项集包含了 0 个或多个项。例如，{ 咖啡 } 是一个项集，{ 咖啡，牛奶 } 是一个项集，而 { 面包，咖啡，牛奶 } 也是一个项集。而包含 *k* 个项的项集则被称为 *k*- 项集，如 { 咖啡，牛奶 } 就是一个 2 项集。

表 3-1 购物清单部分内容

交易号	时间	物品
1	2021/1/1 09:18:25	面包，咖啡，牛奶，香蕉
2	2021/1/1 09:23:09	咖啡，饼干，鸡蛋，矿泉水
3	2021/1/1 09:30:19	苹果，香蕉，面包
4	2021/1/1 09:34:07	咖啡，牛奶，洗手液，可乐
5	2021/1/1 09:39:56	猪肉，芹菜，苹果，咖啡，可乐，牛奶

2. 频数和支持度

一个项集出现的次数称为频数（Count），而一个项集出现的频率则称为支持度（Support）。如果用 X 表示一个项集，D 表示该项集出现的次数，则支持度的计算公式为：

$$Support(X)=\frac{Count(X)}{|D|}\times 100\%$$

例如，在表 3-1 所示的购物清单中 2 项集 { 咖啡，牛奶 } 一共出现了 3 次，那么它的频数就是 3，支持度就是 60%（3/5×100%）。

3. 频繁项集

频繁项集是指支持度大于等于最小支持度（min_sup）的项集。也就是说，通过设定支持度阈值，筛选出来的支持度比较高的项集就是频繁项集。以表 3-1 为例，如果设置最小支持度是 30%，那么除了 { 咖啡，牛奶 } 这个项集满足条件以外，{ 香蕉，面包 } 项集及 { 咖啡，牛奶，可乐 } 项集和 { 咖啡，可乐 } 项集也都符合条件，都可成为频繁项集。

4. 关联规则、置信度和提升度

关联规则指的是两个项集之间存在的表达式。假设存在两个不相交的项集 X 和 Y($X\cap Y=\varnothing$)，关联规则指的就是 $X\rightarrow Y$ 的表达式。其中，X 称为关联规则的前件，Y 称为关联规则的后件。例如在表 3-1 中，{咖啡，牛奶} → { 可乐 } 就代表一种关联规则。

关联关系的置信度（Confidence）指的是项集 Y 在包含项集 X 的条件中出现的频率，其计算公式为：

$$Confidence(X\rightarrow Y)=\frac{Support(X\cup Y)}{Support(X)}\times 100\%$$

在表 3-1 中，{ 咖啡，牛奶，可乐 } 的支持度是 40%，而 { 咖啡，牛奶 } 的支持度是 60%，则关联关系 {咖啡，牛奶} → { 可乐 } 的置信度约为 67%。

提升度（Lift）表示的是在含有 X 项集的条件下同时含有 Y 项集的概率与不含 X 项集条件下却还有 Y 项集的概率之比，是对置信度的一个补充。用公式可以表示为：

$$Lift(X,Y)=\frac{Confidence(X\cup Y)}{Support(Y)}\times 100\%$$

当提升度为 1 时，表示项集 X 和项集 Y 相互独立，即是否有项集 X，对于项集 Y 的出现无影响。当提升度小于 1 时，表示项集 X 和项集 Y 是无效的强关联规则。当提升度值大于 1 时，则代表项集 X 和项集 Y 是有效的强关联规则，并且值越大代表项集之间的关联性越强。在表 3-1 中，{咖啡，牛奶} → { 可乐 } 的置信度约为 67%，而 { 可乐 } 的支持度为 40%，这样 {咖啡，牛奶}，{ 可乐 } 的提升度为 1.675。

5. 强关联规则

有了支持度和置信度两个数值，就可以对项集之间的关联规则强弱进行判断。其中大于或等于最小支持度阈值（minsup）和最小置信度阈值（minconf）的规则叫作强关联规则。例如，当项集 X 和 Y 满足下面三个条件时，就属于有效的强关联规则。

$$\boldsymbol{Support(X \cup Y) \geqslant minsup}$$

$$\boldsymbol{Confidence\left(X \rightarrow Y\right) \geqslant minconf}$$

$$\boldsymbol{Lift}\left(X,Y\right) > 1$$

对数据集进行关联规则计算的最终目标就是要找出有效强关联规则，从而完成对数据的分析和预测。在 Power BI 中，要对数据进行关联分析可以通过使用 Association Rules 这个自定义可视化控件来完成。如图 3-42 所示，Association Rules 可视化控件也是基于 R 语言方法对关联规则进行计算，允许用户根据自身需求来定义关联度、置信度及提升度值，从而获取所需分析结果。

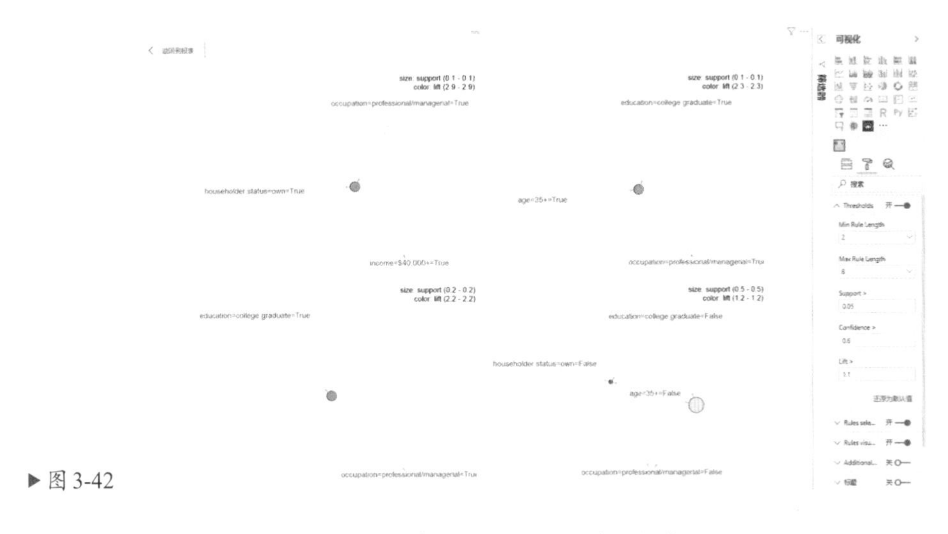

▶ 图 3-42

高手自测 4： Time Series Forecasting 自定义可视化控件中 Trend Component 配置项下的选项 Multiplicative 和 Additive 分别代表什么意思呢？

3.4 本章小结

本章结合相关分析场景需求，主要介绍了商业数据分析中常用的分析模型和建模思路，帮助读者进一步了解了进行数据分析工作所需掌握的方法和要素，以及如何使用 Power BI 提供的一些分析功能对数据进行解析。阅读完本章，相信读者已经可以掌握基本的数据分析理论和方法，并具备

了进行简单数据分析工作的能力。

本章“高手自测”答案

高手自测 3：请使用 SWOT 条件综合分析模型对星巴克公司的现状进行简单分析。

答：SWOT 模型分别从企业内部的优势和劣势，以及企业外部存在的机遇和威胁 4 个方面对企业在市场中所处现状进行分析。有很多条件都会对企业经营状况产生影响，在使用 SWOT 模型时需要注意切入角度，抓住关键影响因素进行分析，从而可以集中精力解决能对营收产生重大影响的问题。

图 3-43 显示了一个简单的对星巴克公司进行 SWOT 分析的模型，供读者参考。

优势
- 全球最大的咖啡连锁店，品牌知名度高，附加值高
- 与各个供应商有长期良好的合作关系
- 供应链体系高效稳定
- 产品质量和服务水平在同行业中处于领先地位

劣势
- 营业增长主要依赖海外销售
- 主要营收来自美国本土市场
- 咖啡原材料价格波动幅度比较大
- 一定程度上受供应商牵制
- 产品普遍含糖量过高，被归为不健康饮品

机遇
- 市场上生鲜食品供应链不断完善
- 门店位置位于闹市区，可以吸引夜间消费群体
- 海外咖啡消费市场不断扩大
- 咖啡周边品市场增长迅速

威胁
- 自然因素对原材料的产量和价格产生严重影响
- 越来越多的企业进入到咖啡连锁销售市场
- 经济增长乏力可能导致消费降级
- 人力资源成本上升

▲图 3-43

高手自测 4：Time Series Forecasting 自定义可视化控件中 Trend Component 配置项下的选项 Multiplicative 和 Additive 分别代表什么意思呢?

答：“Additive”表示“可加模型”，它可以区分各个预测因素（如趋势和季节成分），并将它们加在一起以对数据进行建模。“Multiplicative”代表“可乘模型”，它通过相乘方法对预测因素进行建模。如果使用“可加模型”处理季节因素影响，就相当于把“季节”因素“加总”到已有的预测趋势之上。如果使用“可乘模型”，则随着时间的流逝，季节性成分将随着时间的推移而变大。

在 Power BI 中如果将“Trend Component”设置为“Multiplicative”（可乘），将“Reminder Component”设置为“Additive”（可加），这意味着即使趋势在增加，预测的误差部分仍保持不变。通常情况下，在大多数预测模型中，趋势和季节成分会相乘，而误差成分会相加。

04 Chapter

商业数据分析的常见应用示例

随着企业信息化程度的不断加深，商业数据分析工作已经深入企业日常运营管理的方方面面，小到 IT 部门统计各个服务器利用率，大到董事局制订企业未来战略发展计划，都开始利用数据分析结果来指导相关工作。越来越多的企业开始认识到挖掘数据价值的重要性，并通过数据分析来快、稳、准地解决各类商业问题。商业数据分析已经由传统的专业机构进行的学术性研究落地成为企业各个部门日常工作管理中的常规业务。

商业数据分析在企业内的应用范围非常广泛，常见的应用领域包括市场管理、销售管理、产品管理、物流管理、财务管理、人力资源管理等。例如，对管理层来说，数据分析可以对企业经营情况进行评估，对企业生产管理流程的效率、稳定性、潜在风险性等进行分析。对市场部门来说，数据分析可以对企业所在市场情况进行研究，对各类竞争对手进行分析，对消费者行为进行调查。而对于产品部门，数据分析能帮助其优化产品线结构，开发新产品，对产品生命周期进行管理。

本章将对企业当中最常见的三种商业数据分析应用情况进行介绍，帮助读者了解进行相关分析工作的基本步骤和注意事项，为今后从事这方面的工作做一定准备。

请带着下面的问题走进本章：

（1）什么是客户生命周期？

（2）如何进行客户分析？

（3）成本收益分析都涉及哪些方面数据的收集和整理？

（4）销售分析的主要关注点有哪些？

4.1 客户分析

客户分析是商业数据分析中最常见、最基本的一种分析类型，它可以对客户需求进行分析，帮助企业了解当前客户群结构特点及行为规则，从而制订相应的产品、推广、销售等策略。通过客户分析，企业不但能掌握已有客户情况，还能挖掘潜在客户群，甚至发现新的市场机遇。因此，很多企业都将客户分析作为一个重要的商业数据分析点，力求从客户分析结果中获取更多的商业价值。

▲图 4-1

如图 4-1 所示，简单来说，客户分析是通过收集客户自身基本信息及其在市场上的消费情况来分析为什么客户会购买这种商品而不买那种商品。其目的是通过对市场上客户消费行为的分析研究，帮助企业确定目标客户群，了解客户迫切需要解决的问题，从而不断对自己的产品和服务进行调整以便满足客户的需求。

本节将对客户分析中涉及的一些概念和分析方法进行讲解，以帮助读者了解如何进行简单的客户数据分析。

4.1.1 客户生命周期

客户生命周期（Customer Lifecycle）指的是客户从开始接触产品到最后不再使用产品的整个过程。如图4-2所示，从时间上来看，客户生命周期可以分为引入期、成长期、成熟期、衰退期4个阶段。

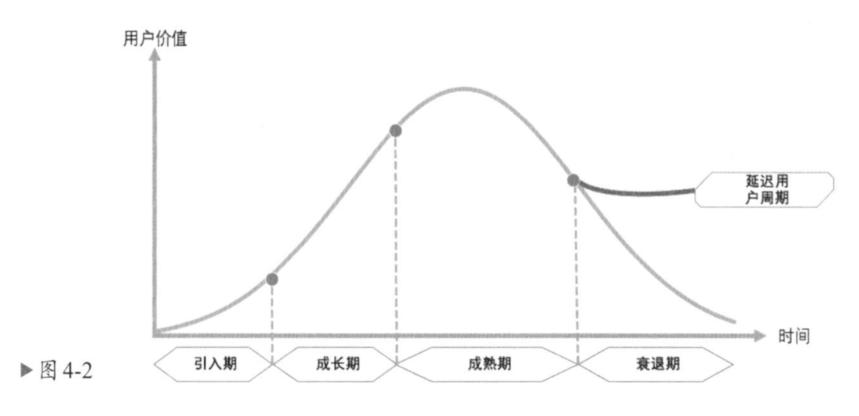

▶图 4-2

1. 引入期

引入期是客户生命周期的起始阶段，指的是企业通过市场推广和宣传吸引到一部分客户群体去关注其生产的相关产品或提供的服务的阶段。在引入期，市场上的客户通过社交媒体、商业广告、熟人介绍等方式对企业提供的产品或服务有了第一次了解。同时，如图 4-3 所示，企业会准备各种各样的信息供客户加深对自己产品的印象。虽然在这一阶段很多客户并没有相应的产品或服务需求，但在他们的内心当中已经将相关需求与企业提供的产品或服务建立起了关联关系，这样，在未来某一时刻当客户有了相关需求时，就会出现购买该企业产品或服务的可能性。

例如，某个维生素功能饮料会通过市场营销将解除疲劳状态与自己的产品功能进行挂钩，当客户接受了相关推广后就会在潜意识中形成一种认识，即如果疲劳了，可以通过饮用这款产品来缓解疲劳。虽然实际上有许多人在疲劳时可能并不会通过喝饮料的方式进行缓解，但企业的这种推广方式使其在客户引入期阶段能获得大批的客户关注，为其后将潜在客户转化成真正的消费者打下了良好的基础。

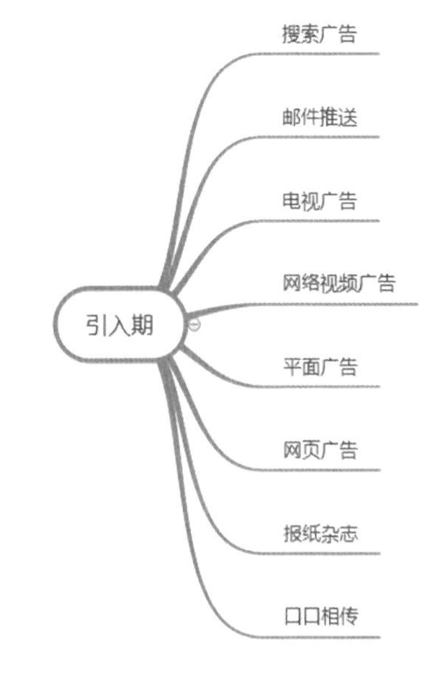

▲图 4-3

在引入期主要进行的工作是通过对客户进行画像来分析其消费心态，研究其兴趣点，挖掘其消费动力等各种行为因素来创建客户消费模型，从而帮助管理层制订吸引客户群的相应策略。通常情况下，企业的市场部门和产品部门都会参与到引入期的客户分析工作当中。前者的目的是根据客户的兴趣点来制订市场推广方案，使得企业的产品或服务能和客户之间建立有效的关联关系；而后者的目的是研究已有产品或服务是否能满足客户需求，从而确保其对客户有持续的吸引力。

2. 成长期

成长期也可以称为转换期，指的是从引入期的客户群当中挖掘出具有真正购买需求的客户，之后将其注意力引向企业提供的产品或服务的过程。在成长期，客户对企业提供的产品或服务有了基本了解，但市场上充斥着各种各样的竞争对手，他们提供了相似功能类型的产品或服务，对客户同样充满了吸引力。因此在这一阶段，如图 4-4 所示，企业会采取一系列的市场推广策略，重点在于如何将自己的产品或服务与其他竞争对手相区别，以便提高自身识别度来吸引更多的客户关注自己的产品或服务，从而有机会将这些潜在客户转化为真正的消费者，为企业带来实质性的营收。

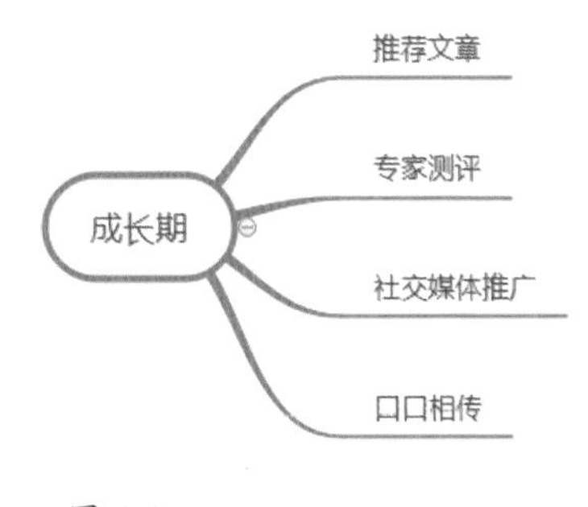

▲图 4-4

例如，很多企业会在搜索引擎上做推广，当客户对某一需求进行搜索时，企业提供的相应解决方案会在第一时间呈现给客户，从而吸引客户点击浏览具体信息来关注企业的产品或服务。当企业发现有客户表现出想进一步了解的意向时，就会指派销售人员与其进行接触，了解其详细需求，为其量身定制相应的解决方案，从而进一步提升客户的购买欲望。这一过程将引入期的潜在客户带入到了成长期内，并为下一步将潜在客户转化成真实客户打下了良好基础。

企业在成长期主要进行的工作是将其提供的产品或服务的功能进行提取，使其最大程度上能与市场上客户的相关需求点相吻合。这样，当客户针对某一问题查找解决方案时，就可以保证企业提供的产品或服务出现在其搜索结果当中，使得客户有了进一步了解企业产品或服务的机会。为了保证能高效地将潜在客户转变成真实客户，企业内的市场、产品、销售等部门都会参与到成长期的相关工作当中。例如，市场部门会对整体流程运行情况进行把握和实施，产品部门会根据市场需求对产品或服务的功能点进行精简，而销售部门则会制订相应的营销方案以确保企业的产品和服务对潜在客户有足够的吸引力。

3. 成熟期

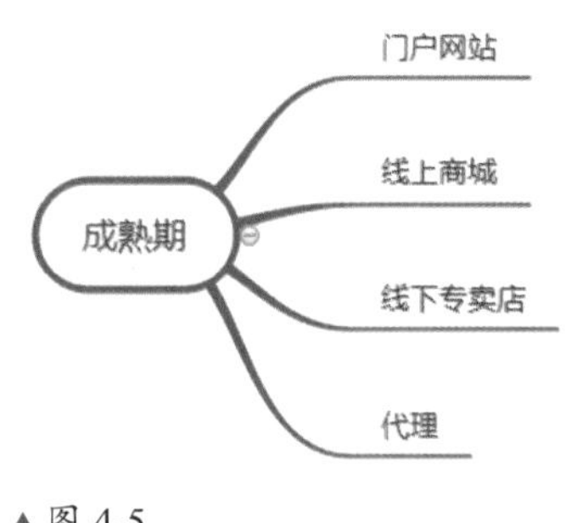

▲图 4-5

成熟期指的是通过前两个阶段对客户购买欲望的培养，使其在这一阶段完成对产品或服务的真正购买过程。在成熟期，客户会提出购买企业的产品或服务并测试其功能是否真的可以满足他的相关需求，之后，决定是购买还是转投其他竞争对手的产品或服务。如图 4-5 所示，企业在这一阶段会对商品的购买渠道进行重点维护，目的在于将有购买意向的客户变成真正的付款客户，并尽量确保购买过产品或服务的客户还能持续不断地购买甚至推荐给其他有相似需求的人购买。

例如，很多企业会通过会员制营销的方式来培养忠实客户，以此获得持续不断的经营利益。通常，购买过企业产品或服务的客户会加入会员程序当中。企业会通过各种奖励机制来促使会员进行持续性的消费，并通过反馈功能来鼓励会员向企业提供产品或服务的相关意见或建议。这样在成熟期，通过会员制，企业不但能巩固其已有的客户群，同时还能通过推荐制度让已有客户来发展新客户。此外，还能收集客户的新需求来进一步提高自己的产品或服务，以保证对客户具有持续性的吸引力。

企业在成熟期的工作重点是建立、巩固及进一步发展与客户之间建立的关联关系，通过实施市场促销推广、产品或服务升级计划等方式来维持客户的购买热情，防止客户流失。通常情况下，影响客户是否会再次选择购买企业产品或服务的因素主要包括客户自身的心理认知、产品或服务的质量、品牌形象的影响，以及价格因素等。在这一阶段，企业的各个对外部门都会参与到客户保持管理工作当中，以求能从多个角度出发制订客户挽留策略，从而使企业能长期持续不断地获得营收。

4. 衰退期

衰退期是客户生命周期的结束阶段，指的是客户购买完产品或服务后不再继续与企业进行交易的阶段。当企业提供的产品或服务不能满足客户的需求时，客户就会失去购买热情，从而转投其他产品，结束与企业之前建立的关联关系，重新变为潜在客户群。如图 4-6 所示，在这一阶段，企业会通过改进产品或提升服务等方式对客户进行挽留，想办法提高客户满意度，保持客户活跃度，尽可能降低客户流失率。

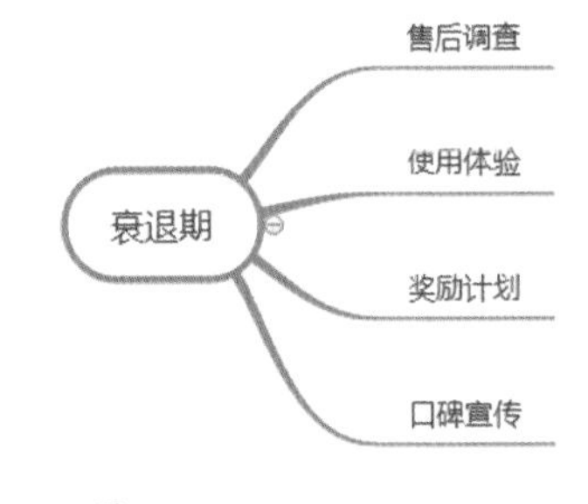

▲图 4-6

例如，企业会建立回访机制对购买过产品或服务的企业级客户进行调查，了解其使用感受，请客户提出相关改进意见等。在这个过程中，如果发现某个客户的态度比较冷漠甚至流露出负面情绪时，代表客户很可能对企业的产品或服务失去了兴趣，不再想与企业继续进行合作。此时，就需要针对这个客户建立一个特别响应机制，尽快对其反馈的问题进行解决，重建客户对企业产品或服务的信心，积极维持双方的合作关系，争取将客户从衰退期重新引导回成熟期。

衰退期是客户生命周期的一个必然阶段，对企业来说，如果无法根据客户需求变化对产品进行及时调整，就会不可避免地遭遇大量客户流失的现象。因此，为了避免大量客户进入衰退期，企业内的市场、产品、研发、销售及售后等部门应该随着市场环境的变化灵活地调整产品或服务的功能，及时更新推广策略，升级服务理念，更好地维护客户关系，通过增加客户在成熟期的停留时间来减少客户的流失。

通过划分客户生命周期，企业能清楚地了解到不同时期客户需求特点，能更有针对性地制订相应的运营、开发、维护等策略，从而争取到更多潜在客户的注意力，吸引更多客户来购买产品，并不断培养自己的忠实客户群，以实现长期、持续、稳定的发展。

4.1.2 客户状况衡量指标

在进行客户分析相关工作时，经常会使用到几个特定指标来评估当前企业客户群的健康情况。一个是客户转换率，它可以衡量有多少潜在客户会变成真实客户；另外一个是客户保持率，它用来计算有多少客户能持续购买企业的产品或服务；还有一个是互联网企业经常使用的客户留存率，用来评定有多少客户会持续使用产品。了解这些数值的含义、影响条件和计算方法是进行客户分析的必备技能。

1. 客户转换率

客户转换率（Customer Conversion Rate，CCR）主要对客户生命周期中的引入期和成长期相关数据进行分析。它指的是所有进行过交易的客户占所有潜在客户的比率，其计算公式如下：

$$CCR = \frac{C}{L} \times 100\%$$

其中：

C 代表已经进行过交易的客户；

L 代表所有有潜在购买需求的客户。

如图 4-7 所示，在引入期，客户转换率指的是向企业表达了购买意向的客户占所有潜在有购买需求客户的比例，它可以用来预估会有多少比例的客户从引入期进入到成长期。而在成长期，客户转换率指的则是所有付款购买了产品或服务的客户占向企业表达过购买意向客户的比例，它反映的是有多少比例的客户会从成长期步入成熟期。

客户转换率是衡量一个企业销售团队绩效的重要指标，也是评价企业市场营销成功与否的一个关键标准。客户转换率高说明企业在市场营销上的投入产生了良好的效果，有很多客户愿意购买企业的产品或服务。客户转换率低则反映出企业在营销方面的投入没有得到有效的回报。也就是说，即使有庞大的潜在消费群体，企业也无法从中受益。

如图 4-8 所示，一般情况下，企业会以周或月为单位来对客户转换率进行统计，并根据不同的销售渠道、地区市场、负责团队等因素对转换率进行细分。同时，很多企业还会计算从客户表达出购买兴趣到最后完成付款总共花费的时间，将这一销售周期耗时与客户转换率相结合，以此来综合评定某个产品或服务赢得客户的能力。

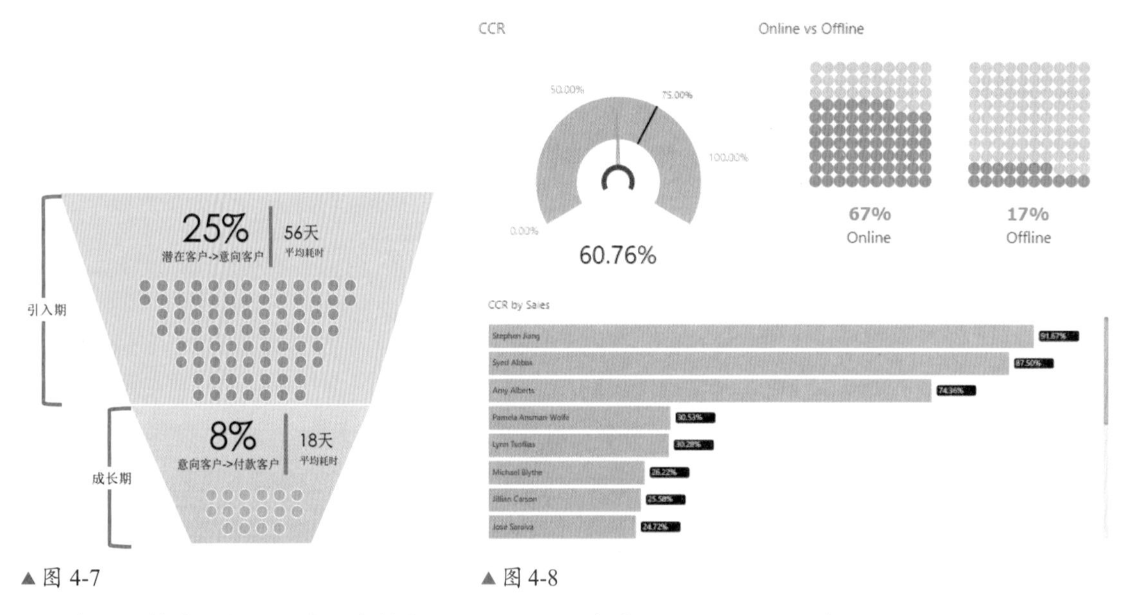

▲图 4-7　　▲图 4-8

客户转换率不但可用来评定销售团队的业绩完成情况，还可以帮助企业制订市场推广方案。例如，假设某个产品的定价为 200 元，相应的线上客户转换率是 20%，线下客户转换率是 30%。如果企业给该产品制订了每月 12000 元的销售额，当产品只在线上进行销售时，市场团队每月需要挖掘出 300（12000/200/20%）个潜在客户才有可能完成既定目标，即每个潜在线上客户的价值是 40 元。如果只在线下进行销售，则所需的潜在用户个数是 200，每个潜在线下客户的价值是 60 元。总体来看，虽然线下潜在客户价值大于线上，但线下促销宣传的花销也高于线上。因此，企业必须根据客户转换率及其他相关因素进行综合评定，才能确定出一套最优的推广方案，在保证获得所需潜在客户群的基础上实现成本投入最小化。

2. 客户保持率

客户保持率（Customer Retention Rate，CRR）指的是企业能与已有客户进行再次交易的比例，它可以用来衡量企业维护顾客忠诚度的能力，也是判断企业能否保持市场份额的关键指标。客户保持率 CRR 的计算公式如下：

$$CRR = \frac{E - N}{S} \times 100\%$$

其中：

E 代表当期进行过交易的所有客户；

N 代表当期进行了交易的新客户；

S 代表上一期交易的所有客户。

例如，上个月一共有 100（S）个客户与企业完成了交易。这个月，又有 18（N）个新客户购买了企业的产品，但是有 5 个老客户决定不再与企业续约。这就意味着在这个月，企业一共与 113（E）个客户完成了交易，其客户保持率约为 95%。

通常情况下，对老客户进行再次开发的成本要比寻找新客户的成本低很多，同时成功率也更高。因此，对企业来说，维持一个较高的客户保持率是确保其可获得持续可观收益的必要条件。如图 4-9 所示，贝恩咨询公司做过一项调查，反映出了企业在老客户维护开发上可以获得的收益情况。总体来说，大多数企业开发新客户所需的花销要高于维护老客户的十几倍；而老客户基于之前建立的合作关系，通常情况下比新客户更愿意大量购买企业的产品或服务，对企业销售额的增长贡献更大。但绝大多数客户即使对企业当前提供的产品或服务表示满意，他们也还是会寻找其他替代品或不再在同一商品上继续进行消费。所以，企业必须不断进行创新才能保持对客户的吸引力，从而提高自身收益。

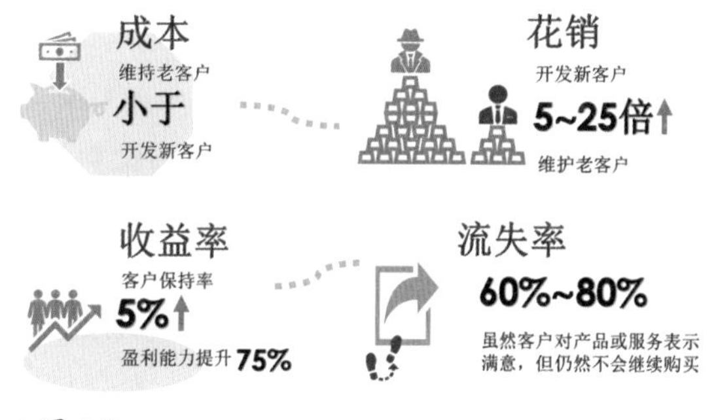

▲图 4-9

客户保持率是企业评定其客户群健康程度的一个重要指标。如图 4-10 所示，很多企业会以月份或季度为单位来统计客户保持率。与客户转换率类似，也可以从渠道、地区、客户属性特征等多方面对客户保持率进行细分，从而获取更多有用信息来帮助制订客户保持率提升方案。

除了客户保持率可以用来衡量客户忠诚度以外，很多做 B2B 业务的企业还会选择使用客户流失率这一指标来评定当前企业客户群的稳定性。客户流失率指的是已有客户不再与企业进行交易的比例。客户流失率和客户保持率在本质上是同一事物，但流失率在形式上更强调流失客户对企业营收的影响，可以促使企业更积极地建立客户维护方案，更适用于 B2B 这种客户群基数比较小的企业来使用。

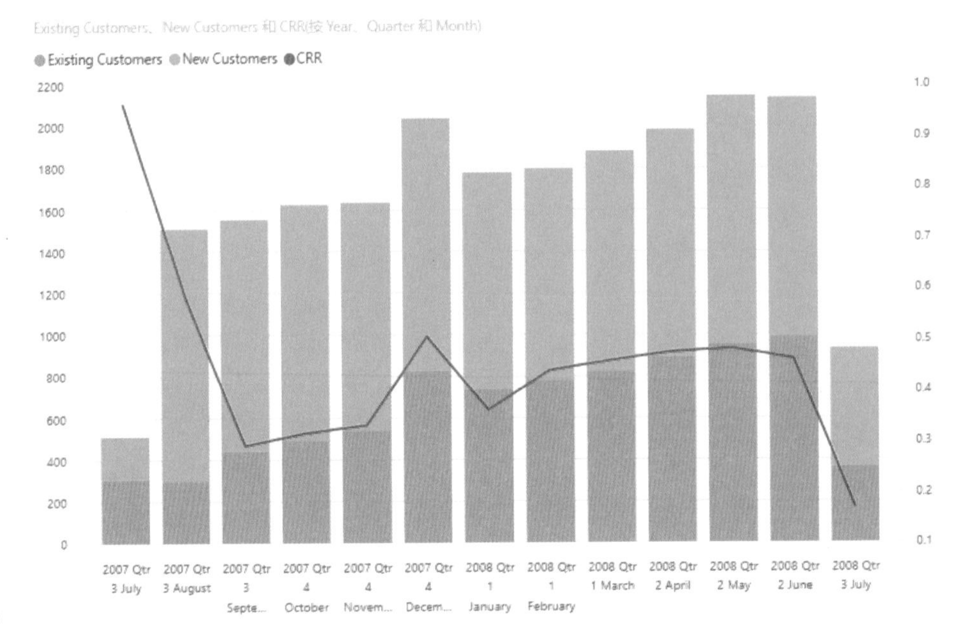

▶图 4-10

3. 客户活跃度

客户活跃度（Activity User Rate，AUR）是互联网企业非常关心的一个客户分析指标。它指的是在某段时间使用产品的客户占所有注册客户的比例。客户活跃度反映了互联网应用产品对客户的吸引力，是互联网企业衡量一个产品成功与否的重要指标，其基本计算公式如下：

$$AUR = \frac{A}{T} \times 100\%$$

其中：

A 代表了活跃客户数；

T 代表总客户数。

例如，某款网络游戏一共有 3000 个注册信息，如果某一天有 600 位客户登录过该应用，那么当天的客户活跃度为 20%。假如这 600 个客户当中有 60 位是当天新注册的客户，那么剩余的 540 个客户就属于老客户，这样老客户的活跃度就是 18%。再进一步，假设 540 个客户当中有 120 位是连续登录 5 天以上的忠实客户，那么相应的活跃度就是 4%。

对于互联网行业来说，客户活跃度高，特别是忠实客户的活跃度高，可以代表该产品在市场上获得的认可度较高，说明产品对客户能产生较好的吸引力，能满足客户的核心需求，同时也反映出企业在该产品身上能获得的收益也较高。

此外，根据活跃度还可以对客户的品质进行划分。例如，可以将连续在线天数大于 1 周，或者 1 个月累计在线天数大于 20 天的客户评定为高活跃度客户。这类客户对企业产品的忠诚度最高，更愿意购买企业的产品或服务，也更愿意提供反馈信息，帮助企业提高产品或服务的质量。如果高活跃度客户逐渐流失，就说明产品或服务对客户的吸引力正在减弱，相应的盈利能力可能正在下降，此时企业必须采取一定措施对客户进行挽留，从而提高活跃度以便继续保持营业增长。

活跃度这一指标除了可以帮助企业对外部销售情况进行分析外，还可以帮助企业了解内部 IT 产品的使用情况。如图 4-11 所示，微软 Power BI 上提供了一个免费的模板，可以对客户活跃度进行分析，从而帮助企业了解其员工对于 Microsoft 365 相关产品的使用情况，以评估该笔 IT 投资的价值。

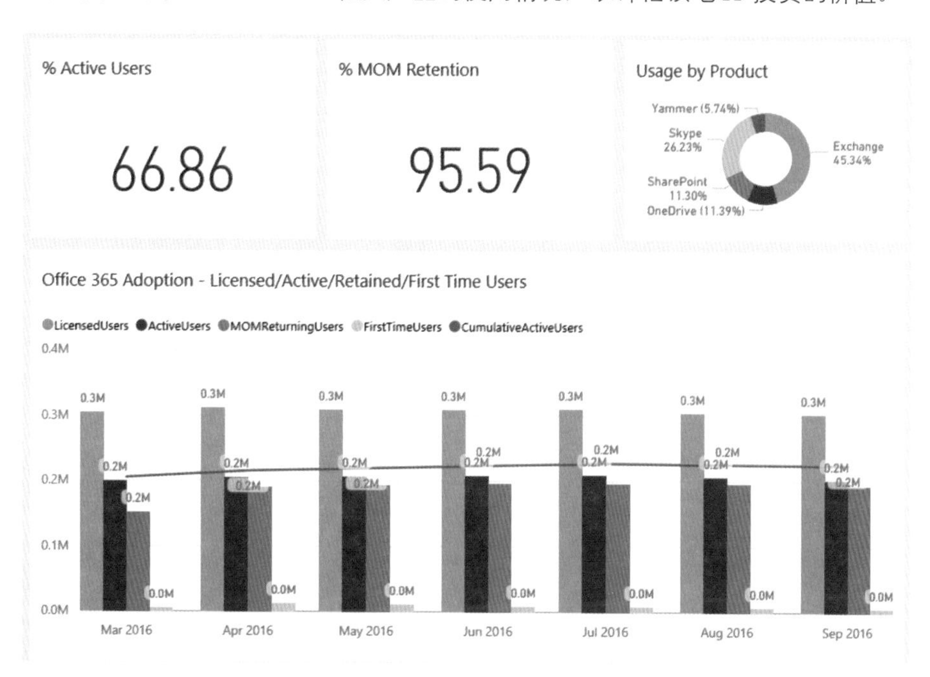

▶图 4-11

4.1.3 RFM 客户分析模型

RMF 客户分析模型属于一种细分分析方法，它基于活跃性、交易频率和交易额度 3 个属性来对客户进行划分，计算不同属性客户群所能给企业带来的价值，从而帮助企业制订更有针对性的营销策略。

1. RFM 模型三要素

如图 4-12 所示，RFM 是 3 个英文单词的简称，分别是最近一次消费（Recency）、消费频率（Frequency）、消费金额（Monetary）。这 3 个元素是衡量客户消费行为的重要指标，可以反映出客户对某个产品或服务的喜好程度，同时也能反映出客户所处生命周期阶段及客户能给企业带来的价值。

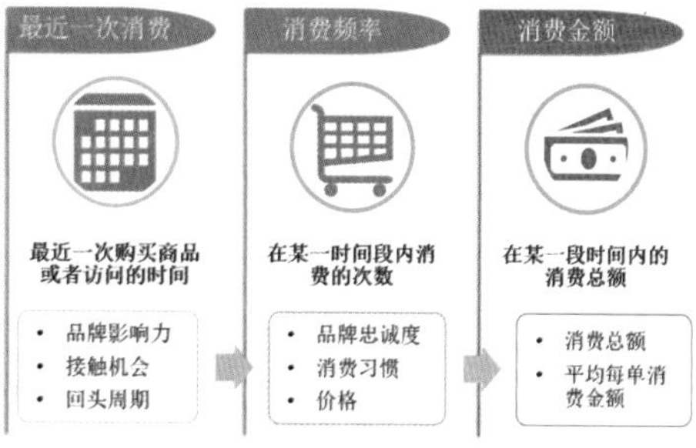

最近一次消费
最近一次购买商品或者访问的时间
• 品牌影响力
• 接触机会
• 回头周期

消费频率
在某一时间段内消费的次数
• 品牌忠诚度
• 消费习惯
• 价格

消费金额
在某一段时间内的消费总额
• 消费总额
• 平均每单消费金额

▲图 4-12

◎ 最近一次消费

最近一次消费指的是上一次客户购买产品或服务的时间，或上一次使用应用的时间。这一信息可以反映出客户对企业品牌的记忆程度。多数情况下，最近一次消费时间距离当前时间越近，说明客户对企业提供的产品或服务的印象越深刻，也越容易对企业的营销作出反馈。简单理解就是，对于企业来说，最近一个月内购买过产品的客户比最近半年内购买过产品的客户相对价值会更高。

◎ 消费频率

消费频率指的是客户在某一时间段内购买产品或服务的次数。它可以反映出客户与企业品牌之间的亲密度关系。如果客户对一个品牌有良好的消费印象，那么该客户就倾向于持续购买该品牌产品。对于企业来说，这类对品牌有一定忠诚度的客户比只购买过一两次产品的普通客户价值要高。

◎ 消费金额

消费金额指的是客户在一段时间内累计购买企业产品或服务所花费的总金额。它可以反映出某些大客户对企业的重要性。根据著名的“帕累托法则”（“二八定律”），公司80%的收入来自20%的顾客，这说明那些进行大额消费的客户对企业的重要性要大于普通消费者，企业需要花费更多的精力去维护和大客户之间的关系。

RFM客户分析模型实际上就是根据这三个要素对客户表现情况进行评分，之后根据得分情况对客户的价值进行划分，使得企业对其客户群情况有一个综合了解，以便针对不同客户群推出具有不同特点的营销推广和产品服务，从而获得更高的利润。

2. 设定要素评级标准

如果企业打算采用RFM模型对客户进行分析，首先需要明确每种要素评定等级，以便对每个客户进行评分。如表4-1所示，可以根据历史经验，对最近一次消费时间、消费频率及消费总额进行等级划分，从而获得客户分类基准。

表4-1　某RFM客户分析模型中对每种要素评定等级的标准

Recency	Frequency	Monetary
R-1（最近一个月）	F-1（1~3）	M-1（1~5000）
R-2（最近三个月）	F-2（4~6）	M-2（5000~10000）
R-3（最近半年）	F-3（7~10）	M-3（10000~100000）
R-4（最近一年）	F-4（＞10）	M-4（＞100000）

以学习文件夹\第4章\4-1-3-RFM.pbix中的数据为例，如果使用Power BI创建RFM模型对客户消费情况进行分析，如图4-13所示，可以根据表4-1中的信息在Power BI中创建两个内置独立表单，用于对客户进行分类评级。

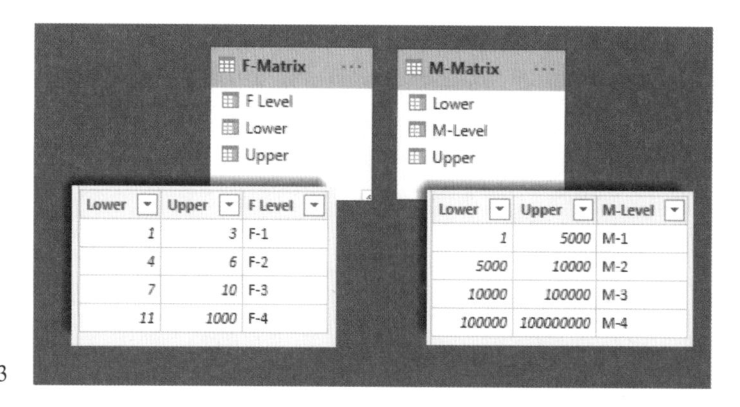

Lower	Upper	F Level
1	3	F-1
4	6	F-2
7	10	F-3
11	1000	F-4

Lower	Upper	M-Level
1	5000	M-1
5000	10000	M-2
10000	100000	M-3
100000	100000000	M-4

▶ 图 4-13

3. 要素计算方法

获取最近一次消费时间的方法最简单，确定好时间单位后，只需对消费记录进行排序，之后以客户为单位找到其最近一次消费记录即可。例如，对于图 4-14 所示的这种销售记录表单，可以通过创建一个计算列，使用 MAXX 函数、FILTER 函数及 EARLIER 函数来获取每个客户最近一次消费时间。参考表达式如下：

OrderDate	AccountNumber	CustomerID	Sales	TotalDue	LastOrderDate
6/20/2013 12:00:00 AM	10-4030-011000	11000	93	$2,587.8769	10/3/2013 12:00:00 AM
10/3/2013 12:00:00 AM	10-4030-011000	11000	758	$2,770.2682	10/3/2013 12:00:00 AM
6/21/2011 12:00:00 AM	10-4030-011000	11000	98	$3,756.989	10/3/2013 12:00:00 AM
6/18/2013 12:00:00 AM	10-4030-011001	11001	33	$2,674.0227	5/12/2014 12:00:00 AM
5/12/2014 12:00:00 AM	10-4030-011001	11001	24	$650.8008	5/12/2014 12:00:00 AM
6/17/2011 12:00:00 AM	10-4030-011001	11001	38	$3,729.364	5/12/2014 12:00:00 AM

▶ 图 4-14

```
LastOrderDate =
MAXX (
    FILTER (
        'Sales SalesOrderHeader',
        'Sales SalesOrderHeader'[CustomerID]
            = EARLIER ( 'Sales SalesOrderHeader'[CustomerID] )
    ),
    'Sales SalesOrderHeader'[OrderDate]
)
```

如果要计算消费频率，需要先设定一个统计周期，之后再计算这个周期内客户总共消费的次数即可。在 Power BI 中，通过创建度量值 Frequency 并结合之前创建的 F-Matrix 评分表单就可以对客户消费频率进行分类统计。参考表达式如下，结果如图 4-15 所示。

```
Frequency =
CALCULATE (
    DISTINCTCOUNT ( 'Sales SalesOrderHeader'[CustomerID] ),
    FILTER (
```

```
        ADDCOLUMNS (
            VALUES ( 'Sales SalesOrderHeader'[CustomerID] ),
            "Count", CALCULATE (
                COUNTROWS ( 'Sales SalesOrderHeader' ),
                CALCULATETABLE ( VALUES ( 'Sales
SalesOrderHeader'[CustomerID] ) ),
                ALLSELECTED ()
            )
        ),
        COUNTROWS (
            FILTER (
                'F-Matrix',
                [Count] >= 'F-Matrix'[Lower]
                    && [Count] <= 'F-Matrix'[Upper]
            )
        ) > 0
    )
)
```

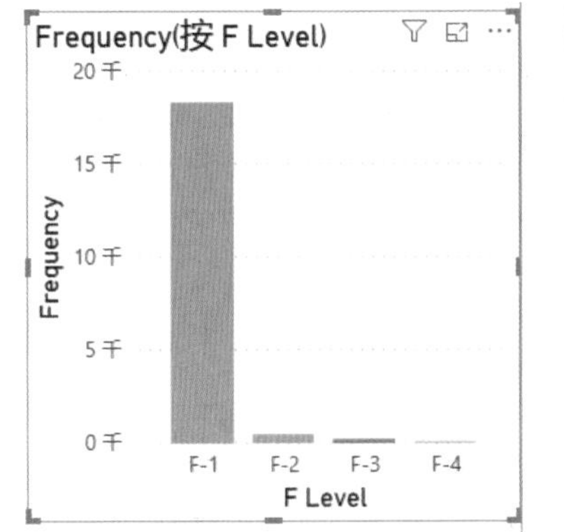

▶图 4-15

如果要计算客户总消费金额，与消费频率类似，也可以通过创建度量值 Monetary，再结合 M-Matrix 评分表单对不同消费金额范围内客户个数进行分类统计。参考表达式如下，结果如图 4-16 所示。

```
Monetary =
CALCULATE (
    DISTINCTCOUNT ( 'Sales SalesOrderHeader'[CustomerID] ),
    FILTER (
        ADDCOLUMNS (
            VALUES ( 'Sales SalesOrderHeader'[CustomerID] ),
            "Count", CALCULATE (
```

```
                SUM ( 'Sales SalesOrderHeader'[TotalDue] ),
                CALCULATETABLE ( VALUES ( 'Sales
SalesOrderHeader'[CustomerID] ) ),
                ALLSELECTED ()
            )
        ),
        COUNTROWS (
            FILTER (
                'M-Matrix',
                [Count] > 'M-Matrix'[Lower]
                    && [Count] <= 'M-Matrix'[Upper]
            )
        ) > 0
    )
)
```

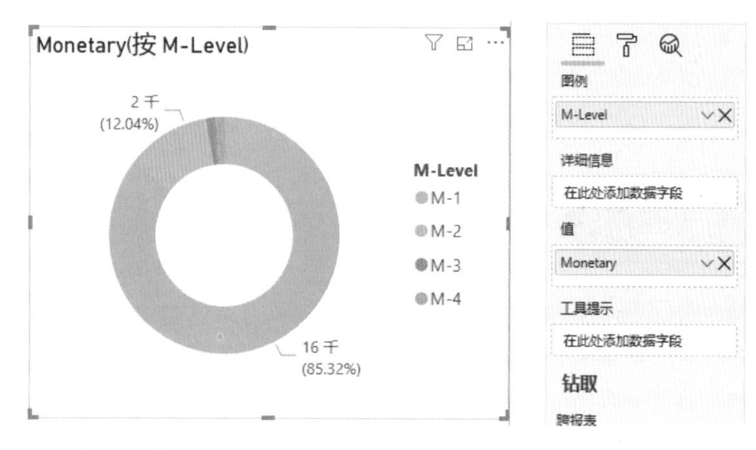

▶ 图 4-16

完成了以上 RFM 三要素的计算后，就可以在 Power BI 中创建相应的表单来筛选符合条件的用户。例如，如果要查找在 2013 年 6 月到 2014 年 6 月之间，消费频率大于 10 次，并且总消费金额大于 10 万元的客户，如图 4-17 所示，可以先使用切片器视觉对象将 RFM 三要素制作成筛选工具；然后创建一个矩阵类型的视觉对象来存储客户信息及相关辅助信息；之后在矩阵的筛选器上应用两个筛选条件：Frequency 和 Monetary 不为空；最后根据所需，设定筛选条件即可获得想要的客户信息。

客户分析作为最常见的一种企业数据分析类型，分析师应该以客户生命周期为基准，以 RFM 三要素作为主要考量点，再结合客户自身属性特定信息进行综合分析，以帮助企业了解当前客户群的组成结构，从而制订更有针对性的营销维护策略，以便提高企业的盈利能力。

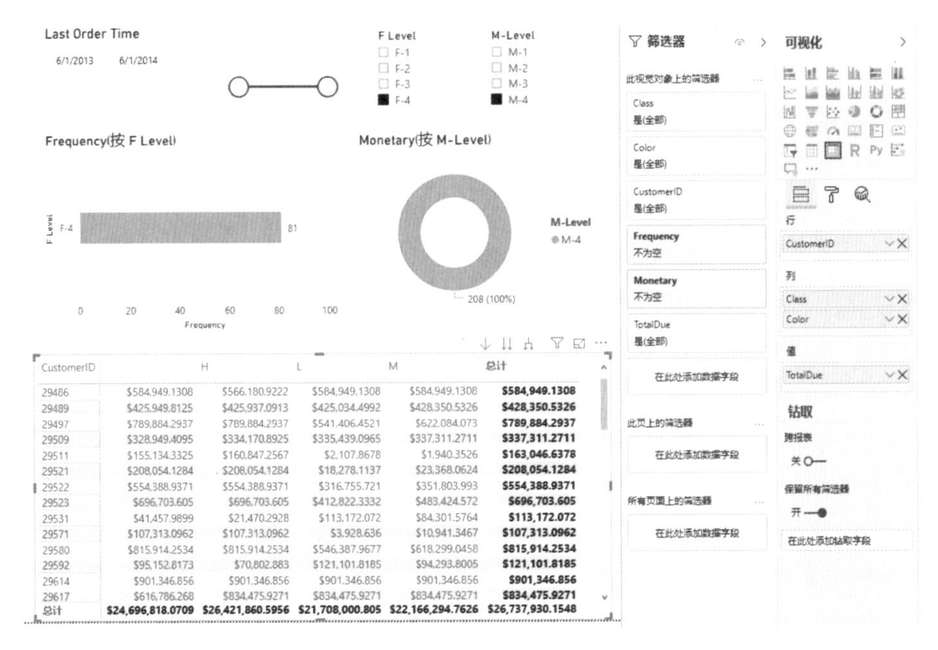

CustomerID	H	L	M	总计
29486	$584,949.1308	$566,180.9222	$584,949.1308	$584,949.1308	**$584,949.1308**
29489	$425,949.8125	$425,937.0913	$425,034.4992	$428,350.5326	**$428,350.5326**
29497	$789,884.2937	$789,884.2937	$541,406.4521	$622,084.073	**$789,884.2937**
29509	$328,949.4095	$334,170.8925	$335,439.0965	$337,311.2711	**$337,311.2711**
29511	$155,134.3325	$160,847.2567	$2,107.8678	$1,940.3526	**$163,046.6378**
29521	$208,054.1284	$208,054.1284	$18,278.1137	$23,368.0624	**$208,054.1284**
29522	$554,388.9371	$554,388.9371	$316,755.721	$351,803.993	**$554,388.9371**
29523	$696,703.605	$696,703.605	$412,822.3332	$483,424.572	**$696,703.605**
29531	$41,457.9899	$21,470.2928	$113,172.072	$84,301.5764	**$113,172.072**
29571	$107,313.0962	$107,313.0962	$3,928.636	$10,941.3467	**$107,313.0962**
29580	$815,914.2534	$815,914.2534	$546,387.9677	$618,299.0458	**$815,914.2534**
29592	$95,152.8173	$70,802.883	$121,101.8185	$94,293.8005	**$121,101.8185**
29614	$901,346.856	$901,346.856	$901,346.856	$901,346.856	**$901,346.856**
29617	$616,786.268	$834,475.9271	$834,475.9271	$834,475.9271	**$834,475.9271**
总计	**$24,696,818.0709**	**$26,421,860.5956**	**$21,708,000.805**	**$22,166,294.7626**	**$26,737,930.1548**

▶图 4-17

高手自测 5：如何在 Power BI 中计算客户保持率？

4.2 成本收益分析

成本收益分析是商业数据分析中很常见的一种分析类型，它主要是对企业各项投入成本和对应的收益产出进行分析，使得企业能及时掌握整体运营情况，了解当前影响成本收益的主要因素，计算各项运营指标是否符合预期，以便及时发现问题并适时进行调整，从而使企业能以最小的投资获得最大的经济效益。

如图 4-18 所示，成本收益分析在企业内的应用范围非常广泛，大到管理层的对外战略投资，小到某个部门物品采购都会涉及成本收益分析。例如，当企业打算采购一批新的产品生产设备时就会使用成本收益分析评估这笔投资是否合算。再比如，当企业决定是否要停止对某款老产品进行维护时，也可以通过成本收益分析来计算老产品是否有继续投资维护的必要。

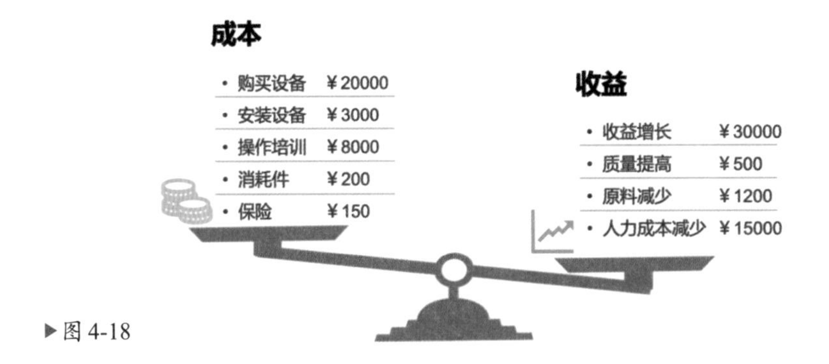

▶图 4-18

本节将对成本收益分析中的基本概念、分析步骤、常用模型及注意事项等进行说明，以帮助读者对成本收益分析有一个初步了解。

4.2.1 现值

成本收益分析实际上评估的是当前时间点的投资在未来时间点上是否能获得收益。由于当前持有的一定量货币比未来获得的等量货币具有更高的价值。因此，在进行成本收益分析时，会使用现值（Present Value，PV）指标来对未来资金进行换算。

现值也称为折现值或贴现值，在会计学中指的是对未来现金流量以恰当的折现率折现后的价值。在成本收益分析中，现值可以理解为将未来收益的价值以今天的现金来衡量。

某笔未来收益的现值大小受折现率及时间影响。如果已知未来某个时间点的现金流量（Future Value，FV），则现值的计算公式如下：

$$PV=\frac{FV}{(1+k)^t}$$

其中：

FV 代表未来值，即未来时间点的价值；

k 代表折现率；

t 代表计期数，即时间周期。

如果知道每期付款金额（Pmt），则现值的计算公式如下：

$$PV=Pmt\times\frac{1-\frac{1}{(1+k)^t}}{k}$$

其中：

Pmt 代表每期付款额；

k 代表折现率；

t 代表计期数，即时间周期。

举例来说，假如银行一年期的存款利率是 5%，如果今天存了 100 元，那么 1 年以后连本带利可以获得 105 元，这样 1 年后的 105 元在今天来看，所得现值就是 100 元。也可以换算一下，1 年后的 100 元，只相当于现在的 95.24 元。

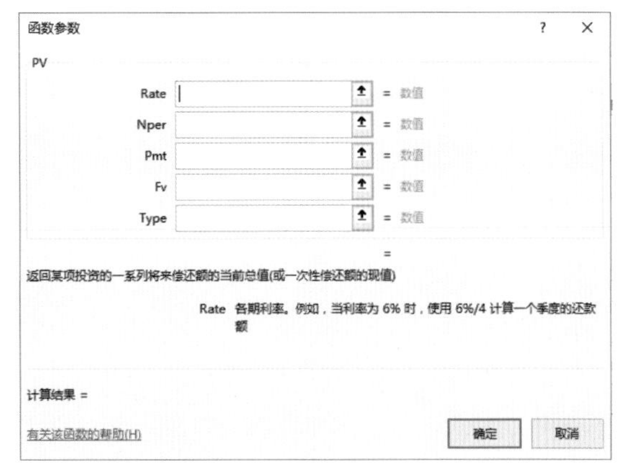

▲图 4-19

如图 4-19 所示，在 Excel 当中，对于现值的计算，可以直接使用财务公式下的 PV 函数来进行。其中 Rate 表示利率，即贴现率，Nper 表示年金付款总期数，Pmt 表示每期付款金额，FV 代表未来值或最后一次付款后希望得到的现金余额。

目前，DAX 语言中没有提供一种函数可以与 Excel 中的 PV 函数一样来直接计算现值，但只要有了 Rate、Nper 及 Pmt 或 FV 这几个值，也可以通过使用下面的 DAX 公式来获得现值。

以学习文件夹 \ 第 4 章 \4-2.pbix 中的数据为例，如果已知 FV 值，则求 PV 值可以通过以下的 DAX 公式获得，结果参考图 4-20。

```
PV-F =
DIVIDE (
    'PV Data'[FV],
    POWER (
        ( 1 + 'PV Data'[Rate] ),
        'PV Data'[Nper]
    )
)
```

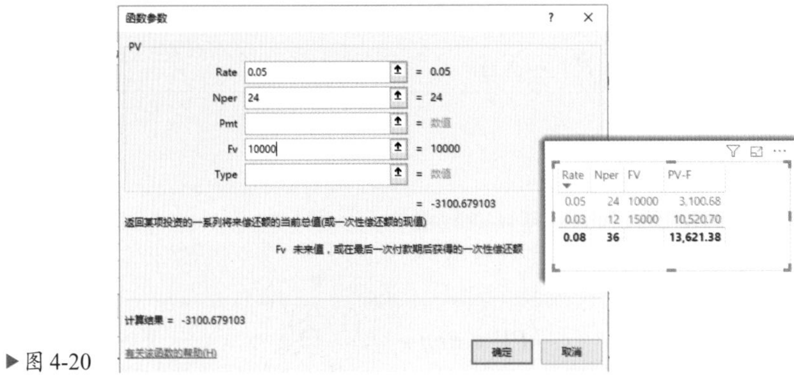

▶图 4-20

如果已知 Fmt 值，求 PV 值可以通过以下的 DAX 公式获得，结果参考图 4-21。

```
PV-P =
'PV Data'[Pmt]
    * DIVIDE (
        (
            1
                - DIVIDE (
                    1,
                    POWER (
                        ( 1 + 'PV Data'[Rate] ),
                        'PV Data'[Nper]
                    )
                )
        ),
```

```
        'PV Data'[Rate]
    )
```

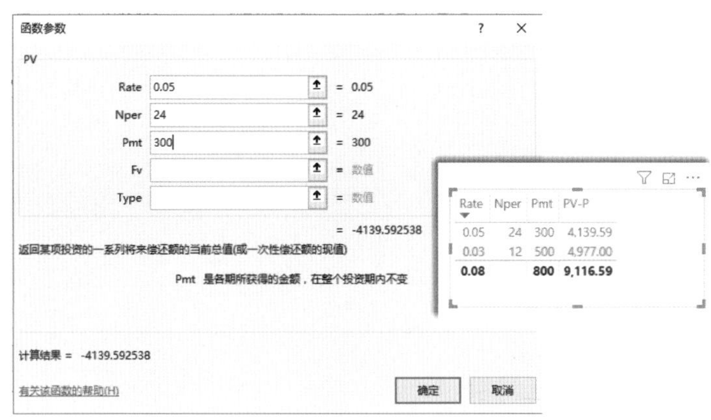

▶图 4-21

4.2.2 净现值

净现值（Net Present Value，NPV）也是成本收益分析中经常使用到的一个指标。净现值指未来现金流的折现值与现在投资成本之间的差额。当净现值为正数时，说明当前投资能获得收益，净现值越大，所得收益也就越高。如果净现值为负数，则说明该笔投资所得回报无法抵消成本投入。

净现值受时间、初始成本、未来净现金流量及折现率 4 个指标影响，计算公式如下：

$$NPV=\sum_{t=1}^{n}\frac{C_t}{(1+k)^t}-C_0$$

其中：

C_t 代表第 t 期的未来净现金流量；

C_0 代表当前投入成本；

k 代表折现率；

t 代表计期数，即时间周期。

如图 4-22 所示，如果 2020 年（当前）有一笔 1000 元的投资，预计未来三年每年可获得净现金流量为 400 元、600 元和 800 元。假设折现率是 10%，那么该笔投资在 3 年期的净现值为 460.55 元，也就是说企业这笔 1000 元的投资，未来三年可为企业带来460.55 元的回报。

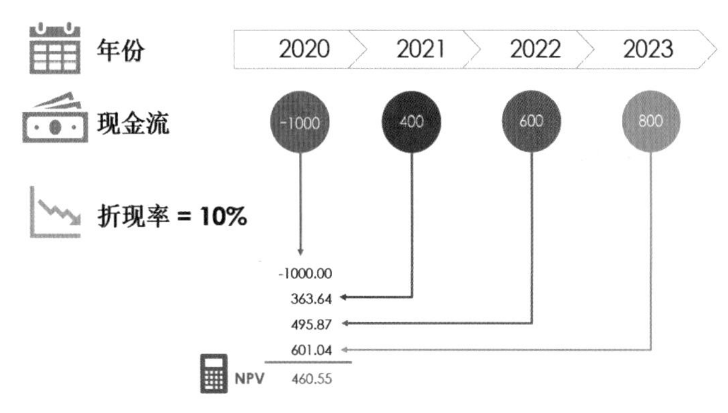

▲图 4-22

与现值类似，在 DAX 语言中没有直接提供一个类似于 Excel 中的 NPV 函数来计算净现值，不过可以通过使用 DAX 公式在 Power BI 中获取净现值。以学习文件夹 \ 第 4 章 \4-2.pbix 中的数据为例，如果数据表单中有明确的计期数，假设折现率是 10%，则可以参考下面的公式获得净现值，结果如图 4-23 所示。

```
NPV =
SUMX  (
    'NPV Data',
    DIVIDE  (
        'NPV Data'[Cash Flow],
        POWER  (
            ( 1 + 0.1 ) ,
            'NPV Data'[Period]
        )
    )
)
```

如果表单中没有计期数，可以利用 DAX 语言中 XNPV 函数来计算净现值。例如，对于图 4-24 所示的现金流表单，使用 XNPV 可计算其净现值。参考表达式如下，结果如图 4-24 所示。

```
XNPV =
XNPV  (
    'XNPV Data',
    'XNPV Data'[Cash],
    'XNPV Data'[Date],
    0.1
)
```

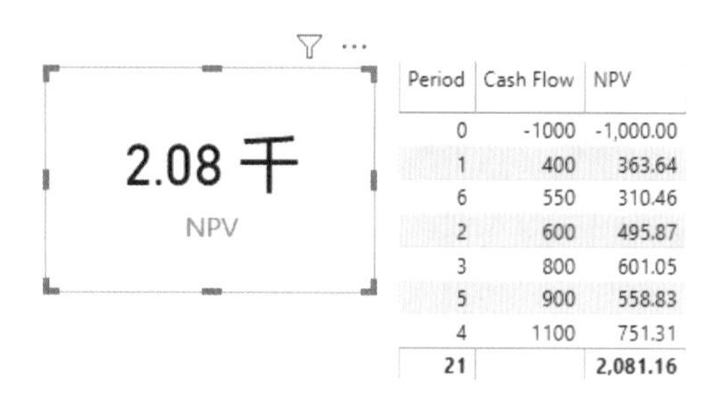

Period	Cash Flow	NPV
0	-1000	-1,000.00
1	400	363.64
6	550	310.46
2	600	495.87
3	800	601.05
5	900	558.83
4	1100	751.31
21		2,081.16

▲图 4-23

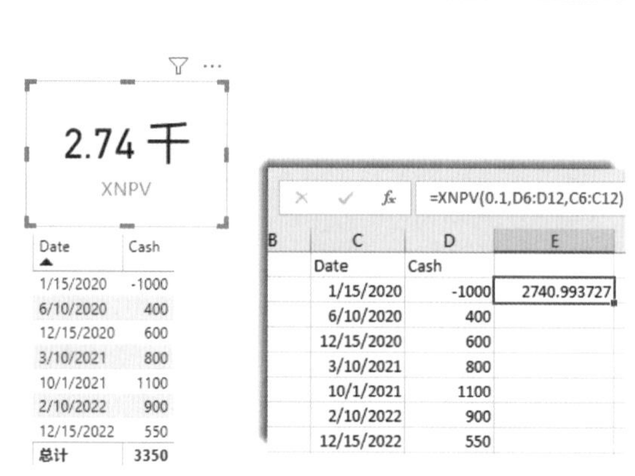

Date	Cash
1/15/2020	-1000
6/10/2020	400
12/15/2020	600
3/10/2021	800
10/1/2021	1100
2/10/2022	900
12/15/2022	550
总计	3350

C	D	E
Date	Cash	
1/15/2020	-1000	2740.993727
6/10/2020	400	
12/15/2020	600	
3/10/2021	800	
10/1/2021	1100	
2/10/2022	900	
12/15/2022	550	

▲图 4-24

4.2.3 分析的基本步骤

在企业内，成本收益分析主要通过货币量化的方式来测量某项投资所能带来的回报。如图 4-25 所示，通常情况下，进行成本收益分析的过程要经过以下 6 个步骤。

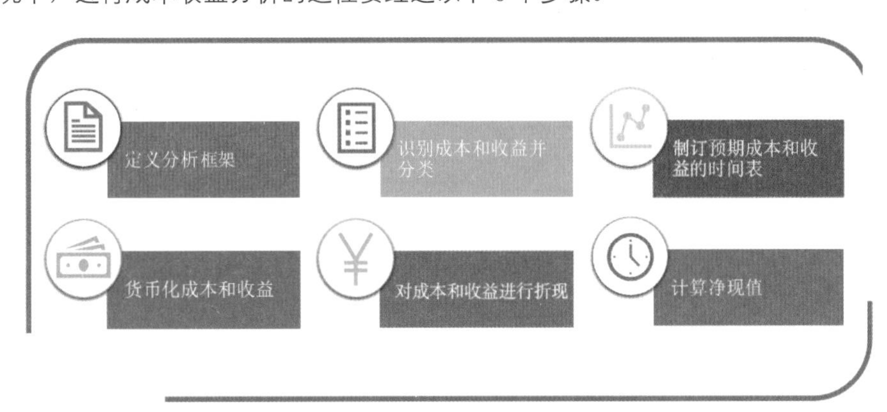

▶图 4-25

1. 定义分析框架

当企业需要对某一项工作流程进行更改或需要进行某笔投资时，应先系统地列举一下这项更改或投资能给企业带来的变化。将更改或投资前的企业状态设定为基准现状，然后与更改或投资完成后的未来状态作对比，从而在高层面上评估该项更改或投资对企业产生的影响。

例如，某企业目前使用地端的 Exchange 2013 产品作为邮件服务器，需要评估是否有必要迁移到云端的 Exchange Online 服务器。此时，在进行相应的成本收益分析时就可以先从两个产品间的功能差别对比入手，来分析使用 Exchange Online 后能给员工日常工作带来的变化；之后，再分析两者购买服务及维护成本之间的差别；最后对进行迁移服务可能给企业带来的潜在影响进行说明，从而使得管理层对该项投资计划有一个比较全面系统的了解。

2. 识别成本和收益并分类

确定好分析框架后就需要对流程更改或投资事件进行深入分析，识别出涉及的成本和收益项并进行分类标记。常见的成本收益项可以分为两大类：直接成本 / 收益（预期成本 / 收益）和间接成本 / 收益（非预期成本 / 收益），以及有形资产价值（易于测量和量化）和无形资产价值（很难识别和衡量）。

如图 4-26 所示，直接成本是直接用于生产过程中的各项费用，而间接成本与直接成本相对，指的是不与生产过程直接发生关系，但服务于生产过程的各项费用。相比直接成本，间接成本不便或不能计入某一期成本的计算对象，通常以某个周期为单位进行计算。

如图 4-27 所示，有形资产指有一定实物形态的资产，易于测量和量化。而无形资产与有形资产相对，指企业拥有或控制的没有实体形态但可辨别的资产，通常情况下很难进行货币衡量。

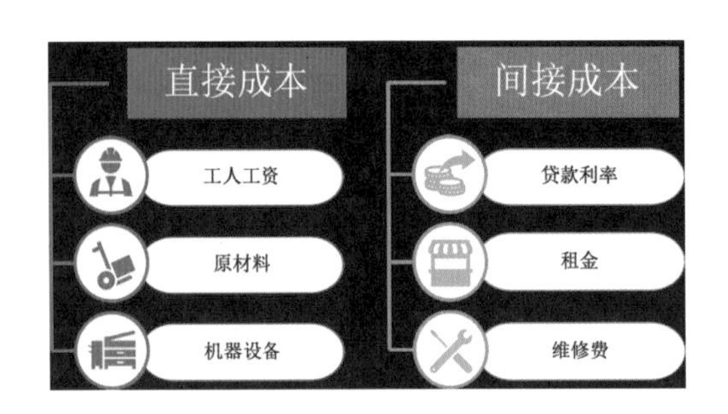

▲图 4-26

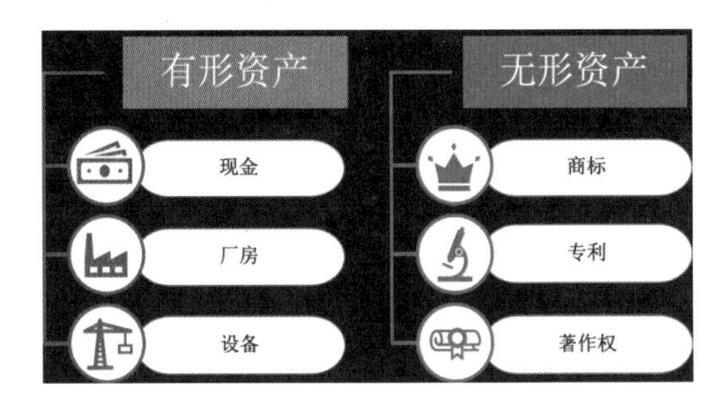

▲图 4-27

3. 设定时间表

进行成本收益分析，必须在一定的时间范围内才有意义。定义时间表的意义是便于企业对回报结果设定合理的预期，还能使企业了解该项成本投入对当前运营情况造成的影响，从而使企业能够更好地进行管理和规划，并提前建立突发事件应对措施。

4. 货币化成本和收益

对所有涉及的成本和收益项目都需要进行合理的货币化处理，从而测量该项流程更改或投资能给企业带来的利润。

5. 对成本和收益进行折现

由于受到货币时间价值因素的影响，在对成本或收益进行货币化处理后，需要将未来期的货币量进行折现，所有成本或收益项都换算成现值后才能进行加减，这样得出的评估结果才合理。

6. 计算净现值

当对成本或收益项进行完折现后，就可以计算净现值。净现值为正，说明该项成本投入可获得利润，企业可以进行流程更改或投资。如果是负数，则说明投入所获收益无法抵消成本，企业不应该进行流程更改或投资。

成本收益分析的思路比较清晰易懂，对于分析师来说重点在于搞清楚哪些是需要企业进行投入的成本，哪些是企业可以获取的利润，而相应的关键点在于如何将这些成本和收益进行合理的货币化。分析师应该根据企业自身特点收集成本和收益相关要素，综合企业历史投资收益情况及市场同行业发展情况等进行合理分析评估，从而帮助企业制订更加合理的流程变更或投资解决方案。

4.3 销售分析

销售分析几乎是每个企业都会进行的一种商业数据分析类型。如图 4-28 所示，它通过对销售结构、趋势、变化等关键指标进行分析，帮助企业洞察当前销售状况并预测未来销售发展走势，从而使得企业能设定合理的销售目标和方案，并及时根据数据信息的变化调整销售策略，以便获得更高的利润。

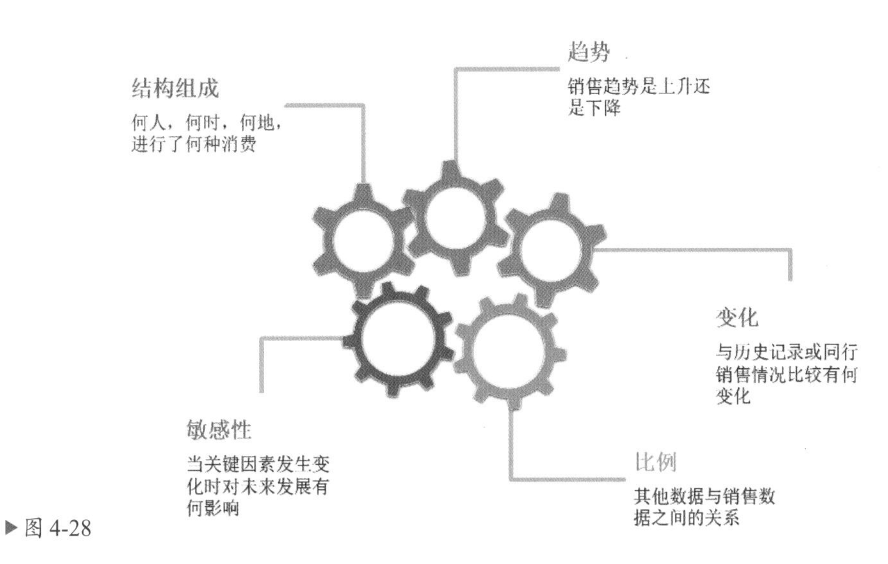

▶图 4-28

销售分析的最佳做法是对所有与销售事件有关的项目进行分析，以确定其所能带来的收入结果，并以此作依据为销售团队设定目标及制订和改善销售的策略。

本小节将对销售分析中的基础概念方法进行说明，对核心销售指标计算方法进行介绍，使读者掌握创建销售分析报表的方法。

4.3.1 常见关注指标

销售指标指的是能反映销售情况好坏及未来销售发展趋势等的数值。这些指标不但能反映企业的销售状况，还能用来评定销售团队的业绩。当对销售数据进行分析时，基本上都是通过先求解这些销售指标，然后再根据达标情况来对当前销售情况进行分析。最常用的销售指标如下。

1. 销售增长率

销售增长率指的是企业当期销售收入增长额与上一期销售收入之比，是评价企业发展状况和能力的重要指标，通常以年为单位进行计算。计算公式如下：

$$G=\frac{S2-S1}{S1}\times100\%$$

其中：

$S2$ 代表当期销售额；

$S1$ 代表上一期销售额。

例如，企业 2018 年的营业收入是 100 万元，2019 年的营业收入是 110 万元，则 2019 年的销售增长率为 10%。以学习文件夹 \ 第 4 章 \4-3-1.pbix 中的数据为例，在 Power BI 中，如果对图 4-29

所示的销售表单计算增长率，可以使用 SAMEPERIODLASTYEAR 函数来计算上一期的销售额，再获取增长率。

DueDate	ShipDate	Status	ubTotal	TaxAmt	Freight	TotalDue
6/13/2011 12:00:00 AM	6/8/2011 12:00:00 AM		$782.99	$62.6392	$19.5748	$865.204
6/14/2011 12:00:00 AM	6/9/2011 12:00:00 AM		$782.99	$62.6392	$19.5748	$865.204
6/14/2011 12:00:00 AM	6/9/2011 12:00:00 AM		$782.99	$62.6392	$19.5748	$865.204
6/16/2011 12:00:00 AM	6/11/2011 12:00:00 AM		$782.99	$62.6392	$19.5748	$865.204
6/17/2011 12:00:00 AM	6/12/2011 12:00:00 AM		$782.99	$62.6392	$19.5748	$865.204
6/20/2011 12:00:00 AM	6/15/2011 12:00:00 AM		$782.99	$62.6392	$19.5748	$865.204
6/25/2011 12:00:00 AM	6/20/2011 12:00:00 AM		$4.99	$0.3992	$0.1248	$5.514

▶ 图 4-29

创建一个度量值 YTD 来计算上一年的销售额，参考表达式如下，结果如图 4-30 所示。

```
YTD =
CALCULATE (
    SUM ( 'Sales SalesOrderHeader'[TotalDue] ),
    SAMEPERIODLASTYEAR ( 'Calendar'[Date] )
)
```

年	TotalDue	YTD	Growth
⊞ 2011	$14,155,699.525		
⊟ 2012	$37,675,700.312	$14,155,699.525	166.15%
⊞ 季度 1	$9,443,736.8161		
⊞ 季度 2	$9,935,495.1729	$1,074,117.4188	824.99%
⊞ 季度 3	$10,164,406.8281	$5,647,550.6633	79.98%
⊞ 季度 4	$8,132,061.4949	$7,434,031.4429	9.39%
⊟ 2013	$48,965,887.9632	$37,675,700.312	29.97%
⊞ 季度 1	$8,771,886.3577	$9,443,736.8161	-7.11%
⊟ 季度 2	$12,225,061.383	$9,935,495.1729	23.04%
⊞ April	$2,840,711.1734	$1,871,923.5039	51.75%
⊞ May	$3,658,084.9461	$3,452,924.4537	5.94%
⊞ June	$5,726,265.2635	$4,610,647.2153	24.20%
⊞ 季度 3	$14,339,319.1851	$10,164,406.8281	41.07%
⊞ 季度 4	$13,629,621.0374	$8,132,061.4949	67.60%
⊟ 2014	$22,419,498.3157	$20,996,947.7407	6.78%
⊞ 季度 1	$14,373,277.4766	$8,771,886.3577	63.86%
⊟ 季度 2	$8,046,220.8391	$12,225,061.383	-34.18%
⊞ April	$1,985,886.1496	$2,840,711.1734	-30.09%
⊞ May	$6,006,183.211	$3,658,084.9461	64.19%
⊞ June	$54,151.4785	$5,726,265.2635	-99.05%
总计	$123,216,786.1159	$72,828,347.5777	69.19%

▶ 图 4-30

2. 销售目标

销售目标指的是根据历史销售数据制订的本期目标销售数据，是评定销售团队绩效的关键指标。通常情况下，销售目标都按照完成百分比来计算，公式如下：

$$AT = \frac{S}{T} \times 100\%$$

其中：

S 代表当期销售数据；

T 代表目标销售数据。

在 Power BI 中，对销售目标的监控可以通过内置的“仪表”类型可视化工具完成。如图 4-31 所示，只需将销售目标完成百分比设置成“仪表”中的值，就可以轻松获得所需图形。

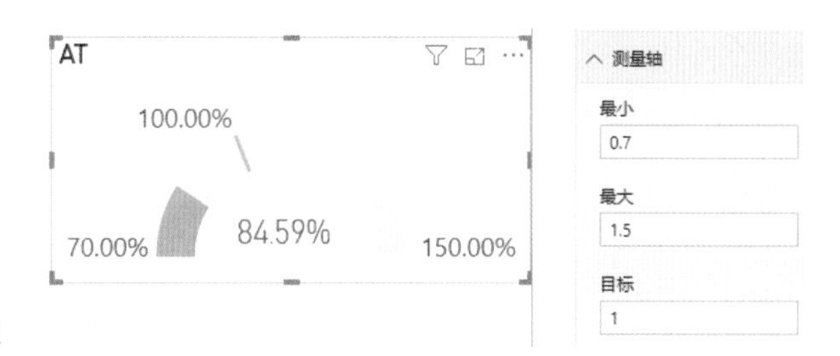

▶图 4-31

3. 本年度销售额

本年度销售额指的是年初到现在时间点的销售额。很多企业会以月份为单位统计销售额，并与历史同期数据进行对比，用来分析当前销售情况。

在 Power BI 中，如图 4-32 所示，可以使用折线图来展示本年度销售额情况，并将由 SAMEPERIODLASTYEAR 函数计算的上一期销售额信息也添加到折线图中，供管理层参考使用。

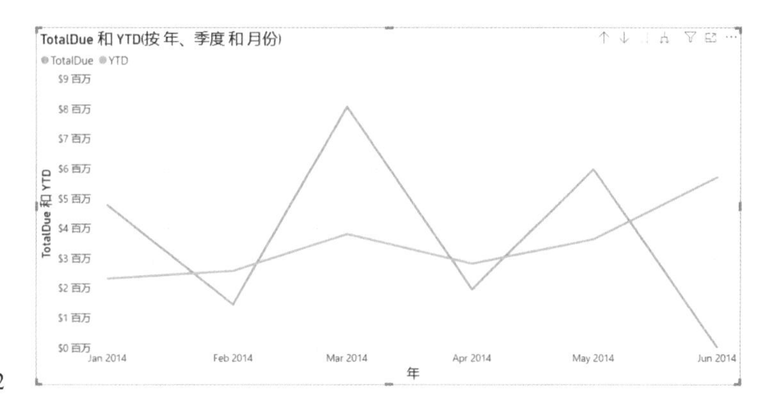

▶图 4-32

4. 产品销售比例

除了从总体上对企业的销售情况进行分析以外，还应该从产品的角度出发，如图 4-33 所示，在 Power BI 中，利用视觉对象来分析每一种产品的销售额、达标情况及增长趋势等，从而帮助销售团队了解客户的喜好，以便制订出更优的销售策略。同时，对产品的销售量进行分析还能帮助产品团队更

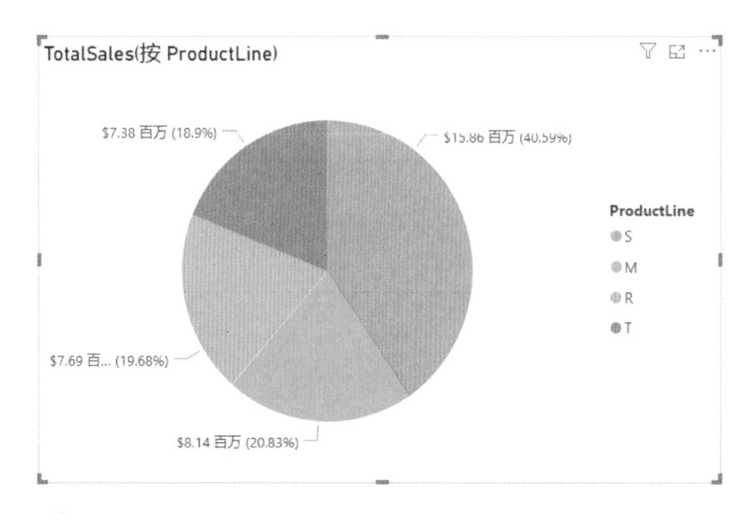

▲图 4-33

好地了解市场需求方面的变化，从而不断地对产品进行改进，以求获得更多消费者的青睐。

5. 客单量

客单量指的是每笔交易中客户购买产品的数量。该指标可以衡量在某段时间内，客户消费量的变化情况，同时还能反映出销售团队在销货速度方面的效率情况。客单量多以天或周为单位进行统计，计算公式如下：

$$UpT=\frac{US}{T}$$

其中：

US 代表出货数量；

T 代表成交笔数。

以学习文件夹\第4章\4-3-1.pbix中的数据为例，在Power BI中，如果要对图4-34所示的销售表单计算客单量，可以使用COUNTROWS函数来计算出货量，使用DISTINCTCOUNT函数来计算成交笔数。

获得客单量之后，如图4-35所示，可以使用折线图来显示每日客单量变化情况，以方便对客户交易倾向变化规律进行深入研究。

SalesOrderID	SalesOrderDetailID	CarrierTrackingNumber	OrderQty	ProductID
43676	152	11BA-4D19-87	1	710
43676	150	11BA-4D19-87	2	776
43676	151	11BA-4D19-87	2	778
43676	153	11BA-4D19-87	3	775
43676	154	11BA-4D19-87	4	709
44628	4002		1	775
44209	2108		1	750
44009	1375		1	753

▲图 4-34

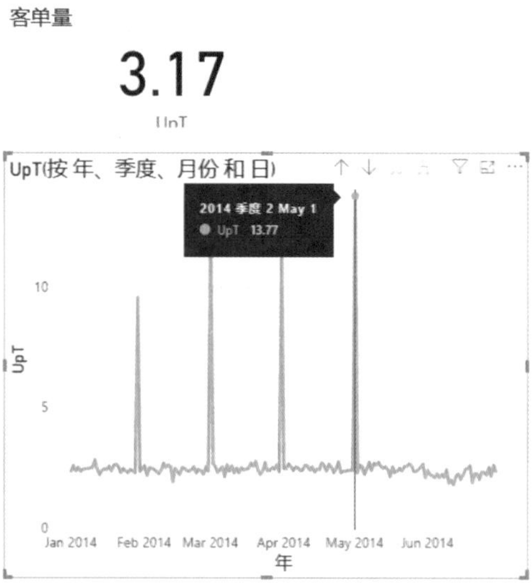

▲图 4-35

6. 平均每单交易额

平均每单交易额指的是客户平均每笔交易的消费总额。该指标不但可以对销售收益进行预测，还能帮助销售团队对消费者的购买行为进行分析，从而制订某些销售引导策略来激励消费者购买收益率更高的产品。平均每单交易额的计算公式如下：

$$AS = \frac{TS}{T}$$

其中：

TS 代表总销售额；

T 代表成交笔数。

与客单量类似，在 Power BI 中，如图 4-36 所示，也可以通过折线图来表现平均每单交易额的每日 / 每周变化情况。

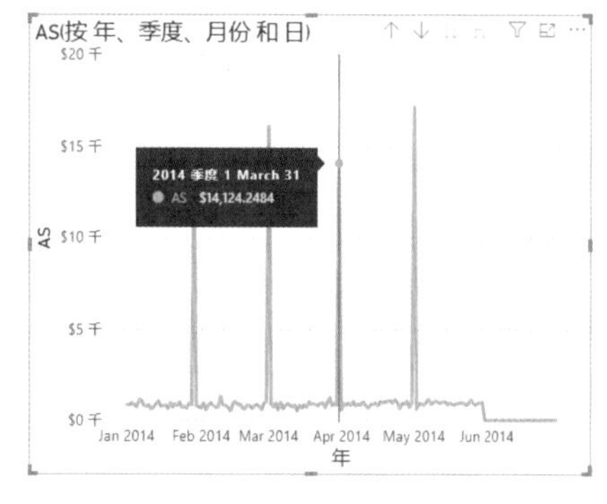

▲图 4-36

7. 卖出率

卖出率是实体产品销售分析中使用的一个指标，它反映的是销售量与总库存量之间的关系，可以用于评价供应链的健康情况，也能帮助对未来销售形势进行预测。通常情况下，卖出率以月为单位进行计量，它指的是当月已销售产品的数据量占月初库存量的比值。卖出率大于 100% 说明上个月剩余的库存量本月都可销售完毕，而小于 100% 则说明有产品出现了积压。其计算公式如下：

$$StR = \frac{TS}{TI} \times 100\%$$

其中：

TS 代表当月销售量；

TI 代表月初库存量。

以学习文件夹 \ 第 4 章 \4-3-1-Sales though rate.pbix 中的数据为例，如图 4-37 所示，这是一个典型的产品、销售及库存表单集合。在库存表单中，每个月的 1 号显示本月初商品的库存量，而每个月的 15 号则会有一批新的产品抵达仓库。

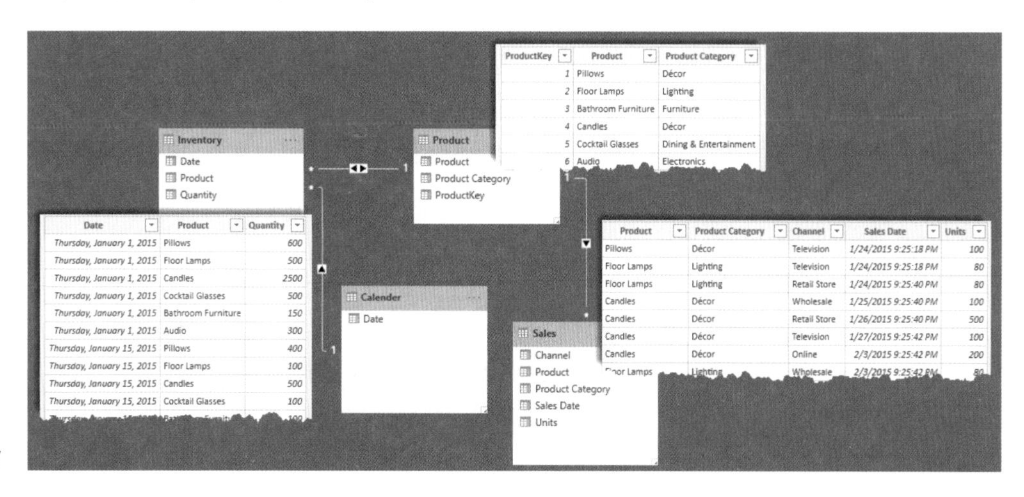

ProductKey	Product	Product Category
1	Pillows	Décor
2	Floor Lamps	Lighting
3	Bathroom Furniture	Furniture
4	Candles	Décor
5	Cocktail Glasses	Dining & Entertainment
6	Audio	Electronics

Date	Product	Quantity
Thursday, January 1, 2015	Pillows	600
Thursday, January 1, 2015	Floor Lamps	500
Thursday, January 1, 2015	Candles	2500
Thursday, January 1, 2015	Cocktail Glasses	500
Thursday, January 1, 2015	Bathroom Furniture	150
Thursday, January 1, 2015	Audio	300
Thursday, January 15, 2015	Pillows	400
Thursday, January 15, 2015	Floor Lamps	100
Thursday, January 15, 2015	Candles	500
Thursday, January 15, 2015	Cocktail Glasses	100

Product	Product Category	Channel	Sales Date	Units
Pillows	Décor	Television	1/24/2015 9:25:18 PM	100
Floor Lamps	Lighting	Television	1/24/2015 9:25:18 PM	80
Floor Lamps	Lighting	Retail Store	1/24/2015 9:25:40 PM	80
Candles	Décor	Wholesale	1/25/2015 9:25:40 PM	100
Candles	Décor	Retail Store	1/26/2015 9:25:40 PM	500
Candles	Décor	Television	1/27/2015 9:25:42 PM	100
Candles	Décor	Online	2/3/2015 9:25:42 PM	200

▶图 4-37

要计算卖出率，就需要获得月初库存量，也就是图 4-37 内 Inventory 表单中每个月 1 号对应的商品数量。在 Power BI 中，要获得这个月初库存量，可以使用 CALCULATE 函数结合 STARTOFMONTH 来实现，参考表达式如下，结果如图 4-38 所示。

```
Inventory-Month =
CALCULATE (
    SUM ( Inventory[Quantity] ),
    FILTER (
        Calender,
        Calender[Date]
            = STARTOFMONTH ( Calender[Date] )
    )
)
```

有了月初库存量，再计算每个月产品的销售量即可获得卖出率。参考表达式如下，结果如图 4-39 所示。

```
StR =
DIVIDE (
    SUM ( Sales[Units] ),
    [Inventory-Month]
)
```

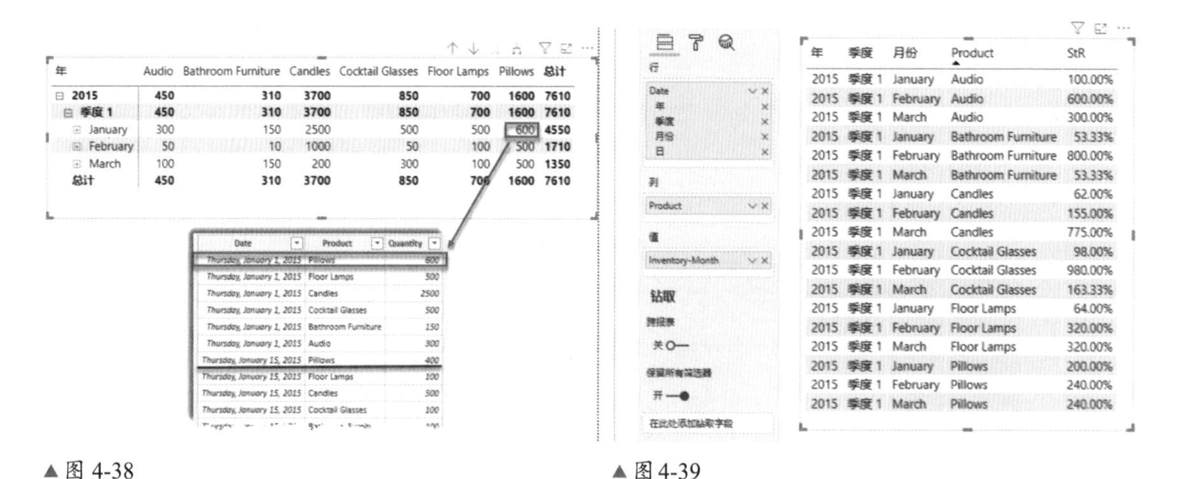

年	Audio	Bathroom Furniture	Candles	Cocktail Glasses	Floor Lamps	Pillows	总计
2015	450	310	3700	850	700	1600	7610
季度 1	450	310	3700	850	700	1600	7610
January	300	150	2500	500	500	600	4550
February	50	10	1000	50	100	500	1710
March	100	150	200	300	100	500	1350
总计	450	310	3700	850	700	1600	7610

Date	Product	Quantity
Thursday, January 1, 2015	Pillows	600
Thursday, January 1, 2015	Floor Lamps	500
Thursday, January 1, 2015	Candles	2500
Thursday, January 1, 2015	Cocktail Glasses	500
Thursday, January 1, 2015	Bathroom Furniture	150
Thursday, January 1, 2015	Audio	300
Thursday, January 15, 2015	Pillows	400
Thursday, January 15, 2015	Floor Lamps	100
Thursday, January 15, 2015	Candles	500
Thursday, January 15, 2015	Cocktail Glasses	100

年	季度	月份	Product	StR
2015	季度 1	January	Audio	100.00%
2015	季度 1	February	Audio	600.00%
2015	季度 1	March	Audio	300.00%
2015	季度 1	January	Bathroom Furniture	53.33%
2015	季度 1	February	Bathroom Furniture	800.00%
2015	季度 1	March	Bathroom Furniture	53.33%
2015	季度 1	January	Candles	62.00%
2015	季度 1	February	Candles	155.00%
2015	季度 1	March	Candles	775.00%
2015	季度 1	January	Cocktail Glasses	98.00%
2015	季度 1	February	Cocktail Glasses	980.00%
2015	季度 1	March	Cocktail Glasses	163.33%
2015	季度 1	January	Floor Lamps	64.00%
2015	季度 1	February	Floor Lamps	320.00%
2015	季度 1	March	Floor Lamps	320.00%
2015	季度 1	January	Pillows	200.00%
2015	季度 1	February	Pillows	240.00%
2015	季度 1	March	Pillows	240.00%

▲图 4-38　▲图 4-39

8. 成交率

从广义来讲，销售成交率指的是最终购买产品的客户人数占销售人员进行推销人数的比例，它能很直观地反映出销售团队的工作效率，是衡量销售团队能力的一项重要指标。通常情况下销售成交率以月、季度或年为统计单位，其计算公式如下：

$$SCR = \frac{SC}{Q} \times 100\%$$

其中：

SC 代表购买商品的客户数；

Q 代表总共进行推销的人数。

例如，在某一天的展销活动中，销售人员一共向 10 位顾客推销了产品，最后有 3 位顾客下单购买，那么当日该销售人员的成交率就是 30%。

9. 新品竞争率

新品竞争率也被称为自相蚕食率，它表述的是当企业推出新产品时对自己老产品销售带来的影响。当有新产品推出时，企业会集中精力和资源在市场上为新产品造势，将消费者的目光吸引到新产品上，从而对老产品的销量带来一定的负面影响。而新品竞争率则能反映这种影响的大小，以帮助企业更好地制订新老产品的销售、推广及维护等策略。

例如，苹果公司的 iPad 平板电脑和 MacBook 笔记本电脑之间就存在自相蚕食的情况。当 2010 年苹果推出 iPad 时，对 MacBook 的销售产生了不小的影响，很多原本打算购买 MacBook 的顾客转而购买价格更低的 iPad。iPad 的推出在短时间内可能降低了苹果公司的总营业额，但经过一段时间的营销推广后，购买 iPad 的客户数量大增，很多原本没有打算购买 MacBook 的客户也购买了 iPad，从而使得苹果公司获得了更高的营业额。

新产品对老产品的销售能带来多大影响很难进行具体计算，通常情况下，新品竞争率是通过统计有多少对老商品表达过购买意向但最终放弃购买的客户而间接进行计算的，其公式如下：

$$CR = \frac{SL}{SN} \times 100\%$$

其中：

SL 代表放弃购买老产品的客户；

SN 代表购买新产品的客户。

目前，绝大多数企业都通过创新方式来不断地向市场推出更新换代产品，以求保持自身竞争力并不断扩大市场份额。但新产品的发布是有一定风险性的，如果新产品和老产品具有不同的甚至相互竞争的价值主张，那么就可能使得已有客户群体产生被抛弃感，使企业与老客户的合作变得非常困难。因此，通过计算新品竞争率，可以帮助企业更好地对新产品进行评估，对老产品进行管理，从而获得更高的收益。

4.3.2 基本分析点

为了帮助管理层全面了解当前企业销售工作的运行情况，在销售分析报告中会从多个角度对销售团队的业绩进行评估，通常情况下，报表中主要包含以下 5 个分析内容。

1. 销售概况分析

订单量 298

当前销量 598.42 千 目标: 516.06 千 (+15.96%) 2007

利润率 19.00% 0.00% 30.00% 25.00%

平均每单销售额 779.19

最大单销售额 32.08 千

最小单销售额 2.12

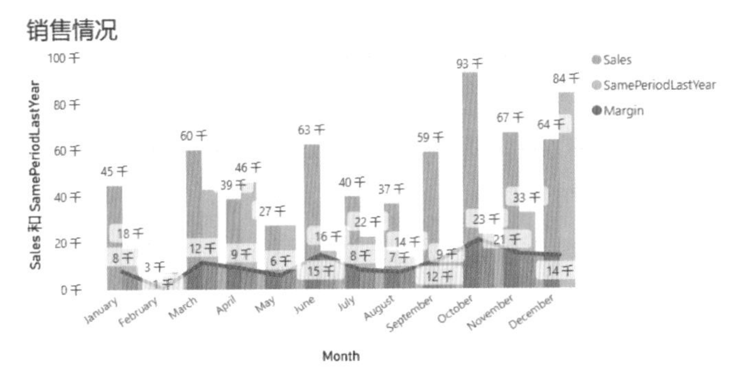

▲图 4-40

为了让管理层快速了解企业产品和服务的销售情况，在销售分析中会将当期销售额、销售增长率、销售目标完成情况等基本信息在报告首页中进行展示。这些信息能最直观地对当前销售团队的工作情况进行反馈，使得管理层能快速地对企业当前经营状况的好坏进行评判。

如图 4-40 所示，在 Power BI 中，可以使用卡片图、KPI、仪表及簇状图、线形图等可视化工具来体现基本情况信息。这几种可视化工具的特点是简单、清晰、明了，使得管理层能非常快速准确地获取重点信息。

2. 销售渠道分析

销售渠道指的是企业生产的产品或提供的服务向消费者转移所经过的通道或途径，它的起点是产品或服务的生产企业，终点是终端客户，中间的渠道环节包括经销商、零售商、分支机构等向终端客户提供企业产品或服务的任何类型的第三方组织。通过不同渠道合作伙伴销售企业的产品或服务，可以给企业的业务营收带来巨大的影响。

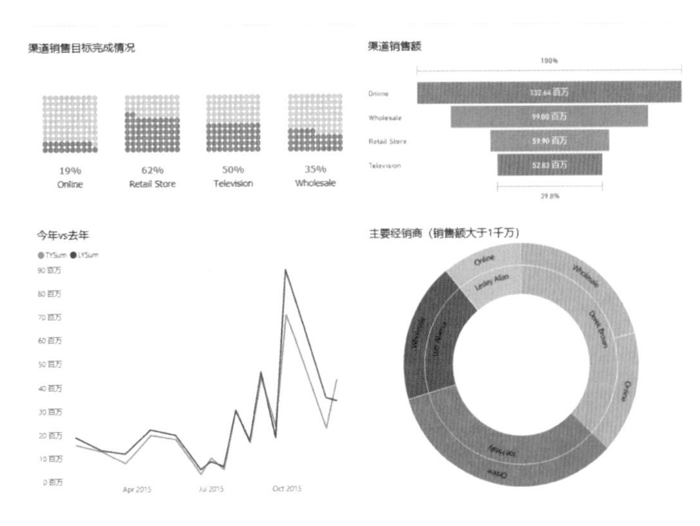

▲图 4-41

销售渠道分析是以渠道作为细分项来帮助企业了解产品或服务在不同渠道上的销售表现情况。如图 4-41 所示，主要分析点包括对比不同渠道上的产品或服务销售量、销售增长百分比、历年销售变化、未来发展趋势等信息。对于一些大的经销商，还可以罗列其销售情况以便深入分析，从而帮助企业更好地制定渠道销售策略。

3. 销售人员业绩分析

销售渠道分析的对象是与企业进行合作的第三方组织，销售人员业绩分析则针对的是企业自身销售团队内的人员，目的是对企业自身销售能力进行评定。分析思路是以每个销售人员为出发点，对其总销售额、销售增长率、销售区域范围、销售商品类型等指标进行测量，从而对其销售业绩进行综合评定。

由于企业的销售人员可能会比较多，通常在给管理层准备的销售报告中只会对排名前*N*（Top N）名的销售人员业绩进行详细分析。在 Power BI 中，求销售额排名前 *N* 的人员可以通过以下方法进行计算。（案例数据源使用微软免费提供的 AdventureWorks 数据库，Power BI 参考文件见学习文件夹 \ 第 4 章 \AdventureWorks2017.pbix）

首先，如图 4-42 所示，使用“新建参数”方法来创建一个模拟参数用来定义 *N* 值，即允许报表使用者指定需要显示排名前几的销售人员信息。这个模拟参数 TopN 可以作为常规参数用在之后任何的 DAX 公式当中。例如，当通过切片器设定 TopN 是 5 时，Power BI 会自动将 5 替换到使用 TopN 的公式中进行计算，从而实现显示销售排名前 5 的人员信息。

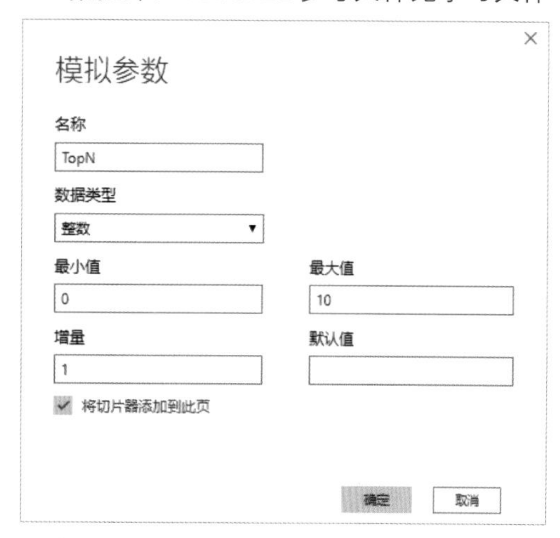

▲图 4-42

有了模拟参数 TopN 后可以创建一个度量值 RankbyDue_Sales，使用 RANKX 函数将销售人员按照销售业绩排名。参考表达式如下，结果如图 4-43 所示。

```
RankbyDue_Sales =
IF (
    SUM ( 'Sales SalesOrderHeader'[SalesPersonID] ) <> 0,
    RANKX (
        ALLNOBLANKROW ( 'Sales SalesPerson' ),
        [Sum_Due],
        ,
        DESC
    )
)
```

之后，通过模拟参数 TopN 和度量值 RankbyDue_Sales 可以获取销售排名前 *N* 人员的信息。方法是新建一个度量值 TopN_Sales，通过 SELECTEDVALUE 来获取报表用户利用模拟参数设定的具体 *N* 值，最后将符合条件的数据返回。参考表达式如下，结果如图 4-44 所示。

```
TopN_Sales =
VAR SelectedTop =
    SELECTEDVALUE ( 'TopN'[TopN] )
RETURN
    SWITCH (
        TRUE (),
        SelectedTop = 0, [Sum_Due],
        [RankbyDue_Sales] <= SelectedTop, [Sum_Due]
    )
```

销售人员

Sales.FirstName	Sales.LastName	Sum_Due	RankbyDue_Sales
		$32,441,339.12	
Amy	Alberts	$826,417.47	16
David	Campbell	$4,207,894.60	9
Garrett	Vargas	$4,069,422.21	10
Jae	Pak	$9,585,124.95	4
Jillian	Carson	$11,342,385.90	2
José	Saraiva	$6,683,536.66	7
Linda	Mitchell	$11,695,019.06	1
Lynn	Tsoflias	$1,606,441.45	14
Michael	Blythe	$10,475,367.08	3
Pamela	Ansman-Wolfe	$3,748,246.12	11
Rachel	Valdez	$2,062,393.14	13
Ranjit	Varkey Chudukatil	$5,087,977.21	8
Shu	Ito	$7,259,567.88	6
Stephen	Jiang	$1,235,934.45	15
Syed	Abbas	$195,528.78	17
Tete	Mensa-Annan	$2,608,116.38	12
Tsvi	Reiter	$8,086,073.68	5
总计		**$123,216,786.12**	**1**

▶图 4-43

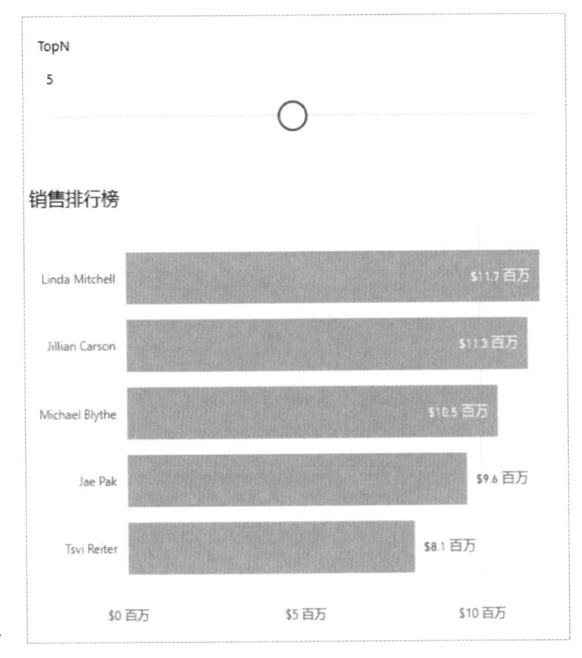

▶图 4-44

4. 销售分类分析

销售分类分析指的是按照一定的规则对销售信息进行分类统计，以便从多角度对销售情况进行解析。如图 4-45 所示，常见的分类方式有按照产品进行分类，按照销售地区进行分类，按照客户群特征进行分类等。

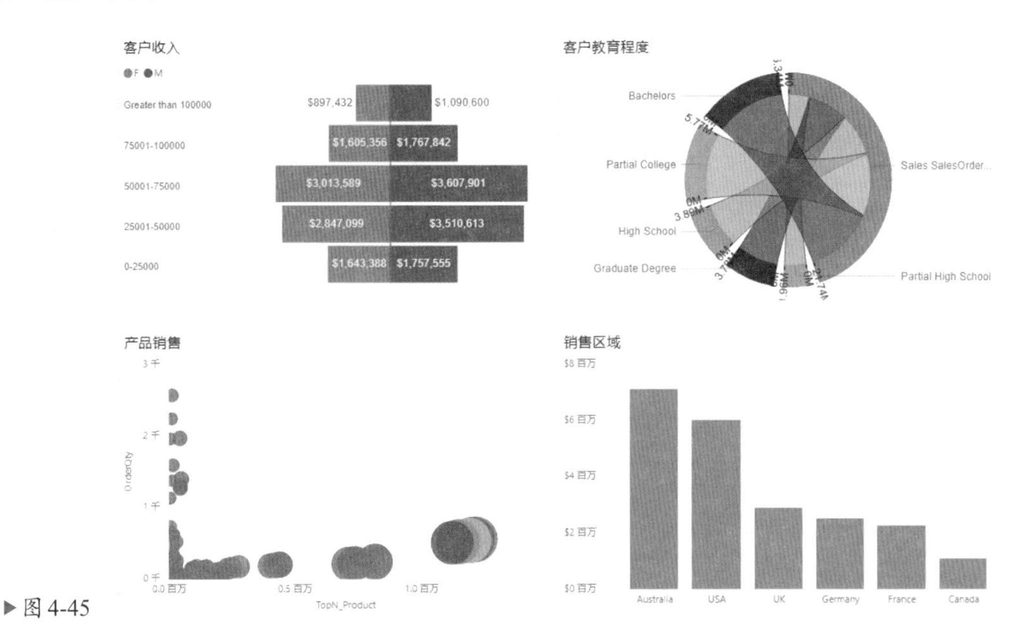

▶图 4-45

5. 销售漏斗分析

销售漏斗也叫作销售管道，是反映机会状态及销售效率的一个管理模型。如图 4-46 所示，销售漏斗将整个销售过程从开始到结束划分成若干个不同的阶段，每个阶段的销售机会各不相同。漏斗顶部代表有购买需求的潜在客户，这部分人数最多，但可能绝大多数都不会购买产品；而漏斗底部代表最终付款购买产品或服务的客户，这部分人最少，但都是已经付款可以为企业带来收入的群体。

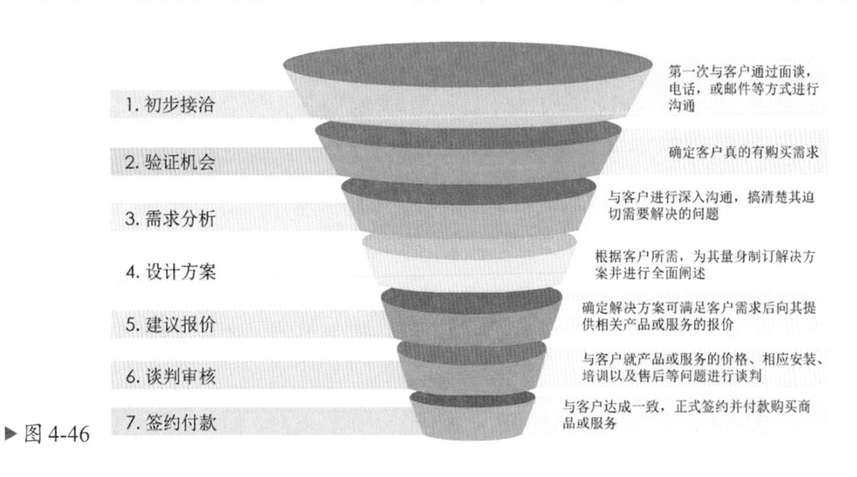

▶图 4-46

进行销售漏斗分析的目的是帮助企业掌握销售的进展情况，了解销售机会的状态分布，对销售过程进行一定程度的量化，从而为制订销售阶段任务计划、人员工作安排、市场推广方案等提供依据。如图 4-47 所示，在 Power BI 中，可以通过堆积图、漏斗图或第三方提供的锥形图等视觉对象来展示与销售漏斗有关的数据。

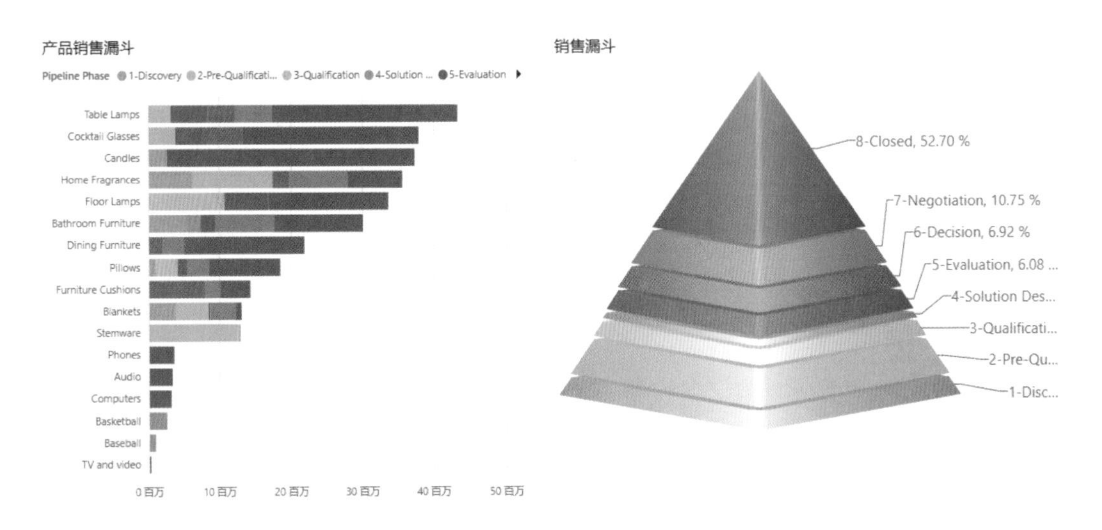

▲图 4-47

销售分析涉及的分析角度和方向相对来说会比较广泛，数据分析师在对销售数据进行建模时一定要结合企业使用的销售模式来进行，尽可能地收集每个销售环节对应的数据，从多个角度对数据内在信息进行阐述，挖掘数据变化背后反映出的规律，以便能对未来销售走势进行正确预测。

高手神器 3：Power BI 示例参考资源

对于 Power BI 初学者来说，最头疼的一件事就是寻找合适的数据资源进行练习。直接使用企业内部产生的环境数据做练习显然不合适，数据不但需要层层审批才能获取，还存在敏感信息泄露的风险。而在公网上寻找案例数据通常也比较麻烦，很多数据结构过于简单，不太适合做建模练习。

微软充分考虑到了这些问题，在 Docs 上为初学者准备了几个 Power BI 示例供学习参考，如图 4-48 所示。这些示例覆盖了企业数据分析的多个常见领域，可以在 https：//docs.microsoft.com/zh-cn/power-bi/sample-datasets 网站上进行获取。

对于每个示例，微软不但准备了详细的说明使用文档，还提供了 Power BI 报表（.pbix）文件供用户下载。所有的示例都基于真实数据创建，并根据实际业务相关情况从多个角度对数据信息进行分析。对这些示例进行学习研究，不仅能提高数据建模分析的能力，还能从业务使用角度出发，了解更多的商业数据需求分析点。

除了 Docs 网站上微软给出的官方 Power BI 示例以外，在 Power BI 论坛上面还有很多用户贡献分享了自己创建的报表示例，如图 4-49 所示，可以在 https：//community.powerbi.com/t5/Data-

Stories-Gallery/bd-p/DataStoriesGallery 上进行浏览。相比 Docs 上的官方示例，论坛用户贡献的示例更加丰富多样，无论是题材选择还是分析角度，或是使用的排版布局，对初学者来说都有很大的参考价值。唯一的不足在于很多论坛用户并没有分享 Power BI 报表源文件，无法深入了解数据建模部分的相关内容。

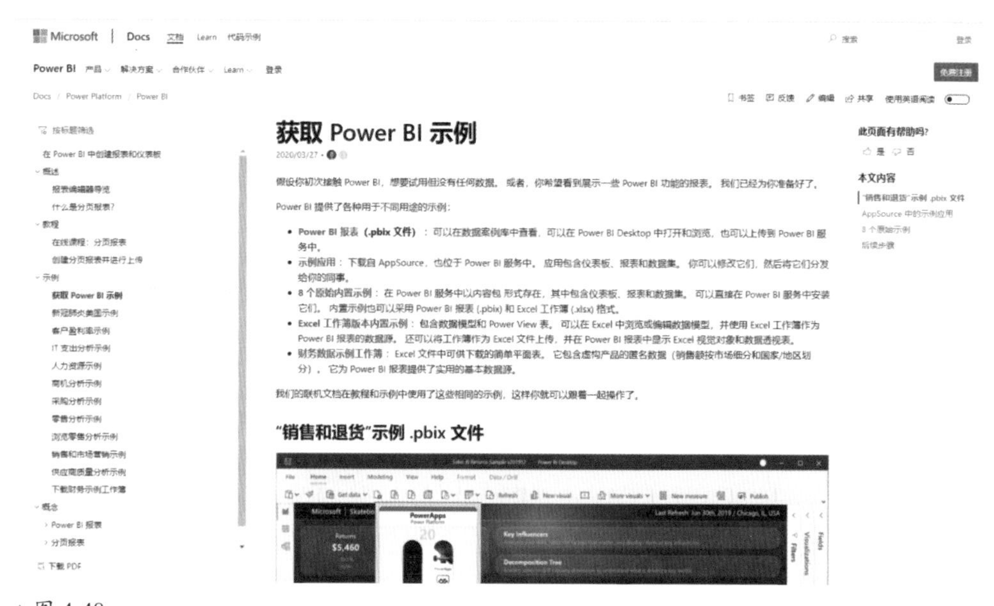

▲图 4-48

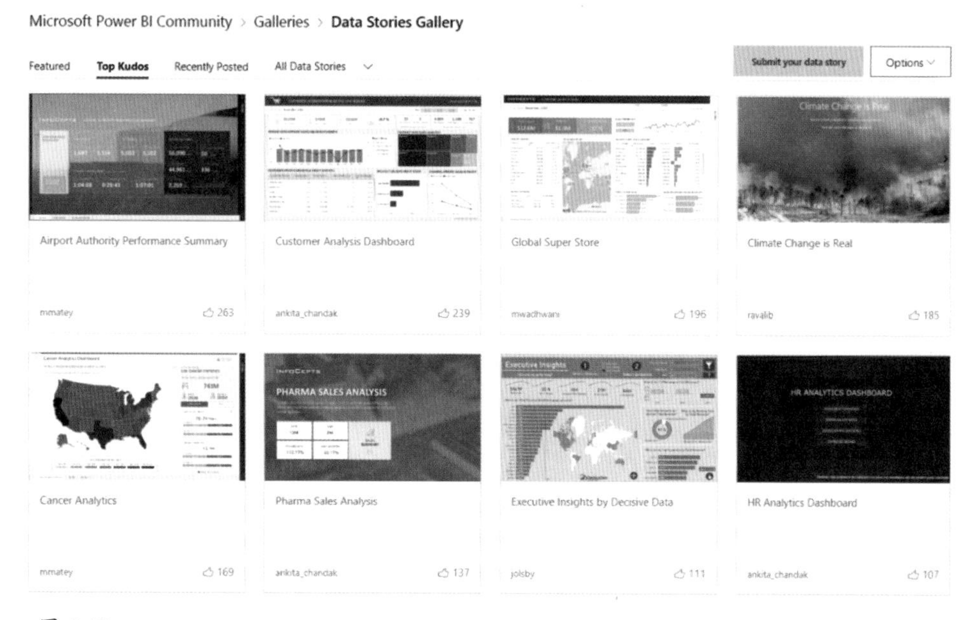

▲图 4-49

4.4 本章小结

本章对 3 种常见的商业数据分析应用场景进行了概括说明，带读者从客户、财务、销售这 3 个分析角度来进一步了解在企业数据分析中所要进行的相关工作。阅读完本章，相信读者已经了解如何使用 Power BI 对一些企业要求的关键数据分析点进行求解，并可制作一些数据分析报表对企业某方面信息进行研究。

本章“高手自测”答案

高手自测 5：如何在 Power BI 中计算客户保持率?

以学习文件夹 \ 第 4 章 \4-1-2-Customer Retention Rate.pbix 中的数据为例，以月为单位，要计算客户保持率 CRR，需要获得当月客户总数、当月新增客户数及上月客户总数。这 3 组数据中，当月客户总数最好进行计算，只需创建一个度量值，使用 DISTINCTCOUNT 即可获得。参考表达式如下：

```
Total Customers =
DISTINCTCOUNT ( FactInternetSales[CustomerKey] )
```

对于上月客户总数，使用 CALCULATE 函数和 PREVIOUSMONTH 函数将时间轴向前移动一个月，即可获得。参考表达式如下：

```
Last Period Total Customers =
CALCULATE (
    DISTINCTCOUNT ( FactInternetSales[CustomerKey] ),
    PREVIOUSMONTH ( DimDate[FullDateAlternateKey] )
)
```

而要获取当月新增客户数，首先需要判断什么样的客户是当月新增客户。如果该客户历史累计购买额与当月购买额相等，可以认为该客户是当月新增客户。基于这一思路，先创建一个度量值来获取累计购买额。参考表达式如下：

```
CumulativeSales =
CALCULATE (
    [Sales],
    FILTER (
        ALL ( DimDate[FullDateAlternateKey] ),
        DimDate[FullDateAlternateKey]
            <= MAX ( DimDate[FullDateAlternateKey] )
    )
)
```

此外，再创建一个度量值，获取当月购买额。参考表达式如下：

```
CurrentMonthSales =
CALCULATE (
    [Sales],
    DATESMTD ( DimDate[FullDateAlternateKey] )
)
```

有了获取客户历史累计购买额和当月购买额的度量值之后，就可以创建另外一个度量值来计算当月新增客户数量。方法是对客户表进行筛选，将历史累计购买额和当月购买额相同的客户过滤出来生成一个新的子表，之后计算该子表行数，即可获知当前月份对应的新增客户。参考表达式如下：

```
New Customers =
VAR newcustomers =
    FILTER (
        ADDCOLUMNS (
            DimCustomer,
            "Cum_Sales", [CumulativeSales],
            "Cur_Sales", [CurrentMonthSales]
        ),
        [CumulativeSales] = [CurrentMonthSales]
            && [CurrentMonthSales] > 0
    )
RETURN
    IF (
        [Sales] > 0,
        COUNTROWS ( newcustomers )
    )
```

准备好计算当月客户总数，当月新增客户数及上月客户总数的度量值之后，就可以计算客户保持率。参考表达式如下，结果如图 4-50 所示。

```
CRR =
DIVIDE (
    ( [Total Customers] - [New Customers] ),
    [Last Period Total Customers]
)
```

Year	Total Customers	New Customers	Last Period Total Customers	CRR
2007				
Qtr 3				
July	511	202	321	96.26%
August	1509	1210	511	58.51%
September	1553	1112	1509	29.22%
Qtr 4				
October	1624	1132	1553	31.68%
November	1634	1094	1624	33.25%
December	2037	1210	1634	50.61%
2008				
Qtr 1				
January	1777	1039	2037	36.23%
February	1794	1013	1777	43.95%
March	1879	1056	1794	45.88%
Qtr 2				
April	1981	1088	1879	47.53%
May	2145	1190	1981	48.21%
June	2135	1144	2145	46.20%
Qtr 3				
July	931	566	2135	17.10%

▲图 4-50

前面的4个章节对商业数据分析涉及的基本概念、思路及方法等内容做了介绍，目的是帮助读者了解什么是商业数据分析及如何开展商业数据分析相关工作。从本章开始，将对Power BI这款软件的功能进行介绍，以帮助读者了解如何使用Power BI这一利器来完成商业数据分析工作。

商业数据分析利器：Power BI的基本操作

请带着下面的问题走进本章：

（1）Power BI查询编辑器的主要功能是什么？

（2）何时使用“导入”模式连接数据，何时使用“DirectQuery”模式连接数据？

（3）如何在Power BI中管理表之间的关联关系？

（4）怎样才能在Power BI中进行高效的数据建模？

（5）如何创建让人惊艳的可视化交互图形？

5.1 巧用查询编辑器

如图 5-1 所示，Power BI Desktop 中的查询编辑器也称为 Power Query 编辑器，它的功能是在数据加载到 Power BI 引擎之前对其进行过滤、合并、拆分、转换类型等操作，从而实现对数据的初步整理，以便为后续数据建模做准备。

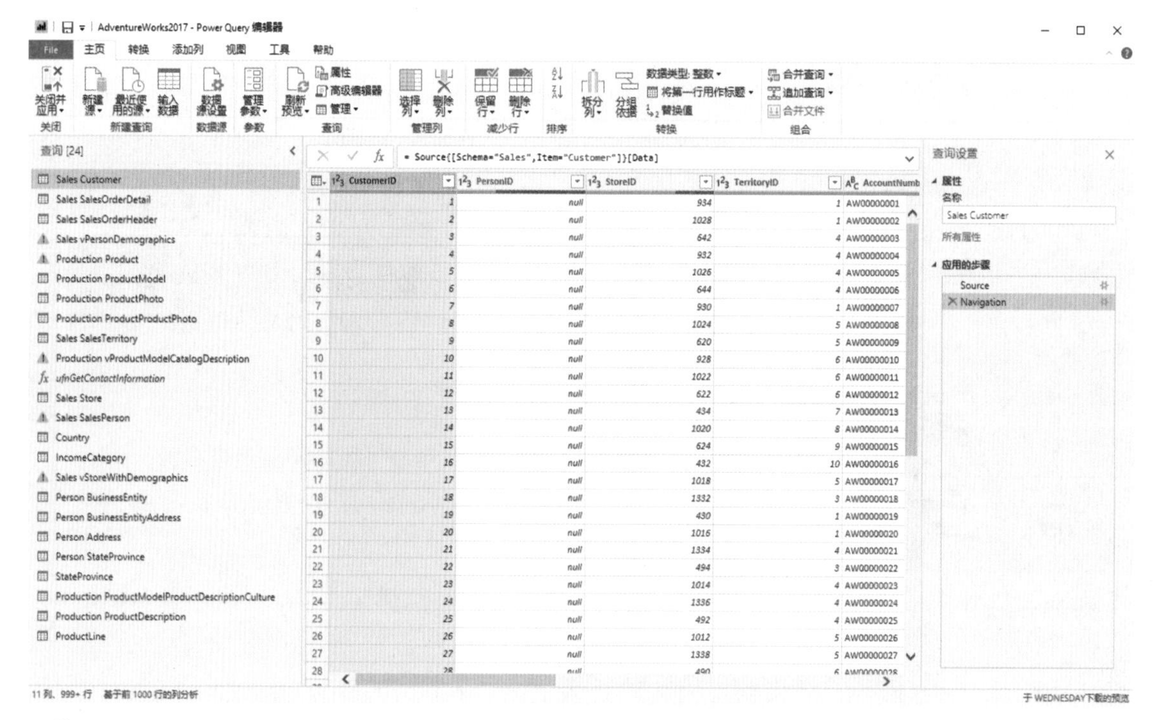

▲图 5-1

5.1.1 选择恰当的数据加载方式

与 Excel 不同，Power BI 本身不适用于数据的创建和编辑。因此，数据需要在外部数据源中进行存储，之后加载到 Power BI 中进行数据建模和可视化分析。目前，Power BI Desktop 版数据加载方式主要有两种：一种是导入模式，另外一种是 DirectQuery 模式。

1. 导入模式

导入模式是最常用的数据连接方法，支持所有类型的数据源。它的工作原理如图 5-2 所示，是将外部数据源中的数据通过复制的方式生成一个数据集，然后存储在 Power BI 中。也就是说无论外部数据源中的数据以何种形式进行存储，在导入 Power BI 后，都会被转换成 Power BI 认可的表形式进行存储。

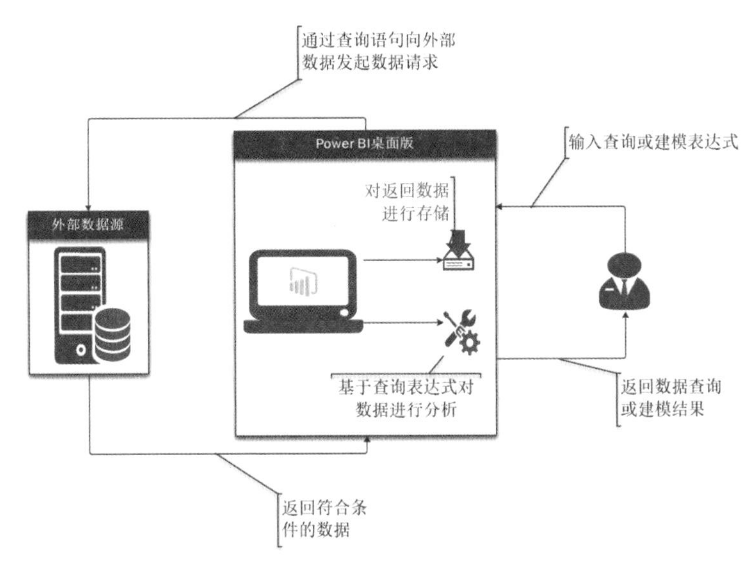

▶图 5-2

导入模式最大的优势如下。

◎　建模分析计算不对外部数据源产生影响。

Power BI 会将外部数据源中的数据复制到本地进行分析，所有的计算过程都发生在运行 Power BI 桌面应用的服务器上。因此，不会对外部数据源的日常工作产生影响。

◎　基于内存进行高效的数据分析。

Power BI 会将存储的数据加载到内存之后再进行处理，从而大大提高了数据引擎的处理效率。

◎　可以使用全部的 M 函数及 DAX 函数。

所有数据查询函数（M）及数据分析函数（DAX）在导入模式下均可使用，大大提高了数据建模的能力。

◎　支持同时连接多个数据源。

来自不同数据源的数据可以在导入模式下进行合并加工，不同数据源的表之间也可以创建关联关系。同时，还可以根据需要随意修改表名称和列名称，增加报表的可读性。

导入模式最大的不足在于，它能分析的数据量大小取决于当前 Power BI 所在服务器内存的大小。如果服务器内存较小，在使用“导入”模式加载数据时很可能就会出现“内存不足，加载失败”的情况。因此，导入模式不适合做大数据分析。

2. DirectQuery 模式

DirectQuery 模式是在外部数据源与 Power BI 之间建立直接的连接关系，将外部数据源中的表名和列名映射到 Power BI 内，但不会向 Power BI 中加载具体的数据内容。在 DirectQuery 模式下，Power BI 桌面应用承担的主要任务是生成可视化图形报表，而对数据的整理、分析及计算部分主要由外部数据源所在的服务器完成。其逻辑处理过程可简述为图 5-3 所示，当用户对数据进行查询分析时，Power BI 会先将这些表达式转换成外部数据源可识别的查询语句，然后发送给该数据源去执

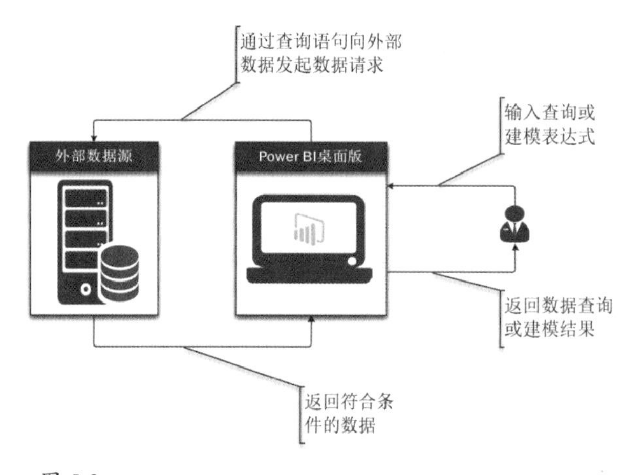

▲图 5-3

行查询操作。查询结束后，外部数据源会将结果返回给 Power BI，之后 Power BI 就可使用该结果来生成相应的可视化图形报表。

相比导入模式，使用 DirectQuery 模式加载数据的主要优势在于以下几个方面。

◎　可以对大数据进行分析。

无论是导入模式还是 DirectQuery 模式，Power BI 最大支持分析的单个数据集文件大小都是 1GB。由于导入模式会复制存储原始数据，因此如果要分析的数据量稍大，生成的数据集文件就有可能超过 1GB 而无法进行加载。但在 DirectQuery 模式下，由于 Power BI 仅存储表属性、数据查询函数表达式、数据分析表达式及视觉对象相关参数等信息，因此即使是对大数据进行分析，其生成的数据集文件大小也远远不会达到 1GB，所以 DirectQuery 模式可以支持对大数据进行分析建模。

◎　能实现近似实时的数据刷新。

在导入模式下要进行数据刷新必须重新加载表中的数据，需要经历数据传送、复制、存储、运行等一系列过程，并且消耗一定的时间。但在 DirectQuery 模式下，Power BI 都是基于当前最新数据生成视觉对象，能实时地反映最新的数据情况。

◎　降低数据泄漏风险。

在 DirectQuery 模式下，Power BI 仅存储表和列的相关信息，不会存储原始数据内容，并且每次加载数据前都需要跟外部数据源进行身份验证。因此，即使数据集文件丢失，原始数据也不存在很大的泄漏风险。

◎　可分析的数据量不受 Power BI 所在服务器内存限制。

与导入模式不同，DirectQuery 模式不需要将原始数据加载到内存中进行建模分析。因此 Power BI 桌面版服务器内存大小几乎不会限制 DirectQuery 模式下可分析的数据量。

虽然使用 DirectQuery 模式进行数据分析有一定优势，但比起导入模式，其劣势也很明显，主要包括以下方面。

◎　报表生成效率高度依赖外部数据源性能。

由于所有的数据查询分析过程都由外部数据源来执行，因此在 DirectQuery 模式下，可视化报表生成的速度完全取决于外部数据源执行查询语句的效率。由于很多外部数据源都不支持基于内存的高速运算，因此很多情况下，其数据建模效率要远低于 Power BI 内置计算引擎的效率。

◎ 增加外部数据源服务器运行负荷。

由于所有的查询分析工作都由外部数据源所在的服务器来进行，当 Power BI 发送的查询请求过多或过于复杂时，会大大增加外部数据源服务器的运行压力，这不但会降低 Power BI 图形报表的更新速度，还会对其他运行或使用外部数据源服务器的程序及用户造成影响。

◎ 无法跨数据库或数据源进行分析。

DirectQuery 模式要求所要分析的数据表必须来自同一个数据库，即使是同一个数据源下，也不允许跨数据库选择表进行分析。这一限制降低了数据分析的灵活性，无法处理一些复杂的数据分析场景。

◎ 无法使用全部查询函数（M）。

很多查询函数无法在 DirectQuery 模式下使用。例如，用于拆分列中数据的 M 函数 Table.SplitColumn 就不支持拆分以 DirectQuery 模式连接的数据。

◎ 在计算列中只能使用部分数据分析函数（DAX）。

同样，在 DirectQuery 模式下，创建计算列时也有很多 DAX 函数无法使用，是因为这些函数无法有效地转换成外部数据源可识别的查询条件，或者即使能转换，但查询效率很低，并不适合使用。因此在 DirectQuery 模式下对数据的处理不如导入模式下灵活。

◎ 无法创建计算表。

在导入模式下，用户可以使用 DAX 函数来创建一个新的计算表进行数据分析。但是在 DirectQuery 模式下，无法创建这种功能的计算表，用户只能基于数据源提供的表集合进行数据分析。

◎ 一次最多返回一百万条数据查询结果。

虽然 DirectQuery 模式拥有处理大数据的能力，但是为了提高数据分析效率，Power BI 对其做了限制，一次查询最多只能返回一百万条数据的查询结果。

基于以上的比较，通常情况下，如果导入模式可以承载所要分析的数据量，则可以优先考虑使用导入模式创建 Power BI 报表。无论是使用导入模式还是使用 DirectQuery 模式进行数据分析，当原始数据量过大，或者包含过多冗余数据及无关数据时，都应该先对数据源中的数据进行清理、拆分、整合等操作，从而减少需要 Power BI 进行分析的数据量，进而提高数据分析效率。

高手自测 6：如何在 Power BI 中更改数据源？

5.1.2 灵活引用数据

为了更加全面详尽地对商业问题进行分析，在进行数据建模前，往往要从多个数据源中筛选数据进行初步汇总，之后再加载到 Power BI 中。在查询编辑器中，可以通过合并查询、追加查询或展开和聚合等方式对数据进行灵活引用。

1. 合并查询

合并查询对表的操作类似于 SQL Server 中的 JION 函数查询效果。当两张或多张表中某一个或多个数据列下包含部分相同行值时，可以以这些相同值为基准，通过合并查询将多张表数据合并成一张表。如图 5-4 所示，可选择的连接方式有左外部（第一张中的所有行，第二张中的配合行）；右外部（第二张中的所有行，第一张中的匹配行）；完全外部（两张中的所有行）；内容（仅匹配行）；左反（仅限第一张中的行）及右反（仅限第二张中的行）。

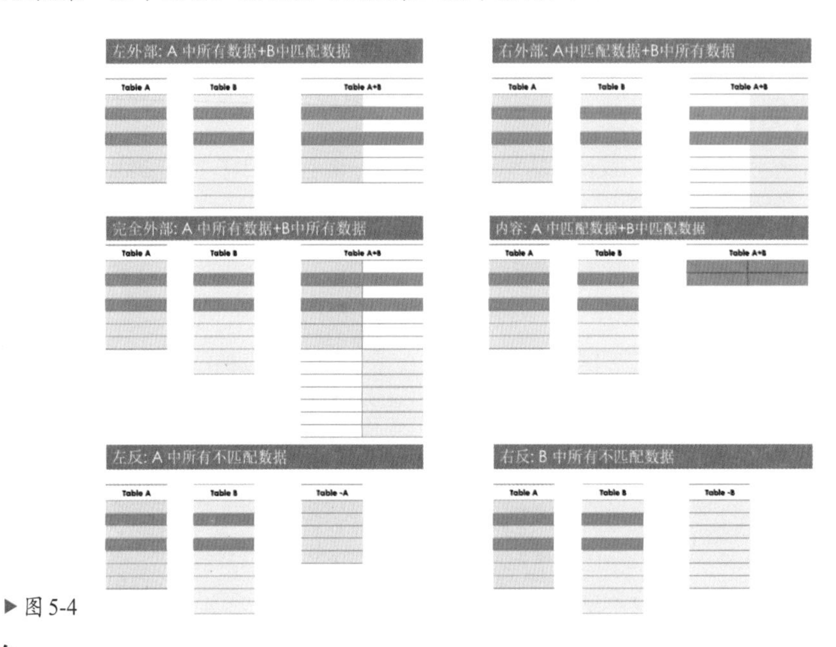

▶ 图 5-4

2. 追加查询

追加查询也是一种将表数据进行整合的操作。如果说合并查询是对两张表以左右方式进行整合，则追加查询是对两张表按照上下方式进行整合。当一张表中的数据列名称和类型与另外一张表中的数据列名称和类型完全相同或几乎完全相同时，就可以进行追加操作。

3. 展开和聚合

在 Power BI 中，对数据进行加载时允许出现嵌套表的情况。如图 5-5 所示，嵌套表指的就是当前表中某一列值由另外一张表、列或记录组成。最常见的例子就是当两张表进行合并操作后，主表中就会新增一个嵌套数据列，用来存储被合并对象表中的内容。

```
= Table.ExpandTableColumn(#"Invoked Custom Function", "Sales", {"FirstName"
```

	HumanResources.Employee	Sales.SalesOrderHeader	Sales.SalesPersonQuotaHistory
1	Value	Table	Table
2	Value	Table	Table
3	Value	Table	Table
4	Value	Table	Table

▶ 图 5-5

如果直接将包含嵌套表的数据加载到 Power BI 桌面应用上，嵌套内容不会作为可用列出现在加载后的表内。想使用嵌套表中的内容，要继续使用“展开”功能对数据进行提取。展开方法如图 5-6 所示，单击表头的“展开和聚合”按钮，选择要展开的列即可进行操作。

聚合操作与展开操作类似，都可以提取嵌套表中的数据列，然后将其合并到主表中。但展开属于单纯的对元数据进行提取，而聚合操作如图 5-7 所示，可以在提取数据列时对其中的值进行聚合计算，然后将聚合结果作为返回值存储在主表中，当数据需要进行初步加工时，可以使用此功能进行处理。

▲ 图 5-6

▲ 图 5-7

高手自测 7：Power BI 中“复制表”和“引用表”有什么区别？

5.1.3 明确数据名称和类型

在查询编辑器中对数据进行整理时，首先要对数据的名称和类型进行规范，以方便在后续建模中使用。常见的数据名称和类型整理方法包括以下两种。

1. 将第一行用作标题

当向 Power BI 中导入数据时需要检查表中列名是否正确。对于很多种数据源，Power BI 在数据加载过程中会自动检测并识别表中的列名，然后将其当作列标题来使用。如图 5-8 所示，当加载 .xlsx 类型文件时，Power BI 能自动判断出表中的列标题，并将其设置为列名来使用。

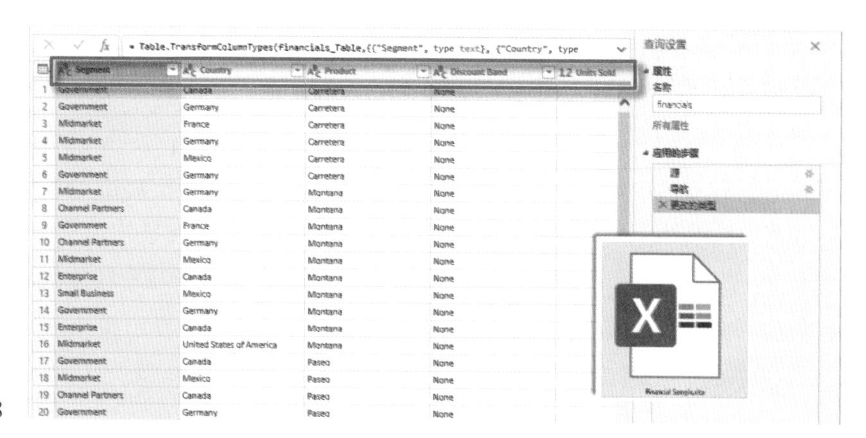

▶ 图 5-8

而对于图 5-9 所示的 .xls 类型文件，Power BI 在加载时并没有依据列信息内容来设定标题，而是使用了 Column1、Column2、Column3 等名称进行代替。显然，这种命名方式不适用于后续数据建模。

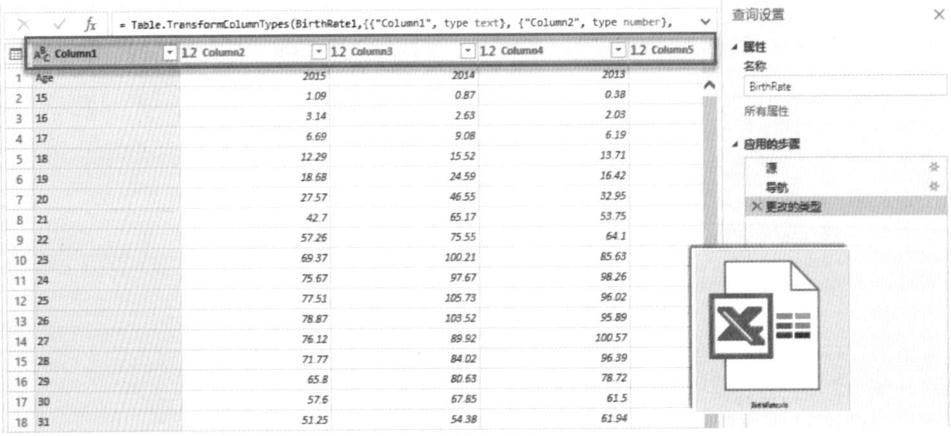

▲图 5-9

要解决这个问题，只需使用查询编辑器中“转换”导航栏下的“将第一行用作标题”功能即可。选中要更改的表，单击“将第一行用作标题”按钮后，如图 5-10 所示，Power BI 会自动对列进行修正，将第一行作为列名进行存储，并根据列下内容进行相应的格式设定。

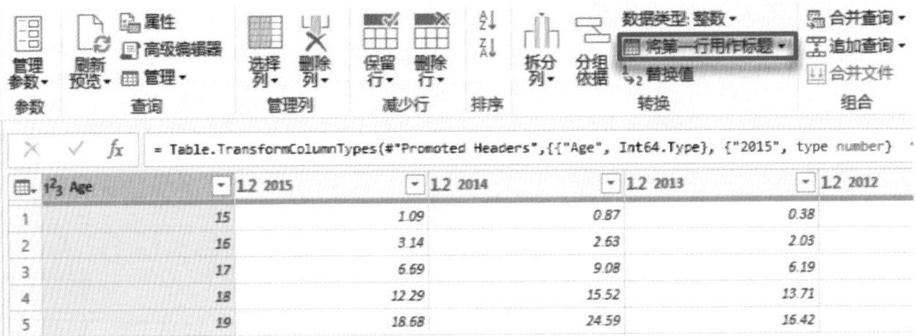

▲图 5-10

2. 调整数据类型

在 Power BI 中，无论是 DAX 语言还是 M 语言，特定的函数类型只能对特定的数据类型进行分析计算。例如，文本类型数据就不能使用时间函数进行处理，如果将日期列错定义成文本列，则使用函数对其进行计算时，会返回错误提示。因此，对于连接到 Power BI 中的数据，需要在查询编辑器中明确其数据类型，以方便后续的建模计算。

默认情况下，Power BI 会自动对加载进来的数据进行检测并设置相应的数据类型。如果需要手动调整，数据加载前可以如图 5-11 所示，在查询编辑器中选择所要修改类型的数据列，之后单击“数据类型”下拉按钮，在列表中进行调整。

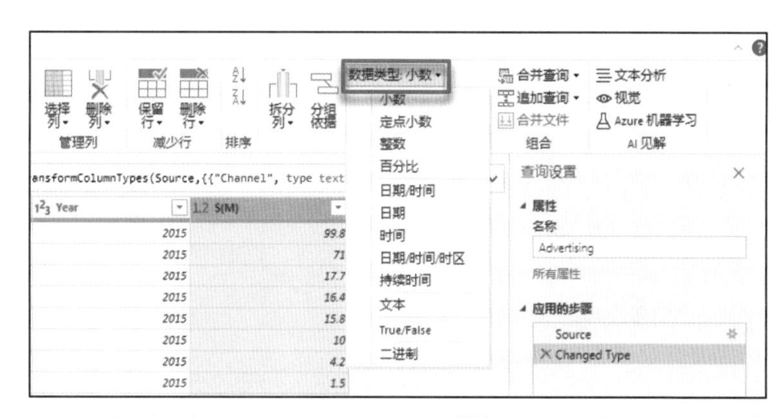

▶图 5-11

当数据加载到 Power BI 之后，如图 5-12 所示，可以在数据视图下选中要更改的数据列，之后单击“列工具”导航栏下的“数据类型”下拉按钮进行更改。

在数据视图下，设置完数据类型后还可以根据需要对数据格式进行设定。如图 5-13 所示，如果将数字类型的数据列格式设定为货币，则 Power BI 会在列内的数字前加上货币符号，方便用户使用。

▲图 5-12

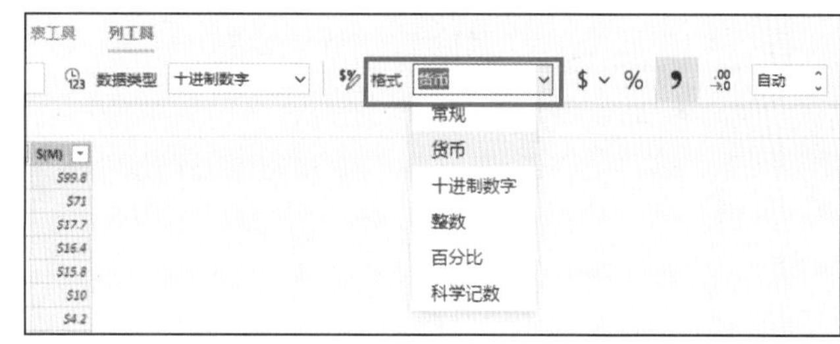

▲图 5-13

5.1.4 小心排序陷阱

对数据进行排序是数据分析工作中的一项基本操作。通常情况下，在查询编辑器中，使用列名称旁的排序按钮即可对数据完成排序。虽然排序操作看起来很简单，但这里面存在一个操作陷阱，就是当使用排序结果进行下一步操作时可能会出现排序结果无法被正确识别的情况。

例如，在 Power BI 中有一个删除行重复项的功能，其逻辑是当选中的列下有重复值时，会将排序序号靠后的重复内容删除。如图 5-14 所示，如果对 Name 列，按照升序规则进行排序，之后选中 CountryRegionCode 列进行“删除重复项”操作，Power BI 会将 CountryRegionCode 列内重复的 US 行进行删除，只保留排序序号靠前的“Northwest–US”这一行数据。

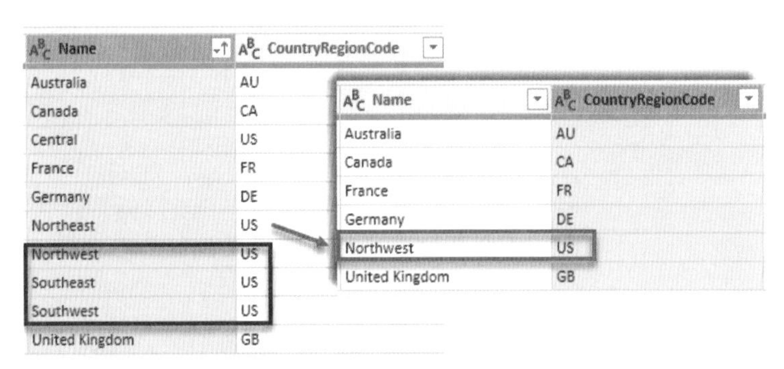

Name	CountryRegionCode
Australia	AU
Canada	CA
Central	US
France	FR
Germany	DE
Northeast	US
Northwest	US
Southeast	US
Southwest	US
United Kingdom	GB

Name	CountryRegionCode
Australia	AU
Canada	CA
France	FR
Germany	DE
Northwest	US
United Kingdom	GB

▶图 5-14

如果对 Name 列按照降序规则进行排序，再对 CountryRegionCode 列进行“删除重复项”操作，理论上讲，Power BI 应该保留“Southeast–US”这行数据，但实际的操作结果如图 5-15 所示，Power BI 仍然保留的是“Northwest–US”这一行数据，没有按照新的排序结果进行去重操作。

Name	CountryRegionCode
United Kingdom	GB
Southwest	US
Southeast	US
Northwest	US
Northeast	US
Germany	DE
France	FR
Central	US
Canada	CA
Australia	AU

Name	CountryRegionCode
United Kingdom	GB
Northwest	US
Germany	DE
France	FR
Canada	CA
Australia	AU

▶图 5-15

出现排序失效的情况是由于 M 语言中的排序操作比较特殊，当前排序结果不会被正式保存起来作为下一步脚本执行的数据源。要想解决该问题，需要调用 M 语言中的 Table.Buffer 函数将排序的结果缓存到表中，以便作为删除重复项操作使用的数据源。操作方法如图 5-16 所示，打开高级编辑器，在“Sorted Rows”步骤后面添加一个新的“Cache”步骤，调用 Table.Buffer 函数来保存排序结果，之后用这个排序结果作为“Removed Duplicates”步骤的数据源即可。

高级编辑器

Sales SalesTerritory

```
let
    Source = Sql.Database("10.1.8.165", "AdventureWorks2017"),
    Sales_SalesTerritory = Source{[Schema="Sales",Item="SalesTerritory"]}[Data],
    #"Sorted Rows" = Table.Sort(Sales_SalesTerritory,{{"Name", Order.Descending}}),
    #"Cache" = Table.Buffer(#"Sorted Rows"),
    #"Removed Duplicates" = Table.Distinct(#"Cache", {"CountryRegionCode"})
in
    #"Removed Duplicates"
```

Name	CountryRegionCode
United Kingdom	GB
Southwest	US
Germany	DE
France	FR
Canada	CA
Australia	AU

▶图 5-16

5.1.5 调用自定义函数和参数

微软在 Power BI 查询编辑器内提供了自定义函数和参数的功能，该功能可以扩展数据查询方法，使数据加载变得更加灵活方便。

1. 自定义函数

Power BI 中除了可以使用内置的 M 函数来进行数据查询以外，还可以创建自定义函数，然后调用这些函数来进行数据查询。如图 5-17 所示，如果在 SQL Server 中自定义了查询方法，可以将其加载到Power BI中，然后使用“调用自定义函数”功能来调用这个查询方法向表内添加特定数据。

▲图 5-17

2. 自定义参数

此外，还可以在查询编辑器中定义一个可变参数，从而实现根据特定参数值来进行数据加载及整理等方面的相关需求。例如，可以通过使用自定义参数来获取特定币种的汇率，如图 5-18 所示。https://www.exchange-rates.org/currentRates/ 网站提供了各国汇率转换信息，这个网站有一个规定，其 URL 最后一部分信息是由货币符号构成。例如，当 URL 结尾是 USD 时，就会显示美元汇率；当结尾是 CNY 时，就会显示人民币信息。

根据这个网站的特点，可以设计一个自定义参数来代表货币符号，这样，当用户输入不同的货币符号时，Power BI 就可以根据该符号去网站内获取相应的货币汇率信息，从而实现汇率的选择性加载。

先在查询编辑器中新建一个参数，用于获取用户指定的货币符号，如图 5-19 所示。

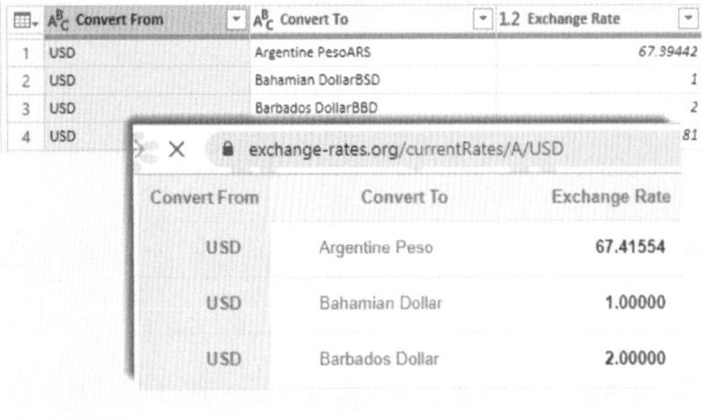

▲图 5-18

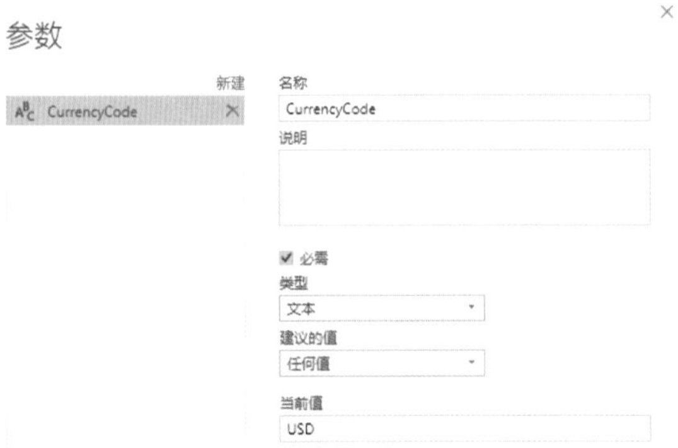

▲图 5-19

之后，使用高级方式从 Web 中加载数据，将汇率网站的 URL 分成两部分，后一部分用刚刚新建的货币符号参数进行替换，如图 5-20 所示。

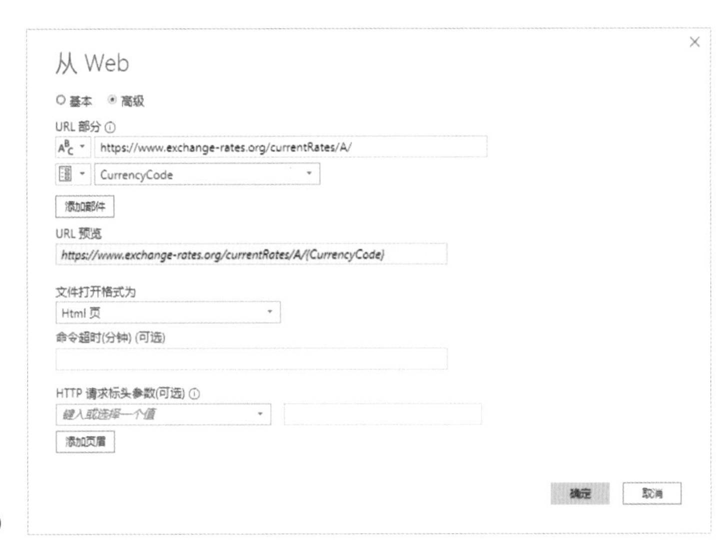

▶图 5-20

这样，Power BI 就可以根据用户输入的参数来动态拼接 URL，从而实现从网站中动态获取指定货币类型的汇率信息，如图 5-21 所示。

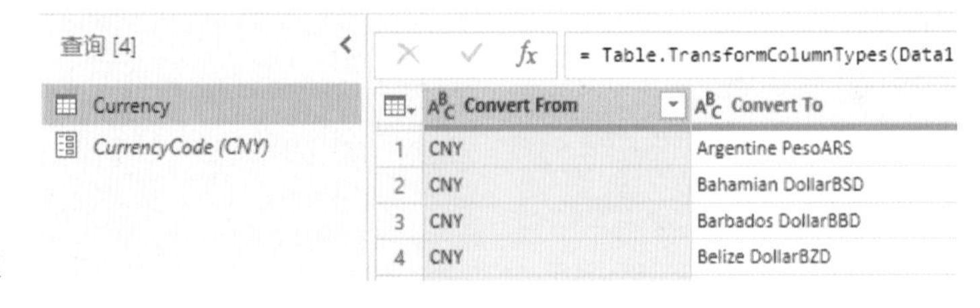

▶图 5-21

除了上面介绍的几个功能以外，Power BI 查询编辑器中还提供了许多强大的数据查询整理功能。在加载数据前，应该尽可能地使用查询编辑器对数据进行修剪和调整，使数据结构更加清晰明了，从而提高后续数据建模的效率。

高手自测 8：什么是 Power BI 中的查询折叠？

5.2 灵活使用建模工具

当数据加载完毕后就可以开始进行数据建模。如图 5-22 所示，在 Power BI Desktop 中有 3 种视图可以进行数据建模，分别是报表视图，主要用于创建可视化图形及度量值；数据视图，主要用于查看加载的数据信息及创建新的计算列；关系视图，主要用于创建表之间的关联关系。

Convert From	Convert To	Exchange Rate	Historical Exchange Rates
CNY	Argentine PesoARS	9.50091	TableGraph
CNY	Bahamian DollarBSD	0.14085	TableGraph
CNY	Barbados DollarBBD	0.28438	TableGraph

▲图 5-22

5.2.1 巧建表关联关系

与 SQL Server 类似，在 Power BI 桌面应用中也可以在不同的表之间创建关联关系，实现跨表形式的数据查询，从而生成更加丰富多样的可视化报表信息。

1. 关联关系可用性

如图 5-23 所示，Power BI 支持在两张表之间创建多个关联关系，但只允许其中一个关联关系处于“可用”状态（用实线代表），其他的关联关系都会被自动设置成“不可用”状态（用虚线代表）。这是因为当表之间有多个关联联系时，意味着无论使用哪个关联关系都可以实现跨表查询。因此必须明确告知 Power BI 哪条关联关系可用，以免产生混淆。

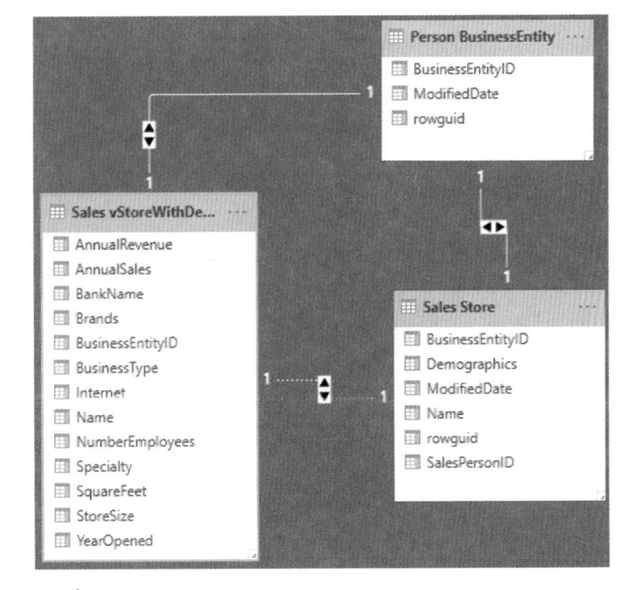

▲图 5-23

此外，Power BI 表之间的关联关系具有传播性，这意味着即使两张表之间没有通过哪个关系列直接关联到一起，也可能通过其他表作为媒介被间接地进行关联。在此情况下，再在两张表之间创立关联关系时，Power BI 也会将其设置成“不可用”状态。

如果想使用处于“不可用”状态的关联关系，可以通过使用 DAX 语言中的 USERELATIONSHIP 函数来实现。该函数的功能是在表达式计算过程中启用处于“不可用”状态的关联关系进行计算，将“可用”状态的关联关系临时“禁用”掉。

2. 关联关系基数

关联关系基数主要设定两张表中数据的对应关系，目前，Power BI 版本中一共提供了 4 种设定模式，分别是一对一（1∶1），多对一（*∶1）；一对多（1∶*）和多对多（*∶*）。但一般不建议使用多对多关联关系，原因是这种关联关系无法忠实地反映数据之间的对应关系，并且可能会出现“计算错误”的假象。

例如，学习文件夹\第 5 章\Relationship.pbix 示例中有 AccountInfo 表和 SalesInfo 表，其下都包含一个 Account Owner 的数据列，并且两列中的数值不唯一。如果想要以 Account Owner 列为基准，在两张表中创建关联关系并且不使用多对多基数，则需要如图 5-24 所示，在查询编辑器中创建一张新表 AccountOwner 作为中介表，之后用这张表将 AccountInfo 表和 SalesInfo 表进行关联。

在这种关联关系下，可以获得如图 5-25 所示的统计结果。Lesley Allan 对应的 Amount 数据为空，因为在 SalesInfo 表中，不存在一个名为 Lesley Allan 的 Account Owner。相应的，Luis Alverca 对应的 Last Year Sales 数据也为空，因为在 AccountInfo 表中，不存在一个名为 Luis Alverca 的 Account Owner。使用中介表可以完美体现这种不对称关系。

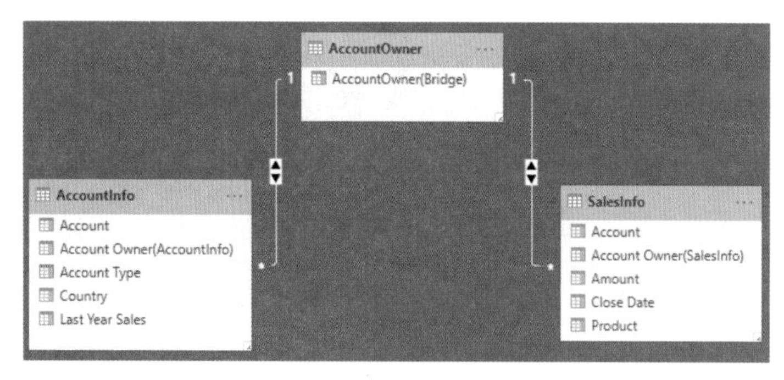

▲图 5-24

AccountOwner(Bridge)	Last Year Sales	Amount
Fabrice Canel	2000	3000
Lesley Allan	500	
Luis Alverca		500
Naoki Sato	6800	3050
Vernon Hui	1500	3820
总计	10800	10370

▲图 5-25

但当 AccountInfo 表和 SalesInfo 表使用多对多基数进行关联时，可以获得如图 5-26 所示结果。两表之间的对应关系没有得到充分体现，并且视觉对象表底部对应的总计结果也不正确。例如，2000+6800+1500=10 300，而不是 10 800。

出现这个现象的原因是在当前多对多基数关系中，视觉对象表中的每一列都是基于关系列 Account Owner 进行查询汇总。当无法找到匹配项时，Power BI 会默认其匹配对象为空，对其结果进行隐藏，但隐藏的结果实际上又参加了总计计算。因此，会出现统计结果出错的假象。

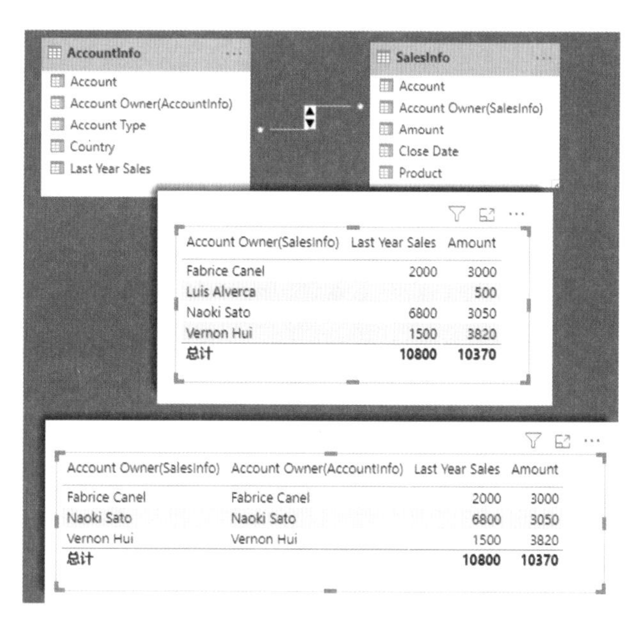

▶图 5-26

5.2.2 向报表内添加图片

通过向可视化报表内添加图片来呈现数据分析结果，能大大增强报表带给用户的感官体验效果。目前，向 Power BI 报表内添加图片主要有以下几种方式。

1. URL 显示法

URL 显示法是向 Power BI 中加载图片最简单直观的方式。如图 5-27 所示，该方法是先将需要显示的图片存放在 Power BI 服务器内访问的站点中以获取相应图片的 URL，然后将这些 URL 存储在表中并加载到 Power BI 内，之后再将数据分类类型改为“图形 URL”，即可在可视化报表中进行显示。

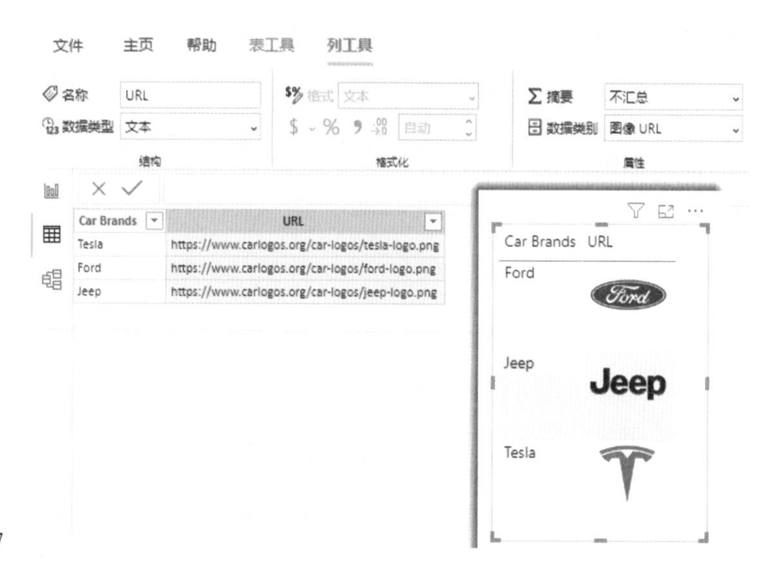

▶图 5-27

通过 URL 显示法来加载图片的优点是操作简单方便，只要提供有效的图片 URL 即可。缺点是图片来自外部网络，一旦地址失效或无法连接外网，就无法在 Power BI 的报表中使用这些图片。

2. Base64 编码显示法

如果想要引用的图片随时可用，不会因为网络或网站问题而造成图片失效，则可以通过 Base64 编码将图片文件进行二进制处理，然后将得到的编码存储到 Power BI 表中即可。

Power Query（M）语言提供了一个名为 BinaryEncoding.Base64 的函数，它能将图片转换成 Base64 编码的二进制文件。为了方便对图片进行 Base64 编码存储，可以在查询编辑器中创建一个自定义函数来调用 BinaryEncoding.Base64 函数对图片自动进行 Base64 编码转换，然后存储在 Power BI 数据集中，以便在可视化报表中使用。

具体方法是先在查询编辑器中新建一个空查询，用来编写一个自定义函数。之后，根据具体 URL 信息获取图片，然后调用 BinaryEncoding.Base64 函数将该图片转换成 Base64 编码的二进制文件。自定义函数参考表达式如下：

```
let
UrlToPbiImage = （ImageUrl as text） as text =>
let
BinaryContent = Web.Contents（ImageUrl），
Base64 = "data: image/jpeg; base64, " & Binary.ToText（BinaryContent,
BinaryEncoding.Base64）
in
Base64
in
   UrlToPbiImage
```

需要注意的是，在 Power BI 中使用 Base64 存储法显示图片有一定的限制，只有小于 32KB 的图片文件才能正常显示。当超过该限制时，图片将出现缺失现象，无法全部正常显示出来。因此，如果是要在 Power BI 视觉对象中使用大一点的图片文件，还需使用直接显示法来进行添加，即通过存储 URL 的方式来加载图片。

3. Unicode 显示法

如果只是要显示特定的图标符号，还可以借助 Unicode 来实现。数据分析语言 DAX 中有一个 UNICHAE 函数，它可以对 Unicode 进行解析然后对应输出其代表的字符。利用这一功能，可以将一些代表图形符号的 Unicode 带入 UNICHAE 函数内，使其可以返回对应的图形符号，从而来修饰 Power BI 视觉对象中的信息内容。例如，图 5-28 中展示了使用 UNICHAE 函数解析 Unicode 编码来显示相应的图标。

```
Emoji =
IF (
    SUM ( SalesInfo[Amount] ) > 3000,
    UNICHAR ( 128516 ),
    UNICHAR ( 128557 )
)
```

AccountOwner(Bridge)	Amount	Emoji
Fabrice Canel	3000	😭
Lesley Allan		😭
Luis Alverca	500	😭
Naoki Sato	3050	😄
Vernon Hui	3820	😄
总计	**10370**	😄

▶图 5-28

高手自测 9：在 Power BI 中，如何在 URL 内添加查询字符串参数来筛选报表信息？

5.2.3 分析和预测功能

对于一些特定的视觉对象，Power BI 提供了分析和预测功能，允许用户在视觉对象中添加辅助线，用于补充说明当前的数据情况。图 5-29 所示的簇状条形图中可以添加 6 种辅助分析线，用于辅助分析。

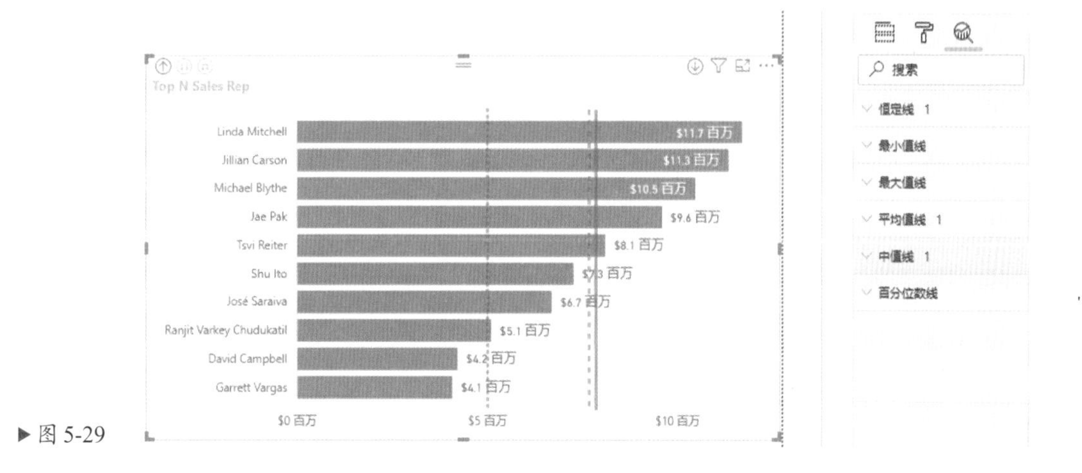

▶图 5-29

如果是时间相关的统计数据，在分析模块中还能看到“预测”功能，使用这个功能可以根据当前时间段内的数据情况来分析下一个时间段内数据可能的走势变化。要想使用“预测”功能，视觉对象和其进行分析的数据必须满足以下条件。

◎ 视觉对象必须是“折线图”。

◎ 折线图的轴必须使用日期或数字类型的字段，并且要求日期列或数字列中的值是具有相同间隔的连续点。例如，1 月 1 日、1 月 2 日、1 月 3 日是符合具有相同间隔特征的连续点，但是 1 月 1 日、1 月 2 日、1 月 4 日、1 月 5 日这种出现断点的时间轴就不符合要求。

◎ 折线图中的值只能包含一个字段，字段中的值要求在轴字段上近似均匀分布。

如图 5-30 所示，在折线图中应用了预测功能，对未来 10 个月的销售数据进行预测。黑色线代表预测结果，而阴影部分则代表波动区间。

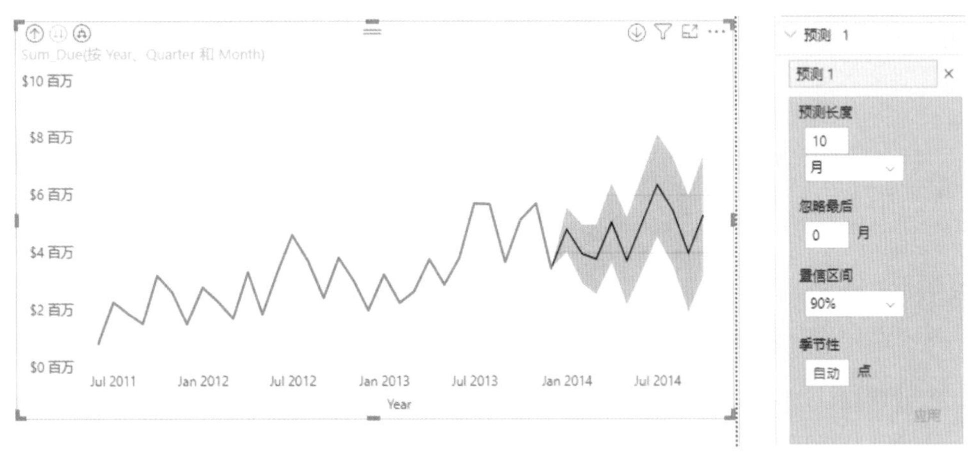

▲图 5-30

5.2.4 角色权限分配

在实际商业数据分析中，企业都会要求数据报表满足一定的安全性和隐私性规则，即报表中的数据应该根据用户角色的不同来显示不同的信息。例如，CEO（首席执行官）可以看到全球各个地区的销售情况，而北美地区的销售总监则应只能看到北美地区的销售信息，不应该看到亚太或欧洲等地区的信息。在 Power BI 中，如果想根据不同报表用户的角色信息来设定其可见的数据对象，就需要使用“行级别安全性”功能。

行级别安全性指的是报表创建者可以设置一定的过滤条件来筛选 Power BI 表中的数据，然后将这些筛选结果发送给特定的报表用户来使用，所有不符合过滤条件的数据都会被自动隐藏并且不会参与相关计算。行级别安全性有两种配置方法：固定角色分配和动态角色分配。

1. 固定角色分配

固定角色分配指的是在 Power BI 桌面应用上根据现有数据特征去配置一些角色组，之后在 Power BI 在线应用服务中将报表用户添加到不同的角色组内，以实现访问特定数据的需求。如图 5-31 所示，可以在 Power BI 桌面服务上设置一个角色只能查看 Country 值是 France 的数据。

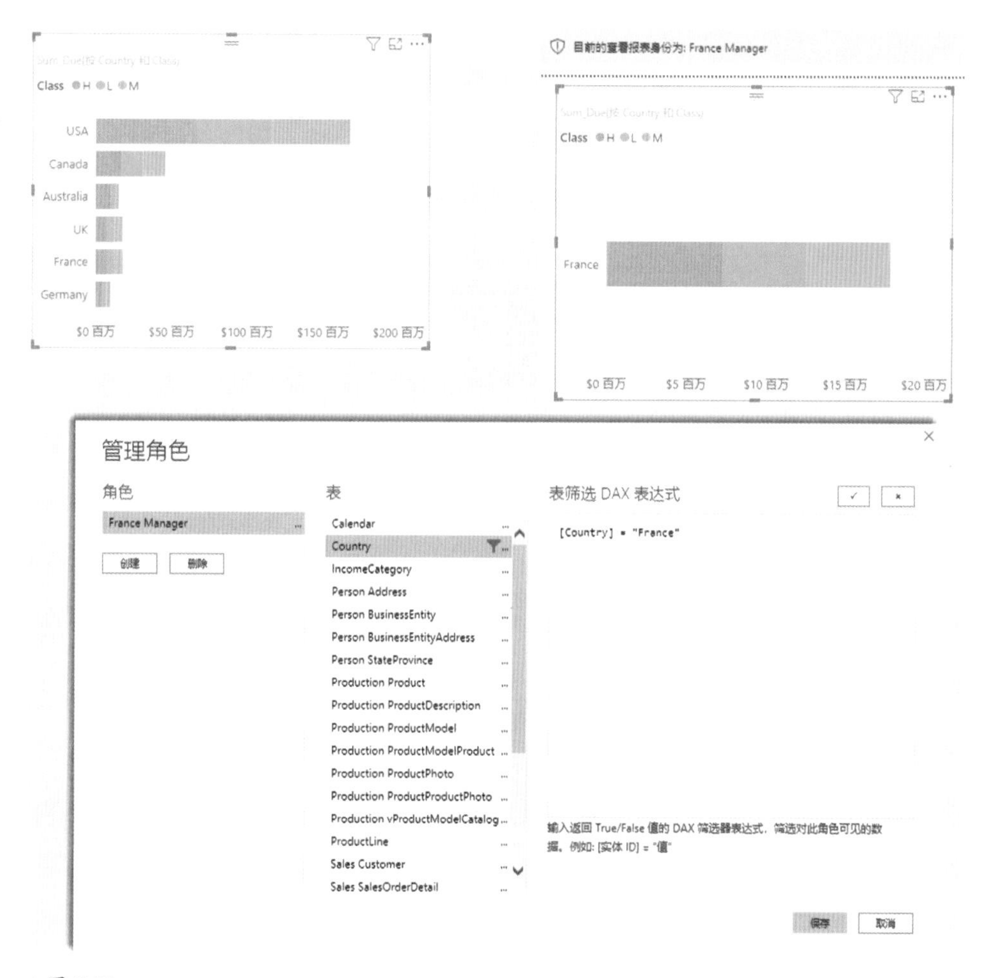

▲图 5-31

将报表发布到 Power BI 在线服务后，就会如图 5-32 所示，向 France 这个组内添加用户信息，之后，当这些用户通过 Power BI 在线服务器查看报表时，就只能看到与法国相关的数据统计信息。

▲图 5-32

2. 动态角色分配

使用固定角色分配方法创建角色组时需要定义数据过滤条件，而动态角色分配方法则不需要，它是通过特定数据列来判断表之间的关联关系，从而对数据进行过滤。使用动态角色分配法需要有以下两个先决条件。

◎ 报表集中必须有一张表包含一个用户列，该列中的数值具有唯一性，列值显示的是报表用户登录 Power BI 在线应用服务的用户名。

◎ 这个表中还必须有一个数据列能与其他表建立一对一或一对多的关联关系。这样，从该表出发，以某一用户名作为筛选条件，可以从其他表中过滤出与其相关的所有数据，然后组成一个子表。

如图 5-33 所示，微软的示例数据库 AdventureWorks2017 就有一张表记录了用户信息及登录 Power BI 在线服务的 ID，即 Email 地址。这种结构的表集就满足动态角色分配设置要求。从包含用户信息的表出发，可以对其他的销售表或产品表进行筛选，找到只与该用户相关联的数据信息。

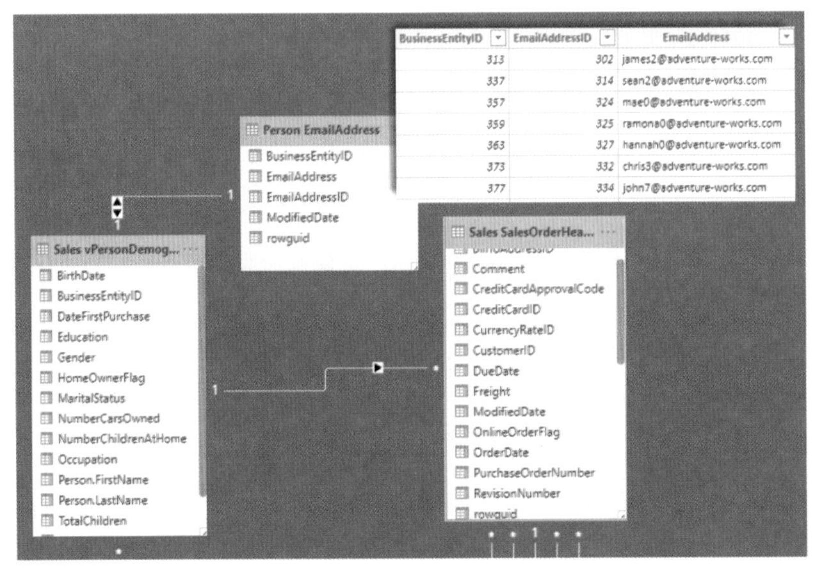

▲图 5-33

进行动态角色分配设置的方法很简单，如图 5-34 所示，在管理角色页面内新建一个角色 “User”，从 Person BusinessAddress 表中选择 EmailAddress 列来创建过滤条件，使用的 DAX 表达式 [EmailAddress]=USERPRINCIPALNAME() 即可完成设置。

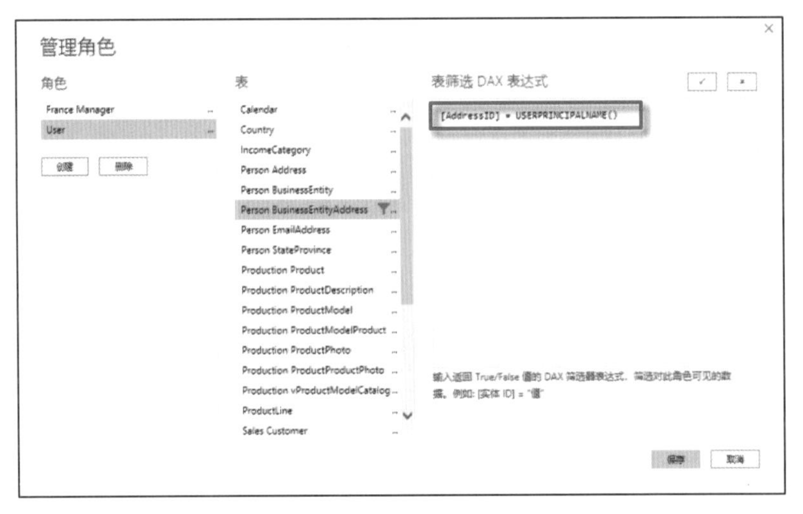

▲图 5-34

之后，如图 5-35 所示，当用户登录 Power BI 在线应用后，Power BI 会自动根据表之间的关联关系对数据进行过滤，以确保当前用户只能看到与自己相关的数据信息。

目前的查看报表身份为: User, linda3@adventure-works.com

Sales.FirstName	Sales.LastName	Class	Sum_Due
Linda	Mitchell	H	$11,351,590.35
Linda	Mitchell	L	$9,400,848.69
Linda	Mitchell	M	$9,607,730.69
总计			$11,691,921.79

▲图 5-35

需要注意的是，在动态角色分配管理中，报表的创建者始终对报表有完全控制权限。就是说无论用户表中是否包含报表创建者的登录信息，当他登录 Power BI 在线应用后，都可以查看到表内的全部信息。

固定角色分配和动态角色分配的主要区别如下。

◎ 固定角色分配法的配置更为简洁直观，可以直接利用表中的列来创建过滤表达式，然后通过 Power BI 在线应用配置具体用户信息。但如果用户数量较多的话，这种配置和维护都会变得比较烦琐。此外，当数据结构发生变化时，定义角色使用的过滤表达式可能会失效，需要手动逐一进行修改更新。

◎ 动态角色分配法的特点是管理员无须再在 Power BI 在线应用上对用户角色进行配置管理，只需维护存放有用户登录 Power BI 在线应用服务 ID 的表即可，并且当数据结构发生变化时，只要表之间的关联关系不变，就不会影响动态报表用户的角色权限信息，比固定角色分配方法更易维护。不过，使用动态角色分配法要求报表创建者对数据结构有清晰深入的了解，否则可能无法实现所需过滤效果。

以上就是两种设定行级别安全性的方法，当报表用户较少且数据过滤条件比较简单明了时，推荐使用固定角色分配方法。如果报表用户较多，并且数据集中的表也很多且关联关系比较复杂时，优先考虑使用动态角色分配法。

高手自测 10：Power BI 桌面服务与在线服务版功能有哪些区别？

5.3 提高建模效率的小技巧

在使用 DAX 进行数据建模时，有一些函数或函数组合可以获得相同的数据分析结果，但是由于不同函数自身的计算方法存在差异，使得函数的运算效率也不尽相同。因此，在使用 DAX 函数对数据进行计算时，应该尽量避免使用一些复杂的、运算效率相对较低的函数，以便提高建模效率。

5.3.1 DIVIDE 函数 vs 除法操作符 /

在 DAX 表达式中进行除法运算有两个选择，一个是使用 DIVIDE 函数，另外一个是使用除法操作符，即 /（斜杠）。二者在逻辑处理和运算效率上存在一定差别。

使用 DIVIDE 函数时需要输入两个参数，一个是被除数（分子），另外一个是除数（分母）。这两个参数可以是常数，也可以是 DAX 表达式。除法运算中规定除数不能为 0，但当除数是某个 DAX 表达式时，其返回结果可能会出现 0 或 Null 的情况。因此，微软在 DIVIDE 函数内进行了特殊处理，当被除数为 0 或 Null 的情况时，DIVIDE 函数会返回 Null 结果，使得运算可以正常进行下去，而不会中断报错。DIVIDE 函数运算相当于下面这个使用除法操作符的 DAX 表达式。

```
Divide =
IF (
    OR (
        ISBLANK ( [除数] ),
        [除数] == 0
    ),
    BLANK (),
    [被除数] / [除数]
)
```

DIVIDE 函数内这一特殊处理机制不是简单地使用 IF 函数进行判断，而是在运算底层进行了优化，相比这种使用 IF 函数和除法操作符的 DAX 表达式效率要高很多。因此，如果除数（分母）是某个 DAX 表达式时，应该使用 DIVIDE 函数进行除法运算，以便能获得最好的计算效率。

但如果除数是一个不为 0 的常量，则应该直接使用除法操作符进行计算。因为在除法操作符这一方法内没有检查除数是否为 0 的步骤，会直接进行计算。因此在这种情况下，除法操作符的运算效率会比 DIVIDE 函数的效率高。

高手自测 11：如何计算同比增长？

5.3.2 恰当使用 ISERROR 和 IFERROR

在 DAX 表达式中有两个函数可以用于对错误信息进行捕获，以避免整个运算表达式运算出错，这两个函数就是 ISERROR 和 IFERROR。

ISERROR 函数的语法如下，它只有一个参数，当参数运算结果出错时（如使用除法操作符进行运算，但是出现了除数为 0 的情况），会返回 TRUE 结果，如果没有异常，则返回 FALSE 结果。

```
ISERROR (< value >)
```

而 IFERROR 函数实现的功能等价于下面包含 IF 函数和 ISERROR 函数的表达式，它可以填写两个参数，如果第一个参数运算出错，则返回第二个参数的运算结果，如果没有问题，则返回第一个参数的运算结果。

```
ISERROR ( A, B)
=========== 等同于 =========
IF (
    ISERROR ( A ),
    B,
    A
)
```

虽然 ISERROR 函数和 IFERROR 函数的功能清晰和使用方法简单，但这两个函数由于需要不断对参数结果进行判断，导致其计算效率较低，应该尽量避免使用。例如，在对数据进行 DAX 建模运算前应该先在查询编辑器中进行处理，将有问题的数据进行替换，对缺失的数据进行补充。为了避免异常数据的影响，可以适当使用 IF 函数进行判断，虽然 IF 函数和 ISERROR 函数及 IFERROR 函数同属于逻辑判断，但微软对 IF 函数的内部运算效率进行过优化，其执行速度要比这两个函数效率高一些。此外，有些函数自带异常处理功能，如上面介绍的 DIVIDE 函数，其内部就有对除数为 0 的情况进行处理的机制，无须再使用 ISERROR 函数或 IFERROR 函数进行判断，相应的运算效率也会高很多。

5.3.3 谨慎对待空值

当从外部数据源加载数据时，不可避免地会出现加载空值的情况。如图 5-36 所示，在 Power BI 的查询编辑器中，空值会被显示成 null，而在数据视图下，空值则显示成空白。

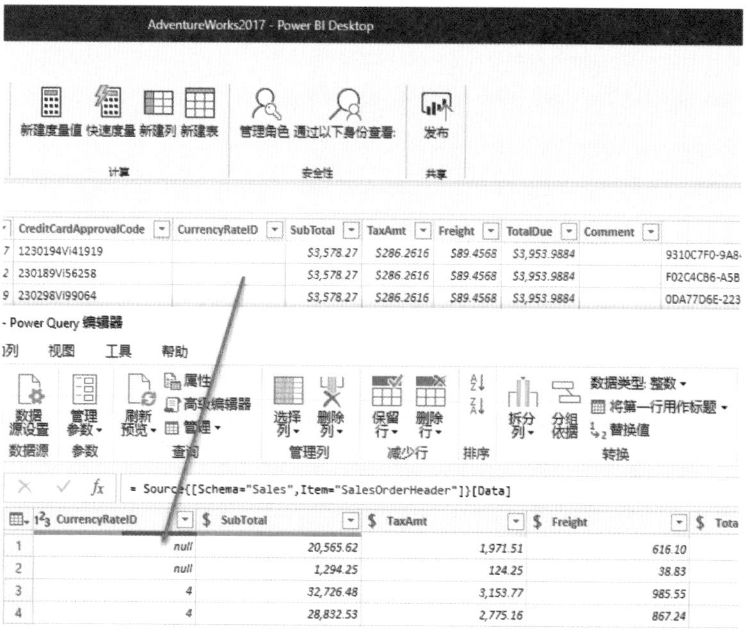

▶图 5-36

在 DAX 表达式中，一些计算类函数在运算时会将空值当作 0 来进行计算，如 SUM 函数、MAX 函数等。但是函数在运算时自动将空值解析成 0 并不意味着在进行数据可视化时，Power BI 会自动将这些空值当作 0 进行处理。例如，在图 5-37 中，Discount Amount 列不包含空值，用该列生成的线形图是连贯的。但是在 Commission Amount 列下存在空值，它生成的线形图就变成了一段一段的。可见，在可视化图形中，Power BI 并不会将空值转换成 0，而是当作空来显示。因此，如果不想出现这种断点图，就需要在查询编辑器中手动将空值替换成 0。

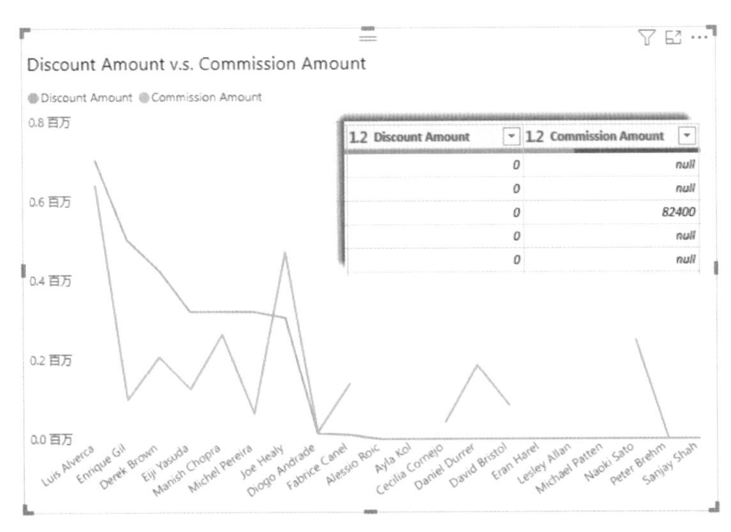

▶图 5-37

但并不是所有的空值都需要进行替换，有些时候替换空值的意义不大，并且可能产生严重的效率问题。像类似 DIVIDE 这种本身对空值有特殊处理逻辑的函数，如果将原始数据中的空值替换成 0，或者在出现异常时指定 0 作为返回结果，就会导致这类函数失去了对空值进行自动过滤的功能，会强制其对所有数据进行运算，返回一些无意义的结果。如图 5-38 所示，相比左侧表在 DIVIDE 函数内规定对空值数据做 0 处理的情况，右侧没有对空值进行处理的 DIVIDE 运算量要少，效率会更高。

Account	DIVIDE_Commission_0
A. Datum	0.00
Adventure Works	233.90
Alpine Ski House	0.00
Blue Yonder Airlines	86.43
City Power & Light	1,594.66
Coho Winery	53.23
Fabrikam, Inc.	222.75
Fourth Coffee	101.31
Litware	310.80
Margie's Travel	124.66
Northwind Traders	262.83
Proseware, Inc.	59.94
School of Fine Art	0.00
Southridge Video	328.48
Tailspin Toys	152.46
The Phone Company	160.27
Wide World Importers	0.00
总计	167.89

Account	DIVIDE_Commission
Adventure Works	233.90
Blue Yonder Airlines	86.43
City Power & Light	1,594.66
Coho Winery	53.23
Fabrikam, Inc.	222.75
Fourth Coffee	101.31
Litware	310.80
Margie's Travel	124.66
Northwind Traders	262.83
Proseware, Inc.	59.94
Southridge Video	328.48
Tailspin Toys	152.46
The Phone Company	160.27
总计	167.89

▶图 5-38

5.3.4 使用 SELECTEDVALUE 代替 VALUES

DAX 表达式中有一个叫 SELECTEDVALUE 的函数，它的功能是用来判断当一个列通过上下文进行筛选后其所得结果是否仅剩下一个非重复值。如图 5-39 所示，之前介绍通过模拟参数来获取 TopN 值时，就讲过使用 SELECTEDVALUE 函数来获取用户选择 *N* 值的用法，这里不再赘述。

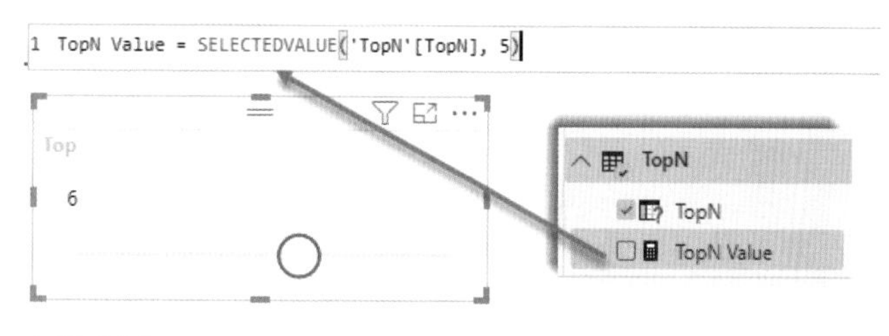

▲图 5-39

其实，如果不使用 SELECTEDVALUE 函数，也可以通过类似下面这种表达式，利用 IF、HASONEVALUE 和 VALUES 三个函数来实现同样的数据选择。其中，HASONEVALUE 函数用来判断列下是否有唯一值，之后用 VALUES 函数来获取这个唯一值。但这个表达式的运算效率要低于 SELECTEDVALUE 函数，因此不建议使用。

```
TopN Value =
IF (
    HASONEVALUE ( 'TopN'[TopN] ),
    VALUES ( 'TopN'[TopN] ),
    5
)
```

使用 SELECTEDVALUE 函数有两点需要注意。

◎ SELECTEDVALUE 函数受当前筛选上下文影响，不受行上下文影响。

◎ 如果参数列返回的筛选结果是 0，也会返回 SELECTEDVALUE 函数内指定的替代值。

5.3.5 在 CALCULATE 函数中尽可能使用布尔类型表达式

CALCULATE 函数可以说是 DAX 表达式中最常用到的一个函数。其函数语法如下：

```
CALCULATE (< expression >, < filter1 >, < filter2 >…)
```

对于 CALCULATE 函数内的< filter >参数部分，可以填写一个布尔类型表达式，或者一个或多个返回值是表的筛选表达式。例如，下面两个使用 CALCULATE 函数的表达式，一个使用了布尔表达式作为参数，另外一个使用了 FILTER 函数作为参数，都可以获得相同的计算结果，但从运算效率上来看，布尔表达式的效率更高。

```
Sum_Boolean =
CALCULATE (
    SUM ( SalesInfo[Amount] ),
    KEEPFILTERS ( SalesInfo[Product] = "Computers" )
```

```
)
Sum_Filter =
CALCULATE (
    SUM ( SalesInfo[Amount] ),
    FILTER (
        ALL ( SalesInfo[Product] ),
        SalesInfo[Product] = "Computers"
    )
)
```

因此，在 CALCULATE 函数内应该尽量使用布尔表达式作为过滤参数，从而提高计算效率。但布尔表达式的使用存在以下限制。

◎ 布尔类型表达式中的参数必须来自相同的列。如图 5-40 所示，如果来自不同列，Power BI 会返回错误信息。

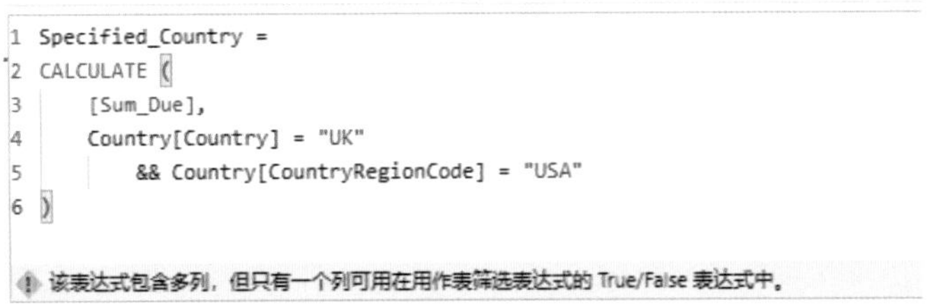

```
1 Specified_Country =
2 CALCULATE (
3     [Sum_Due],
4     Country[Country] = "UK"
5         && Country[CountryRegionCode] = "USA"
6 )
```

该表达式包含多列，但只有一个列可用在用作表筛选表达式的 True/False 表达式中。

▶图 5-40

◎ 不能引用度量值。

◎ 不能使用嵌套 CALCULATE 函数。

◎ 不能使用扫描或返回表的函数。

高手自测 12：如何利用 DAX 表达式比较指定列内值是否相同？

5.3.6 使用自定义变量代替复杂嵌套表达式

在 DAX 表达式中允许设定自定义变量，用户可以将某个表达式的结果存储为一个参数，供其他函数使用。使用自定义变量的优点如下。

◎ 可以在很大程度上降低函数的复杂度，提高可读性，简化调试过程，便于后期维护。

◎ 自定义变量本身的计算结果仅仅与定义它的最外围表达式最初所在的上下文有关，具有固定性，可以视作计算列来使用。

◎ 能提高表达式的运算效率，从而更高效地对度量值进行定义。

例如，在嵌套行上下文场景中，可以在内层表达式中使用 EARLIER 函数或 EARLIEST 函数，从当前行上下文中跳出，到外层行上下文去引用数据进行计算。这两个函数的筛选逻辑相对复杂，对初学者来说比较难理解。但是通过自定义变量功能，可以替换 EARLIER 函数和 EARLIEST 函数，使得表达式更加清晰易懂。

以学习文件夹\第 5 章\Relationships.pbix 示例文件为例，可以使用 EARLIEST 函数创建一个计算列来获取每个 Account 的累计产品购买数量，也可以使用自定义变量来获得同样的结果。参考表达式如下，结果如图 5-41 所示。

```
Cum_Earlier =
SUMX (
    FILTER (
        SalesInfo,
        SalesInfo[Account]
            = EARLIER ( SalesInfo[Account] )
            && SalesInfo[Close Date]
                <= EARLIER ( SalesInfo[Close Date] )
    ),
    SalesInfo[Amount]
)
Cum_VAR =
VAR Current_Account = SalesInfo[Account]
VAR Current_Date = SalesInfo[Close Date]
RETURN
    SUMX (
        FILTER (
            SalesInfo,
            SalesInfo[Account] = Current_Account
                && SalesInfo[Close Date] <= Current_Date
        ),
        SalesInfo[Amount]
    )
```

Account	Product	Close Date	Amount	Account Owner(SalesInfo)	Cum_Earlier	Cum_VAR
Adventure Works	Décor	Tuesday, January 20, 2015	1000	Fabrice Canel	1000	1000
Adventure Works	Pillows & Cushions	Friday, March 20, 2015	800	Fabrice Canel	1800	1800
Adventure Works	Décor	Tuesday, May 19, 2015	1200	Fabrice Canel	3000	3000
Fourth Coffee	Décor	Tuesday, February 24, 2015	2500	Naoki Sato	2500	2500
Fourth Coffee	Lighting	Monday, April 20, 2015	50	Naoki Sato	2550	2550
Fourth Coffee	Dining & Entertainment	Monday, August 24, 2015	100	Naoki Sato	2650	2650
Litware	Lighting	Friday, March 20, 2015	50	Vernon Hui	800	800

▲图 5-41

通过上面两个表达式的对比可以看出，使用自定义函数来计算累计销售额明显更容易理解，并且避免了使用复杂的筛选函数，无论从易用性还是效率上看使用自定义函数的效果都要更好。

高手神器 4：惊艳的第三方视觉插件

数据可视化的最大特点之一就是通过交互图形来展示数据信息，使得报表用户能更轻松快速地对数据信息加以理解。Power BI 中内置了 30 多个视觉对象，主要是相对简单的方块、圆、线条等几何图形，在样式上与 Excel 图表很相似，属于很传统的基本图形，不太能给用户带来很强的视觉效果。

为了使报表的样式更加灵活多样，让分析内容更加丰富多彩，很多第三方公司提供了自定义开发的可视化控件供用户免费使用。这些第三方插件提供的图形界面及交互功能比内置控件更加生动多样，可以很大程度上丰富报表信息内容，数据分析师可以根据实际需求灵活进行选择。

1. Synoptic Panel

Synoptic Panel 是由 OKVIZ 公司开发的 Power BI 视觉对象工具。用户可以通过 Synoptic Panel 绘制交互图形，然后将数据模型与图形之间建立关联，从而创建一个高度可视化的交互图形。图 5-42 中的汽车部件可视化图形就是由 Synoptic Panel 工具创建出来的。当单击某个汽车部件时，Power BI 就会显示出基于该部位的事故统计信息，使得用户可以非常快速、清晰、准确地获取当前数据信息，显示效果要比传统的柱状图或饼图好很多。

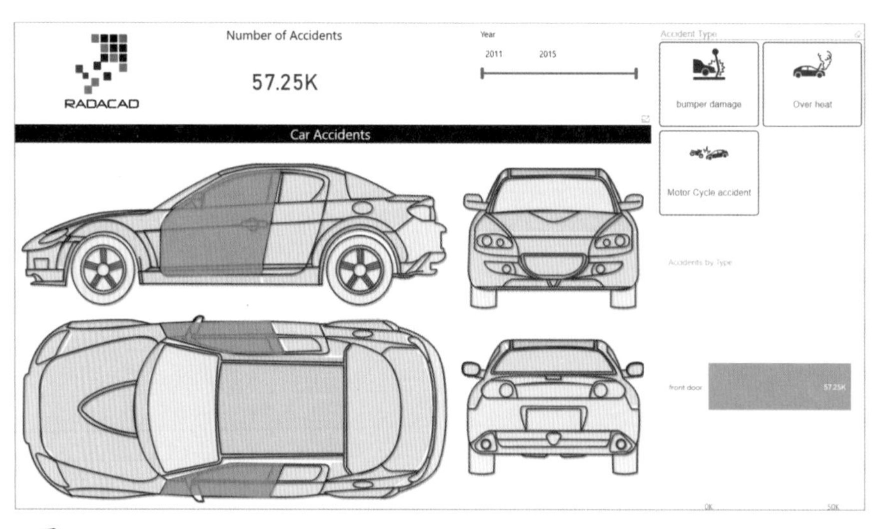

▲图 5-42

使用 Synoptic Panel 视觉对象无须编程基础，只需要简单几步操作即可完成。首先从 OKVIZ 官网（https：//okviz.com/synoptic-panel/）或微软 Power BI 应用商店中下载 Synoptic Panel 自定义视觉对象，再将其添加到 Power BI 桌面应用中。

之后，选择一张需要制作成可视化图形的图片，这张图片需要与所需进行分析的数据具有明确的关联关系。以学习文件夹 \ 第 5 章 \Synoptic.pbix 中的数据为例，如图 5-43 所示，如果需要统计不同牛肉类型的价格，可以准备一张肉牛部位分割图，然后将其上传到 Synoptic Designer 网站（https：//synoptic.design/）中来制作交互图形。

▲图 5-43

制作交互图形的方法是对图片中需要制作成可单击区域位置添加涂层，之后进行命名标记。每个涂层对应的 Areas 属性有两部分，第一行填写内置名（必填项），第二行填写显示名（选填项）。内置名需要与表内指定列下的数据值一一对应，并且书写必须完全一致。

图形绘制完毕后，单击下方的“EXPORT TO POWER BI”按钮将刚刚设计好的图片以“右键”方式保存成 .svg 格式文件。之后打开 Power BI 桌面应用，将 Synoptic Panel 自定义视觉对象添加到报表中。如图 5-44 所示，将要分析的基准列作为 Category 值，将统计列添加到 Measure 处进行使用。最后将之前制作的交互图片上传到 Synoptic Panel 自定义视觉对象中即可。

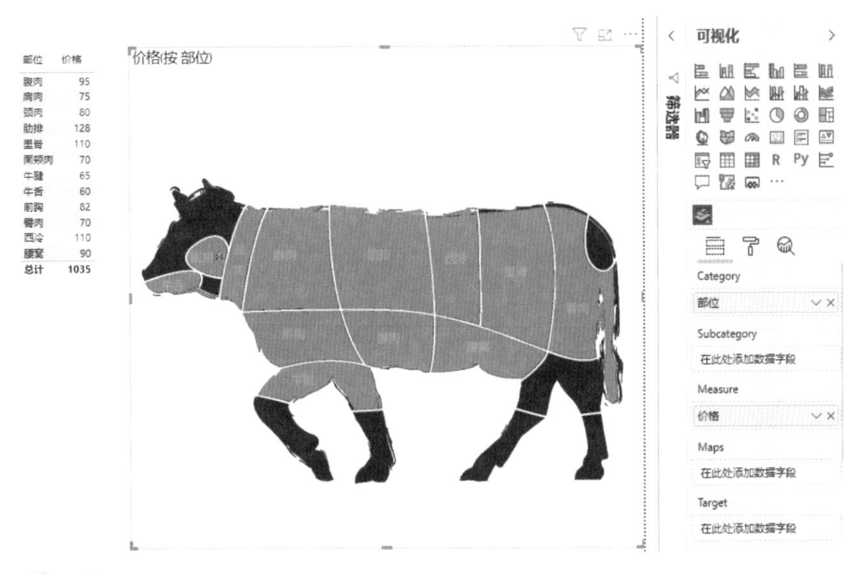

部位	价格
腹肉	95
肩肉	75
颈肉	80
肋排	128
里脊	110
面颊肉	70
牛腱	65
牛舌	60
前胸	82
臀肉	70
西冷	110
腰窝	90
总计	1035

▲图 5-44

目前，1.5 版本的 Synoptic Panel 自定义可视化控件中一共有 7 个设置项，其功能和使用要求如下。

◎ Category：只能使用在 Synoptic Designer 中设定 Area Name 时使用的数据列。

◎ Subcategory：对 Category 的说明，需要选择与 Category 列相关联的数据列。

◎ Measure：添加一个可以计算涂层区域数据相关信息的度量值。

◎ Maps：针对地图类图形使用的选项，需要选择包含地图信息的度量值。

◎ Target：添加一个用于做效率比对的度量值。

◎ States：可以添加多个数字类型度量值，用来代表效率状态。

◎ Tooltips：允许添加多个数字类型的度量值用来在鼠标滑过涂层区域时显示额外补充信息。

2. Power KPI

▲图 5-45

KPI，即关键绩效指标，它可以反映出某个具体商业目标的完成情况，是数据分析中经常使用到的一个分析值。以学习文件夹 \ 第 5 章 \KPI.pbix 中的数据为例，Power BI 内置视觉对象中有一个 KPI 控件，可以如图 5-45 所示展示 KPI 信息。这个视觉对象的特点是可以根据筛选条件自动计算任务完成的百分比，缺点是只能显示汇总信息，不能按照时间段对信息进行浏览。

如果想使用更加灵活、信息更加丰富的 KPI 可视化控件，可以从微软的 AppStore 上下载第三方可视化控件（如 Power KPI 或 Dual KPI 等）来展示数据。

例如，对于上面的示例数据，使用 Power KPI 来展示分析结果可以获得如图 5-46 所示的效果。除了汇总数据以外，Power KPI 还支持浏览每个时间段上对应的 KPI 值，使得用户能更加方便地对历史信息进行回顾。此外，除了目标值和实际值，Power KPI 还支持添加其他值，如预测值、历史值等作为辅助线进行对照，使得分析信息更加多样和全面。

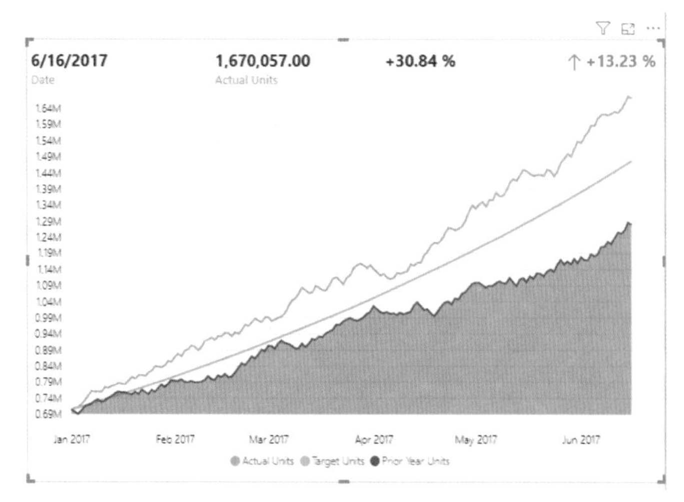

▶图 5-46

目前，2.0 版本的 Power KPI 自定义可视化控件中一共有 7 个设置项，其功能如下。

◎ Axis：必填项，用于配置 Power KPI 折线图中横轴使用的字段，通常情况下使用时间列。通过格式项内 KPI Date Value，可以对其显示样式进行配置。

◎ Series：添加图例字段。需要注意，Values 配置项上只有一个字段时，才能对 Series 项进行配置。

◎ Values：必填项，配置需要进行 KPI 分析的字段，如实际值、目标值、预测值、历史值等。位于最上方的字段会被当作实际字段，紧随其后的第二个字段则作为首要比对字段。如果 Series 配置项为空，则 Values 处可以添加多个字段。此外，通过格式项内的 Line 选项，可以对不同的字段配置不同样式的线段进行显示。

◎ Secondary Values：当配置了 Series 项后，如图 5-47 所示，可以使用 Secondary Values 来添加 Values 值的比对项。

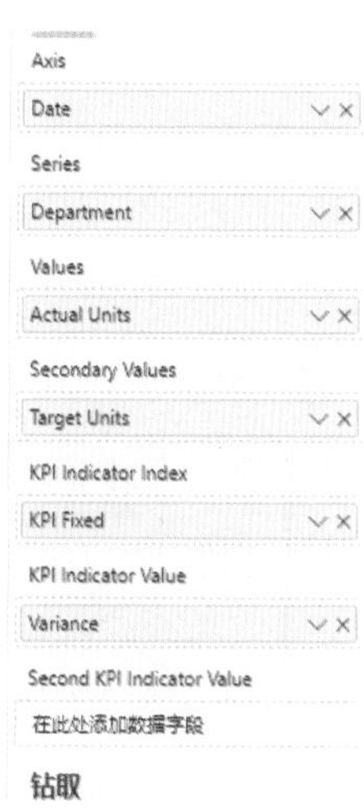

▲图 5-47

◎ KPI Indicator Index：用于配置 KPI 指示标识。例如，如果希望差异百分比大于 10% 显示红色向上箭头，小于 10% 显示绿色向下箭头，就需要通过设置 KPI Indicator Index 来实现。

KPI 一共允许最多设置 5 种状态标识，分别用整数 1、2、3、4、5 来代表，每个状态值对应一定区间范围内的差异百分比，并且状态值必须通过原始数据列（固定配置）或计算列（动态配置）进行存储，不能通过度量值来进行获取。

配置好这些数字指示标识后，如图 5-48 所示，可以在格式项下的 KPI Indicator 配置每个指

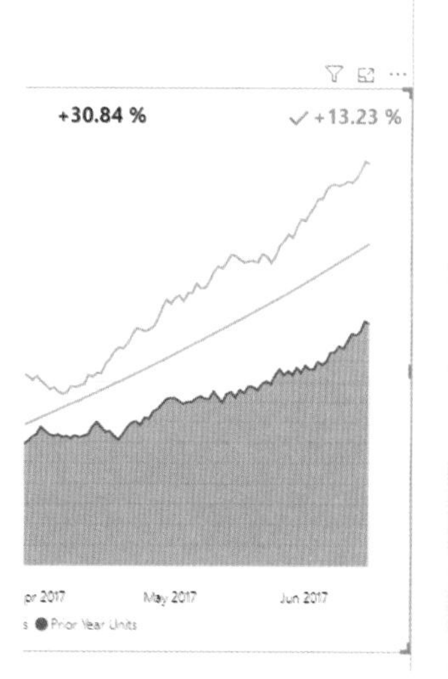

▲图 5-48

示标识对应的颜色和图标。

◎ KPI Indicator Value：用于配置实际值和目标值之间的差异百分比。如果为空，则 Power BI 会自动根据配置在 Values 及 Secondary Values 的字段来计算差异百分比。

◎ Second KPI Indicator Value：可以用于配置额外的差异百分比。默认情况下，当 Values 配置了三个字段时，会显示第一个字段和第三个字段之间的差异百分比。

3. Chiclet Slicer 和 HierarchySlicer

切片器是 Power BI 报表中经常使用的一种数据筛选工具，它的功能在于对数据设置过滤条件，从而影响同页面中其他视觉对象中的显示结果。Power BI 内置的切片器样式比较单一，只能显示基本的文字信息，无法添加图形或图片。

如果想让切片器的样式和功能更加灵活多样，可以使用第三方公司提供的自定义切片器工具来代替内置工具，如 Chiclet Slicer 支持添加图形，从而使得切片器的显示效果更加丰富；HierarchySlicer 允许添加多个字段，可以创建出有层次结构的切片器。

如图 5-49 所示，Chiclet Slicer 自定义控件的配置非常简单，只需制定切片器使用的字段及每个字段值对应的图片地址即可。之后，控件会自动将图片信息加载到切片器内进行显示。

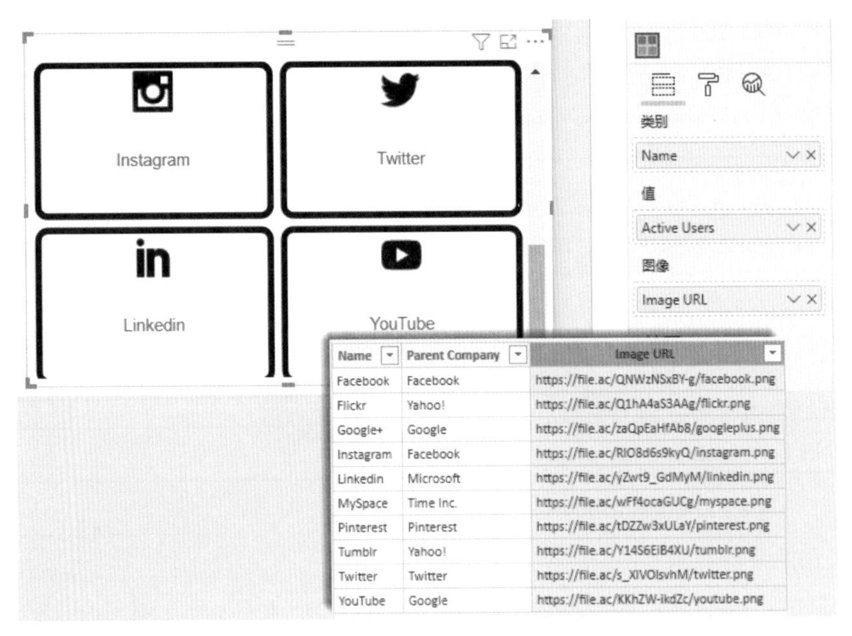

▲图 5-49

HierarchySlicer 自定义控件的设置同样简单，如图 5-50 所示，只需在 Fields 配置项处设定所要使用的具有层次结构的字段组即可。如果想按照某个规则过滤掉切片器选项为空的数据，可以通过配置 Values 字段来实现。例如，如果想在切片器中去掉销售量为空的产品信息，可以将计算销售量的度量值添加到 Values 字段，这样 HierarchySlicer 就不会显示销售量为空的产品信息了。

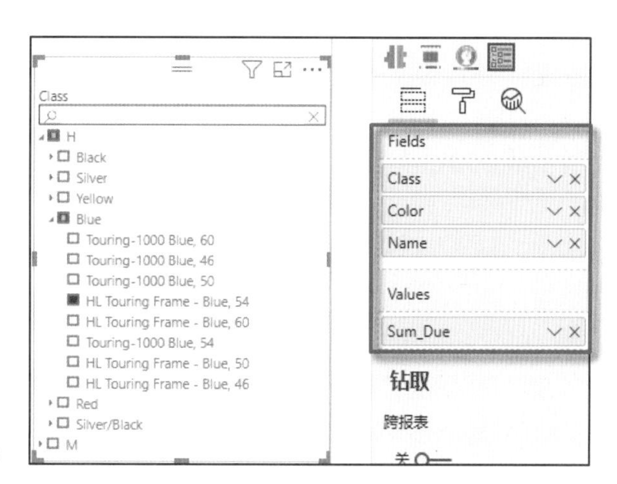

▶图 5-50

4. Impact Bubble Chart

气泡图是一种用来展示三个变量之间关联关系的视觉对象，它除了有 X 轴和 Y 轴配置项以外还有一个“大小”配置项，可以通过气泡的坐标位置及面积大小来代表相应分析对象的状态信息。

如图 5-51 所示，Impact Bubble Chart 是由 Interknowlogy LLC 公司开发的第三方 Power BI 自定义控件，相比内置气泡图，Impact Bubble Chart 的特点包括以下几项。

◎ 能自动根据数据位置对其进行着色。

◎ 有轨迹追踪信息，当配置了播放轴后，每个气泡图形都会伴随一个阴影，用来表明上一个播放点该气泡所在位置。

◎ 可以添加一对相关信息，这两个信息会通过气泡图左右两侧上的条形图进行体现。

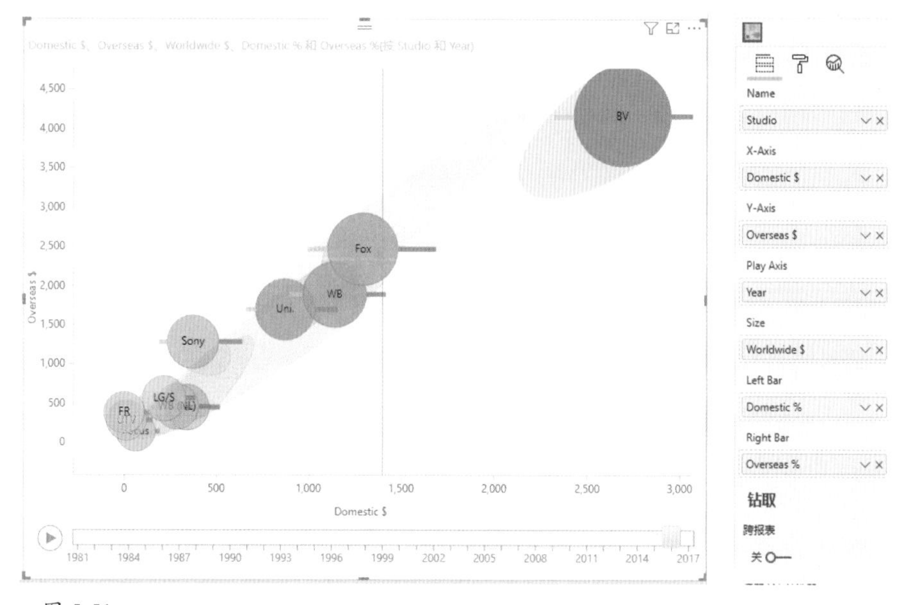

▲图 5-51

Impact Bubble Chart 的设置与内置气泡图基本一致，但是数据展示效果更加生动，能给用户带来更好的视觉体验效果。

高手自测 13：如何在 Power BI 中显示高清图片？

5.4 本章小结

本章对 Power BI 中的主要模块功能进行了介绍，介绍了如何在 Power BI Desktop 中对数据进行加工处理及进行可视化建模的相关知识。相信通过阅读本章，读者能对 Power BI 在数据加载及建模过程中需要注意的事项有一个基本的了解，并能掌握一些提高建模效率及报表视觉体验的小窍门，可以更高效地使用 Power BI 开展数据分析工作。

本章“高手自测”答案

高手自测 6：如何在 Power BI 中更改数据源?

目前，在 Power BI 中更改数据源主要有两种方式，第一种是在查询编辑器中，通过“数据源设置”功能来进行修改，如图 5-52 所示。这种更改会批量修改当前报表中所有使用之前数据源的表，是一个批量操作的修改。

▶图 5-52

另外一种方式是打开表所在的高级编辑器，修改“源”（Source）脚本，将其中记录的数据源地址进行更改即可，如图 5-53 所示。这种修改方式只会对当前表起作用，相当于单独修改某一特定数据源信息。如果之前使用了复杂的查询语言从多个外部数据源中合并了数据，此时，通过“数据源设置”功能可能无法进行修改，就需要使用“高级编辑器”来更改数据源。

▶图 5-53

高手自测 7：Power BI 中“复制表”和“引用表”有什么区别?

如图 5-54 所示，Power BI 查询编辑器中提供了两种可以对表中信息进行复制的功能，一个是“复制”，另外一个是“引用”。

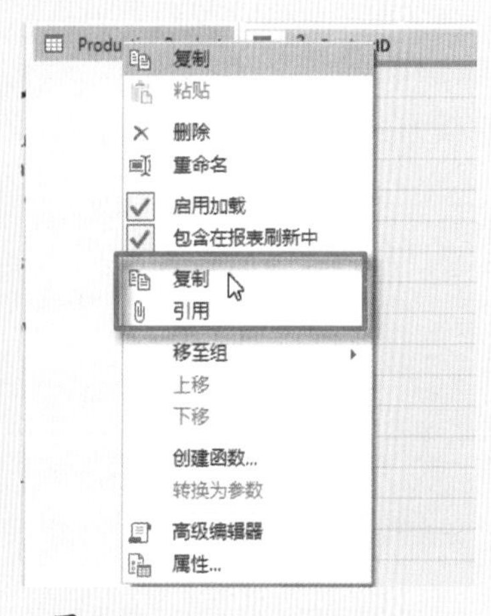

▲图 5-54

如果想将表内容，包括之前使用的对表进行加工处理的查询步骤，都复制一份作为新的数据表，那么就应该使用“复制”功能来对当前表内容进行复制。复制后的表与原始表之间没有依赖关系，可以理解为两个独立的个体。

如果只是想把表中当前查询步骤生成的结果复制生成一份新的表来使用，则应该通过“引用”功能来复制表内容。“引用”功能会将当前表作为生成新表的数据源。如图 5-55 所示，Production Product（2）表是由 Production Product 表复制而来，通过查询依赖项窗口可以看出，这两个表之间没有依赖关系。而 Production Product（3）表和 Production Product（4）表分别是由 Production Product 表引用而来的，可以看到它们之间有依赖关系，Production Product 表是这两个表的父级。

高手自测 8：什么是 Power BI 中的查询折叠?

Power BI 中的查询折叠（Query Folding）指的是在查询某些外部数据源数据时，将 M 语言中的部分函数转换成该外部数据源自身可识别的查询语句，并在外部数据源中直接执行该查询的功能。

例如，一个 Microsoft SQL Server 数据库中有 100 万行数据，其中的 10 万行数据为有效数据，需要加载到 Power BI 中进行分析。通过查询折叠技术，当在查询编辑器中使用 M 语言获取 SQL 中的数据时，Power BI 会自动将使用的 M 表达式转换成对应的 T-SQL 表达式，并直接在 SQL Server 端运行。这样，原本需要先加载 100 万行数据到 Power BI 中再进行过滤，但通过查询折叠功能，就可以先在 SQL Server 中通过 T-SQL 查询将符合条件的 10 万行数据筛选出来，之后再传递给 Power BI 进行加载，从而大大降低数据传输量，提高了数据查询效率。

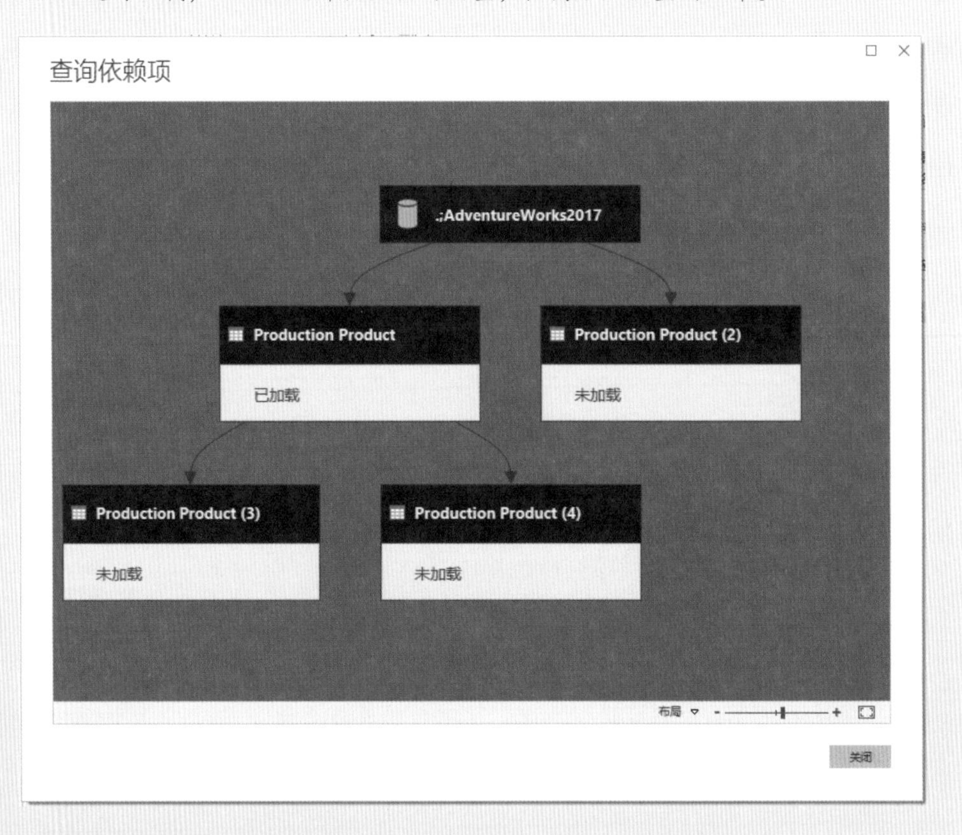

▶图 5-55

目前查询折叠功能在使用上有如下限制。

◎ 只有部分本身拥有特定查询语言的数据源支持进行查询折叠，如 SQL Server、Oracle 及支持用 ODBC 连接的数据源。但 Excel、CSV、Website 这种本身没有任何查询机制的数据源则不支持查询折叠。

◎ 即使支持进行查询折叠的数据源，也并不是所有 M 函数都可以转换成对应数据源使用的查询语言。例如，在 Power Query 查询编辑器中对 SQL Server 数据库下表中的某个数据提取首字母时，则无法进行查询折叠，因为 T-SQL 语言中没有相应提取首字母的函数。

◎ 如果在连接数据源之前预先配置了查询语句，则查询折叠不再起作用。

高手自测 9：在 Power BI 中，如何在 URL 内添加查询字符串参数来筛选报表信息？

Power BI Online Service 有一个功能，允许用户对发布到 Power BI Service 的报表 URL 后添加一些过滤条件，使得 Power BI 可以根据这些条件去筛选当前报表中的内容以限制用户对某些信息的浏览。

如果想让 Power BI 根据用户的选择自动生成相应的 URL 过滤选项，则需要借助几个 DAX 表达式来实现，方法如下。

1. 新建一张表，如图 5-56 所示，复制 Power BI 在线服务上报表的 URL 并在结尾处添加“?filter”这几个关键字，之后在 Power BI 桌面服务内新建一张表，里面只包含一行数据，即当前这个修改过 URL 的报表地址。

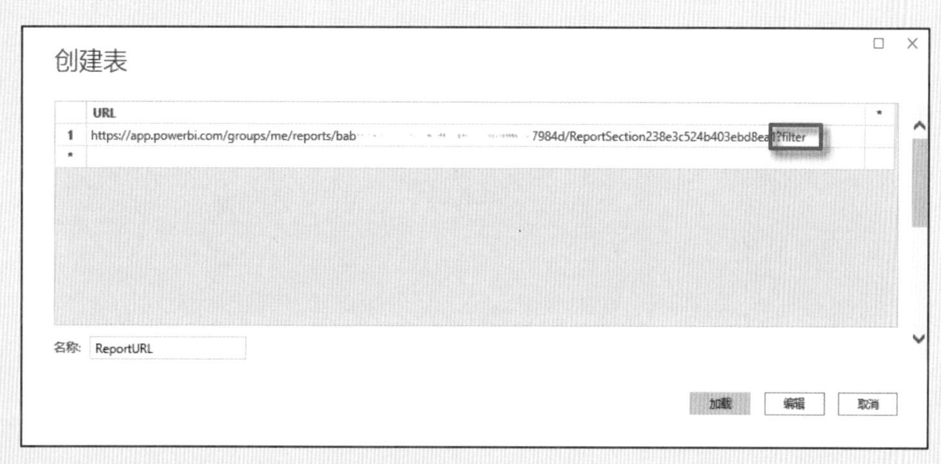

▶图 5-56

2. 创建一个度量值，使用 SELECTCOLUMNS 函数来提取报表的 URL 信息，参考表达式如下：

```
Report URL =
SELECTCOLUMNS (
    ReportURL,
    "NewURL", ReportURL[URL]
)
```

3. 接下来制作带有过滤项的 URL，使用 SELECTEDVALUE 函数来获取用户对某一个列值的选择，之后再根据过滤条件的格式，将获取到的用户选项拼接到由 Report URL 这个度量值获得的结果之后。参考表达式如下，结果如图 5-57 所示。

```
Filter URL =
[Report URL] & "=Country/Country eq " & "'"
    & SELECTEDVALUE ( Country[Country] ) & "'"
```

Country
Australia
Canada
France
Germany
UK
USA

Filter URL
https://app.powerbi.com/groups/me/reports/bab47bf1-127b-4c89-b0c2-0e688cd7984d/ReportSection238e3c524b403ebd8ea1?filter=Country/Country eq 'Germany'

▶图 5-57

使用这样的 URL 去访问报表，就可以看到如图 5-58 所示的经过过滤后的数据信息。

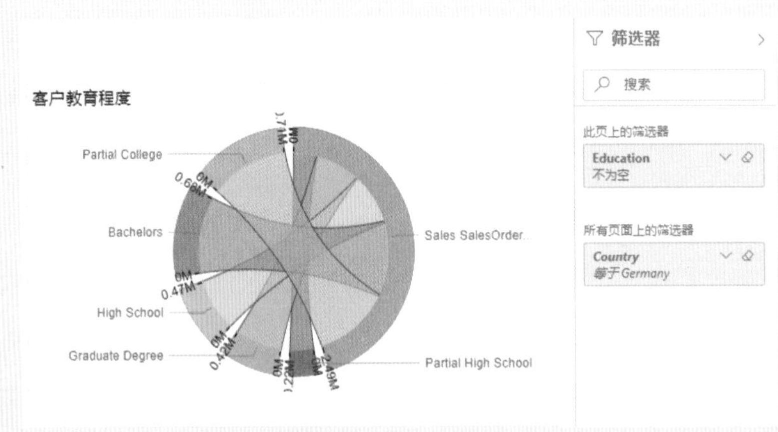

▶图 5-58

高手自测 10：Power BI 桌面服务与在线服务版功能有哪些区别？

Power BI Desktop 专注于数据模型的创建，而 Power BI Online 则专注于数据报表的管理，两者的主要功能及差别如表 5-1 所示。

表 5-1　Power BI Desktop 与 Online 的主要功能及差别

功能	Power BI 桌面版	Power BI 在线版
运行平台	本地 Windows 操作系统	Azure 云服务器
主要面向对象	数据分析报表设计者	数据分析报表使用者
授权模式	免费	部分功免费，部分收费
从 Excel 及 CSV 文件中导入数据	支持	支持
从 Azure SQL Database、Azure SQL Data Warehouse、SQL Server Analysis Service 及 Spark on Azure HDInsight 源端导入数据	支持	支持
从其他文件、数据库、在线服务数据源中导入数据	支持	不支持
直接输入数据	支持	不支持
创建自定义数据源连接器	支持	不支持
使用 Power BI 应用连接数据源	不支持	支持
创建自定义数据源连接器	支持	不支持
使用 M 语言进行数据查询	支持	不支持
使用 DAX 语言进行数据分析	支持	不支持
创建视觉图表	支持	支持
创建仪表盘	不支持	支持
向公网发布数据表	支持	支持
向指定用户共享表	不支持	支持

高手自测 11：如何计算同比增长？

同比增长是指和上一时期、上一年度或历史时间相比的增长（幅度）。计算表达式：同比增长率 =（本期数 − 同期数）÷ 同期数 ×100%。在 Power BI 中，要求用当前时间段对应的上一年历史同期时间段，可以使用时间智能函数 SAMEPERIODLASTYEAR 来获得。

```
SalesPriorY =
CALCULATE ( [Sum_Due], SAMEPERIODLASTYEAR ( 'Calendar'[Date] ) )
```

有了历史同期数据，同比增长即可通过 DIVIDE 函数来获得。

```
Changes =
DIVIDE ( ( [Sum_Due] - [SalesPriorY] ), [SalesPriorY] )
```

高手自测 12：如何利用 DAX 表达式比较指定列内值是否相同？

以学习文件夹 \ 第 5 章 \Compare.pbix 示例文件为例，如果要对比 Sales−1 和 Sales−2 两张表内是否含有相同的数据，可以通过 CALCULATE 和 COUNTROWS 函数来实现。

例如，要在 Sales−2 表中新建一个计算列，比较一下 Sales−1 和 Sales−2 表中的 Sales ID 列和 Account Number 列，如果这两列包含相同值，就标记为 TRUE，如果没有就标记为 FALSE。使用表达式如下：

```
Match =
CALCULATE (
    COUNTROWS ( 'Sales-1' ),
    FILTER (
        'Sales-1',
        SWITCH (
            'Sales-1'[Sales ID] = 'Sales-2'[Sales ID]
                && 'Sales-1'[Account Number] = 'Sales-2'[Account 
Number],
            TRUE (), TRUE ()
        )
    )
) > 0
```

高手自测 13：如何在 Power BI 中显示高清图片？

无论是以 URL 形式还是 Base65 存储形式添加的图片，在 Power BI 内都只能以缩略图的形式进行展示。如果要显示高清图片，则需要借助第三方可视化工具来实现。例如，由 CloudScope 公司开发的 Collage by CloudScope 工具就可以在 Power BI 中显示高清图片。

如图 5-59 所示，Collage by CloudScope 视觉对象提供了两种视图模式，Girder View 和 Detail View，并且图片大小可以根据可视化工具的大小进行动态调整，用户可以根据报表风格进行自由选择设定。

▲图 5-59

此外，对于社交媒体类图片，Collage by CloudScope 视觉对象还可以提供额外的配置项用来显示图片标签信息。如图 5-60 所示，用户可以配置图片标题、说明、评论数、点赞数等相关信息，使得图片的信息更加丰富生动。

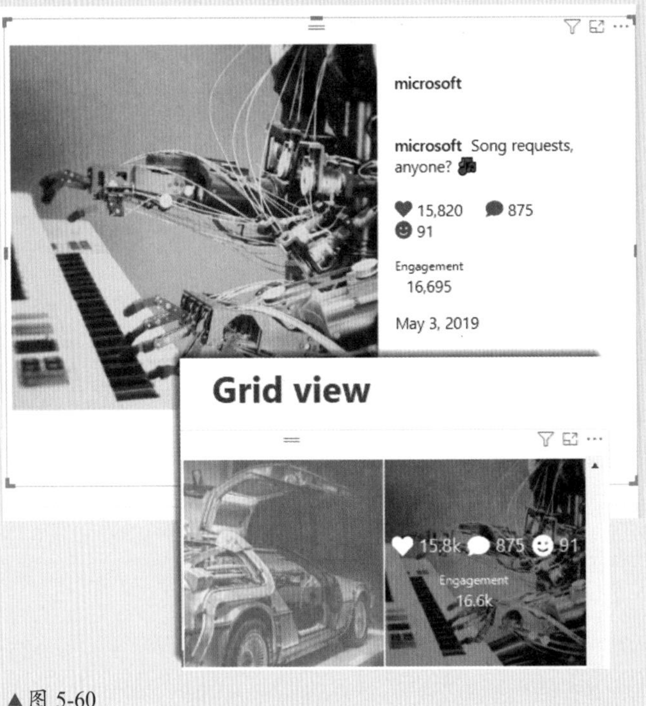

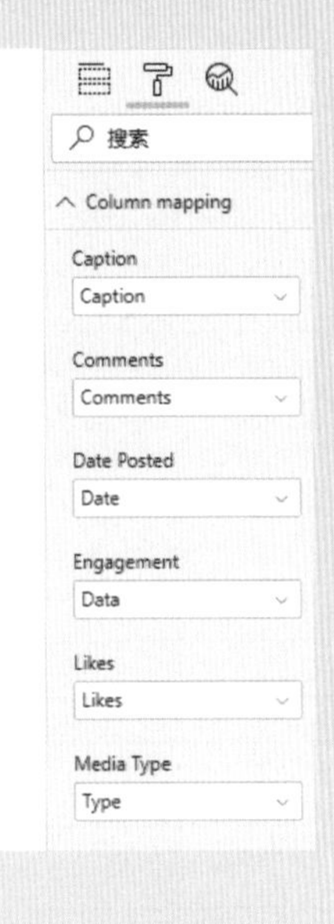

▲图 5-60

商业数据分析准备：数据的整理与查询

如果将数据建模分析比作房屋装修过程中的软装部分，则数据导入整理就属于房屋装修的硬装部分。硬装的基础不好势必会对软装部分产生严重影响，很可能会造成即使在后续软装部分投入大量的人力、物力和财力也无法弥补硬装部分导致的缺陷。因此，在使用 Power BI 进行数据可视化建模前，一定要对数据进行加工整理，搭建好表的结构，加载必要的信息，去除冗余数据，为后续的建模操作打下良好的基础。

请带着下面的问题走进本章：

（1）如何向Power BI内添加数据？

（2）在查询编辑器中如何对问题数据进行修正？

（3）如何对所需信息进行提取？

（4）如何将复杂信息进行拆分？

（5）数据查询语言 M 中的常见错误有哪些？

6.1 向 Power BI 中添加数据

要使用 Power BI 对数据进行分析，就需要将数据添加到 Power BI 中。目前，Power BI 有两种数据添加方式，一种是使用“输入数据”功能，类似于 Excel，将所要分析的数据一个一个地输入 Power BI 进行存储。另外一种方式是通过“获取数据”功能，将外部数据源中存储的数据加载到 Power BI 内。两类方式各有优缺点，适用于不同的应用场景。

6.1.1 输入数据

如图 6-1 所示，“输入数据”是指在 Power BI 中新建一张表，然后手动输入行列数值。通过这种方式添加的数据会被直接存放到 Power BI 数据集中，通过查询编辑器就可以随时对原数据进行修改。

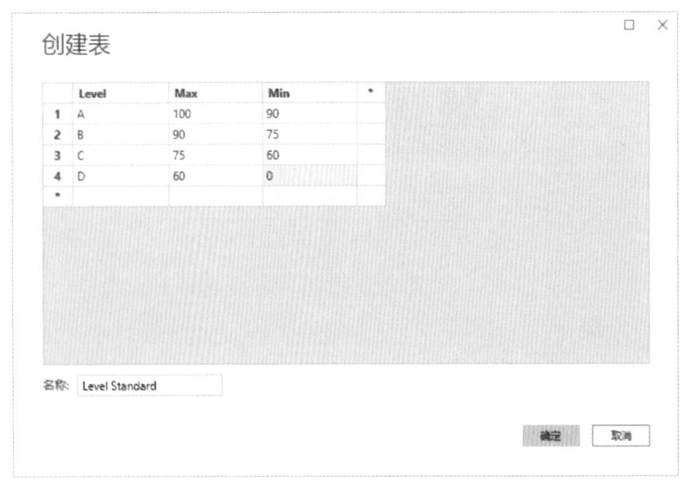

	Level	Max	Min
1	A	100	90
2	B	90	75
3	C	75	60
4	D	60	0

▲图 6-1

如果需要分析的数据量非常小，并且都是常量，可以通过“输入数据”的方式将数据直接存储在 Power BI 表集中。通常情况下，当需要对外部数据源添加一些汇总、归类或说明信息时，通常会使用“输入数据”的方式来创建表并存储这些内容。例如，如果要对考试分数按照“A、B、C、D” 4 个等级进行划分，就可以通过“输入数据”的方式创建一张表，标记好 4 个等级对应的分数段，然后使用这张表对考试成绩进行分类。

除了上面介绍的这种明显的数据输入操作，在 Power BI 中还有一种数据添加方式属于“输入数据”类型，即通过创建一张“空白查询”来使用 M 表达式进行数据输入。如图 6-2 所示，可以使用 #table 函数来输入一张表。这种方式适合向 Power BI 中添加具有一定变化规律的数据，如日历表、索引表等。

```
= #table({"ID","First Name","Last Name","Gender","Home Town"},{{1,"Peter", "Webb", "Male", "New York City"}
  ,{2,"Leo", "Ledgen", "Male", "Jersey City"},{3,"Lily", "Marton", "Female", "Salt Lake City"}})
```

	ID	First Name	Last Name	Gender	Home Town
1	1	Peter	Webb	Male	New York City
2	2	Leo	Ledgen	Male	Jersey City
3	3	Lily	Marton	Female	Salt Lake City

▶图 6-2

这两种数据输入方式本质上都是通过 M 表达式将数据存储在 Power BI 数据集中，只不过通过“输入数据”方式添加的信息会被压缩成二进制字符串进行存储，而通过“空白查询”方式添加的数据以明文（没有加密的文字或字符串）方式进行记录。

6.1.2 获取数据

目前，Power BI 支持从 70 多种外部数据源中“获取数据”，基本覆盖了市面上常用的主流数据存储介质。从常见的文件类型数据载体（如 Excel、文本、CSV），到数据库类型的数据源（如 SQL Server、Oracle、MySQL 等），再到应用程序类数据源（如 Dynamics、Salesforce、Google Analytics），甚至还支持从 Hadoop 等分布式文件系统中获取数据，并且为了扩大数据源支持范围，微软还支持通过第三方数据连接器向 Power BI 中导入特殊类型数据，进一步满足了商业数据分析的需求。

1. 从 Excel 中加载数据

从 Excel 加载数据是最常用的一种数据添加方式。通常情况下，如果 Excel 文件内只包含纯净的表数据，则可以直接加载到 Power BI 中使用。如果是如图 6-3 所示的情况，除了表以外还有一部分额外的描述信息，则需要进行数据转换才能加载使用。

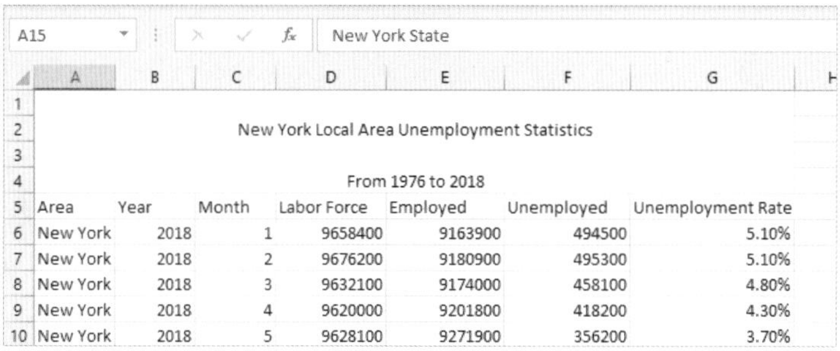

A15 | fx | New York State

	A	B	C	D	E	F	G
1							
2				New York Local Area Unemployment Statistics			
3							
4				From 1976 to 2018			
5	Area	Year	Month	Labor Force	Employed	Unemployed	Unemployment Rate
6	New York	2018	1	9658400	9163900	494500	5.10%
7	New York	2018	2	9676200	9180900	495300	5.10%
8	New York	2018	3	9632100	9174000	458100	4.80%
9	New York	2018	4	9620000	9201800	418200	4.30%
10	New York	2018	5	9628100	9271900	356200	3.70%

▶图 6-3

把图 6-3 所示的 Excel 数据直接导入 Power BI，将得到如图 6-4 所示的结果。可以看到，由于原始数据源中描述语句的影响，Power BI 无法正确定位到表内容。

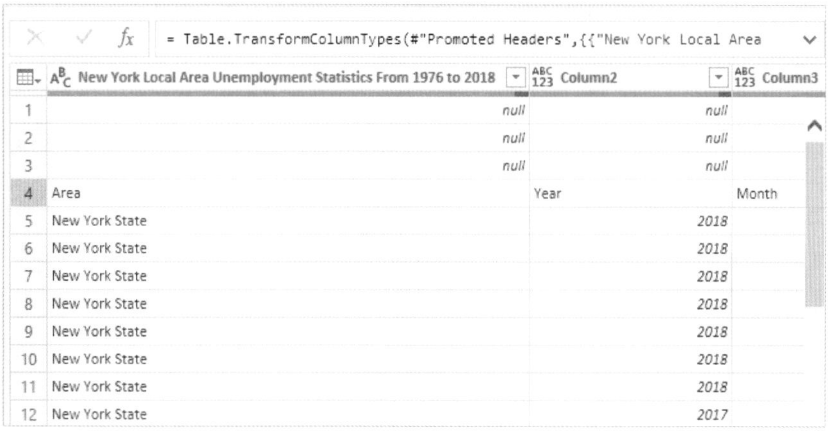

```
= Table.TransformColumnTypes(#"Promoted Headers",{{"New York Local Area
```

	New York Local Area Unemployment Statistics From 1976 to 2018	Column2	Column3
1	null	null	
2	null	null	
3	null	null	
4	Area	Year	Month
5	New York State	2018	
6	New York State	2018	
7	New York State	2018	
8	New York State	2018	
9	New York State	2018	
10	New York State	2018	
11	New York State	2018	
12	New York State	2017	

▶图 6-4

对于这样的情况，要想去掉冗余信息，一种方法是在Excel中使用“套用表格格式”功能将数据进行表格化。这样，再进行数据添加时就可以如图6-5所示，让Power BI自动获取到Excel中的表格数据并进行加载。

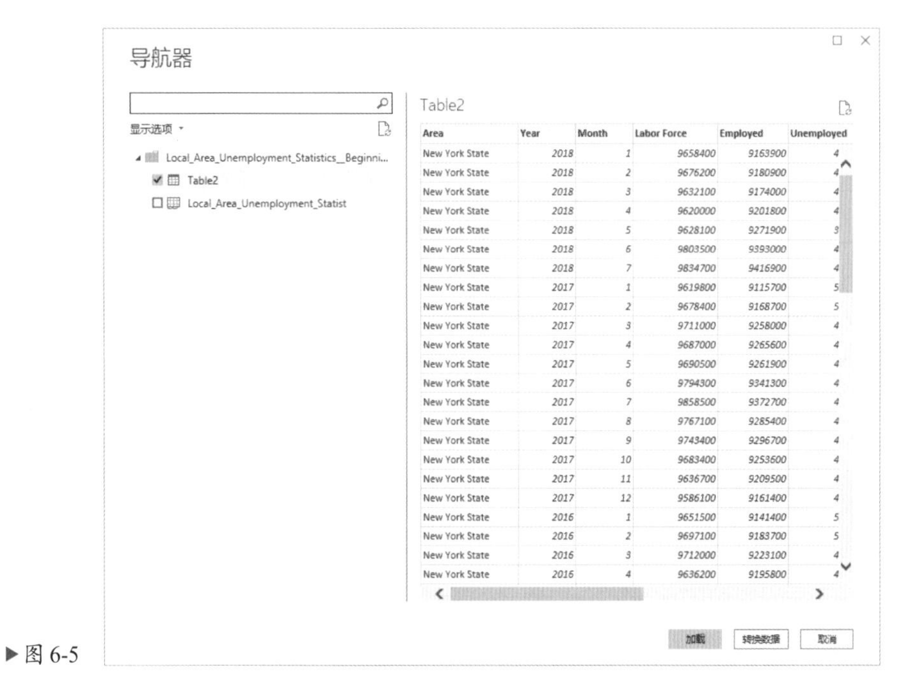

▶图6-5

如果不想修改Excel中的原始数据，可以在Power BI的查询编辑器中先使用“删除空行”方式将空白行去掉，之后再使用“将第一行用作标题”功能设置列名来完成对数据的修正。

2. 从文件夹中加载数据

如果想批量将一些有相同架构的Excel或CSV等类型文件合并加载到Power BI中，可以将这些文件放到一个文件夹下，之后选择从“文件夹”获取的方式向Power BI添加数据。如图6-6所示，当把文件夹添加到Power BI后可以得到一个文件列表，列表中的每一行对应了文件夹中的一个文件。

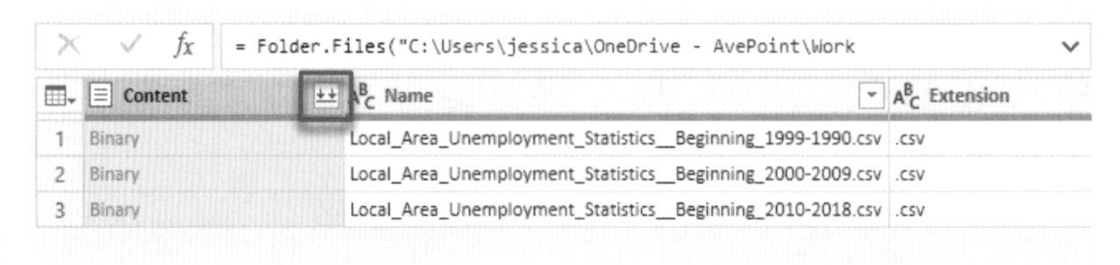

▶图6-6

单击Content列名右侧的“合并文件”按钮，可以对文件进行合并操作。Power BI首先会自动分析每个输入文件的格式，查看是否具备合并条件。之后会弹出如图6-7所示的合并文件配置窗口，默认情况下，Power BI会将第一个文件作为示例文件来获取文件架构，然后将其他文件按照这个既定架构进行合并。

▶图 6-7

单击“确定”按钮后 Power BI 就会进行文件的合并操作。如图 6-8 所示，Power BI 会创建一套函数方法，用来逐一提取文件夹每个需要合并操作的文件数据信息，之后将这些文件信息以嵌入表的形式进行存储，最后通过“展开”操作将内嵌表中的数据放置在主表上，从而完成文件合并操作。

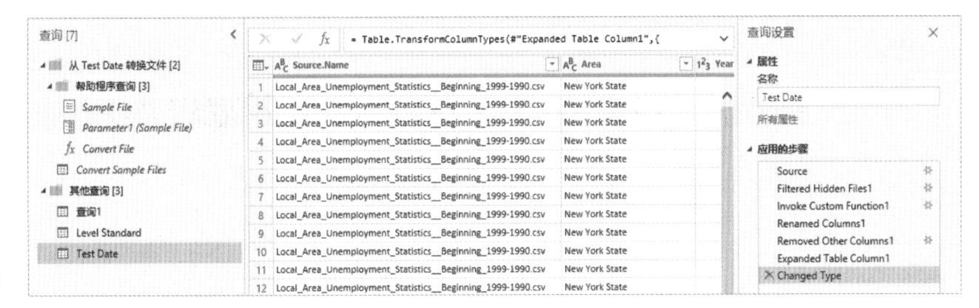

▶图 6-8

通过文件夹方式将文件添加到 Power BI 中的优势在于，当有新的文件在文件夹中生成时，只需通过在 Power BI 上进行简单的“刷新”操作，即可将新文件的内容合并到当前表中，而无须进行额外的配置。

3. 从 SQL Server Analysis Services 数据库加载数据

对于 SQL Server Analysis Services（SSAS）类型的数据源，Power BI 额外提供了一种数据连接方法，称为实时连接（Live Connections）。与 DirectQuery 类似，在实时连接模式下，所有数据查询分析计算过程都由外部数据源所在的服务器来完成。但是跟 DirectQuery 的区别在于，由于 Power BI 本身的运算引擎技术就来自 SSAS，因此对于 SSAS 类型的数据源来说，使用实时连接也可获得类似导入模式下的数据处理效率。所以，使用实时连接模式连接数据源既可获得导入模式下的高速数据分析效率，又可以拥有 DirectQuery 模式下对大数据处理的能力。

如图 6-9 所示，当使用实时连接模式连接 SSAS 后，在导航器中可以看到包含维度和度量值信息的透视包。

▶图 6-9

单击“确定”按钮后，如图 6-10 所示，Power BI 会将 SSAS 中的度量值和维度信息加载进来。用户可以利用这些维度和度量值信息在视图模块中创建相应的可视化图表。

▶图 6-10

如果使用导入模式连接 SSAS 后，如图 6-11 所示，在导航器下可以看到数据库信息、视图信息、建模信息，以及相应的维度与度量值和 KPI 信息。需要注意的是，与连接普通的 SQL Server 数据库不同，连接 SSAS 数据源后，用户需要选择的并不是对某一个或多个表进行加载，而是选择要加载的数据列，然后将这些列合并成一张表加载进来。

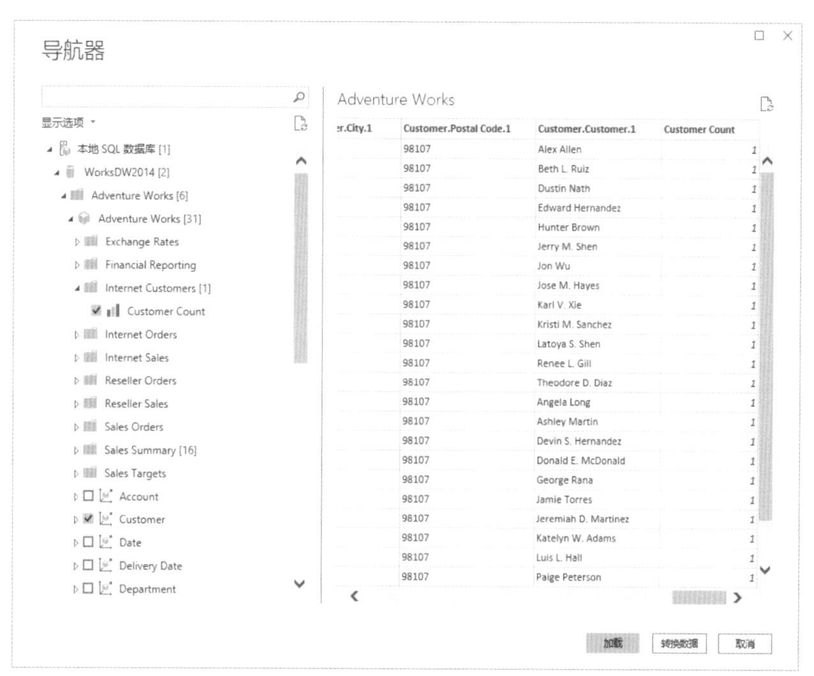

▶图 6-11

如果加载完毕后发现有某些所需字段忘记加载了，可以再打开查询编辑器，如图 6-12 所示，通过使用“添加项”功能，向表内添加新的维度和度量值。

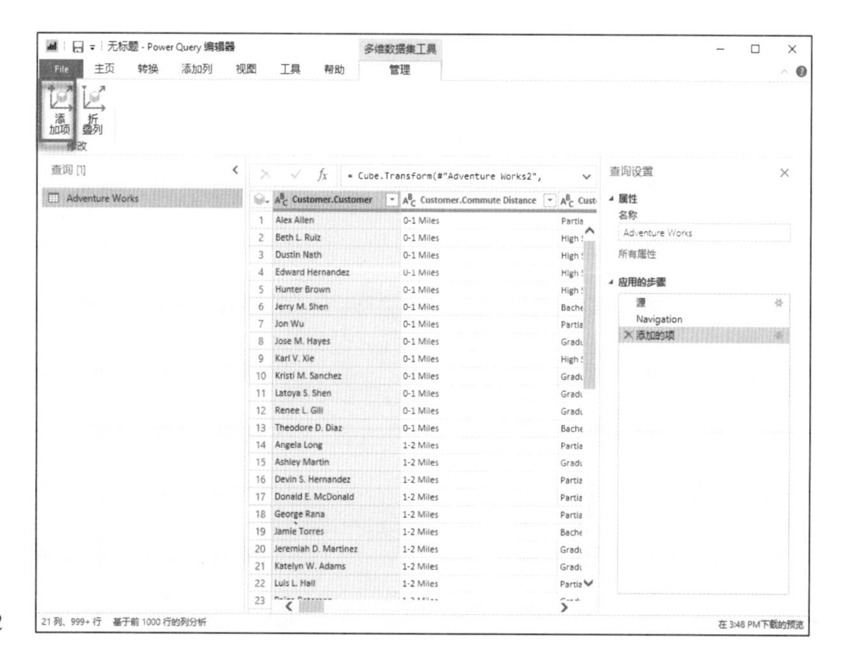

▶图 6-12

高手自测14：如何在查询编辑器中创建一个自增长日历表？

6.2 对数据进行修正

在将数据加载到Power BI之前，需要对数据信息进行检查，以保证加载进来的数据符合建模使用的要求。例如，表中数据不应该包含错误信息，不应出现大量的重复数据，代表日期或时间的数据符合相关函数的计算要求等。要解决这些问题，就需要通过使用查询编辑器中的各项功能对数据进行整理。

6.2.1 替换Error值

有时候，数据类型格式的不规范会导致对其进行数据类型设定时产生Error值。例如，在第5章的5.1.3小节中介绍过，当从外部数据源加载的日期数据所使用的区域设置与Power BI自身的区域设置不相同时，将其数据类型设置为日期就会产生Error值，需要专门在Power BI中对该列进行区域设置来修正Error值。

除了时间、日期类型数据列容易出现Error现象以外，将某些列指定为数字类型时，也容易遇到类似的问题。以学习文件夹\第6章\Error.pbix示例文件为例，如图6-13所示，由于Apr列和May列下面的数据除了数字以外，还有字母和符号信息，所以Power BI无法自动将该列的数据类型设定为小数，也就无法对这两列中的内容进行算术运算。

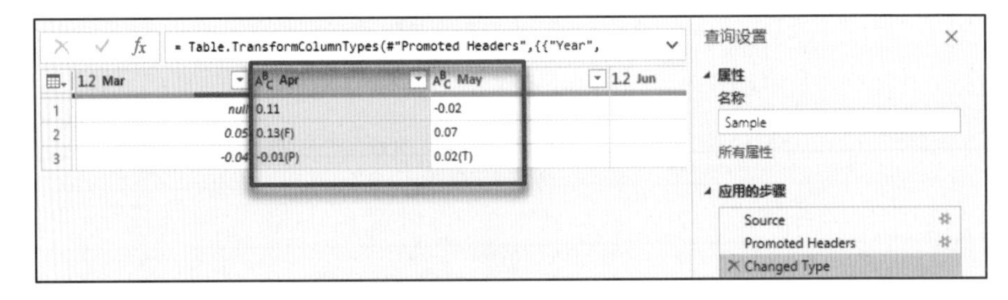

▶图6-13

如图6-14所示，当强行将Apr列的数据类型转换成小数后，表中会出现Error值。如果直接将这种表进行加载，Power BI会自动将Error值替换成空值，以保证Apr列内其他的数据可以按照小数类型进行处理。

如果不想把Error值当作空值进行处理，可以选中Apr列，然后右键选择“替换错误”选项来对Error值进行替换。替换完毕后，如图6-15所示，Power BI会将Apr列下所有Error值都替换成指定值。

如果不想对Error值做统一替换，而是想要将Apr列下的（F）去掉，则可以在对Apr列进行数据格式设定前，通过使用“替换值”功能，将（F）替换成空，如图6-16所示。

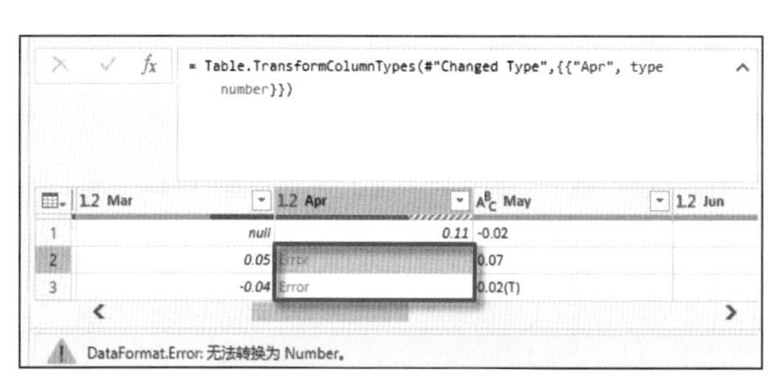

▲图 6-14

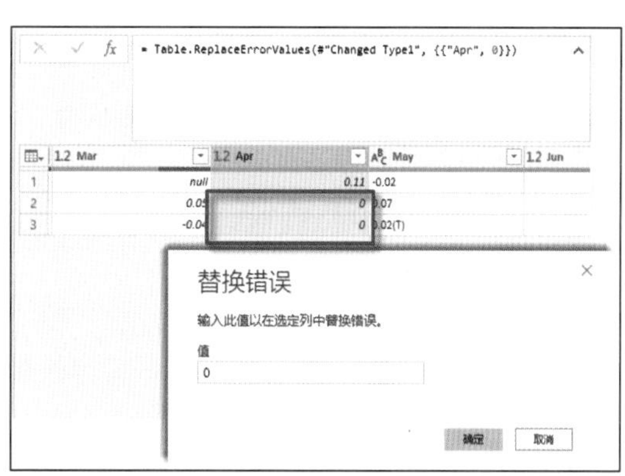

▲图 6-15

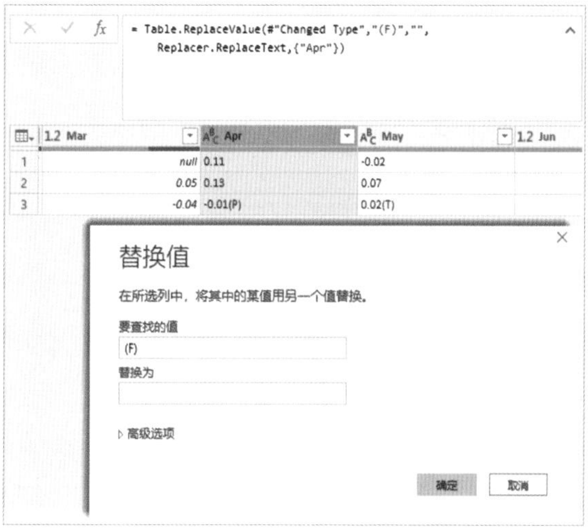

▶图 6-16

如果想进一步，对有问题的数据按照一定条件进行替换，则可以通过使用 IF 函数来实现。例如，如果想当 May 列下的数据包含（T）这个关键字时就将 Apr 列对应行内的数据替换成 0.05，则可以通过下面这个 M 表达式来实现。参考表达式如下，结果如图 6-17 所示。

```
#"Conditional Replaced Value" = Table.ReplaceValue(#"Replaced Value",
each[Apr],each if Text.Contains([May],"（T）") then "0.05" else[Apr],
Replacer.ReplaceValue,{"Apr"})
```

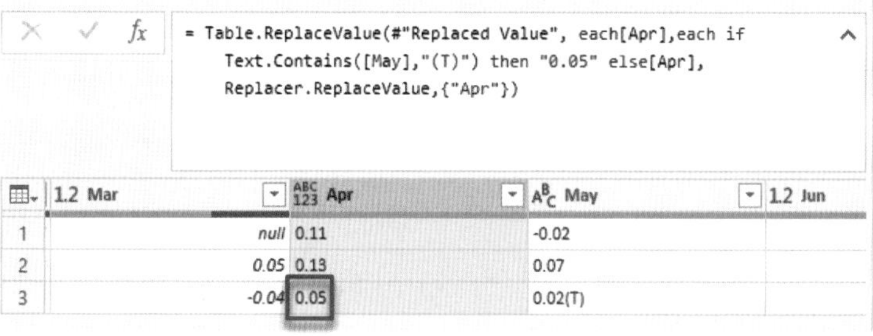

▶图 6-17

除了以上这些处理 Error 值的方法，还可以使用“删除错误”功能将包含 Error 值的整行数据进行删除。分析师可以根据实际需求灵活选择剔除 Error 值的方法。

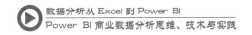

6.2.2 透视列和逆透视列

透视列（Pivot）和逆透视列（Unpivot）是 Excel 中经常使用的一对数据聚合和拆分方法，在 Power BI 桌面应用中也提供了同样的功能。

1. 透视列

透视列操作是将列下 N 个非重复数据全部转换成 N 个新列，然后对原始数据进行汇总合并来计算新列中的每一行值。也就是说，透视列能将行数据转换成列数据。

如图 6-18 所示，在 Power BI 中，透视列操作包含两个选项：“值列”用来指定以当前表中哪列数据为基准进行汇总；而“聚合值函数”用来指定对值列中数据进行汇总的方式。

▶图 6-18

那么，何时需要使用透视列功能呢？以学习文件夹 \ 第 6 章 \Pivot.pbix 示例文件为例，如图 6-19 所示，如果某列下的具体数值是核心属性信息，并且更适合作为视觉对象配置中的字段来使用时，那么就可以对数据格式进行调整。

	Product	Product Properties	Details
1	Mountain Bike	Cost	550
2	Mountain Bike	Price	850
3	Mountain Bike	Amount	1000
4	Road Bike	Cost	720
5	Road Bike	Price	1180
6	Road Bike	Amount	150
7	Commuting Bike	Cost	180
8	Commuting Bike	Price	350
9	Commuting Bike	Amount	2000

▶图 6-19

选中 Product 列，以 Details 列为“值列”进行“不要聚合”类型的透视列操作时，可以获得如图 6-20 所示的结果。经过透视操作后，Power BI 以产品属性为基准，分别对每种产品的属性信息进行了统计，相比原始表数据，结构显得更加清晰。

	Product	Cost	Price	Amount
1	Commuting Bike	180	350	2000
2	Mountain Bike	550	850	1000
3	Road Bike	720	1180	150

▲图 6-20

2. 逆透视列

逆透视列与透视列的操作相反，它可以将列转换为行，并对数据进行拆分操作。逆透视列操作主要针对的是有多列数据的表，这类表的特点是，一般有一个主列，该列中数值多数情况下都是非重复值；而其他数据列类型基本相同，其数值都是对主列中数据某一属性的描述。对于这种有一定汇总关系的表，可以将主列外的其他多列数据合并成一列，即将列转换成行，然后将主列中原始值扩展成多个重复数值与合并后的新列产生对应关系，以便用于后续的建模计算。

如图 6-21 所示，逆透视列操作有 3 个选项："逆透视列"表示只对当前列进行逆透视操作，列中数据将被转换成行，未选中列保持不变；"逆透视其他列"是逆透视列的反选操作，表示只对选中列以外的其他列进行逆透视操作，选中列保持不变；"仅逆透视选定列"操作代表仅仅对当前选中列做逆透视操作。

"逆透视列""逆透视其他列"和"仅逆透视选定列"功能区别在于是否会对新增列进行操作。当有新的列添加到表中时，"逆透视列"和"逆透视其他列"选项会对新添加的数据列也进行逆透视操作，而"仅逆透视选定列"选项则不会。

那么，何时需要进行逆透视操作呢？一般情况下，当需要把单个记录对应的多个列值合并成单个列下具有相同值的多个记录时，可以使用逆透视操作。以学习文件夹\第 6 章\Unpivot.pbix 示例文件为例，如果基于原始表中的内容创建雷达图，只能获得如图 6-22 所示结果。Power BI 会将每个学生的姓名作为雷达上

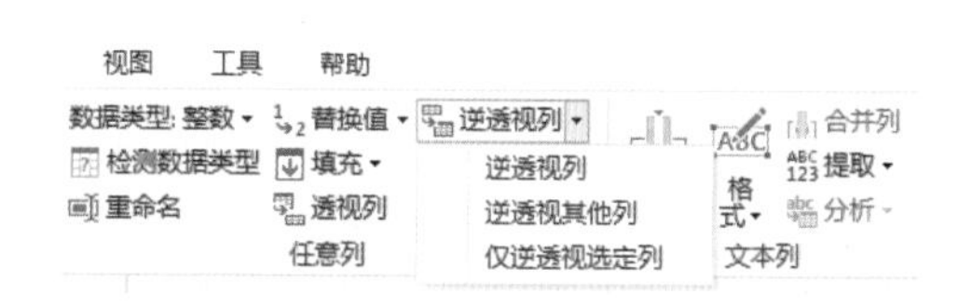

▲图 6-21

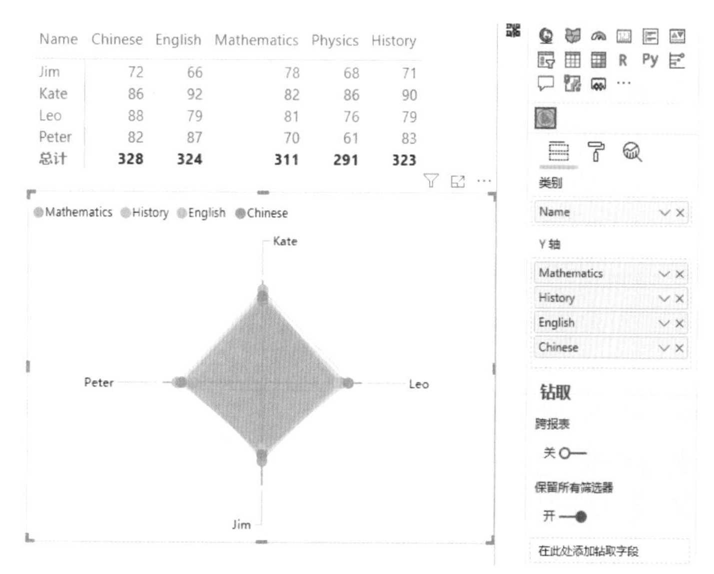

▲图 6-22

的坐标类别，然后展示相应的各科考试成绩。相当于以每个学生为固定主体，看每个学科在该学生身上的表现情况。但是正常需求情况下，应该以每个学科为固定主体，查看每个学生在该学科上的表现情况。因此，这种基于原始数据的分析不具备实际应用上的意义。

	Name	Course	Score
1	Leo	Chinese	88
2	Leo	English	79
3	Leo	Mathematics	81
4	Leo	Physics	76
5	Leo	History	79
6	Peter	Chinese	82
7	Peter	English	87
8	Peter	Mathematics	70
9	Peter	Physics	61
10	Peter	History	83
11	Jim	Chinese	72
12	Jim	English	66
13	Jim	Mathematics	78
14	Jim	Physics	68
15	Jim	History	71
16	Kate	Chinese	86
17	Kate	English	92
18	Kate	Mathematics	82
19	Kate	Physics	86
20	Kate	History	90

▲图 6-23

要想获得期待的分析结果，就需要对原始数据表进行逆透视处理。选中Name列，然后选择“逆透视其他列”操作。如图6-23所示，Power BI会以Name列为基准，将其他列进行行列互换，生成两个新列来存储考试科目和对应分数信息。

经过处理之后再创建雷达图，就可以获得如图6-24所示的结果。将学生姓名制作成切片器，就可以查看每个学生各科的学习情况。

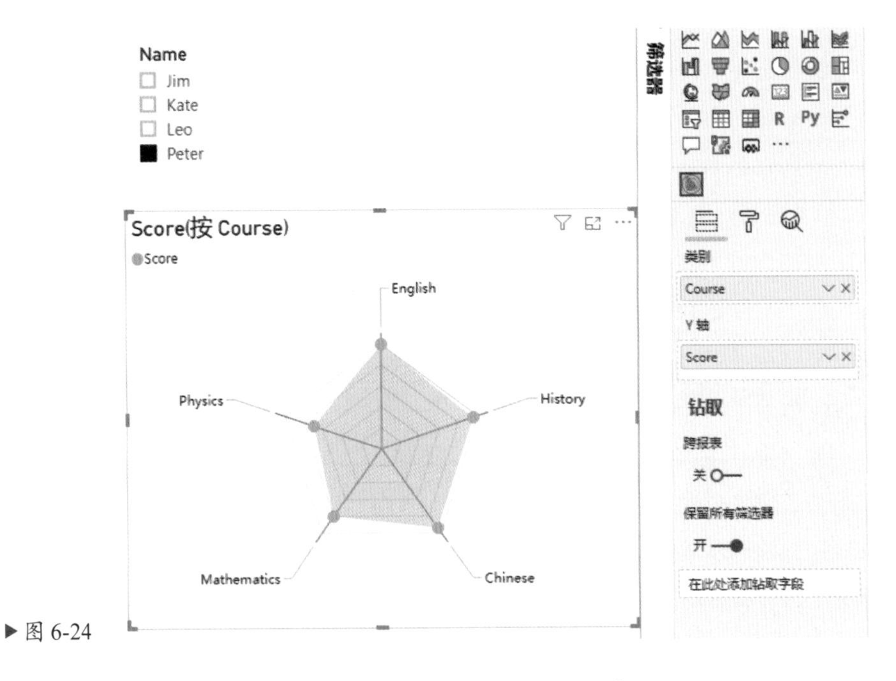

▶图 6-24

高手自测 15：Power BI 中逆透视列操作中的 3 个选项有什么区别？

6.2.3 拆分数据列

如果需要对某个包含多种信息的数据列进行信息提取，可以通过查询编辑器中的“拆分列”功能来实现。该功能可以将数据列按特定分隔符或字符数进行拆分，适用于拆分具有一定显示规律的字符串。

目前，在查询编辑器中拆分列功能可以按分隔符或字符位置进行拆分。以学习文件夹 \ 第 6 章 \ Split.pbix 示例文件中的 Address-easy 表为例，如图 6-25 所示，对这种按照逗号形式进行分隔的地址数据，使用“按分隔符拆分列”功能即可进行处理。

▶图 6-25

按分隔符拆分列中的高级选项内有如下两类设定。

◎　拆分为列或行：用来指定拆分后数据的存储方式。如果对 Address 列按照逗号分隔拆分成列，可以获得如图 6-26 所示的结果。

如果选择拆分成行，则代表拆分出来的数据会作为新的行插入当前文本列中。当对 Address 列按照拆分成行进行操作时，可以获得如图 6-27 所示的结果。

	Address.1	Address.2	Address.3
1	Shanghai	Shanghai	China
2	Chengdu	Sichuan	China
3	New York City	New York	US
4	Melbourne	Victoria	Australia

▲图 6-26

	Address
1	Shanghai
2	Shanghai
3	China
4	Chengdu
5	Sichuan
6	China
7	New York City
8	New York
9	US
10	Melbourne
11	Victoria
12	Australia

▲图 6-27

◎　引号字符：该选项对来自 CSV 类型文件的数据起作用。CSV 文件是一种字符分隔符文件，对于列中数据的存储有一个规定，如果某列下某一行的数据包含空格、逗号、双引号等特殊字符，需要在该字符串外围使用一对双引号字符进行包裹。图 6-28 展示了一个 CSV 文件导入 Power BI 中的显示效果。

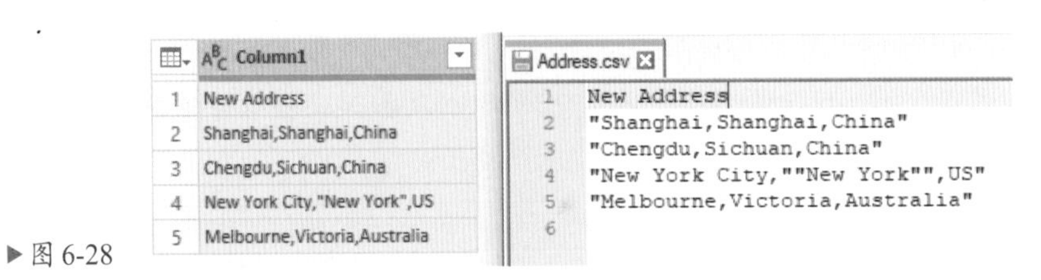

	Column1
1	New Address
2	Shanghai,Shanghai,China
3	Chengdu,Sichuan,China
4	New York City,"New York",US
5	Melbourne,Victoria,Australia

```
1 New Address
2 "Shanghai,Shanghai,China"
3 "Chengdu,Sichuan,China"
4 "New York City,""New York"",US"
5 "Melbourne,Victoria,Australia"
6
```

▶图 6-28

在拆分数据列时，如果“引号字符”选择“双引号”，则意味着 Power BI 在分割 CSV 类型文件时，会将双引号视为字符分隔符号进行舍弃，不做保留。例如，对 New Address 列进行拆分时，当“引号字符”选择“双引号”时，可以获得如图 6-29 所示的结果。原来 New York 单词外的双引号被舍弃了。

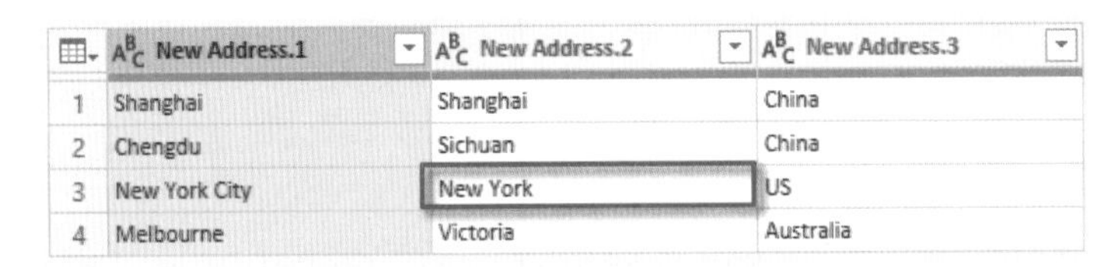

	New Address.1	New Address.2	New Address.3
1	Shanghai	Shanghai	China
2	Chengdu	Sichuan	China
3	New York City	New York	US
4	Melbourne	Victoria	Australia

▶图 6-29

如果“引号字符”选择“无”，则文本中的双引号在进行分割时会被保留。例如对 New Address 列进行拆分时，将“引号字符”设置成“无”，可以获得如图 6-30 所示的结果。New York 单词外的双引号得以保留。

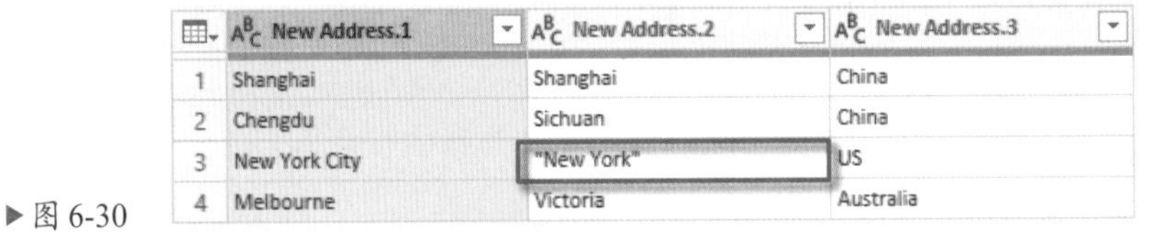

	New Address.1	New Address.2	New Address.3
1	Shanghai	Shanghai	China
2	Chengdu	Sichuan	China
3	New York City	"New York"	US
4	Melbourne	Victoria	Australia

▶图 6-30

以学习文件夹\第 6 章\Split.pbix 示例文件中的 Address-complex 表为例，如果要拆分的数据列比较复杂，如图 6-31 所示，则无法通过特定字符或位数直接进行分隔。

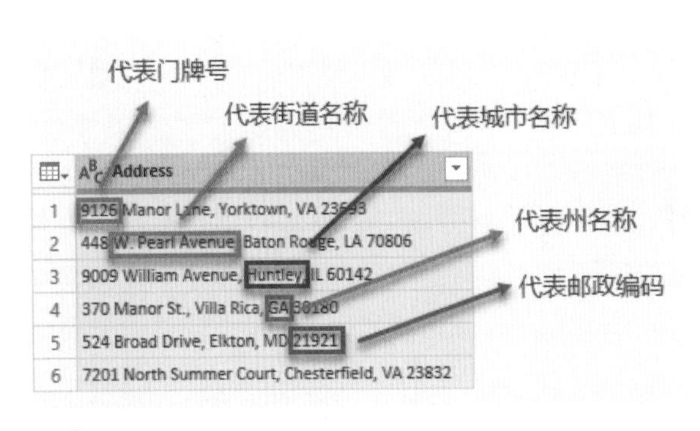

	Address
1	9126 Manor Lane, Yorktown, VA 23693
2	448 W. Pearl Avenue, Baton Rouge, LA 70806
3	9009 William Avenue, Huntley, IL 60142
4	370 Manor St., Villa Rica, GA 30180
5	524 Broad Drive, Elkton, MD 21921
6	7201 North Summer Court, Chesterfield, VA 23832

▲图 6-31

对于这种类型的数据，可以借助“实例中的列”功能来让 Power BI 自动分析所要拆分的数据，然后使用合适的 M 表达式进行拆分。对于当前 Address-complex 表中的 Address 列，如图 6-32 所示，可以先创建一个示例列来拆分邮政编码；之后基于当前表，选择“从所有列内容”命令，再创建一个示例列来提取州名；然后提取最前面的门牌号，之后是街道名，最后是城市名称。

	Postcode	State	Street No.	Street	City
1	23693	VA	9126	Manor Lane	Yorktown
2	70806	LA	448	W. Pearl Avenue	Baton Rouge
3	60142	IL	9009	William Avenue	Huntley
4	30180	GA	370	Manor St.	Villa Rica
5	21921	MD	524	Broad Drive	Elkton
6	23832	VA	7201	North Summer Court	Chesterfield

属性
名称
Adress-complex
所有属性
应用的步骤
Source
Changed Type
已插入结尾字符
已插入分隔符之间的文本
已插入分隔符之前的文本
已插入分隔符之间的文本1
已插入分隔符之间的文本2

▲图 6-32

高手自测 16：如何对图 6-33 中的 Sales Territory 列进行拆分，并以地区为基准重新统计自行车销售情况？

	Product	Sales Territory
1	Montion Bike	China,Japan,US,Canada
2	Racing Bike	US Canada
3	Road Bike	China,US
4	Commuting Bike	China,Japan

▲图 6-33

有些外部数据源中的数据并不完整或不是按照标准表结构进行存储的，将这种数据导入 Power BI 后会导致表中的数据出现缺失或包含一些空白值，对后续的建模分析产生一定影响。要对这类数据进行修正，可以使用查询编辑器中的“替换值”和“填充”功能来实现。

1. 替换值

如图 6-34 所示，“替换值”操作配置比较简单，只需指定“要查找的值”和配置要“替换为”的数据即可进行替换操作。该操作会对当前列下所有的值进行查找，然后对所有符合替换条件的值进行替换。

▶图 6-34

如果想基于一定的条件进行替换操作，而不是将列下所有数据都替换成相同值，则需要使用 M 表达式来进行。以学习文件夹 \ 第 6 章 \Replace.pbix 示例文件为例，如果需要按照 Model 列中的值对 Product Line 下的空白数据进行替换，则需要使用高级查询编辑器，利用 Table.ReplaceValue 及 if 和 each 函数来进行。例如，当 Product Line 值是空并且 Model 值是 L 时，需要将该空值替换成“SZ”，当 Product Line 值是空并且 Model 值是 F 时，需要将该空值替换成“CQ”，则可以使用下面的 M 表达式来实现。结果如图 6-35 所示。

```
#"Replaced Condational Value" = Table.ReplaceValue(#"Changed Type",
each[Product Line],each if [Product Line]="" and [Model]="L" then "SZ"
else if [Product Line] = "" and [Model] = "F" then "CQ" else [Product
Line], Replacer.ReplaceValue,{"Product Line"})
```

	Product	Model	Product Line
1	Road Bike	T	SH
2	Racing Bike	R	CD
3	Hybrid Bike	E	CD
4	Touring Bike	T	
5	Road Bike	S	BJ
6	Racing Bike	L	SZ
7	Hybrid Bike	F	GZ
8	Touring Bike	F	CQ

▶图 6-35

如果想进一步实现当 Product Line 值是空，Product 值是 Touring Bike，并且 Model 是 T 时，将空值替换成 BJ，则只需多加一个 Product 判断条件即可，参考 M 表达式如下。

```
#"Replaced Condational Value2" = Table.ReplaceValue(#"Replaced
Condational Value1",each[Product Line],each if [Product Line]="" and
[Model]="T" and [Product] = "Touring Bike" then "BJ" else [Product
Line], Replacer.ReplaceValue,{"Product Line"})
```

2. 填充

“填充”功能可以看作一种特殊类型的“替换值”，它的功能是将单元格的值填充到当前所选列中相邻空单元格内。相当于以某个单元格为基准，对临近空单元格进行替换。例如，图 6-36 所示为一个非标准格式的表信息，其中，A2、A3、A4 单元格进行了合并。

如图 6-37 所示，当将这个表导入 Power BI 后可以得到学习文件夹 \ 第 6 章 \Replace.pbix 示例文件中的 Product Details 表。Power BI 在加载过程中会自动将合并过的单元格进行拆分，并将值设置成 null。

	A	B	C
1	Product	Product Properties	Details
2	Mountain Bike	Cost	550
3		Price	850
4		Amount	1000
5	Road Bike	Cost	720
6		Price	1180
7		Amount	150
8	Commuting Bike	Cost	180
9		Price	350
10		Amount	2000

▲图 6-36

	Product	Product Properties	Details
1	Mountain Bike	Cost	550
2	null	Price	850
3	null	Amount	1000
4	Road Bike	Cost	720
5	null	Price	1180
6	null	Amount	150
7	Commuting Bike	Cost	180
8	null	Price	350
9	null	Amount	2000

▲图 6-37

为了使这个表中数据的意义与原始表相同，如图 6-38 所示，可以使用“向下填充”功能将 null 值进行替换，Power BI 会自动将 null 值替换为其上面临近的非 null 值，这样就可以将表中的数据补充完整。

▲图 6-38

在使用“填充”功能时要特别注意，Power BI 只会对 null 值进行填充，如果是空值则不会进行替换填充。因此，如果要对空值进行填充，则必须先使用“替换值”功能将空值替换成 null，再使用“填充”功能补充数据。

6.3 对数据进行整理

很多时候，外部数据源加载进来的数据结构比较扁平，信息比较分散，如果直接对这些数据进行建模，可能计算效率会比较低。为了解决这类问题，在查询编辑器中可以对数据进行分类、整合、补充必要信息等操作，使得表结构更加合理、清晰，更适合后续进行建模操作。

6.3.1 添加条件列和自定义列

如果想对原始表中的某些数据列按照一定规则条件进行整理，之后生成新的数据列来进行数据分析，可以使用查询编辑器中的“添加条件列”功能来完成这一需求。

以学习文件夹\第 6 章\Conditional.pbix 示例文件为例，如图 6-39 所示，如果想按照每个家庭中孩子的数量来对家庭规模进行划分，之后再分析不同规模家庭的消费水平，可以使用“添加条件列”功能基于 TotalChildren 列值来生成一个新列。当孩子人数小于等于 1 时，家庭规模可以定义为 Small；当孩子人数在 2~4 之间时，家庭规模设定为 Medium；当有 5 个以上孩子时，家庭规模就为 Large。

在“添加条件列”功能窗口中，每个条件之间都固定地使用逻辑“或”（Or）关系进行判断，只能用来添加逻辑情况非常单一的条件列。如果想新建一个相对复杂一些的条件列，如要添加一个 Status 列，对 DateFirstPurchase 值是 2004 年 1 月 1 日以后并且 TotalPurchaseYTD 值大于 0 的客户，需要将其 Status 标记成 active，不符合条件的客户标记成 inactive，那么就需要使用“自定义列”功能来实现。如图 6-40 所示，根据相应的条件列使用 if…then…else 表达式进行判断，然后对应输出期待结果即可完成自定义列的添加。

查询 [1]
Customer
= Sql.Database(".", "AdventureWorks2017", [Query="select [$Outer].[BusinessEntityID],#(lf) [$Outer].

	MaritalStatus	YearlyIncome	Gender	TotalChildren	NumberChildrenAtHome
1	M	25001-50000	M	4	0
2	M	50001-75000	F	3	3
3	S	75001-100000	M	2	0

添加条件列
添加一个从其他列或值计算而来的条件列。
新列名
FamilySize

	列名	运算符	值		输出
If	TotalChildren	小于或等于	1	Then	Small
Else If	TotalChildren	大于或等于	4	Then	Large

添加子句
ELSE
Medium
确定 取消

▲图 6-39

▶图 6-40

高手自测 17：如何在查询编辑器中计算日期间隔？

6.3.2 对数据进行分组统计

通常情况下，外部数据源中存储的数据都是基本单元数据，颗粒度小，信息比较琐碎繁杂。然而在进行数据分析时，很多时候并不会关心小级别个体单位的表现情况，更多是将个体进行分类汇总，然后作为一个整体进行建模分析。因此，可以在查询编辑器中利用“分组依据”功能先对原始数据进行初步的分组统计，从而减少需要加载到 Power BI 进行建模的数据量，以便提高分析效率。

仍然以学习文件夹 \ 第 6 章 \Conditional.pbix 示例文件为例，如果不关心每个顾客的具体消费信息，只希望以家庭规模和教育水平为依据来分析整体客户群的消费情况，则可以如图 6-41 所示，在“分组依据”中以 FamilySize 和 Education 列为分组列，之后对 TotalPurchaseYTD 进行求和操作，并统计每个分类条件下家庭的数量，即实现了对信息的初步汇总。相比原来上千行的数据表，新的汇总表数据量要小很多，加载之后用其进行建模的效率会提高不少。

▶ 图 6-41

进一步，如果想在上面这个分组结果的基础上再增加一列进行过最大单笔消费客户的邮件地址，显示在相同家庭规模和教育水平的客户群内，则无法通过直接使用“分组依据”配置窗口内的相关功能来实现，需要通过以下步骤来完成。

首先，如图 6-42 所示，使用“提取之前的步骤”功能，将当前表拆分成两张表，一张表用于显示聚合前的数据信息，一张表用于显示聚合后的数据信息。

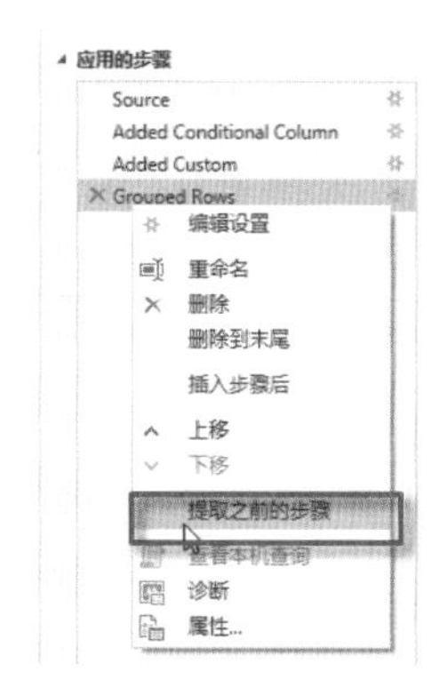

▶ 图 6-42

其次，如图 6-43 所示，将上一步骤生成的两张表以 FamilySize 和 Education 列为依据进行合并。

这样，就可以把分组前的数据以嵌入表的形式添加到分组表中。

▲图 6-43

在这张新表上，如图 6-44 所示，添加一个自定义列 Max，用来存储嵌入表 Details 中 TotalPurchaseYTD 列值最大的记录。

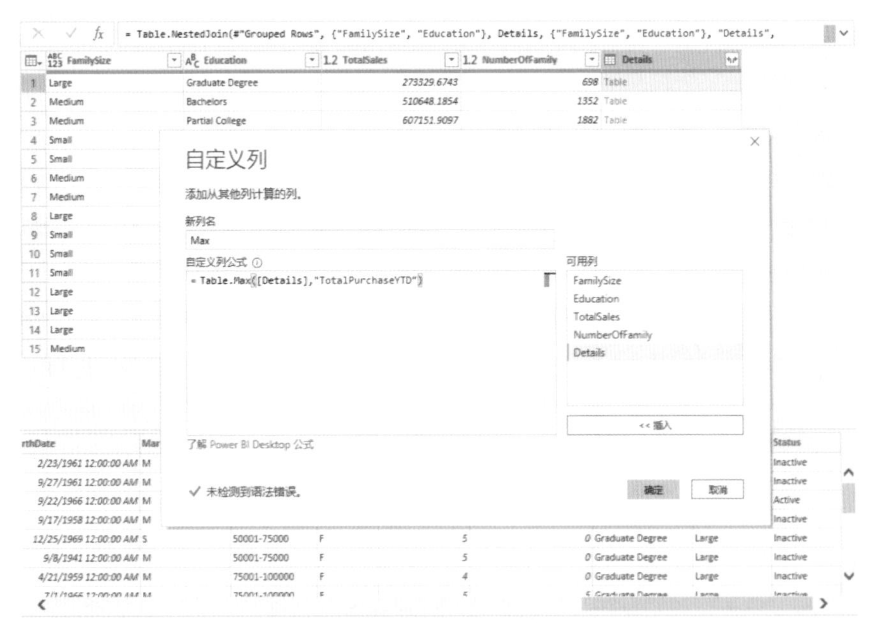

▲图 6-44

如图 6-45 所示，通过 Max 列下的记录，即可获知 TotalPurchaseYTD 值最大的客户的邮件地址。

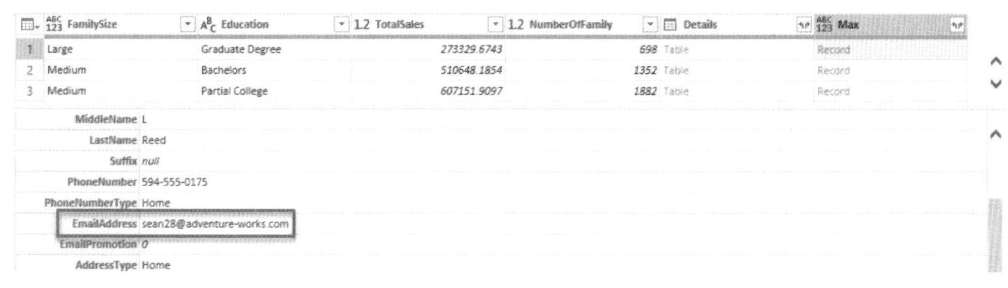

▲图 6-45

最后，通过“展开”功能，将 EmailAddress 列信息从记录中提取出来就可在当前表中获得相应的客户邮件地址信息。

6.3.3 对分组数据进行拆解

有些时候需要对原始数据进行分组整理后再进行建模，而有些时候则需要将处于分组状态的原始数据进行拆解，使其回归到基本单元数据状态，从而可以从其他角度再进行聚合分析。

一般简单的数据整合，直接使用“逆透视”功能就可以将聚合信息进行拆解。但是对于复杂一点的数据，则需要进行多步骤的加工处理才可以进行“逆透视”操作。以学习文件夹\第 6 章\Sales.xlsx 文件中的数据表为例，这张表中显示了与产品销量情况相关的数据汇总分类信息。将它加载到 Power BI 查询编辑器中可以获得如图 6-46 所示的结果（学习文件夹\第 6 章\Disassemble.pbix）。如果想对这部分信息进行进一步的加工建模，就需要对分组信息进行拆解，以便重新进行分类统计。

	A	B	C	D	E	F	G	H	I	J	K
1			January			February			March		
2			Gross Sales	Sales	COGS	Gross Sales	Sales	COGS	Gross Sales	Sales	COGS
3	Channel Partners	Amarilla									
4		Carretera				90036	84856.92	22509			
5		Montana	28080	26114.4	7020						
6		Paseo									
7		Velo							80292	75990.36	20073
8		VTT	112962	104942.82	28240.5						
9	Total Channel Partners		141042	131057.22	35260.5	90036	84856.92	22509	80292	75990.36	20073
10	Enterprise	Amarilla	923812.5	831191.25	886860						

```
= Table.TransformColumnTypes(#"Promoted Headers",{{"Column1", type text}, {"Column2", type text}, {"January", type any}, {"Column4",
```

	Column1	Column2	January	Column4	Column5	February
1	null	null	Gross Sales	Sales	COGS	Gross Sales
2	Channel Partners	Amarilla	null	null	null	null
3	null	Carretera	null	null	null	90036
4	null	Montana	28080	26114.4	7020	null
5	null	Paseo	null	null	null	null
6	null	Velo	null	null	null	null
7	null	VTT	112962	104942.82	28240.5	null
8	Total Channel Partners	null	141042	131057.22	35260.5	90036
9	Enterprise	Amarilla	923812.5	831191.25	886860	null
10	null	Carretera	null	null	null	null
11	null	Montana	null	null	null	null
12	null	Paseo	null	null	null	null

▲图 6-46

首先，如图 6-47 所示，将 Power BI 自动进行的“将第一行用作标题”及“更改数据类型”这

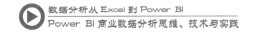

两个步骤删除，让表恢复到原始数据状态。

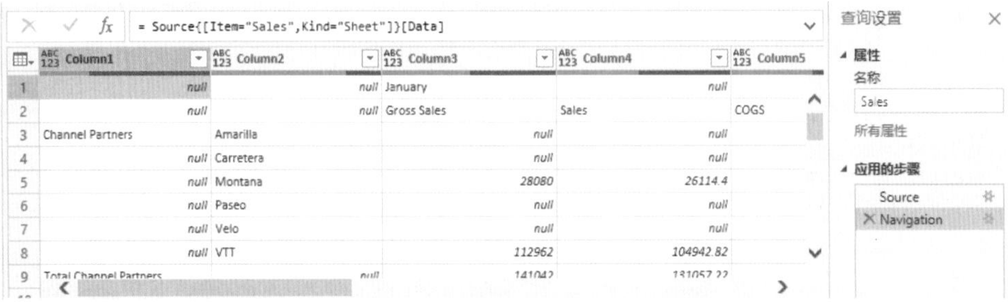

▲图 6-47

其次，对表中数据进行观察，发现第一列 Column1 中存储的是产品类别信息，应该与后面列中记录的具体产品相对应。因此，可以使用“填充”功能对列中的 null 值进行替换，恢复这一列下数据的内容。

再次，开始对表结构进行规划，确定目标表应该由哪些列组成。通常情况下，为了便于后续的建模分析，会将产品的每一个属性信息作为单独列进行存储，Gross Sales、Sales 及 COGS 这 3 个属性信息符合列存储要求，但是时间信息 January、February 及 March 则是作为行内容进行存储，需要将行转换成列才能符合使用要求。要解决这个问题，可以使用“转置”功能对数据进行处理，如图 6-48 所示，通过“转置”处理后，表的行列进行了交换，日期信息被存储在了 Column1 列下，再使用“填充”功能就可以将日期信息补充完整。

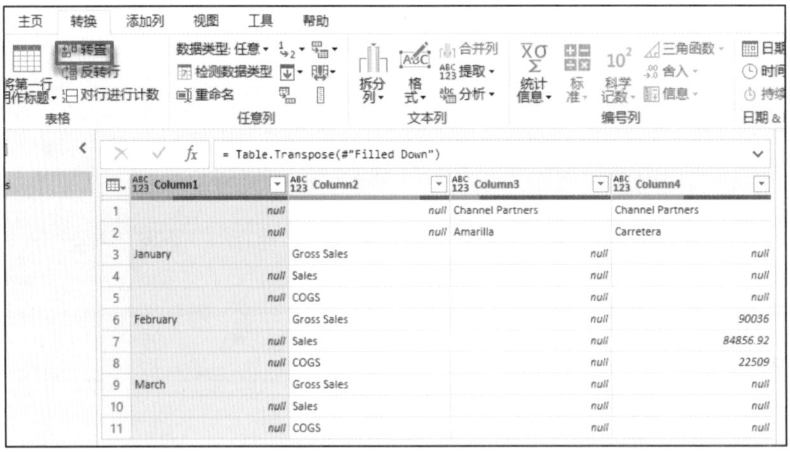

▲图 6-48

现在表结构看起来规整了不少，但是 Column1 和 Column2 两列中都有 null 值，因此还不符合进行“逆透视”的要求。要解决这个问题，如图 6-49 所示，可以将 Column1 和 Column2 使用“合并列”功能变成一个属性列。

合并完成后再次使用“转置”功能，将行列数据进行调换，这一次可以获得如图 6-50 所示的表。

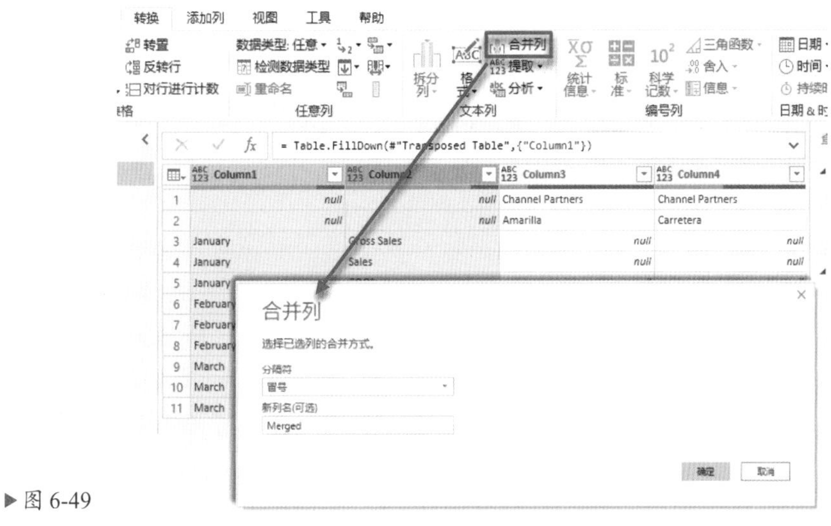

▶图 6-49

Column1	Column2	Column3	Column4	Column5
:	:	January:Gross Sales	January:Sales	January:COGS
Channel Partners	Amarilla	null	null	
Channel Partners	Carretera	null	null	
Channel Partners	Montana	28080	26114.4	
Channel Partners	Paseo	null	null	
Channel Partners	Velo	null	null	
Channel Partners	VTT	112962	104942.82	
Total Channel Partners	null	141042	131057.22	
Enterprise	Amarilla	923812.5	831191.25	
Enterprise	Carretera	null	null	
Enterprise	Montana	null	null	

▲图 6-50

在这张表的基础上使用“将第一行用作标题”功能，将第一行数据内容提升为列名，之后对前两列的列名通过重命名方式进行规范，获得如图 6-51 所示结果。

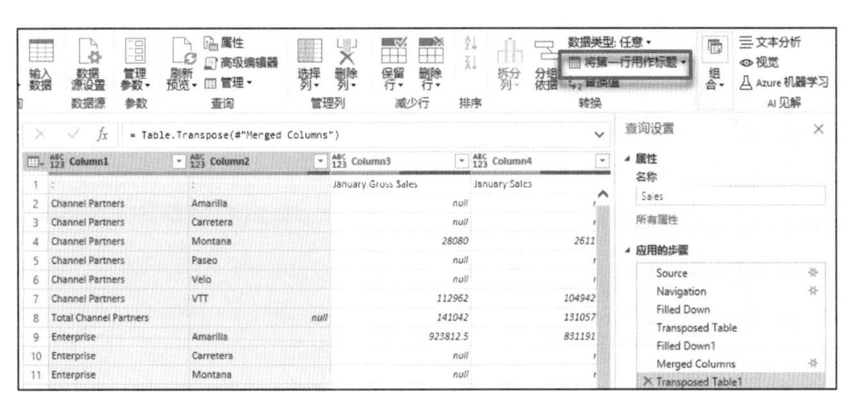

▲图 6-51

这张表的结构已经趋于完整，但是 Product 列下有 null 值，并且该值对应的是原始表中的聚合信息，在拆解表中没有存在的必要。因此，可以选中 Product 列，之后单击列头旁的“过滤”按钮，使用“删除空”功能对数据进行过滤，如图 6-52 所示。

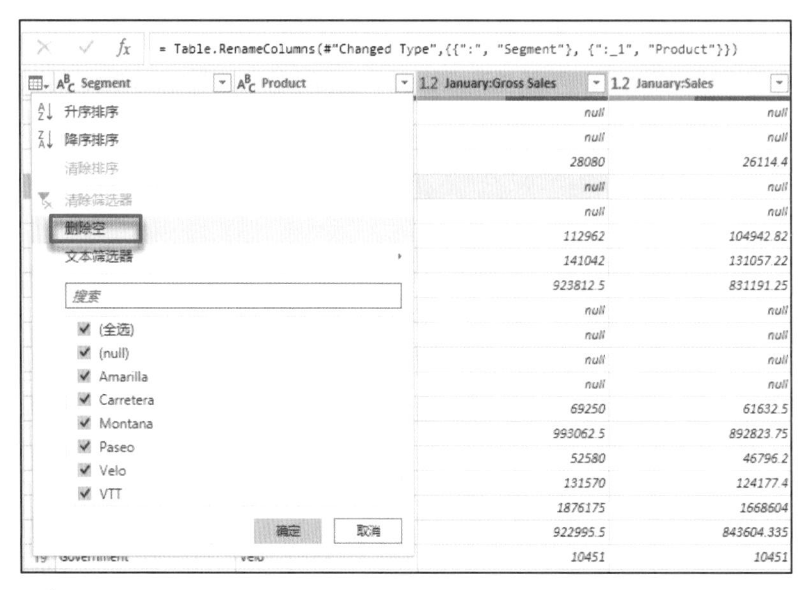

▲图 6-52

现在表结构已经符合“逆透视”操作要求。选中 Segment 列和 Product 列，使用“逆透视其他列”功能对表进行操作，可以获得如图 6-53 所示结果。

```
= Table.UnpivotOtherColumns(#"Filtered Rows", {"Segment", "Product"}, "属性", "值")
```

	Segment	Product	属性	值
1	Channel Partners	Carretera	February:Gross Sales	90036
2	Channel Partners	Carretera	February:Sales	84856.92
3	Channel Partners	Carretera	February:COGS	22509
4	Channel Partners	Montana	January:Gross Sales	28080
5	Channel Partners	Montana	January:Sales	26114.4
6	Channel Partners	Montana	January:COGS	7020
7	Channel Partners	Velo	March:Gross Sales	80292
8	Channel Partners	Velo	March:Sales	75990.36

▲图 6-53

最后，如图 6-54 所示，只需对之前合并的列进行拆分，再对列进行恰当地命名和设定类型，就完成了对原始数据的拆解任务。

	Segment	Product	Month	Property	Value
1	Channel Partners	Carretera	February	Gross Sales	90036
2	Channel Partners	Carretera	February	Sales	84856.92
3	Channel Partners	Carretera	February	COGS	22509
4	Channel Partners	Montana	January	Gross Sales	28080
5	Channel Partners	Montana	January	Sales	26114.4
6	Channel Partners	Montana	January	COGS	7020
7	Channel Partners	Velo	March	Gross Sales	80292
8	Channel Partners	Velo	March	Sales	75990.36
9	Channel Partners	Velo	March	COGS	20073
10	Channel Partners	VTT	January	Gross Sales	112962

▲图 6-54

6.4 数据查询语言 M

在查询编辑器中每当使用一种工具对数据进行加工时，其后台都会生成一段查询脚本对数据进行运算。该脚本是由 Power Query Formula Language 编写而成，此种语言被简称为 M，是微软专门为查询分析创建的一种语言。

通过编写 M 脚本，可以在查询阶段就对数据进行复杂的合并、拆分、过滤、组合等操作，使得后续的数据建模工作可以在更加理想的数据结构上进行，极大地优化了报表生成的效率。如图 6-55 所示，虽然 Power BI 查询编辑器中已经将一些简单常用的 M 脚本进行了界面化，但 Power Query 提供的更多、更丰富的功能依然必须通过编写脚本进行。因此，如果想要更好地使用 Power BI 对复杂数据进行深入分析，就需要学会使用 M 语言。

6.4.1 基本构成

M 语言中的值主要有两种类型，一种是基元值（primitive value），即单个值；另一种称为结构值（structured values），由一个或多个基元值构成。这两种值都可以作为参数传入函数中进行计算。

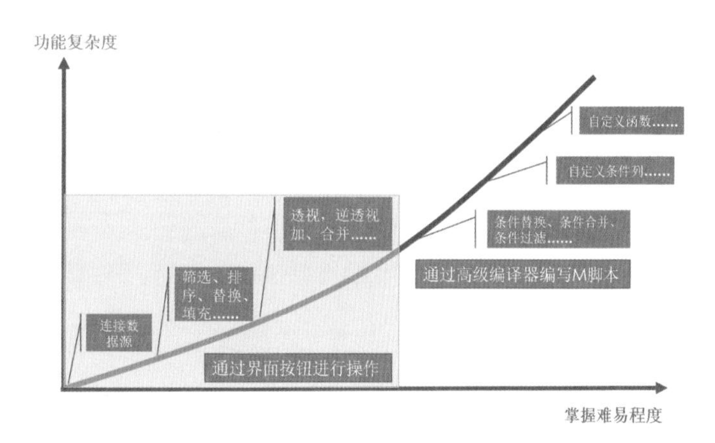

▲图 6-55

1. 基元值

基元值在 M 语言中可以是常量值，如数字、文本、逻辑值 true/false、空值 null 等，也可以是函数值，即由某个函数计算而得的值。

表 6-1 所示的就是几种常见类型的基元常量值。

表 6-1 常见类型的基元常量值

类型	示例	说明
空值	null	必须小写。代表不存在或无法确定的值
逻辑值	true，false	必须小写。代表布尔操作中的逻辑“是”和“非”
数字	0，258，-1，3.1415，7.3e-8	可以是整数或小数，在 M 中数字可以直接书写
文本	"John"，"hello word"，" 添加 "	必须使用英文双引号将其包裹起来
时间	#time（20，02，08）	小时，分钟，秒。24 小时制

续表

类型	示例	说明
日期	#date （2017，06，22）	年，月，日。遵循公历纪年法原则，最小值为 1 年 1 月 1 日，最大值为 9999 年 12 月 31 日
日期时间	#datetime （2017，06，22 20，02，08）	日期和时间的组合
日期时间时区	#datetimezone （2019，04，04 09，16，03 08，00）	日期、时间及时区的组合。时区部分指以 UTC 时间为基准的偏移量，包括小时和分钟。小时的范围是 -14 到 +14，分钟的范围是 -59 到 +59
时间区间	#duration （1，5，30，0）	代表时间变化量，分别是天、小时、分钟和秒。正数代表将来，负数代表过去

2. 结构值

结构值指的是列、字段、记录和表这种容器类型的值。

列（List）指的是有序排列的一组值，在 M 语言中的书写格式是一组值相互之间用逗号（,）分隔，并由大括号（{}）包围起来。M 语言中的列可以包含任意一种类型的值，列中值的类型也可以不相同，它们可以是常量值，也可以是函数值。例如，在图 6-56 中就展示了一个列值。

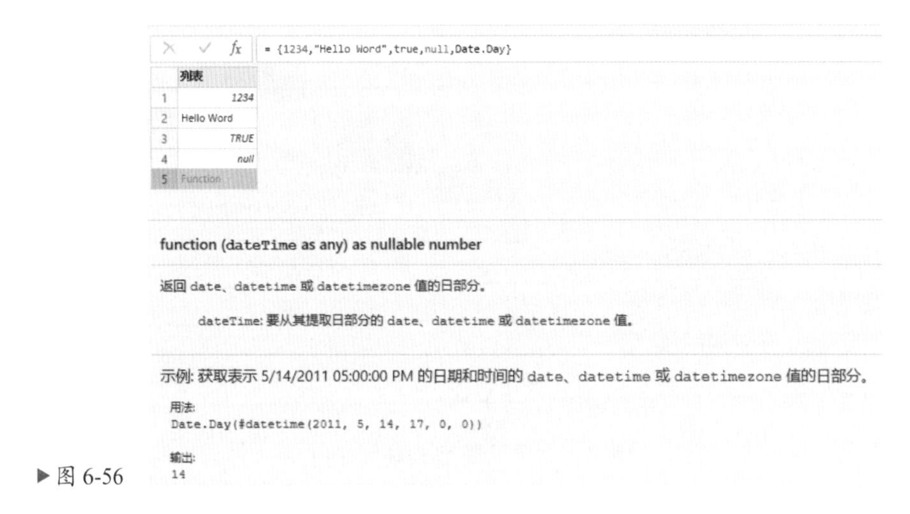

▶图 6-56

字段由一个字段名（Field Name）和其对应的字段值（Field Value）用等号（=）连接而组成。如果字段名全部由字母和下画线组成，可以直接书写。如果字段名包含其他符号，就需要使用双引号（""）将字段名包裹起来，并在引号前添加井号（#）。字段值可以定义为一个常量，也可以定义成一个函数。

记录（Record）是一组字段（Field）的集合。根据 M 语言语法定义，字段不能单独出现，只能作为记录中的一个元素而使用。当一个或多个字段被方括号（[]）包围起来时就组成了一个记录。例如，在图 6-57 中就展示了一个字段值。

表（table）是由一组值按行和列的格式排列而成的集合。与列和记录不同，在 M 语言中表不能直接填写创建，需要通过函数将列和记录转化成表。例如，在图 6-58 中就利用了关键字 #table 来创建一张表。

▲图 6-57

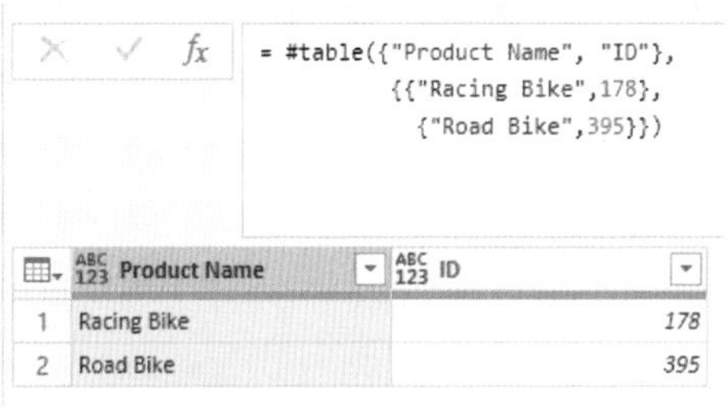

▲图 6-58

6.4.2 函数结果

在 M 语言中，对函数进行定义需要指定函数名称及变量和计算表达式，其中变量和表达式之间用等号后跟大于号（= >）进行连接。例如在图 6-59 中自定义了一个求平均数的函数，包含两个参数，分别是 X 和 Y。表达式为先对 X 和 Y 求和再除以 2。定义完这个函数之后就可以在 Power BI 中调用该函数计算两个数的平均值。

▲图 6-59

M 语言中规定，如果函数名和变量名中只包含字母和下画线时可以直接书写，如 Source、year_month_day 等。如果包含其他符合，则必须使用双引号（""）将变量名包裹起来并且在变量名前添加井号（#），例如 #"Custom function"。

如果想使用双引号，需要在原双引号外再套上一层双引号，然后再遵循变量名命名规则进行书写。例如想要使用 From"U.S" 作为一个变量名，则要书写为：#"From""U.S"""。其中 U.S 外第一层双引号是原始词组中的双引号，第二层双引号是在原词组双引号外新附上的双引号，最外层的双引号则是 M 语言中变量名命名规则中的双引号。

另外，需要特别注意，M 语言对大小写敏感，大小写不同的两个参数会被当作不同对象进行处理。此外，M 语言中所有的标点符号操作都必须使用英文输入法输入，如果使用中文输入法则程序会报错。

高手自测 18：如何在查询编辑器中对某列值进行求和汇总计算？

6.4.3 常见错误和解决方案

如果自己编写了 M 脚本对数据进行处理，稍不注意就可能有错误产生。通常情况下，错误可以归纳为 3 种类型：脚本编号错误、脚本运行错误和程序 Bug。

1. 脚本编写错误

如图 6-60 所示，脚本编写错误指的是脚本刚写完 Power BI 就提示有错误信息，无法运行。产生这种错误的根本原因在于脚本编写不规范，不符合 M 语言语法规则。

▶图 6-60

如果是脚本编写出错，可以在高级编辑器窗口或自定义列窗口的下方看到相应的提示，这些提示主要有以下几种类型。

◎ 应为令牌 Literal（Token Literal expected）：这个错误信息提示某段脚本表达式中缺少值、列名或函数。如图 6-61 所示，当表达式中少传送了一个参数时 Power BI 就会返回这个错误。

▶图 6-61

◎ 应为令牌 Then（Token Then expected）或应为令牌 Else（Token Else expected）：这个错误提示在 if 声明后没有 then 或 else。如图 6-62 所示，如果遇到这种错误，说明 if…then…else 这个逻

辑判断句型不完整，需要进行补充。

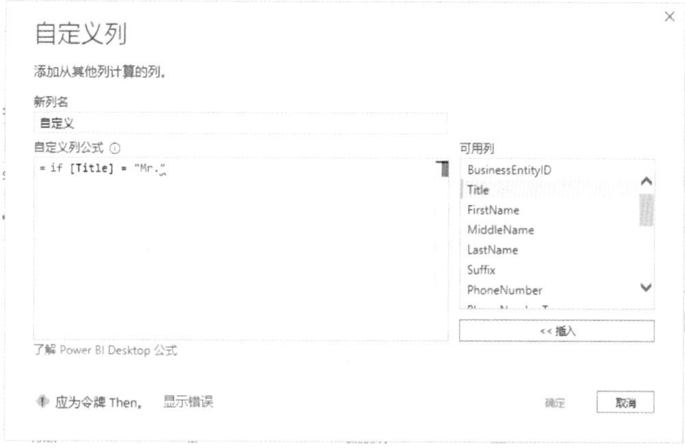

自定义列

添加从其他列计算的列。

新列名

自定义

自定义列公式

= if [Title] = "Mr."

可用列

BusinessEntityID

Title

FirstName

MiddleName

LastName

Suffix

PhoneNumber

<< 插入

了解 Power BI Desktop 公式

应为令牌 Then。 显示错误

确定 取消

▶图 6-62

◎ 应为令牌 RightParen（Token RightParen expected）：代表缺少结束表达式的右括号。如图 6-63 所示，M 语言中不能类似 DAX 或其他语言一样省略 if 表达式中的 then 或 else 关键字，必须使用 if…then…else 这种形式。如果 if 后面没有 then 或 else，Power BI 就会提示“应为令牌 RightParen”的错误。

▶图 6-63

要解决这个问题，将上面的 if 嵌套表达式改写成如图 6-64 所示形式即可。

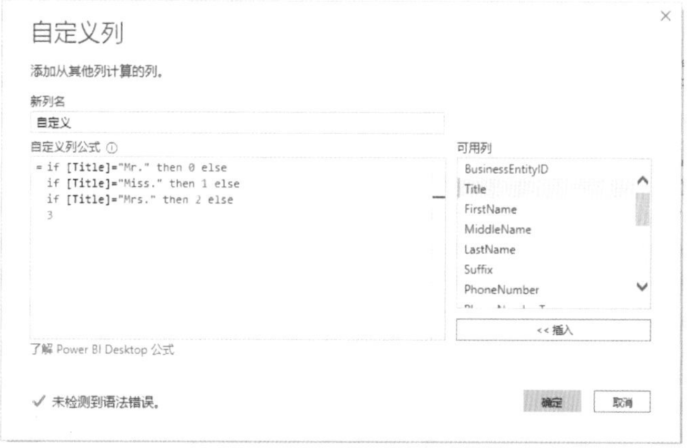

自定义列

添加从其他列计算的列。

新列名

自定义

自定义列公式

```
= if [Title]="Mr." then 0 else
  if [Title]="Miss." then 1 else
  if [Title]="Mrs." then 2 else
  3
```

可用列

BusinessEntityID

Title

FirstName

MiddleName

LastName

Suffix

PhoneNumber

<< 插入

了解 Power BI Desktop 公式

✓ 未检测到语法错误。

确定 取消

▶图 6-64

◎ 逗号不能位于RightParen之前（A Comma cannot precede a RightParen）：这个错误的意思是逗号不能直接放在右括号之前。如图6-65所示，要解决这个问题，要么删除这个逗号，要么在逗号后继续写参数。

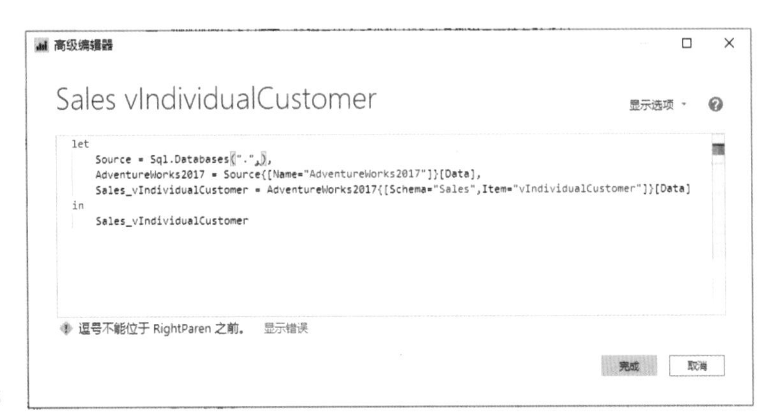

▶图6-65

◎ 文字无效（Invalid literal）：这个错误提示当前脚本中有M语言不支持的字符，或者字符使用不当。如图6-66所示，当不小心在脚本中使用了中文符号时，Power BI就会抛出这样的错误提示。

▶图6-66

◎ 应为令牌EoF（Token EoF expected）：当使用无效的方法时会出现这个错误。如图6-67所示，由于M语言大小写敏感，当使用if…then…else判断条件时，如果不小心使用了大写的If，Power BI就会提示这个错误信息。

▲图6-67

2. 脚本运行错误

有些时候，脚本可以进行保存，但运行时Power BI提示错误。这种错误产生的原因包括脚本定义出现问题或是传入的参数格式不符合规定，属于脚本运行错误。

如果是脚本执行出错，在查询编辑器的主窗口中能看到相应的错误信息。如图 6-68 所示，当传入的数值不符合函数参数规定的数据类型时，Power BI 就会提示函数调用出错，并且给出具体出错的原因。

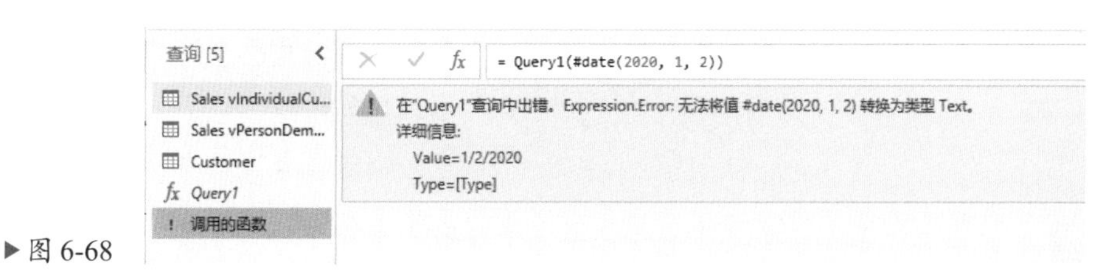

▶图 6-68

相比脚本语法错误提示，Power BI 对脚本执行的错误提示处理更加友好，信息也相对更有针对性，更利于错误信息的排查。

3. 程序 Bug

M 语言自身运算有 Bug，导致输出结果与预期不符。这种错误很少见，如果出现了，需要反馈给微软客服等待版本升级进行解决。

6.5 本章小结

本章系统地介绍了如何使用 Power BI 查询编辑器对数据进行加载、修正、替换、填充、置换等操作。通过对具体的数据案例进行分析，帮助读者了解如何通过查询编辑器来对数据进行整理，从而提高后续数据建模的效率。除此之外，本章还对数据查询语言 M 的基础知识做了简单讲解，为读者今后深入研究编写 M 脚本打下了基础。相信通过阅读本章，读者已经对 Power BI 查询编辑器的主要功能有所掌握，可以利用这一工具对数据进行加工，从而为数据建模工作打下良好的基础。

本章“高手自测”答案

高手自测 14：如何在查询编辑器中创建一个自增长日历表?

在数据分析中时间是一个很重要的矢量，很多分析表都需要基于时间轴进行创建。为了便于数据建模，有些情况下，在 Power BI 中会创建一个单独的自增长日历表，这个日历表以天为单位，从一个特定时间开始，到当前日期结束，并且随着时间的推移，表中截止日期也会相应地变化。例如，当设定日历以天为单位进行增长时，10 号那天日历表的最后一项是 10 日，当 11 号那天打开表后，最后一天就变成了 11 日。

要在查询编辑器中创建这个自增长日历表，可以创建一个空白查询，使用下面这段 M 脚本来进行。

```
let
    Source = #date(2020,1,1),
    CreateDateList = List.Dates(Source, Number.From(DateTime.
LocalNow()) - Number.From(Source) ,#duration(1,0,0,0)),
    #"Converted to Table" = Table.FromList(CreateDateList, Splitter.
SplitByNothing(), null, null, ExtraValues.Error),
    #"Renamed Columns" = Table.RenameColumns(#"Converted to
Table",{{"Column1", "Date"}})
in
    #"Renamed Columns"
```

这段脚本中使用了 List.Dates 函数来创建一个时间列，这个函数的定义如下：

```
List.Dates(start as date, count as number, step as duration)
```

◎ 第一个参数 start 意思是时间列的起始值，在脚本里面使用的是 Source 下面的时间量，也就是 #date 中的 2020 年 1 月 1 日。

◎ 第二个参数 count 是指这个时间列一共含有多少值。在脚本中 count 值是由 Number.From(DateTime.LocalNow())- Number.From(Source)获得，也就是当前本地日期和Source日期的间隔数。

◎ 第三个参数 #duration 定义了列中值的自增长方式。在示例中 #duration（1，0，0，0）代表以 1 天为单位进行增长。

高手自测 15：Power BI 中逆透视列操作中的 3 个选项有什么区别?

Power BI 对逆透视列操作提供了 3 个选项，其功能区别如下。

◎ 逆透视列：后台调用了 M 语言中的 Table.UnpivotOtherColumns 函数。该操作意味着对当前列进行逆透视操作，列中数据将被转换成行，未选中列保持不变。

◎ 逆透视其他列：后台也是调用了 M 语言中的 Table.UnpivotOtherColumns 函数，是逆透视列操作的反选操作。使用此选项意味着对选中列以外的其他列进行逆透视操作，选中列保持不变。

◎ 仅逆透视选定列：后台调用了 M 语言中的 Table.UnpivotColumns 函数。该操作意味着仅对当前选中列做逆透视操作。

高手自测 16：如何对图 6-69 中的 Sales Territory 列进行拆分，并以地区为基准重新统计自行车销售情况?

	Product	Sales Territory
1	Montion Bike	China,Japan,US,Canada
2	Racing Bike	US Canada
3	Road Bike	China,US
4	Commuting Bike	China,Japan

▶图 6-69

首先，选中 Sales Territory 列，然后使用“按分隔符”拆分功能对该列中的数据进行拆分，获得如图 6-70 所示结果。

= Table.TransformColumnTypes(#"Split Column by Delimiter",{{"Sales Territory.1", type text}, {"Sales

	Product	Sales Territory.1	Sales Territory.2	Sales Territory.3	Sales Territory.4
1	Montion Bike	China	Japan	US	Canada
2	Racing Bike	US Canada	null	null	null
3	Road Bike	China	US	null	null
4	Commuting Bike	China	Japan	null	null

▲图 6-70

其次，要想重新以地区为基准进行统计，就需要对拆分后的表进行逆透视操作，将部分列的信息进行整合。方法是选中 Product 列，再使用“逆透视其他列”功能对数据进行处理，获得如图 6-71 所示结果。

最后，将这张表整理一下，再加载到 Power BI 中，就可以获得如图 6-72 所示的以地区为基准的统计结果。

	Product	属性	值
1	Montion Bike	Sales Territory.1	China
2	Montion Bike	Sales Territory.2	Japan
3	Montion Bike	Sales Territory.3	US
4	Montion Bike	Sales Territory.4	Canada
5	Racing Bike	Sales Territory.1	US Canada
6	Road Bike	Sales Territory.1	China
7	Road Bike	Sales Territory.2	US
8	Commuting Bike	Sales Territory.1	China
9	Commuting Bike	Sales Territory.2	Japan

▲图 6-71

Country	Commuting Bike	Montion Bike	Racing Bike	Road Bike	总计
Canada		1			1
China	1	1		1	3
Japan	1	1			2
US		1		1	2
US Canada			1		1
总计	1	1	1	1	4

▲图 6-72

高手自测 17：如何在查询编辑器中计算日期间隔?

以学习文件夹\第 6 章\DateRange.pbix 示例文件为例，如果想计算图 6-73 表中 StartDate 列和 EndDate 列之间的日期间隔，可以利用下面的表达式来进行。参考表达式如下：

	StartDate	EndDate
1	1/12/2019	1/20/2019
2	2/7/2019	3/12/2019
3	2/9/2019	5/3/2019
4	3/16/2019	4/8/2019

▲图 6-73

```
DateCount = Table.AddColumn (#"Changed Type","Days",
    each Duration.Days (
                Duration.From (
                            Date.From ([EndDate]) -Date.From
([StartDate])
                            )
                )
    )
```

这里面使用 Date.From 函数可以将日期列转换成 #date 值，从而可以对日期间隔进行计算，这样即使 StartDate 列和 EndDate 列不是日期类型数据列，也可以进行计算。而 Duration.From 函数可以将文本或数值转换成 #duration 值，之后再通过 Duration.Day 函数将 #duration 值中的天数进行提取即可。

高手自测 18：如何在查询编辑器中对某列值进行求和汇总计算?

以学习文件夹 \ 第 6 章 \Recursion.pbix 示例文件为例。要进行累计计算，需要使用 List.Accumulate 函数来进行。参考表达式如下，结果如图 6-74 所示。

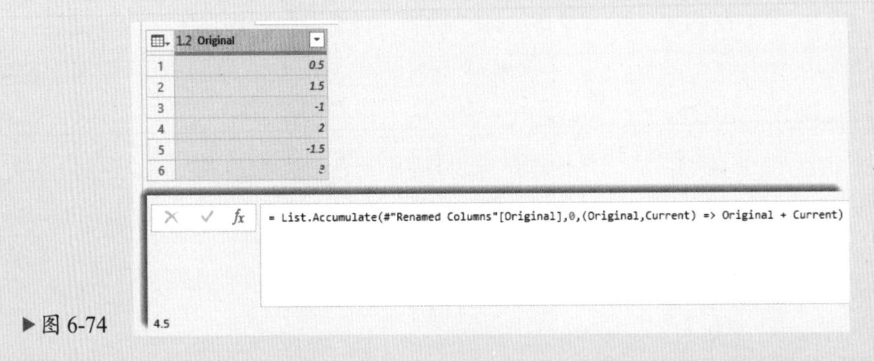

▶图 6-74

```
ResultLists = List.Accumulate (#"Renamed Columns"[Original],0,
(Original,Current) => Original + Current),
```

List.Accumulate 函数属于列表函数，即可对列表中的项进行汇总累计。函数语法如下：

```
List.Accumulate(list as list, seed as any, accumulator as function)
as any
```

List.Accumulate 函数的第一个参数需要指定一个列，第二个 seed 项则用来设定累加计算的起始值，第三部分则需要指定汇总累计的计算方法。

在上面的脚本中定义了对 Original 列下值进行计算，初始值（即 Seed）是 0，之后定义用这个初始值与 Original 列第 1 行的值相加（0+0.5），然后将所得结果（0.5）作为一个新的初始值与 Original 列第 2 行的值（1.5）相加，再不断重复该过程，直到 Original 列下所有值都累加完毕，从而实现对列下数值的汇总求和计算。

商业数据分析建模：数据的建模计算

当通过查询编辑器完成对外部数据源数据的整理之后，就可以将数据加载到 Power BI 桌面服务中，并使用 DAX 语言对其进行进一步的建模计算。DAX 的全称是 Data Analysis Expressions，是微软开发的一种函数类型数据建模分析语言。Excel PowerPivot、Power BI 桌面服务，以及 SQL Server Analysis Services（SSAS）Tabular 中都使用 DAX 函数对数据进行建模处理。

本章将对 DAX 语言的基本概念和使用方法进行介绍，并着重对几个常见的函数进行详细讲解，以便读者能更好地掌握 DAX 语言的使用方法，并将其灵活地运用到数据分析工作中。

请带着下面的问题走进本章：

（1）DAX 语言与 Excel 公式之间的区别？

（2）DAX 语言与 M 语言的区别？

（3）什么是行上下文，什么是筛选上下文？

（4）计算列和度量值有何区别？

（5）什么是聚合函数，什么是迭代函数？

（6）CALCULATE 函数与 FILTER 函数有何区别？

7.1 数据分析表达式 DAX

DAX 是一种表达式语言，主要结构包括函数、运算符和值。当数据加载到 Power BI 后，可以利用 DAX 语言对数据模型中的表和列进行处理，包括对数据进行筛选、分类、统计等操作，以及进行更为复杂的数学计算、逻辑计算及统计计算等。

7.1.1 DAX 表达式

在 Power BI 中的度量值、计算列、计算表和行筛选器内可以使用 DAX 表达式对数据进行处理。图 7-1 所示是一个 DAX 表达式，它由 3 部分组成。

▲图 7-1

1. 表达式的名称。该名称可以包含空格或特殊符号（如！、@、#、$、%、^、& 等），但不能包括等号（=）。等号（=）表示计算列或度量值的命名已经结束，后面开始书写的是函数部分。

2. 表达式中使用的 DAX 函数的名称。例如，图 7-1 中使用了 SUM 函数来对列中数据进行汇总。为了方便用户使用，Power BI 中内置了一套函数使用说明系统。如图 7-2 所示，当输入函数名称时，Power BI 会自动查找以该字母开头的相关函数以方便用户选择。当选中某一个函数后，Power BI 还会给出相应帮助，提示该函数的功能及所需要输入的参数。

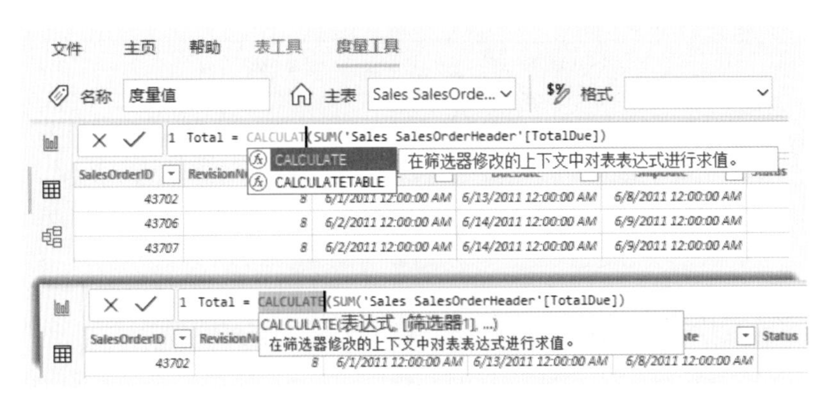

▲图 7-2

3. 函数使用的参数，需要使用英文圆括号（）进行包裹。例如图 7-1 所示，“'Sales SalesOrderHeader'[TotalDue]”表示的是“Sales SalesOrderHeader”表中的“TotalDue”这一列。其中，列名需要被方括号 [] 包裹。

此外，在表达式编辑器内，Power BI 使用了不同颜色来标记表达式中的不同要素，如函数名标记成蓝色；字符串标记成了深红色；自定义函数则用了湖蓝色进行标记等，用户可以更加快速明了地对表达式进行解读，便于进行排错和后期维护。

7.1.2 DAX 表达式与 Excel 函数

如果读者之前有使用 Excel 的经验，会发现 DAX 中的很多函数名称及运算意义与 Excel 中的函数有相似之处。例如，都有名为 SUM 的函数可以对数据进行求和计算，都有名为 COUNT 的函数可以统计单元格数目。但是在本质上，DAX 函数与 Excel 函数依据了不同的理论方法对数据进行处理，其计算过程完全不同，在使用时需要特别注意。

Excel 表是由一个一个的单元格组成，每一个单元格都有唯一的坐标进行标识。例如，A1 就代表 A 列中第 1 行这个单元格，而 X9 就代表 X 列下第 9 行这一单元格。在这种定义下，Excel 中所有函数的计算都是针对特定的单元格内的数据进行处理，在使用函数时，都必须指定其具体运算的单元格范围。例如，当需要对图 7-3 中的这些数据进行求和时，如果要使用 Excel 内的 SUM 函数进行计算，就必须输入单元格坐标来告知函数的运算范围。

而 Power BI 表中的单元格则没有行列坐标的概念，取而代之的是上下文关系。在 DAX 表达式中，函数的计算对象都是列或表，并通过前后左右行文内容来确定函数的计算范围，不再使用行列坐标的方式来对计算范围进行标记。如图 7-4 所示，当使用 DAX 中的 SUM 函数在 Power BI 内对一组数据进行求和时，只需告知函数进行求和的数据列名称，之后 SUM 函数会自动对该列下所有的数据进行求和计算。

▲图 7-3　　▲图 7-4

由于没有了单元格概念的束缚，无论列值如何变化，只要列名称没有改变，DAX 表达式都会按照函数的设定，自动对列下所有值进行计算。基于这种运算机制，DAX 表达式实现了对数据的动态处理，使得数据的分析计算变得更加灵活方便。

高手自测 19：如何用 DAX 表达式实现 Excel 中的 SUMIF 功能？

7.1.3 DAX 语言与 M 语言

在 Power BI 中，如图 7-5 所示，DAX 语言和 M 语言都可以用作数据分析，但两者的使用场景及侧重点不同。

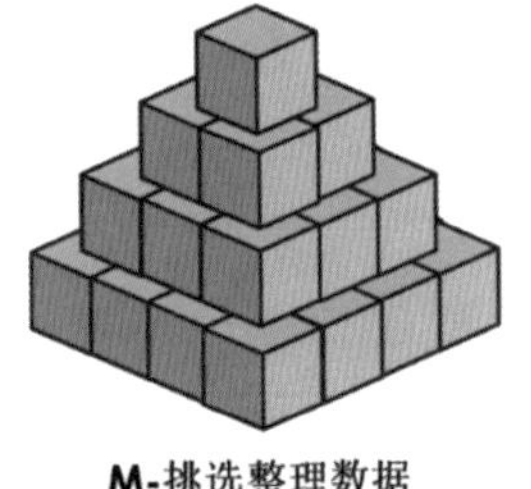

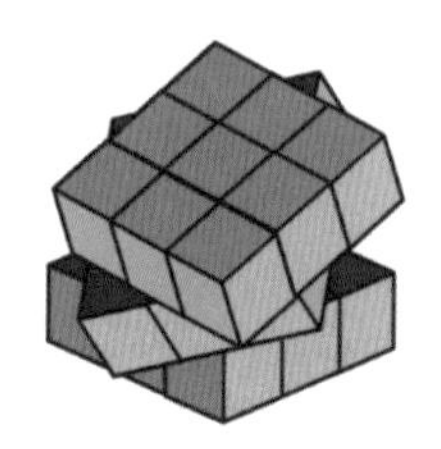

▲图 7-5

M 是数据查询语言，在 Power Query 查询编辑器中使用。使用 M 语言对数据进行加工的目的是，在将数据加载到 Power BI 之前对其进行合并、拆分、替换、整合、筛选等操作。如图 7-6 所示，M 是一种脚本语言，书写形式与 JavaScript、PHP 等其他类型的脚本语言类似，对于有一定开发经验的人员来说很容易上手使用。

▶图 7-6

而 DAX 是数据分析语言，当数据加载到 Power BI 后，就需要使用 DAX 语言对其进行加工整理，从而完成数据的建模工作。从对数据的加工顺序上来看，使用 DAX 语言的目的是，在 M 语言对数据处理的基础值上对其进行二次加工，更加精细、有针对性地对数据进行分析计算。

如图 7-7 所示，DAX 属于一种函数语言，使用方法与 Excel 中的函数类似。相对于 M 表达式，DAX 表达式的书写方法更为简单，更容易让没有编程背景的人上手。

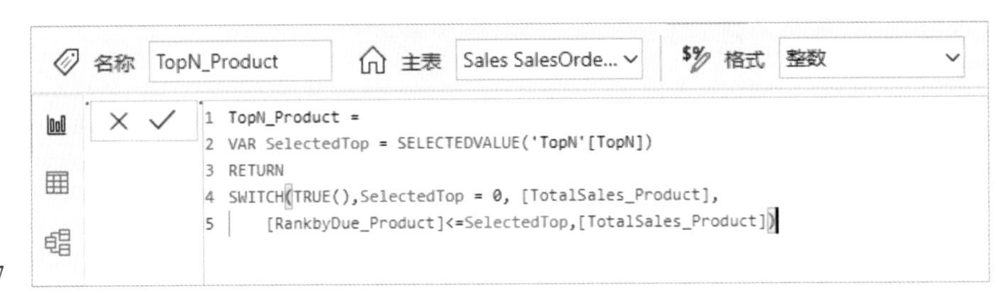

▶图 7-7

虽然 DAX 语言和 M 语言在使用方法、应用目的上有很明显的区别，但在不少情况下，它们可以对数据实现相同的加工目的。例如，如果想对文本内容按照特定间隔符进行拆分，在数据加载前，可以在查询编辑器中通过使用 M 语言中的 Splitter.SplitTextByDelimiter 函数来实现；或在数据加载后，通过创建计算列，使用 DAX 语言中的 SUBSTITUTE 和 PATHITEM 两个函数来对文本进行拆分。两种方法都可以实现相同的目的，并获得相同的拆分结果。

至于何时使用 DAX 语言，何时使用 M 语言来分析数据，这主要取决于实际的应用需求，与上班时是打算自己开车去还是坐公交车去是相同的道理。两种语言都可以满足数据加工要求，只不过代价可能有所不同。例如，在 DAX 表达式中要实现对数据的嵌套循环处理会比较麻烦，而使用 M 脚本去实现相同的功能就更为直观便捷。但 DAX 语言中提供了很多预定义函数，可以方便快捷地对数据进行特殊处理，如通过一个时间智能函数能快速地获取所需的时间信息，但要想通过 M 语言获得相同结果，可能要写上好几行脚本才能实现。

此外，在选择用何种语言对数据进行加工时还要本着一个原则，即是希望在数据导入 Power BI 之前就进行过滤加工，还是想在数据导入后再进行计算分析。通过 M 语言过滤掉冗余数据或将特定数据整合处理，可以减少数据分析量并降低数据复杂度，使得后续使用 DAX 语言进行数据建模更加方便快捷，可以有效提高报表的生成效率。而相比 M 语言，DAX 语言中有更加灵活丰富的函数工具可以对数据进行全方位加工建模，使用起来更方便，容错性更好，更加适用于对数据进行汇总、加成、过滤、按特定条件求值等计算。

如果想要熟练使用 Power BI 分析数据，DAX 语言和 M 语言都需要掌握。两种语言并没有好坏高低之分，更关键的是区分不同的应用场景，以便使用不同的语言来更加快捷地获取分析结果。

7.1.4 计算列和度量值

在 Power BI 中，对数据进行加工计算需要通过创建计算列（Column）或度量值（Measure）然后使用 DAX 表达式来进行。要想思路清晰地对数据展开建模分析，就要充分理解计算列和度量值之间的区别，之后根据实际需求恰当地选择两种工具对数据进行计算。

1. 外在差别

如图 7-8 所示，当使用“导入法”加载数据后，Power BI 允许用户创建一个新列（Column）来使用 DAX 表达式对数据进行计算，新列创建完毕后，可以在数据视图模式下看见表中增加了一个列，为了与原始数据列相区别，新列被称为“计算列”。计算列附属于当前所在的表，同一个表下的列不能重名，并且不能和表集合中的度量值或当前表中的层次结构使用相同的名称。

▶图 7-8

生成的计算列其使用方法与原始数据列无异，可以用于以下三种情况。

◎ 当作参数被其他函数使用。

◎ 创建可视化图表。

◎ 创建表与表之间的关联关系。

如图 7-9 所示，无论是使用何种模式向 Power BI 中加载数据，都可以创建一个度量值（Measure）来对数据进行加工计算。度量值属于表集合中的元素，可以存放在任意表下的字段集合中，但同一个表集合中的度量值不能重名。

▶图 7-9

与计算列不同，度量值在使用上有一定限制，主要包括以下 4 个方面的限制。

◎ 某些函数的参数只能使用原始列或计算列，不能使用度量值。

◎ 表与表之间的关联关系无法使用度量值来创建。

◎ 在切片器中不能使用度量值。

◎ 在矩阵图中，只能使用原始列或计算列来创建行，不能使用度量值。

在数据处理逻辑上，计算列中表达式的运算结果是相对固定的，都是基于当前行的上下文来进行运算，反映的是当前列在特定行上下文的计算结果，可以理解成是一行一结果的计算。而度量值则依据其所处的筛选上下文内容对数据进行计算，其运算范围是筛选上下文生成的子表，计算结果非常灵活，可以随着筛选条件的变化而变化，反映的是一种动态计算结果。

此外，对于计算列中的数值，当后台原始数据发生改变时，如果不刷新，计算列中的数据是不会更新的。由于度量值会在加载视觉对象时进行自动计算，因此无须手动刷新，度量值就可自动进行更新。

2. 内在差别

计算列会在数据加载时生成，其运算结果会被存储到 Power BI 数据集中。根据 Power BI 的运算机制，其表内数据会被加载到内存中进行处理。因此，当数据量过于庞大，或者创建的计算列过多，或者使用的表达式过于复杂时，大量的系统内存就会被 Power BI 所占用，从而影响整个环境的运行速度。

度量值中的表达式则是在视觉对象进行加载时才执行，主要消耗服务器的 CPU 资源，对内存的要求不高，可以理解为随用随计算，并且通过使用报表视图上的“筛选器”功能，还能对加载的数据进行再次过滤，从而进一步限制度量值表达式中的计算对象数量，以提高报表生成效率。因此，尽管使用大量的或复杂的度量值会对 CPU 造成比较大的负担，但通过合理使用“筛选器”功能可以在一定程度上降低这种影响。所以，当度量值和计算列都能满足分析要求时，可以优先考虑使用度量值，从而保证报表数据信息正常生成。

3. 嵌套引用

在计算列或度量值中的表达式内，可以使用另外一个或几个计算列作为参数进行运算。此时，作为参数的计算列和原始数据列在使用上没有任何区别，都是作为一个定值参与运算。

反过来，在计算列或度量值表达式中也可以使用一个或多个度量值作为参数。但是在这种条件下，DAX 会将这种特殊的度量值参数转译成一个计算列参数，之后再参与运算。换句话说，为了避免出现复杂的嵌套引用依赖关系，DAX 内部在逻辑处理上不允许使用度量值作为参数传递给函数使用，即使用户在书写中使用了度量值，DAX 在运算上也会将其按照计算列的运算逻辑进行处理。

以学习文件夹 \ 第 7 章 \Measure.pbix 示例文件为例，如图 7-10 所示，假设在同一个项目内，某一阶段的起始时间是上一阶段的结束时间，则根据项目完成时间，可以创建一个计算列来获得下一个项目的起始时间。参考表达式如下，结果参见图 7-10 中的 Started Date 列。

```
Started Date =
IF (
    COUNTROWS (
        FILTER (
            ALL ( TimeLine ),
            TimeLine[Finished Date]
                < MAX ( TimeLine[Finished Date] )
                && TimeLine[Project]
                    = SELECTEDVALUE ( TimeLine[Project] )
        )
    ) = 0,
    DATE ( 2020, 1, 1 ),
    MAXX (
        FILTER (
            ALL ( TimeLine ),
            TimeLine[Finished Date]
                < MAX ( TimeLine[Finished Date] )
                && TimeLine[Project]
                    = SELECTEDVALUE ( TimeLine[Project] )
        ),
        TimeLine[Finished Date]
    )
)
```

然而，如果按照图 7-11 所示，单独创建一个度量值来获取 MAX（TimeLine[Finished Date]），之后将其作为参数代入 Started Date 表达式中进行计算，则无法获得想要的 Started Date 值。

Project	Milestone	Started Date	Finished Date
Anita	A	1/1/2020	1/19/2020
Anita	B	1/19/2020	2/15/2020
Anita	C	2/15/2020	3/10/2020
Lucas	A	1/1/2020	1/8/2020
Lucas	B	1/8/2020	1/15/2020
Pallas	A	1/1/2020	2/20/2020
Pallas	B	2/20/2020	4/15/2020
Pallas	C	4/15/2020	5/10/2020
Pallas	D	5/10/2020	6/1/2020

▲图 7-10

原因是当度量值 Finished_Date_Measure 以参数形式被 Started Date 表达式使用时，DAX 会先将这个度量值强制转换成计算列再代入表达式中。也就是说，在计算过程中，Finished_Date_Measure 被换成了图 7-12 所示的计算列。这就导致 FILTER 函数的筛选条件实际上是要找寻符合 Finished Date < 6/1/2020 的数据。由于 TimeLine 表中没有符合该条件的数据，因此 Filter 返回值为空，这样所有的 Started Date 都是 1/1/2020，从而无法获取想要的计算结果。

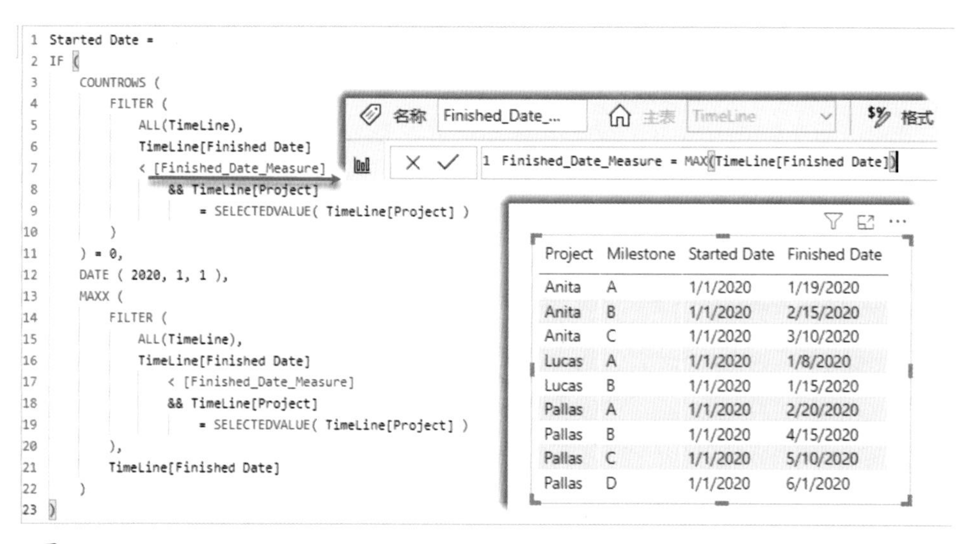

▲图 7-11

名称 Finished_Date_... 数据类型 日期/时间

```
1 Finished_Date_Column = MAX(TimeLine[Finished Date])
```

Project	Milestone	Finished Date	Finished_Date_Column
Anita	B	2/15/2020	6/1/2020
Anita	A	1/19/2020	6/1/2020
Anita	C	3/10/2020	6/1/2020
Lucas	B	1/15/2020	6/1/2020
Lucas	A	1/8/2020	6/1/2020
Pallas	A	2/20/2020	6/1/2020
Pallas	B	4/15/2020	6/1/2020
Pallas	C	5/10/2020	6/1/2020
Pallas	D	6/1/2020	6/1/2020

▶图 7-12

4. 如何选择

究竟是使用计算列还是度量值对数据进行计算主要取决于实际业务需求，如果获取的计算结果需要根据过滤条件的变化而变化，那么就必须使用度量值来创建 DAX 表达式。通常情况下，优先考虑使用度量值来处理数据，以减少需要加载分析的数据量，从而更快地生成可视化报表。但当有如下情况出现时，需要考虑使用计算列对数据进行建模。

◎ 计算结果需要在切片器中使用，或者被用来构成透视表中的行或列。

◎ 需要作为过滤参数在某些 DAX 表达式中使用。

◎ 计算范围仅限于当前行内某些列中的数据。例如，根据某个日期列获得特定的年份信息，或者将两个列中的信息进行合并，或者将一个列信息进行拆分等。

◎ 对数据进行分类标记。例如，根据成绩表中的分数段，标记优、良、可、差等级。

7.1.5 DAX 中的上下文

为了摆脱类似 Excel 中必须通过指定坐标来定义函数运算范围的限制，在 DAX 语言中引入了一个上下文概念，即通过上下文来指定表达式运算所在的环境变量，使得运算结果可以根据其所在的上下文的变化而变化。因此，只有充分理解上下文含义才能更好地使用 DAX 语言来进行数据分析。

1. 行上下文

行上下文可以理解为以行为单位来限定表达式运算范围。如图 7-13 所示，当在表内新添加一列时，该列下的每一行值都是在同一行其他列值的影响下计算得来，这个影响关系就是行上下文。

如图 7-14 所示，利用行上下文可以对 Margin 表达式运算范围进行限定，从而获得每个产品的利润。计算列 Margin 中的每一行值都由其所在行对应的 Price 值和 Cost 值相减计算而来。

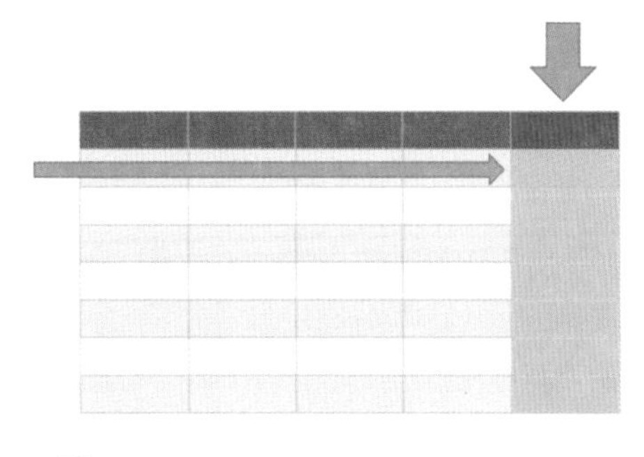

▲图 7-13

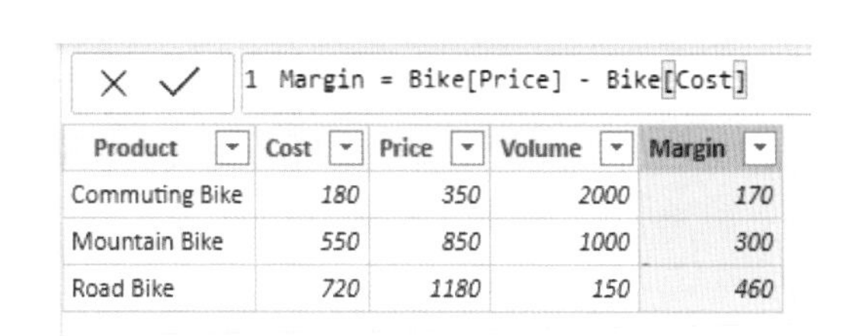

Product	Cost	Price	Volume	Margin
Commuting Bike	180	350	2000	170
Mountain Bike	550	850	1000	300
Road Bike	720	1180	150	460

▲图 7-14

行上下文永远只在当前行起作用，当创建计算列时，计算列中的每一行值都是通过当前行上下文计算而得来的。但是需要注意，行上下文关系在表之间不具有自动传播性。如图 7-15 所示，Bike 表和 Sales 表之间是一对多的关联关系，如果想计算每种产品的销售额，直接使用

Sales[Volume]*Bike[Price] 进行计算时 Power BI 会报错，提示无法获取当前 Bike 列中的 Product 值。虽然两张表有关联关系，但通过行上下文无法从 Sales 表获取 Bike 表中对应的信息。此时，必须借助 RELATED 函数才能将行上下文的过滤条件传递给对应表，从而获取所需数据进行计算。

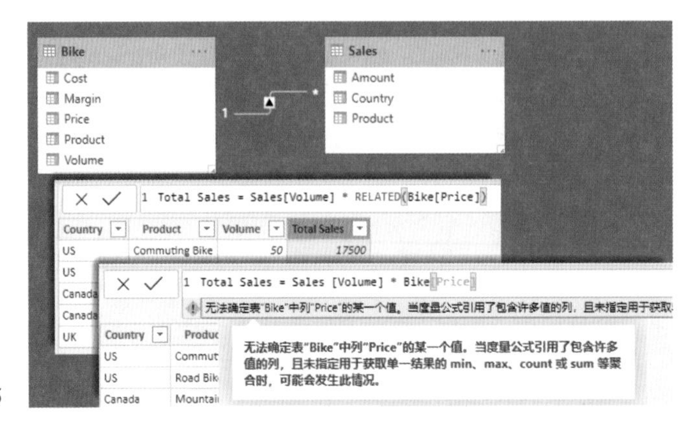

▶图 7-15

2. 筛选上下文

筛选上下文可以理解为通过对当前表中数据进行筛选来形成一张新的表，然后将这张新表作为表达式的运算范围。如图 7-16 所示，当筛选上下文作用在一张表上时，该表下的所有内容都会根据过滤条件进行计算，符合条件的数据会形成一张新表来限定表达式的运算范围。

在 Power BI 视觉对象内设定的字段默认会变成筛选上下文条件，对表达式的计算结果产生影响。如图 7-17 所示，如果没有筛选过滤条件，Total 度量值内的 SUM 函数会对 Sales 表下 Total Sales 列中所有的值进行求和计算。而当 Total 度量值作为一个字段放到视觉对象表后，它的计算结果就会受到作为筛选上下文条件的 Country 列值影响。例如，当 Country 列值是 Canada 时，相当于以 Country = Canada 为条件对 Sales 表进行过滤，将所有满足条件的行生成一张新表，然后将该表作为 SUM 函数的运算范围来进行求和计算，从而实现有针对性地只对 Country = Canada 这一行数据的 Total Sales 列值进行汇总。

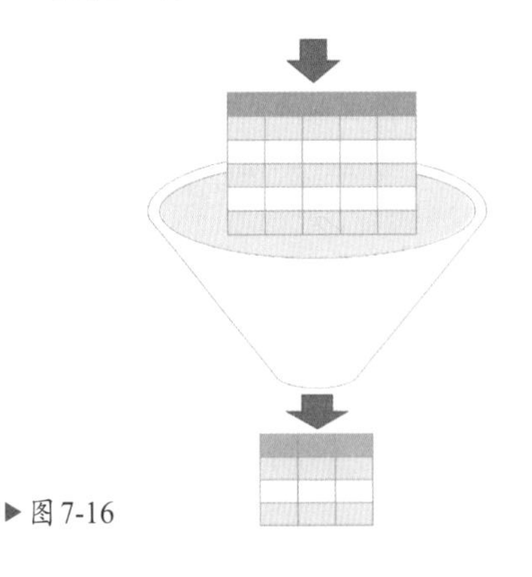

▶图 7-16

Country	Total
Canada	169000
UK	35000
US	170900
总计	**374900**

▶图 7-17

与行上下文不同，筛选上下文在表之间存在传递关系，在多对一关联关系中，应用在多的一方的筛选条件可以自动传播到一的一方对其进行筛选。例如，在图 7-18 所示的表集群中，Sales 表和 Bike 表是多对一关联关系，Bike 表和 Product Category 表也是多对一关联关系，这 3 张表可以联合成一张虚拟的大表，这张虚拟表中包含 3 张表中全部的数据列，使得应用到 Sales 表上的筛选条件可以传递到 Bike 表及 Product Category 表中，并且通过应用到 Sales 表上的一个筛选条件，必定可以在 Bike 表和 Product Category 表中筛选出唯一一组符合条件的数据。

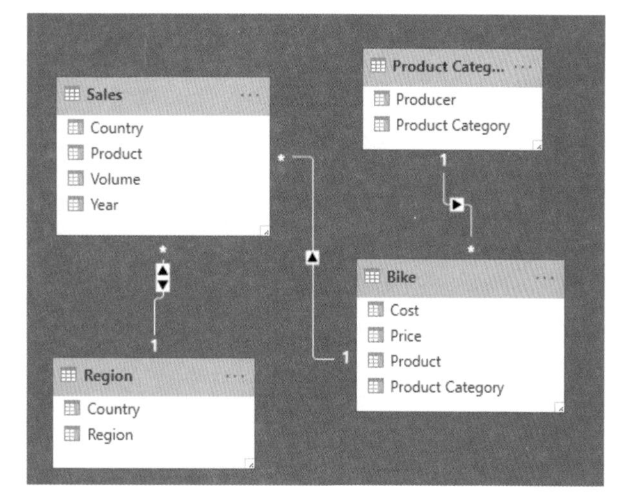

▲图 7-18

另一边，Sales 表与 Region 表之间也有多对一的关联关系，同样，应用在 Sales 表上的过滤条件也能对 Region 表进行筛选。但是需要注意，反过来看，从 Region 表出发，虽然使用了“两个”交叉筛选器也能对 Sales 表进行筛选，但这种筛选方向是从一的一方出发，使得应用到 Region 表上的一个筛选条件可以在 Sales 表中找到多组满足条件的数据，与多对一这种筛选模式不相同。

DAX 的行上下文和筛选上下文共同作用于表达式之上，对运算结果产生影响。在分析行上下文对表达式结果的影响时要以当前行中的数据为研究基准，而分析筛选上下文对表达式结果的影响时则要从筛选出的子表入手。

最后，关于上下文概念需要牢记，当创建计算列时，DAX 会自动为其定义行上下文关系，即计算列下的每个值都受到其所在行其他列数据的影响。而当使用度量值进行运算时，运算结果会受到度量值所在视觉对象所应用的筛选上下文条件影响，即受到通过筛选条件过滤后生成的子表的影响。

高手自测 20：为何无法在图 7-18 所示的数据集中创建一个度量值 Margin 来获得 Bike 表内 Price 列和 Cost 列的差额？

7.2 数据汇总

对数据进行汇总是最常见的建模分析手段，当数据加载到 Power BI 后，不但可以通过页面上的配置条件对数据进行快速汇总，还可以使用 DAX 表达式对数据进行复杂一些的汇总计算，以满足不同的分析需求。

7.2.1 自动汇总

当数据加载完成后，Power BI 提供了自动汇总计算功能，可以对视觉对象中配置的列值进行汇总，快速求和、平均值、中值、计数、百分比等，这样即使不创建任何 DAX 表达式，用户也能对数据进行最基础的分析操作，使得 Power BI 在使用上更加方便。

如图 7-19 所示，对于数字类型的原始列或计算列，Power BI 提供了 10 种快速聚合汇总方式，供用户选择。这些快速计算选项的背后都对应了一个系统隐藏的 DAX 表达式，当用户制定好汇总需求后，Power BI 就会自动使用预制好的 DAX 表达式对配置列进行计算，然后输出相应结果。

除了在视觉对象中有自动汇总功能外，Power BI 还提供了快速度量值功能，对一些基础常用的表达式做了界面化包装。如图 7-20 所示，用户只需简单几步配置即可完成 DAX 表达式的创建，无须再手动书写。

```
1  TotalDue YoY% =
2  IF(
3      ISFILTERED('Calendar'[Date]),
4      ERROR("时间智能快速度量值只能按 Power BI 提供的日期层次结构或主日期列进行分组或筛选。"),
5      VAR __PREV_YEAR =
6          CALCULATE(
7              SUM('Sales SalesOrderHeader'[TotalDue]),
8              DATEADD('Calendar'[Date].[Date], -1, YEAR)
9          )
10     RETURN
11         DIVIDE(
12             SUM('Sales SalesOrderHeader'[TotalDue]) - __PREV_YEAR,
13             __PREV_YEAR
14         )
15 )
```

▲图 7-19　　▲图 7-20

通过自动汇总功能，Power BI 降低了产品的使用门槛，简化了数据分析的步骤，使得很多没有编程背景的用户也能完成基础的数据建模工作。

高手自测 21： 对于图 7-21 所示的数据集，不添加额外筛选条件，度量值 Total-Rows = SUMX（Sales，[Rows]）的计算结果是多少？其中 Rows 是另外一个度量值，其表达式是 Rows = COUNTROWS（Segment）。

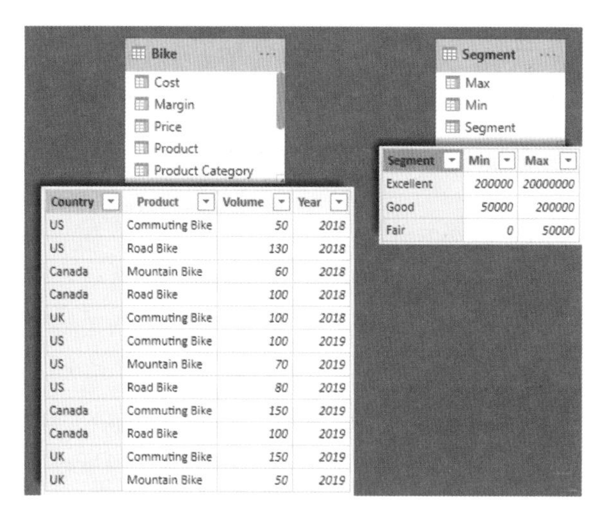

Segment	Min	Max
Excellent	200000	20000000
Good	50000	200000
Fair	0	50000

Country	Product	Volume	Year
US	Commuting Bike	50	2018
US	Road Bike	130	2018
Canada	Mountain Bike	60	2018
Canada	Road Bike	100	2018
UK	Commuting Bike	100	2018
US	Commuting Bike	100	2019
US	Mountain Bike	70	2019
US	Road Bike	80	2019
Canada	Commuting Bike	150	2019
Canada	Road Bike	100	2019
UK	Commuting Bike	150	2019
UK	Mountain Bike	50	2019

▶图 7-21

7.2.2　求和函数 SUM 和 SUMX

如果想对数据进行更加深入灵活的建模分析，那么还需要手动创建 DAX 表达式对数据进行计算。其中 SUM 和 SUMX 是最常使用的一对用于对数据进行求和计算的函数。SUM 属于聚合类函数，而 SUMX 属于迭代类函数，搞清楚这两个函数的运算特点，就能明白聚合函数和迭代函数的工作原理，并为以后深入学习了解 DAX 相关知识打下良好的基础。

聚合函数指的是 DAX 中一类对列或表进行聚合计算并输出单一值的函数类型，代表函数有 SUM、AVERAGE、MAX、COUNTROW 等。聚合函数的特点是绝大多数情况下只需配置一个参数，并且在运算时会将参数列或参数表当作一个整体进行计算，其自身运算过程不受行上下文的影响。

如图 7-22 所示，为了体现 SUM 函数和 SUMX 函数的区别，创建一个计算列 Total_SUM，使用 SUM 函数对 Total Sales 列值进行求和并做加 1 计算，此时，表达式对每一行的计算返回结果都相同，都等于 Total Sales 列下所有值的总和并加 1。

之前介绍过，计算列的特点是其下每一行数据的计算结果都受到当前行上下文的影响，但由于 Total_SUM 计算列中使用的是 SUM 函数这一聚合函数，如图 7-23 所示，它会忽略其所在行上下文的影响，这就使得在 Total_SUM 列下，无论是基于哪一行的上下文进行计算，都相当于在对整个 Total Sales 列下数据进行汇总求和然后加 1，因此生成的所有行计算结果都相同。

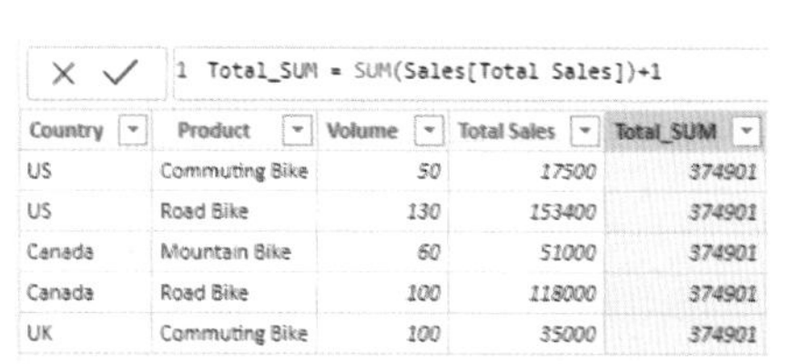

Country	Product	Volume	Total Sales	Total_SUM
US	Commuting Bike	50	17500	374901
US	Road Bike	130	153400	374901
Canada	Mountain Bike	60	51000	374901
Canada	Road Bike	100	118000	374901
UK	Commuting Bike	100	35000	374901

▲图 7-22

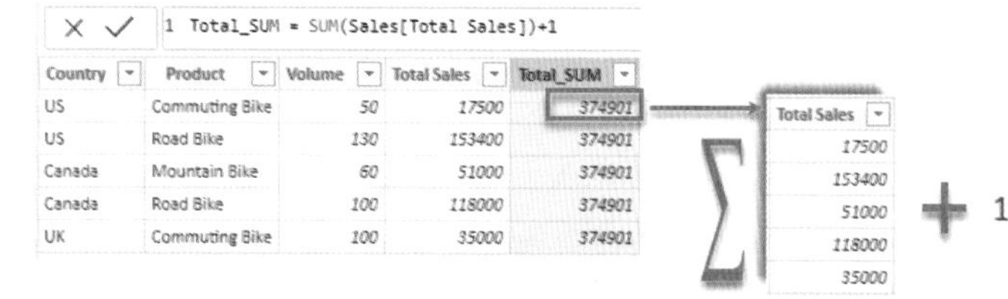

Country	Product	Volume	Total Sales	Total_SUM
US	Commuting Bike	50	17500	374901
US	Road Bike	130	153400	374901
Canada	Mountain Bike	60	51000	374901
Canada	Road Bike	100	118000	374901
UK	Commuting Bike	100	35000	374901

Total Sales
17500
153400
51000
118000
35000

▲图 7-23

而迭代函数则与聚合函数相反，它会一行一行地对列或表的值进行汇总，并且计算结果受到行上下文影响。迭代函数和聚合函数之间有很强的相关性，某个聚合函数名称后加字母 X 就可获得与其计算意义相对应的迭代函数，常见的迭代函数有 SUMX、AVERAGEX、MAXX 等。

与只使用单一参数的聚合函数不同，迭代函数的特点是有两个参数：第一部分参数定义了一张表（可以是原始数据表，也可以是经过表达式计算后生成的表及计算表）；第二部分定义了一个表达式，这个表达式会基于第一部分参数表中的行上下文进行运算，然后将结果缓存成列或表，之后传递给与当前迭代函数相对应的聚合函数再进行运算。也就是说，迭代函数运算特点是第二个参数中的表达式会基于第一个参数表进行循环运算，循环运算的次数等于第一个参数表的行数。

```
1 Total_SUMX = SUMX(Sales,Sales[Total Sales]+1)
```

Country	Product	Volume	Total Sales	Total_SUM	Total_SUMX
US	Commuting Bike	50	17500	374901	374905
US	Road Bike	130	153400	374901	374905
Canada	Mountain Bike	60	51000	374901	374905
Canada	Road Bike	100	118000	374901	374905
UK	Commuting Bike	100	35000	374901	374905

▲图 7-24

在图 7-21 所示的表中再创建一个计算列 Total_SUMX，使用 SUMX 函数来对 Total Sales 列下数据进行加 1 汇总，可以获得如图 7-24 所示结果，Total_SUMX 列下所有值都相同，都等于 Total Sales 列下所有值的总和再加 5。

之所以 SUMX 函数的计算结果与 SUM 函数不同，是因为 SUMX 是迭代函数，如图 7-25 所示，它会对定义的参数 Sales 表内每一行的数据先进行加 1 计算，然后将结果缓存成临时列，之后再使用 SUM 函数对临时列进行汇总求和并返回结果。SUMX 函数在本质上仍然使用聚合函数 SUM 对数据进行汇总，因此其输出结果会忽略行上下文，使得 Total_SUMX 列下所有值都相同。

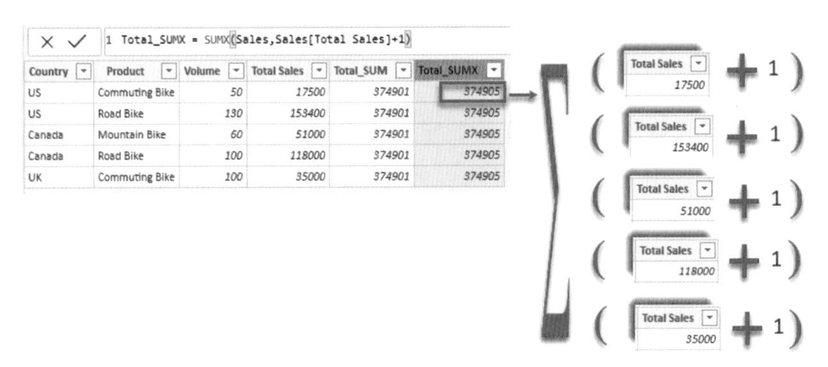

▶图 7-25

7.2.3 求最大值函数 MAX 和 MAXX

MAX 函数和 MAXX 函数也是一对常用的具有相同运算意义的聚合函数和迭代函数，可以对数值进行比较。

MAX 函数有两种使用方法，第一种是对原始数据列或计算列中的数据进行比较，然后返回最大值，其函数定义为 MAX（< column >）。第二种是对两个表达式的计算结果进行比较，然后返回最大值，其函数定义为 MAX（< expression1 >，< expression2 >）。

MAX 函数的运算过程及特点与 SUM 函数类似，都不受行上下文影响。如果想让 MAX 函数依据行上下文内容进行计算，就需要在其外围添加CALCULATE函数，将行上下文转换成筛选上下文，或者在度量值中使用MAX函数。

以学习文件夹\第7章\MAX+MAXX.pbix示例文件为例，要想以FamilySize列下的数据为单位显示每种类型对应的最大一笔订单额，可以创建一个度量值并使用MAX函数来实现。参考表达式如下，结果如图7-26所示。

```
Max_Order =
MAX ( Customer[TotalSales] )
```

在生成MAX_Order这个度量值所在的视觉对象时，Power BI会先根据FamilySize列定义的筛选上下文对Customer表进行过滤。例如，当FamilySize 列值是Large时，过滤生成的表就只包含FamilySize是Large的这5行数据。之后，MAX_Order表达式将在这个筛选结果的基础上通过聚合函数MAX来获取TotalSales列的最大值，并将结果显示在视觉对象上，从而实现依据FamilySize列的不同值来显示对应的最大一笔订单额这一需求。

FamilySize	TotalSales	DatePurchase
Large	45,998.46	12/3/2001 12:00:00 AM
Large	257,956.83	5/8/2003 12:00:00 AM
Large	273,329.67	12/30/2003 12:00:00 AM
Large	358,170.00	6/17/2003 12:00:00 AM
Large	373,802.68	1/13/2003 12:00:00 AM
Medium	90,255.41	8/26/2002 12:00:00 AM
Medium	303,706.44	1/8/2004 12:00:00 AM
Medium	315,442.22	12/4/2001 12:00:00 AM
Medium	510,648.19	11/10/2001 12:00:00 AM
Medium	607,151.91	3/14/2003 12:00:00 AM
Small	95,293.84	7/1/2002 12:00:00 AM
Small	140,588.24	1/16/2002 12:00:00 AM
Small	415,272.58	6/23/2002 12:00:00 AM
Small	531,371.97	11/29/2002 12:00:00 AM
Small	1,285,357.73	3/22/2002 12:00:00 AM

FamilySize	Max_Order
Large	373,802.68
Medium	607,151.91
Small	1,285,357.73
总计	**1,285,357.73**

▲图7-26

MAXX函数的使用方法与SUMX类似，需要指定两个参数MAXX（＜ table ＞，＜ expression ＞），第一个参数是原始数据表或计算表，第二个参数是一个表达式，用来基于第一个参数表中的行上下文进行计算，然后将结果进行比较，并返回最大值。

如果想在图7-26所示结果之上再进一步显示相应最大一笔订单完成的时间，就需要使用MAXX函数来实现。参考表达式如下，结果如图7-27所示。

```
Max_Order_Date =
MAXX (
    TOPN (
        1,
        SUMMARIZE (
            Customer,
            Customer[DatePurchase],
            "Max Order", [Max_Order]
        ),
        [Max Order]
    ),
    Customer[DatePurchase]
)
```

FamilySize	TotalSales	DatePurchase
Large	45,998.46	12/3/2001 12:00:00 AM
Large	257,956.83	5/8/2003 12:00:00 AM
Large	273,329.67	12/30/2003 12:00:00 AM
Large	358,170.00	6/17/2003 12:00:00 AM
Large	373,802.68	1/13/2003 12:00:00 AM
Medium	90,255.41	8/26/2002 12:00:00 AM
Medium	303,706.44	1/8/2004 12:00:00 AM
Medium	315,442.22	12/4/2001 12:00:00 AM
Medium	510,648.19	11/10/2001 12:00:00 AM
Medium	607,151.91	3/14/2003 12:00:00 AM
Small	95,293.84	7/1/2002 12:00:00 AM
Small	140,588.24	1/16/2002 12:00:00 AM
Small	415,272.58	6/23/2002 12:00:00 AM
Small	531,371.97	11/29/2002 12:00:00 AM
Small	1,285,357.73	3/22/2002 12:00:00 AM

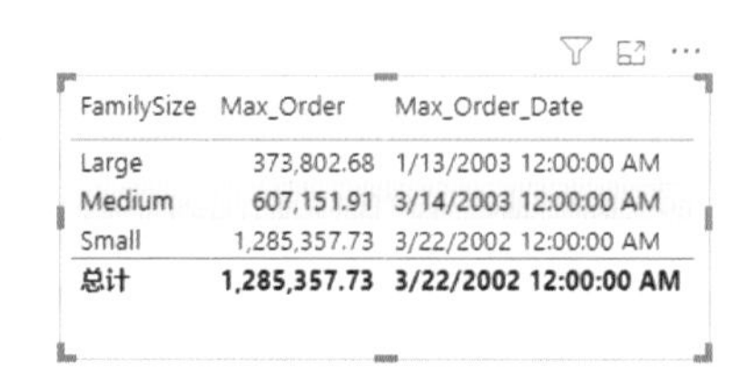

FamilySize	Max_Order	Max_Order_Date
Large	373,802.68	1/13/2003 12:00:00 AM
Medium	607,151.91	3/14/2003 12:00:00 AM
Small	1,285,357.73	3/22/2002 12:00:00 AM
总计	**1,285,357.73**	**3/22/2002 12:00:00 AM**

▶图 7-27

与之前类似，在生成 MAX_Order_Date 这个度量值所在的视觉对象时，Power BI 还是会先依据 FamilySize 列定义的筛选上下文对 Customer 表进行过滤，然后将过滤结果作为 MAX_Order_Date 表达式的计算范围来应用。

对于 MAX_Order_Date 表达式来说，其内部函数的执行顺序是先对 SUMMARIZE 函数求解。例如当 FamilySize 列值是 Large 时，相当于通过 FILTER 函数对 Customer 表进行了过滤，只返回 FamilySize = Large 的子表。在此基础上，SUMMARIZE 函数会返回相当于如图 7-28 所示的表，只包含 FamilySize 是 Large 时对应的 DatePurchase 和 Max Order 信息。

之后，TOPN 函数会将 SUMMARIZE 函数生成的这张表作为参数，并按照数值从高到低的顺序对 Max Order 列进行排序，返回序号是 1 的子表。其计算结果可以参考图 7-29。

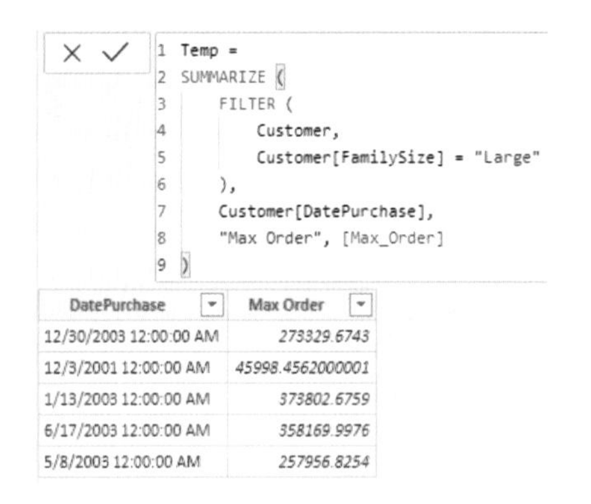

```
1 Temp =
2 SUMMARIZE (
3     FILTER (
4         Customer,
5         Customer[FamilySize] = "Large"
6     ),
7     Customer[DatePurchase],
8     "Max Order", [Max_Order]
9 )
```

DatePurchase	Max Order
12/30/2003 12:00:00 AM	273329.6743
12/3/2001 12:00:00 AM	45998.4562000001
1/13/2003 12:00:00 AM	373802.6759
6/17/2003 12:00:00 AM	358169.9976
5/8/2003 12:00:00 AM	257956.8254

▲图 7-28

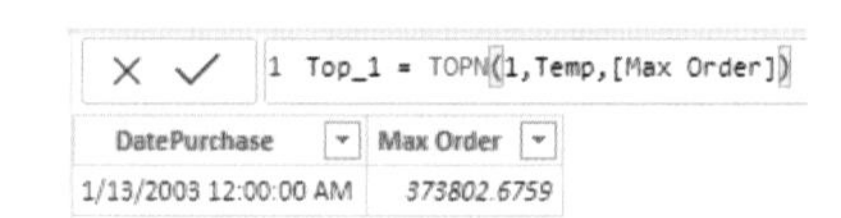

```
1 Top_1 = TOPN(1,Temp,[Max Order])
```

DatePurchase	Max Order
1/13/2003 12:00:00 AM	373802.6759

▲图 7-29

最后，MAXX 函数以这个 TOPN 函数返回的表为基准，对 DatePurchase 列进行排序并返回最大值。此时，由于之前已经通过 TOPN 函数筛选出了最大一笔订单和其对应的销售日期。因此，在这一条件下，MAXX 获取的最大日期对应的必定就是最大一笔订单的生成时间，可以满足分析需求。

高手自测 22：对于图 7-30 所示的用户购买信息表，如何获取用户最近一次消费的时间及对应的消费额？

Name	Transaction Date	Total amount
Larry Gill	Saturday, January 11, 2014	135
Geoffrey Gonzalez	Saturday, July 21, 2012	244
Blake Collins	Friday, July 13, 2012	269
Alexa Watson	Monday, April 21, 2014	133
Jacquelyn Dominguez	Sunday, February 2, 2014	161
Larry Gill	Tuesday, November 12, 2013	265
Blake Collins	Monday, January 20, 2014	157
Casey Gutierrez	Wednesday, October 9, 2013	131
Geoffrey Gonzalez	Monday, May 12, 2014	233
Blake Collins	Thursday, July 31, 2014	173
Alexa Watson	Friday, May 9, 2014	127
Larry Gill	Friday, June 13, 2014	237
Geoffrey Gonzalez	Friday, March 14, 2014	263
Blake Collins	Friday, May 18, 2012	121
Jacquelyn Dominguez	Tuesday, December 3, 2013	238
Casey Gutierrez	Sunday, August 25, 2013	154

▶图 7-30

7.3 数据排序

对数据按照一定规则进行排序是数据分析中的常见需求。在 Power BI 桌面版中有多种方法可以对数据进行排序，不同的排序方法获得的排序效果也不尽相同，用户可以根据实际需求进行灵活选择。

7.3.1 按列排序

当数据加载到 Power BI 后，默认情况下，在数据视图页面中，Power BI 会按照原始数据存储的样式来展示数据信息，不会进行自动排序。而在报表视图页面，当将列添加到视觉对象中后，对于文本类型的数据列，Power BI 默认会按照字母顺序进行排序，对于数字或时间类型的数据列，Power BI 默认会依据大小情况进行排序。当添加多个列到视觉对象中时，Power BI 默认会按照第一个添加列的排序情况来显示其他列的对应信息。

以学习文件夹 \ 第 7 章 \Order.pbix 示例文件中的 SalesInfo 表为例，在数据视图页面中，通过单击列头右侧的下拉箭头可以选择对当前数据列进行排序，如图 7-31 所示。但这种排序方法只影响当前数据视图页面的信息显示效果，如果将这个数据列添加到视觉对象中后，Power BI 仍然会按照默认字母排序规则来对数据进行显示，而不是基于之前的排序结果。

如果希望在数据视图下设定的排序规则能影响视觉对象的显示效果，则需要使用“按列排序”功能来对数据进行排序。“按列排序”可以实现按另一列的内容对选中列进行排序。如图 7-32 所示，如果想依据 Fiscal Month 列的排序规则对 Month 列进行排序，可以选中 Month 列，然后单击“按列排序”按钮并选中 Fiscal Month 列即可。

▶图 7-31

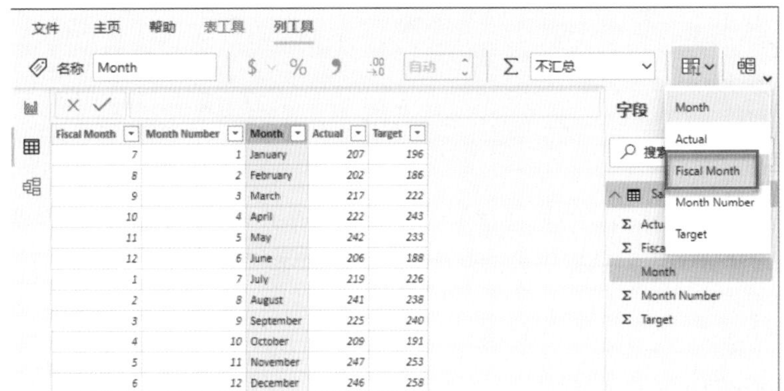

▶图 7-32

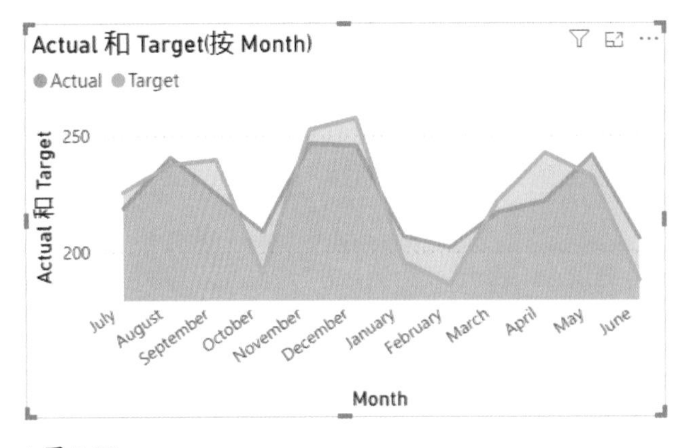

▲图 7-33

排序完成后，如图 7-33 所示，将 Month 列添加到视觉对象中，之后就能看到日期信息不再按照字母顺序进行排序，而是根据 Fiscal Month 列下数值的大小进行排序。由于 July 对应了 1，是 Fiscal Month 下最小的一个数，所以 July 就排在了第一位进行显示。

在视觉对象中，也可以对数据进行再次排序，如图 7-34 所示，通过单击右上角的“更多选项”按钮即可重新对数据进行排序。这种排序方式只对当前视觉对象起作用，当向报表添加其他视觉对象时，Power BI 仍然会按照既定的列排序规则来显示数据信息。

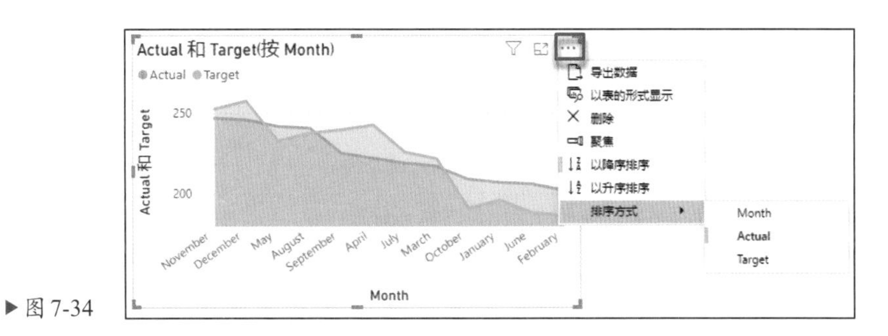

▶图 7-34

高手自测 23：对于图 7-35 所示的表，%Month 度量值的计算结果是多少？

```
%Months =
DIVIDE (
    SUM ( Sales[Amount] ),
    CALCULATE (
        SUM ( Sales[Amount] ),
        ALL ( Sales[Date].[月份] )
    )
)
```

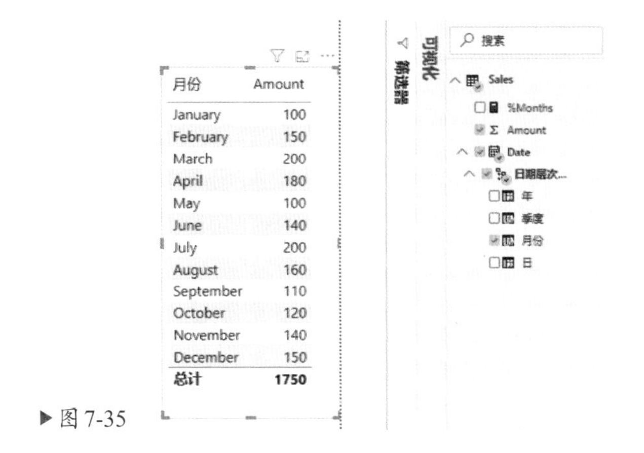

月份	Amount
January	100
February	150
March	200
April	180
May	100
June	140
July	200
August	160
September	110
October	120
November	140
December	150
总计	**1750**

▶图 7-35

7.3.2 排序函数 RANKX

Power BI 界面上的排序按钮，只能按照简单的单个列信息进行排序。如果要先对数据按照一定条件进行整理，之后再进行排序，就需要使用 DAX 表达式来进行。其中，RANKX 函数是最常使用的对数据进行排序的函数。RANKX 函数属于迭代类型的函数，它可以对指定表中的数据按照一定的规则进行计算，然后将计算结果进行排序，最后返回排序序号，其函数定义如下：

```
RANKX(＜table＞, ＜expression＞[, ＜value＞[, ＜order＞[, ＜ties＞]]])
```

其中，< table >定义了需要进行排序的表，< expression >定义了作为排序依据的表达式，该表达式必须能返回一个可以比较大小的单一数值，使得 RANKX 函数会根据这个表达式的返回值作为每一行数据的排序标准。后面的< Value >、< order >及< ties >是可选项，< Value >很少使用，可以填写一个表达式用以对排序表中的特定内容进行修改；< order >定义排序规则，即按照升序方式排序还是按照降序方式排序；最后的< ties >定义当有相同值时，对紧邻的下一个不同值数据的排序序号添加方式是连续式编号还是跳跃式编号。

与 SUNMX 函数类似，同属于迭代函数的 RANKX 函数，其运算过程也是先根据第一个参数< table >的设定来获取一个需要进行排序的表，之后根据第二个参数< expression >中的表达式对这个表进行循环计算，循环的次数与表的行数相等，然后将结果进行缓存；最后，对这个计算结果进行排序，并根据 RANKX 本身所在的上下文条件输出对应的排序序号。

以学习文件夹\第 7 章\Order.pbix 示例文件中的 Student 表为例，如果只针对 Score 列进行排序，可以在计算列中使用 RANXX 来获得 Score 列下每个值，参考表达式如下，结果如图 7-36 所示。

```
Score_Sort =
RANKX  (
    Student,
    Student[Score]
)
```

Name	Course	Score	Score_Sort
Leo	Chinese	88	3
Leo	English	79	11
Leo	Mathematics	81	10
Leo	Physics	76	14
Leo	History	79	11
Peter	Chinese	82	8
Peter	English	87	4
Peter	Mathematics	70	17
Peter	Physics	61	20
Peter	History	83	7
Jim	Chinese	72	15
Jim	English	66	19
Jim	Mathematics	78	13
Jim	Physics	68	18
Jim	History	71	16
Kate	Chinese	86	5
Kate	English	92	1
Kate	Mathematics	82	8
Kate	Physics	86	5
Kate	History	90	2

▲图 7-36

对于 Score_Sort 这个表达式，Power BI 会先获取 Student 表作为排序表，之后找到 Student 表下的 Score 列对数值进行排序，并给每个数值标记好对应的排序序号，最后由于 Score_Sort 表达式是在计算列上被执行，Power BI 会根据行上下文对表达式的返回结果进行筛选，返回当前行对应的排序序号，从而实现对 Score 列数据进行排序。

使用 RANKX 函数虽然可以对数据进行排序，但由于表达式的运算在计算列创建完毕后就已结束了，这就使获得的排序序号变成了"固定"信息存储在了表中，不适合在视觉对象中使用。如图 7-37 所示，在视觉对象中，Power BI 将 Score_Sort 表达式生成的计算列看作普通的数据列进行处理，将排序序号进行了汇总操作，从而无法满足对学生按照总成绩进行排名的需求。

因此，如果想动态地获取数据的排序信息，则需要使用度量值来创建包含RANKX函数的表达式进行计算。虽然RANKX函数的定义比较简单直白，但如图7-38所示，当在度量值中直接套用 RANKX 函数的定义时无法获得正确的排序结果，必须进行以下两点特殊处理才能返回正确的排序结果。

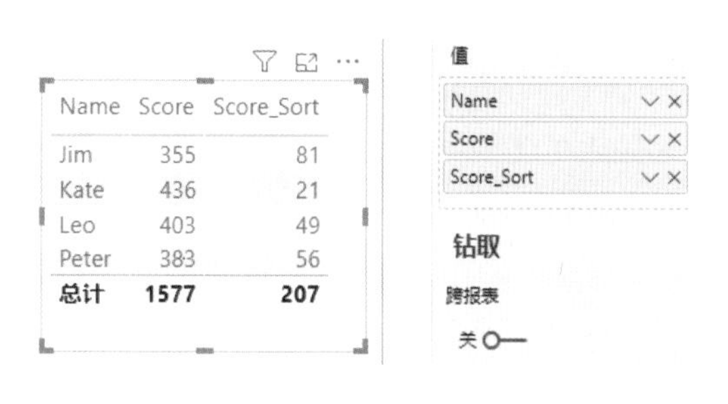

Name	Score	Score_Sort
Jim	355	81
Kate	436	21
Leo	403	49
Peter	383	56
总计	**1577**	**207**

▲图 7-37

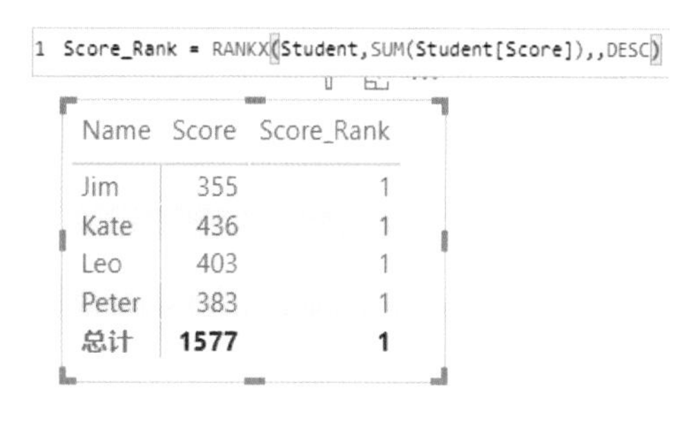

```
1 Score_Rank = RANKX(Student,SUM(Student[Score]),,DESC)
```

Name	Score	Score_Rank
Jim	355	1
Kate	436	1
Leo	403	1
Peter	383	1
总计	**1577**	**1**

▲图 7-38

1. 使用 ALL 函数清除筛选上下文对排序表的影响

由于度量值的计算结果会受到其所在视觉对象中应用的筛选上下文影响，所以如果没有使用 ALL 函数去除应用到 Student 表上的筛选条件，就会导致 RANKX 函数使用的参数表是被筛选上下文过滤后仅包含特定部分信息的子表，对这样的子表数据进行排序所获得的结果必然无法反映完整表的数据排序情况。

为了便于理解，如图 7-39 所示，创建一个临时计算表 Temp1 来模仿没有使用 ALL 函数情况下 RANKX 函数第一部分参数表被筛选上下文 Name=Jim 过滤后的结果。

排序本来的意义在于将不同学生的成绩放在一起进行比较，然而由于受到筛选条件的影响，生成的子表中只包含 Name 是 Jim 的学生信息。因此无论对这个表中数据进行何种计算，其本质都是在对唯一的一个学生的成绩进行排序，从而导致返回的排序结果永远是 1。

要解决这个问题，就需要使用 ALL 函数来清除应用到 Name 列上的筛选上下文，从而使得表达式能够对每个学生的成绩都进行计算，实现对比然后进行排序的需求。

2. 使用 CALCULATE 函数将行上下文修改成筛选上下文

如图 7-40 所示，虽然使用 ALL 函数去除掉了应用在 Name 列上的筛选上下文，但此时 Score_Rank 表达式仍然无法返回正确的排序结果。产生这种现象的原因是 RANKX 函数中的第二个参数表达式直接使用了 SUM 函数，而 SUM 函数是聚合函数，它会忽略行上下文，而对整个列中的数据进行求和计算。

```
1 Temp1 = FILTER(Student,Student[Name] = "Jim")
```

Name	Course	Score	Score_Sort
Jim	Chinese	72	15
Jim	English	66	19
Jim	Mathematics	78	13
Jim	Physics	68	18
Jim	History	71	16

▲图 7-39

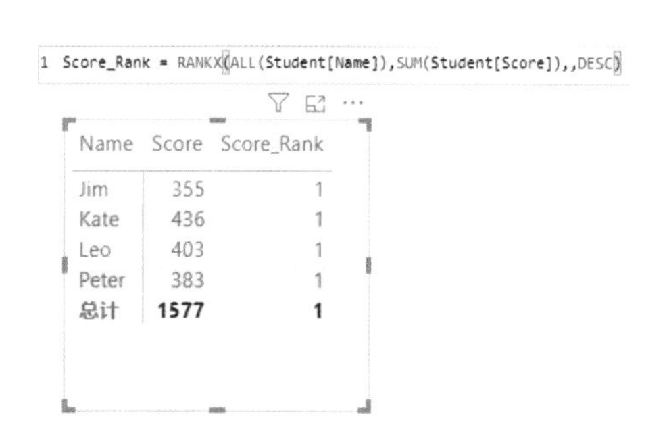

```
1 Score_Rank = RANKX(ALL(Student[Name]),SUM(Student[Score]),,DESC)
```

Name	Score	Score_Rank
Jim	355	1
Kate	436	1
Leo	403	1
Peter	383	1
总计	**1577**	**1**

▲图 7-40

为了进一步更清晰地解释这一现象，如图 7-41 所示，可以创建一个计算表来说明当 ALL 函数清除了 Name 列上的筛选上下文之后，直接使用 SUM 函数对表进行计算的结果。

由此可见，由于行上下文无法对 SUM 函数的计算结果产生影响，所以无论当前行内是哪位学生，SUM 函数计算结果都是所有学生成绩的总和，因此在这种计算结果基础上进行排序，所有学生的成绩排名都相同，都是 1。

要使行上下文能对 SUM 函数的计算结果产生影响，就需要使用 CALCULATE 函数来将行上下文转换成筛选上下文，以便 SUM 函数的计算范围可以被限定到指定的子表之上，实现针对特定行值来进行求和计算的需求。

对图 7-41 中的表达式进行微调，添加 CALCULATE 函数来限定 SUM 函数的运算范围。如图 7-42 所示，Total Score 列下的数据只会对应当前学生的各科分数总和，从而能获得有效的排序依据。

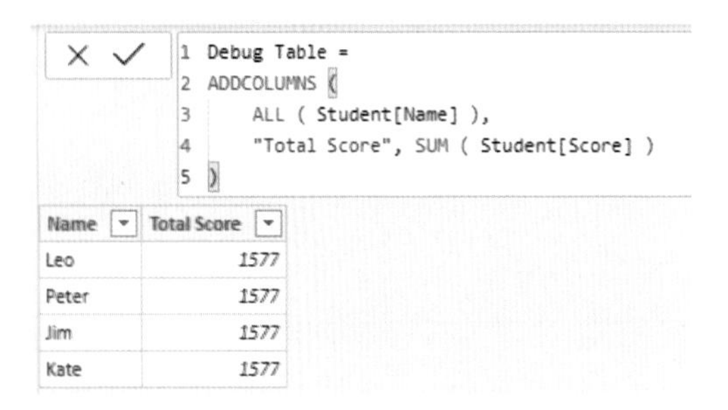

▲图 7-41

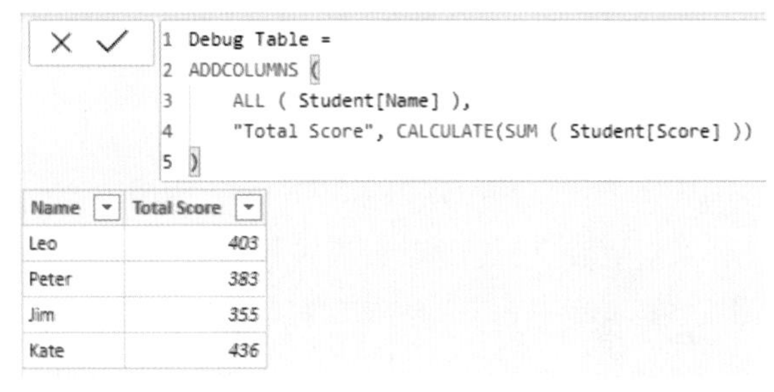

▲图 7-42

根据这一思路，如图 7-43 所示，将之前的 Score_Rank 表达式进行修改，用 CALCULATE 函数来包裹聚合函数 SUM，表达式就可以正确地返回每个学生的排序序号，从而实现按照总成绩对学生进行排序的需求。

```
Score_Rank =
RANKX (
    ALL ( Student[Name] ),
    CALCULATE (
        SUM ( Student[Score] )
    ),
    ,
    DESC
)
```

Name	Score	Score_Rank
Jim	355	4
Kate	436	1
Leo	403	2
Peter	383	3
总计	**1577**	**1**

▶图 7-43

高手自测 24：在 RANKX 函数中，如果不在表达式外使用 CALCULATE 函数将行上下文修改成筛选上下文，还有什么办法能实现同样的需求？

7.4 数据筛选

在数据分析中最重要的一种分析手段就是对数据模型所在的环境变量进行灵活定义，使其能根据不同的筛选条件输出不同的结果，从而可以对比各种客观因素变化对模型稳定性的影响，以便找出最优的模型架构并对数据的未来发展走势进行预测。在 Power BI 中，有多处位置可以对数据设定筛选条件，用户可以根据需求灵活使用。

7.4.1 筛选器

当数据加载到 Power BI 后，如图 7-44 所示，可以通过报表视图页面上的筛选器模块对报表上的数据进行过滤。筛选器上一共有三级设定，分别是“此视觉对象上的筛选器”“此页面上的筛选器”及“所有页面上的筛选器”。

1. 此视觉对象上的筛选器

当将视觉对象添加到报表页面之后，可以通过“此视觉对象上的筛选器”面板对当前视觉对象中显示的数据进行过滤。默认情况下，视觉对象中使用的字段会被自动添加到视觉级筛选器中用于创建过滤条件。此外，根据需要，还可以手动添加其他的字段到视觉级筛选器中用于创建过滤条件。

如图 7-45 所示，当在视觉级筛选器中设置条件过滤掉某些数据后，该视觉对象就不再显示过滤掉的数据内容。如果视觉筛选器中设定了多个字段作为筛选条件，则 Power BI 会按照逻辑“与”运算关系来生成过滤结果。

▲图 7-44

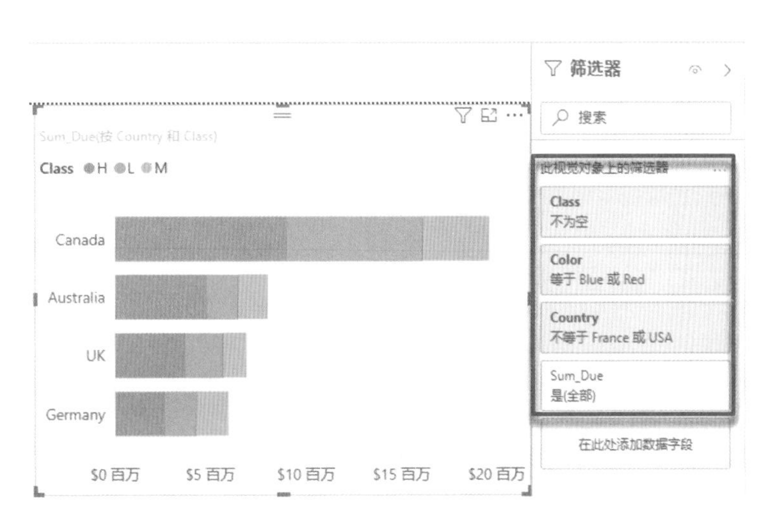

▲图 7-45

2. 此页面上的筛选器

如果想对当前页面上所有的视觉对象统一设定过滤条件，可以通过“此页面上的筛选器”功能来实现。该筛选器的执行优先级要高于视觉级筛选器，即 Power BI 会先按照页面级筛选器中设定的条件进行数据查询，生成一个子表；之后，页面中的视觉对象都会基于该子表的结果进行显示。此外，当页面筛选器中有多个字段作为筛选条件时，Power BI 将按照逻辑“与”运算关系来获取筛选结果。

如图 7-46 所示，当在页面筛选器上设定只显示 2014 年以后的数据信息，Power BI 会将该筛选条件全部应用到当前页面的视觉对象之上，使其只针对 2014 年以后的数据生产可视化信息。

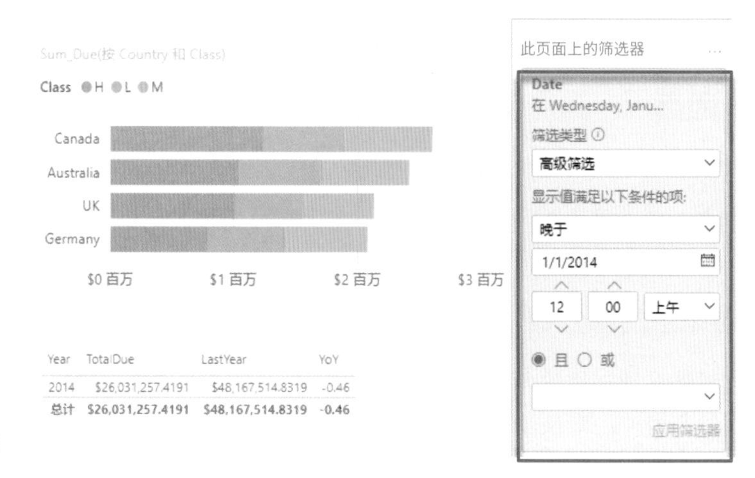

▶图 7-46

3. 所有页面上的筛选器

如果想对数据集内所有报表页面上的视觉对象都设置相同的过滤条件，就需要通过“所有页面上的筛选器”功能来实现。这个筛选的执行优先级要高于页面级筛选器。当在不同页面切换数据时，都能看到报告级筛选器设置的过滤条件。与其他两个筛选器类似，当报告级别筛选器有多个字段作为筛选条件时，Power BI 将按照逻辑“与”运算关系来获取筛选结果。

在筛选器上设置过滤条件，可以减少需要度量值进行计算的数据量，从而加快可视化图形的生成速度，提高报表的使用体验。

高手自测 25：如何阻止终端用户修改筛选器上的过滤条件？

7.4.2 切片器

切片器是 Power BI 中最常用一个可视化工具。通过部署切片器，用户可以选择所要使用的筛选条件对页面上视觉对象中的数据进行过滤，使得报表中的数据可以根据不同的筛选条件进行切换，从而实现从多角度对数据进行分析的需求。

切片器内只有“字段”一处设置需要进行配置，“字段”处只能使用原始数据列或计算列，不能使用度量值。对不同的数据类型，切片器对其提供的显示方式也各不相同。如果配置的是文本类型字段，切片器可以按照“列表”或“下拉”两种方式进行显示。如果配置了数字类型字段，除了“列表”和“下拉”两种显示模式外，切片器还能按照“介于”“之前”“之后”这 3 种方式进行显示。如果选择日期类型字段，如图 7-47 所示，切片器还能额外提供“相对日期”这一种显示模式，使得切片器的样式灵活多样，方便用户在不同场景中使用。

默认情况下，当在一个切片器中选择了多个选项时，Power BI 会按照逻辑“或”关系对数据进行筛选。如图 7-48 所示，当在切片器 Name 里面勾选了 HL Crankset 和 HL Fork 两个值后，Power BI 会在视觉对象表中显示所有 Name 值是 HL Crankset 或 HL Fork 的 Country 信息。

▲图 7-47　　▲图 7-48

如果在切片器中多选后，想让 Power BI 按照逻辑“与”方式来筛选数据，则需要通过创建 DAX 表达式来实现。以学习文件夹 \ 第 7 章 \Slicer.pbix 示例文件为例，先创建一个度量值来获取切片器中有多少个选项被选中，参考表达式如下：

```
Number of Product Selected =
IF (
    ISFILTERED ( 'Production Product'[Name] ),
    COUNTROWS (
        ALLSELECTED ( 'Production Product'[Name] )
    ),
    0
)
```

在这个表达式中 IF 函数内的逻辑判断通过 ISFILTERED 函数来实现。ISFILTERED 可以检测指定参数列上是否被应用了筛选条件。如果是，则返回 TRUE，如果没有，则返回 FALSE。而当返回 TRUE 之后，通过 COUNTROWS 函数和 ALLSELECTED 函数可以计算出在切片器 Name 内共有多少个选项被选中。

之后，再创建一个度量值用来标记哪些国家销售的产品种类与切片器 Name 内选中项的个数相等。参考表达式如下：

```
Slicer Check =
IF (
    [Number of Product Selected] = 0,
    1,
    IF (
        DISTINCTCOUNT ( 'Production Product'[Name] ) = [Number of
Product Selected],
        1,
        0
    )
)
```

在这个表达式中，DISTINCTCOUNT 函数用来计算卖出的商品种类，通过筛选上下文作用，当 DISTINCTCOUNT 函数返回的结果与 Number of Product Selected 表达式的返回结果相同时，就意味着当前行国家卖出的产品种类与切片器中选中的种类相同，符合期待结果要求。因此，如果想在切片器中按照逻辑“与”运算关系进行过滤，如图 7-49 所示，可以创建类似 Slicer Check 的度量值，然后设定筛选器只显示度量值返回结果是 1 的数据即可。

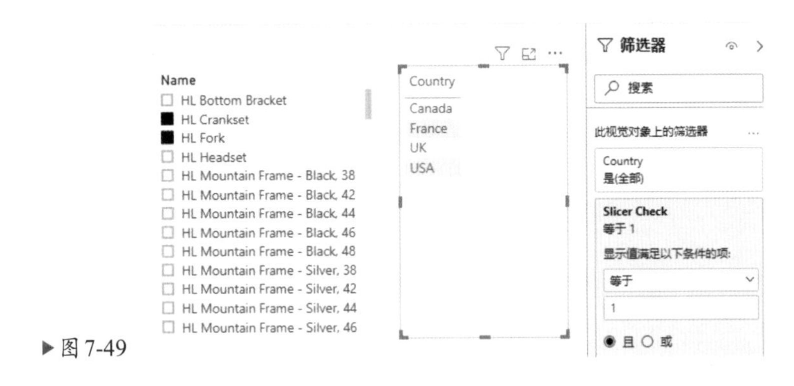

▶图 7-49

7.4.3 筛选函数 FILTER、All 和 CALCULATE

界面上的筛选器只能实现比较简单的数据过滤，如果想要基于一定条件对数据进行灵活筛选，就需要借助 DAX 表达式来实现，这里面最常用的函数就是 FILTER、ALL 及 CALCULATE。这些函数的功能类似 SQL 语句中的 SELECT…WHERE…，通过设定好筛选条件可以对指定的参数表进行过滤，从而使得基于这些参数表进行运算的表达式可以根据不同的过滤条件输出不同的结果。

1. FILTER 函数

FILTER 函数是最常见的一个筛选器类型函数，它可以根据特定条件对表进行筛选，然后将符合条件的数据组成一张新的表作为返回结果来限定其他函数的运算范围。其定义表达式如下：

```
FILTER (< table >, < filter >)
```

FILTER 函数只有两个参数，第一个参数< table >用来定义需要进行筛选的表，这张表可以是原始表或是由函数返回的计算表；第二个参数< filter >需要填写布尔类型表达式，用于设置过滤条件来筛选参数表中的数据。

使用 FILTER 函数的目的是为了限制同一个表达式内其他函数的运算范围，使得表达式可以有针对性地对某些数据进行计算，这种过滤与使用表筛选器或切片器不同，只针对特定表达式起作用，不会对其他表达式的运算产生影响。

FILTER 函数对数据进行筛选的过程有点类似于迭代函数，会对参数表中的每一行进行一次运算，看当前行中的数据是否符合筛选条件，如果符合就保留，如果不符合就去掉。因此，FILTER 的运算效率与过滤条件的设置有很大关系。以学习文件夹 \ 第 7 章 \Filter.pbix 示例文件为例，如图 7-50 所示，要想获得 2018 年所有产品在 UK 的总销量，可以创建一个度量值表达式并利用 FILTER 函数来进行。表达式有以下两种实现方式，都可以获得相同结果。

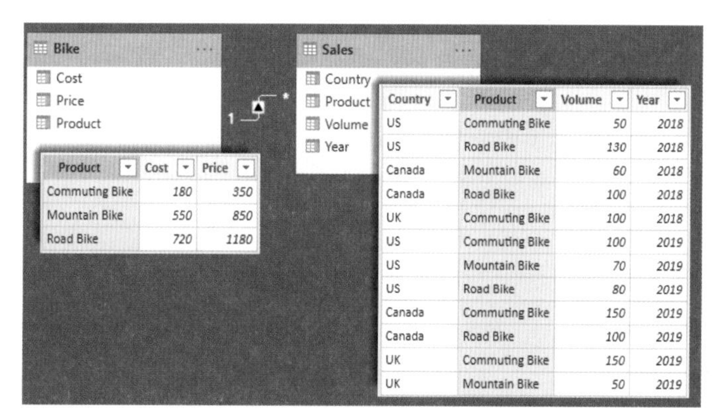

Product	Cost	Price
Commuting Bike	180	350
Mountain Bike	550	850
Road Bike	720	1180

Country	Product	Volume	Year
US	Commuting Bike	50	2018
US	Road Bike	130	2018
Canada	Mountain Bike	60	2018
Canada	Road Bike	100	2018
UK	Commuting Bike	100	2018
US	Commuting Bike	100	2019
US	Mountain Bike	70	2019
US	Road Bike	80	2019
Canada	Commuting Bike	150	2019
Canada	Road Bike	100	2019
UK	Commuting Bike	150	2019
UK	Mountain Bike	50	2019

▶图 7-50

第一种方法是在 FILTER 函数内，直接添加两个过滤条件并使用 AND 函数进行逻辑连接。这样，FILTER 函数在运算时，会对 Sales 函数内的每一行数据都应用这两个条件进行筛选，看是否满足条件。参考表达式如下：

```
Filter_2018_UK_1 =
SUMX (
    FILTER (
        Sales,
        AND (
            Sales[Year] = 2018,
            Sales[Country] = "UK"
        )
    ),
    Sales[Volume]
        * RELATED ( Bike[Price] )
)
```

第二种方法是在 FILTER 函数内再嵌套一个 FILTER 函数，将过滤设置分成两步来实现。首先，在内层的FILTER函数内先对表进行一次过滤，找到所有Country值是UK的数据，然后生成一张子表。其次，通过外层的FILTER函数，再对这张子表进行一次过滤，将所有Year是2018的数据筛选出来，作为最终的筛选结果。参考表达式如下：

```
Filter_2018_UK_2 =
SUMX (
    FILTER (
        FILTER (
            Sales,
            Sales[Country] = "UK"
        ),
        Sales[Year] = 2018
    ),
    Sales[Volume]
        * RELATED ( Bike[Price] )
)
```

这两种方法都可以获得相同的过滤表，但是计算效率上略有不同。第一种方法是使用复合筛选条件，对表进行了 N 次计算（N 等于表的行数）。第二种方式是使用单一过滤条件，对表分别进行了 N 次和 M 次计算（$M \leqslant N$）。从运算次数上看，虽然复合筛选条件要比单一筛选条件执行的次数少，但相比于复合过滤条件，DAX对单一过滤条件的执行效率更高。因此，如果第一次执行FILTER函数可以过滤掉绝大多数的数据，那么应该使用嵌套式FILTER函数进行数据过滤，以便获得更好的计算效率。

2. ALL函数和ALLEXCEPT函数

ALL函数和ALLEXCEPT函数是筛选器类型函数中比较特殊的两个函数。与FILTER函数的功能刚好相反，ALL函数和ALLEXCEPT函数可以去除指定表或列上应用的筛选条件，让表或列中的所有数据都可以作为函数运算的上下文来参与计算。ALL的函数定义如下：

```
ALL ( { < table > | < column > [, < column > [, < column > [,…]]]} )
```

ALL函数内可以填写两种形式参数，第一种是ALL（< table >），可以去除应用到指定原始表或计算表上的筛选条件，如果当前应用ALL函数的表与其他表之间有关联关系，ALL函数就会按照关联关系属性，一并去除关联表中的过滤条件；第二种是ALL(< column > [，< column > [，< column > [，…]]])，可以去除指定原始数据列或计算列上的筛选条件，如果ALL函数的参数只有一个具体的列，则返回结果是去掉当前列上所有筛选条件并去掉列中重复值后得到的新列。

ALLEXCEPT函数是ALL函数的反向定义函数，它能清除某个表上除了指定列以外其他列上的过滤条件。例如，一张表Table中包含Column1、Column2和Column3这3个列时，ALL（Table，Table [Column1]、Table [Column2]）的含义与ALLEXCEPT（Table，Table [Column3]）相同，计

算结果都是去除了应用在 Column1 和 Column2 上的过滤条件，而保留了 Column3 上的过滤条件。

ALL 函数和 ALLEXCEPT 函数的应用场景非常广泛。例如，当要获得某一部分占整体的百分比时就需要使用 ALL 函数来去掉筛选上下文从而获取分母值。以学习文件夹 \ 第 7 章 \Filter.pbix 示例文件为例，要想获得每种产品销售量占总销售量的比例，就需要使用 ALL 函数去除视觉对象表上的筛选上下文进而统计总销售量。否则，SUMX 函数的计算范围就会被限定在筛选后的 Sales 子表上，无法统计全部产品的销售量。参考表达式如下，结果如图 7-51 所示。

```
%Product =
DIVIDE (
    SUM ( Sales[Volume] ),
    SUMX (
        ALL ( Sales ),
        Sales[Volume]
    )
)
```

需要注意的是，如果想利用筛选上下文在多对一关系表之间具有传递性这一特点，通过对一个表的筛选来过滤另外一个关联表中的数据，在 ALL 函数的使用上需要额外小心。仍然以学习文件夹 \ 第 7 章 \Filter.pbix 示例文件为例，Bike 表和 Product Category 表之间有多对一关联关系，分别创建下面两个度量值来获取生产 Mountain Bike 这种类型产品的制造商个数，结果如图 7-52 所示。

Product	Volume	%Product
Commuting Bike	550	48.25%
Mountain Bike	180	15.79%
Road Bike	410	35.96%
总计	**1140**	**100.00%**

▲图 7-51

```
All_Column =
CALCULATE (
    COUNTROWS ( 'Product Category' ),
    FILTER (
        ALL ( 'Bike'[Product] ),
        'Bikc'[Product] = "Mountain Bike"
    )
)
All_Table =
CALCULATE (
    COUNTROWS ( 'Product Category' ),
    FILTER (
        ALL ( 'Bike' ),
        'Bike'[Product] = "Mountain Bike"
    )
)
```

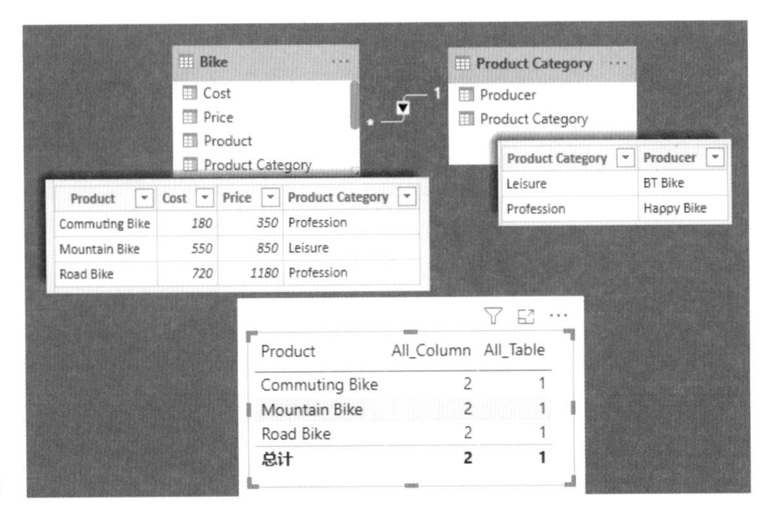

▶图 7-52

这两个度量值的书写方式很相似，但从图中信息可以获知，Mountain Bike 的生产商只有 1 家，所以 All_Column 表达式的计算结果不正确，而 All_Table 表达式的计算结果则没有问题。

这两个表达式的区别主要在于，All_Column 内使用 ALL 函数去除了 Bike 表内 Product 列上的筛选条件，之后再筛选 'Bike'[Product]="Mountain Bike" 的数据，而 All_Table 则用 ALL 函数去掉了整个 Bike 表上的筛选条件，然后再筛选 'Bike'[Product] = "Mountain Bike" 的数据。

之所以单独针对 Bike 表内 Product 列来去除筛选条件无法获得所需结果，是因为 Bike 表和 Product Category 之间存在多对一关系，两者可以联合成如图 7-53 所示的虚拟表。由于 Product 列并不存在于 Product Category 表中，这样导致只针对 Product 列上进行的任何过滤筛选都不会对 Product Category 表产生影响。因此，在 All_Column 表达式中，COUNTROWS 函数的计算范围仍然是整个 Product Category 表，所以获得的结果是 2，而不是 1。

	Product Category	Bike
Producer		
Product Category		
Cost		
Price		
Product		

原始列 扩展列

▲图 7-53

而在 All_Table 表达式内，ALL 函数将去除筛选条件的范围扩大至整个 Bike 表之上，这样通过 Product Category 列可以使得 Bike 表实现对 Product Category 表的筛选。因此，COUNTROWS 函数的计算范围变成了只包含 Product Category=Leisure 的子表，所以可以获得正确的计算结果。

3. CALCULATE 函数

CALCULATE 函数是 DAX 语言中最重要也是最常用的一个函数，同时也是相对最难理解的一个函数。它的功能直译过来是计算由指定筛选器修改的上下文中的表达式。从字面意思上看，CALCULATE 函数的功能与 FILTER 函数相近，都是允许用户在表达式内设置筛选条件来限定参数函数的运算范围，但实际上 CALCULATE 函数的功能在于它可以重新设定筛选上下文，并且能将行上下文转换为筛选上下文，可以用来重构表达式运行的上下文环境，从而对计算结果产生根本性的影响。CALCULATE 函数语法定义如下：

```
CALCULATE（<expression>，<filter1>，<filter2>…）
```

这里面第一个参数表达式是必填项，后面的参数是筛选条件，为选填项，当有多个筛选表达式时，按照逻辑“与”来处理。其中，筛选条件可以使用布尔表达式或能返回计算表的筛选表达式。如果使用布尔表达式，表达式中只能使用一个列做参数，并且只能是原始列或计算列，不能是度量值。

默认情况下，表达式的运算范围由外部设定的筛选上下文或行上下文（如果有的话）来决定。但是当表达式在 CALCULATE 函数内运行时，其运算范围就由 CALCULATE 函数内设定的上下文决定，这就是为什么通过 CALCULATE 函数可以重新设定其参数表达式的运算的上下文，进而获得不同的运算结果。

再次以学习文件夹 \ 第 7 章 \Filter.pbix 示例文件为例，之前创建过一个 %Product 的度量值，可以用来获得每种产品销售量占总销售量的比例。但如图 7-54 所示，如果添加一个切片器，想要获知在某个国家范围内，每种产品的销量占当前国家产品总销量的比例，就能发现 %Product 度量值的计算结果不能满足使用要求。因为 ALL 函数去除了整个 Sales 表上的筛选条件，包括切片器或其他视觉对象上应用的筛选条件，这就使得 %Product 表达式的计算结果永远基于总销售量来进行，而不能按照某个国家进行过滤。

如果要解决这个问题，就需要引入 CALCULATE 函数来修改计算总销售量表达式的运算范围，使其可以根据国家信息来进行汇总。参考表达式如下，结果如图 7-55 所示。

```
%Product_Cal =
DIVIDE (
    SUM ( Sales[Volume] ),
    CALCULATE (
        SUM ( Sales[Volume] ),
        ALL ( 'Product Category' ),
        ALL ( Bike )
    )
)
```

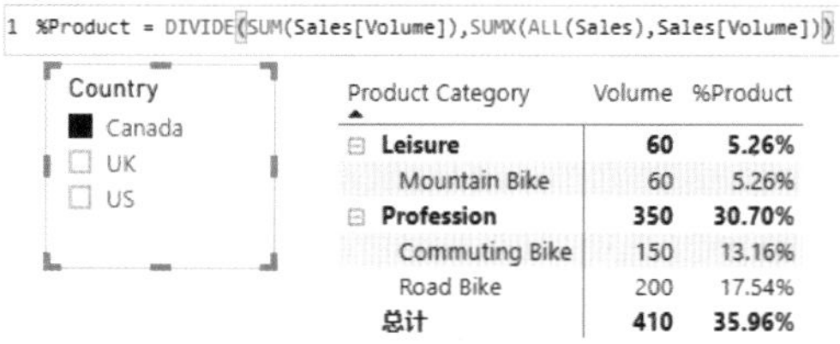

```
1 %Product = DIVIDE(SUM(Sales[Volume]),SUMX(ALL(Sales),Sales[Volume]))
```

Country
■ Canada
□ UK
□ US

Product Category	Volume	%Product
⊟ Leisure	60	5.26%
Mountain Bike	60	5.26%
⊟ Profession	350	30.70%
Commuting Bike	150	13.16%
Road Bike	200	17.54%
总计	410	35.96%

▲图 7-54

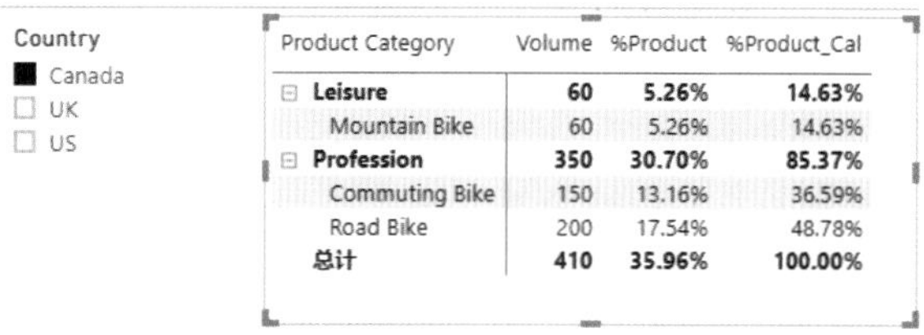

Country
■ Canada
□ UK
□ US

Product Category	Volume	%Product	%Product_Cal
⊟ Leisure	60	5.26%	14.63%
Mountain Bike	60	5.26%	14.63%
⊟ Profession	350	30.70%	85.37%
Commuting Bike	150	13.16%	36.59%
Road Bike	200	17.54%	48.78%
总计	410	35.96%	100.00%

▲图 7-55

在新的 %Product_Cal 这个表达式中，分子部分 SUM 函数的计算结果和 %Product 表达式的分子部分一样，都受到来自矩阵视觉对象上应用的 Product Category 表 Product Category 列及 Bike 表 Product 列中筛选条件的影响。而在 %Product_Cal 表达式的后半部分，则利用了 CALCULATE 函数修改了分母表达式的计算范围，使其可以按照指定筛选信息进行求和计算，具体执行过程如下。

1. 来自当前矩阵视觉对象上的筛选条件会被传递给 CALCULATE 函数内第二部分的过滤参数表达式去使用。此时，由于使用了 ALL 函数去除了所有过滤条件，因此这部分的运算结果会返回 Product Category 表和 Bike 表上的所有数据。

2. Sales 表和 Bike 表及 Product Category 表存在多对一关联关系，根据筛选上下文在表之间具有传播性这一特点，在 Sales 表、Bike 表及 Product Category 表组成的联合表上，用 ALL 函数去除了 Product Category 和 Bike 上的筛选条件，相当于也去掉了 Sales 表关联列上的筛选条件。

3. CALCULATE 函数会将当前报表页面内切片器上使用的过滤条件 Country=Canada 应用到刚刚获得的虚拟联合表上，获得一张只包含 Country 值是 Canada 的子表。

4. SUM 函数会在这张只包含 Country 值是 Canada 的子表上对 Volume 列内的数据进行求和计算，进而获得在当前国家内的产品总销售量信息。

由此可见，CALCULATE 函数的执行顺序是先在当前上下文环境内执行第二部分筛选参数表达式；如果当前报表上通过其他筛选器设置了过滤条件，则会将该过滤条件作用到筛选表达式之上来获取新的过滤表；最后，第一部分参数表达式将在这个过滤表所限定的范围内进行计算，获得最终计算结果。

高手自测 26：CALCULATE 函数在使用上有哪些特点，有哪些注意事项？

7.5 数据分类

对数据进行分类计算是商业数据分析中非常基础的一种建模方法。在 Power BI 桌面服务中可以利用工具对数据进行静态分类，也可以使用 DAX 表达式对数据进行动态分类，用户可以根据实际需求灵活选择。

7.5.1 分组

如果想按照一定条件对数据进行静态分组，可以使用数据视图模式下的“新建数据组”功能依据一定条件对数据添加分组标签。这种分组方法与查询编辑器中的分组功能有本质区别，在查询编辑器中是利用聚合计算来对数据进行分组，而数据视图模式下的分组则是通过创建一个新的计算列，之后对指定列中的数据按照一定条件进行分组标记，从而实现分类功能。

在数据视图内对数据进行分组的目的是可以在视觉对象中以新的分类方式显示数据信息，从而提高报表的易读性。如图 7-56 所示，可以使用“新建数据组”功能，按照孩子的个数来划分家庭规模大小。

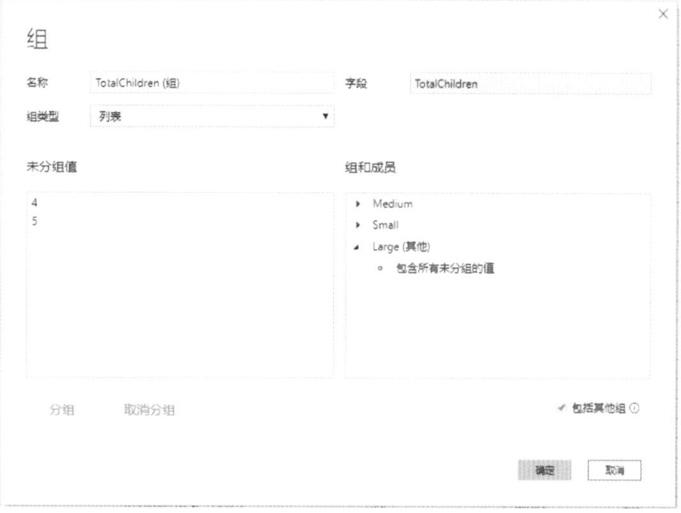

▶图 7-56

分组结束后，如图 7-57 所示，Power BI 会新建一个特殊的计算列来存储分组信息，之后，这个分组列就可以当作普通列来创建视觉对象或作为参数被 DAX 表达式所使用。

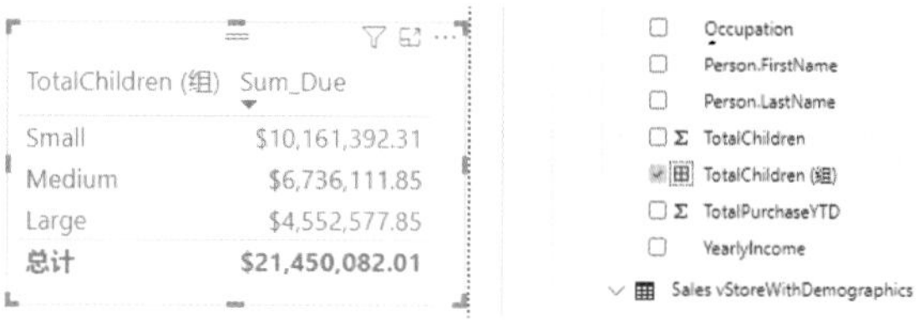

TotalChildren (组)	Sum_Due
Small	$10,161,392.31
Medium	$6,736,111.85
Large	$4,552,577.85
总计	$21,450,082.01

▲图 7-57

目前，新建数据组功能提供两种分组方式，一种是之前图 7-56 所示的“列表”类型组，即通过一个一个选择的方式对数据进行分组，可以对所有类型的数据列进行分组。另外一种类型组叫“箱”，只适用于数值类型或日期 / 时间类型的数据列。其含义是按一定规则设置分组箱，然后将数据放置在不同的箱组中进而实现分组需求。

▲图 7-58

如图 7-58 所示，以“箱”的方式进行分组有两处字段需要配置，一个是装箱类型方式，即用来设定配置分组箱的方式。另外一个就是与其相对应的装箱大小或装箱个数。如果“装箱类型”选定“装箱大小”，则 Power BI 会用被分组的数据除以装箱大小设定的数值来获取分组结果。如果能恰好整除，则分组值即为当前数值；如果不能整除，则分组值是当前数值减去余数的值。按“箱数”进行分组其实就是指定将选中列分为多少个组，Power BI 会根据指定的“装箱计数”自动算出“装箱大小”，之后获得分组值。

7.5.2 层次结构列

除了对数据列进行分组以外，Power BI 还提供一个“层次结构列”功能，支持将多个数据列按照一定的层级关系组合成列组，使得用户可以按照某个层级关系来对数据进行浏览。

例如，当导入日期类型数据列时，如图 7-59 所示，Power BI 会自动为其创建一个包含年份、季度、月份、日期的层次结构列。这样，当使用这个日期列构造视觉对象之后，就可以使用组层次结构跳转按钮来浏览不同层次结构对应的数据信息。

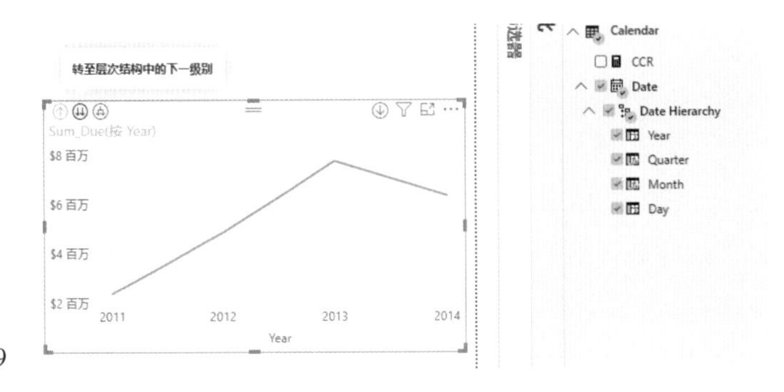

▶图 7-59

如果要对两个具有一定关系的数据列构造层次结构列，如图 7-60 所示，可以选择要成为层次结构列中顶层的数据列，右键选择创建新的层次结构。之后，右键选择要添加到层次结构列中的数据列，再单击添加到所需的层次结构列中即可。

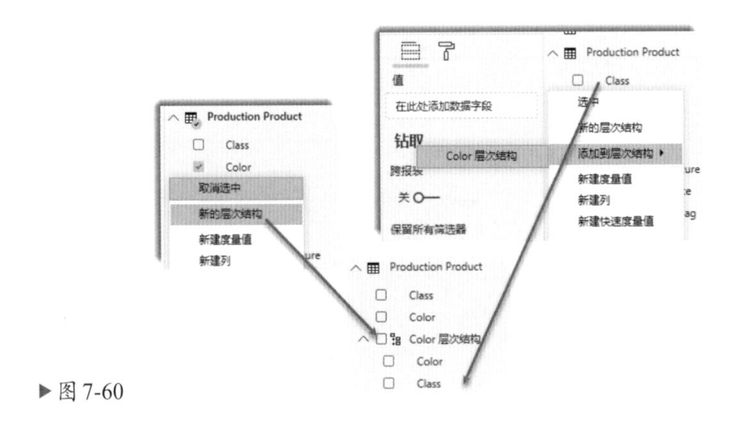

▶图 7-60

7.5.3 统计分类函数 SUMMARIZE 和 GROUPBY

Power BI 界面上提供的数据分组功能属于静态分组，如果想根据上下文对数据进行动态分组，则需要通过 DAX 表达式来实现。这里面，最常用的两个统计分类函数就是 SUMMARIZE 和 GROUPBY。

1. SUMMARIZE 函数

SUMMARIZE 函数是统计类型函数中使用频率最高的函数之一。它可以对某个表及其关联表中的数据以筛选或聚合的方式进行分类，之后将计算结果存放在一个新的计算表中。SUMMARIZE 函数的定义如下：

```
SUMMARIZE(＜table＞,＜groupBy_columnName＞[,＜groupBy_columnName＞]…
[,＜name＞, ＜expression＞]…)
```

这里面第一个参数＜ table ＞处填写需要进行整理的表，可以是原始表，也可以是通过表达式获得的计算表；第二个参数位＜ groupBy_columnName ＞用来指定基于哪一个或几个列来整理数据表，至少需要填写一个，并且填写的列必须来自之前的参数表或其关联表中的原始数据列或计算列；最后面的参数位 *n* ＜ name ＞，＜ expression ＞是选填项，可以在之前整理过的表中添加新的数据列。

SUMMARIZE 函数的返回结果是一个包括＜ groupBy_columnName ＞列及自定义列的计算表，主要用来作为其他表达式的运算上下文来使用。以学习文件夹 \ 第 7 章 \Group.pbix 示例文件为例，可以创建一个计算表来查看 SUMMARIZE 函数的返回结果。如果要基于 Product 列和对应的 Producer 列做分类，不添加新列，则通过下面的表达式可以获得如图 7-61 所示结果。

```
Summarize_Product =
SUMMARIZE (
    Sales,
    Sales[Product],
    'Product Category'[Producer]
)
```

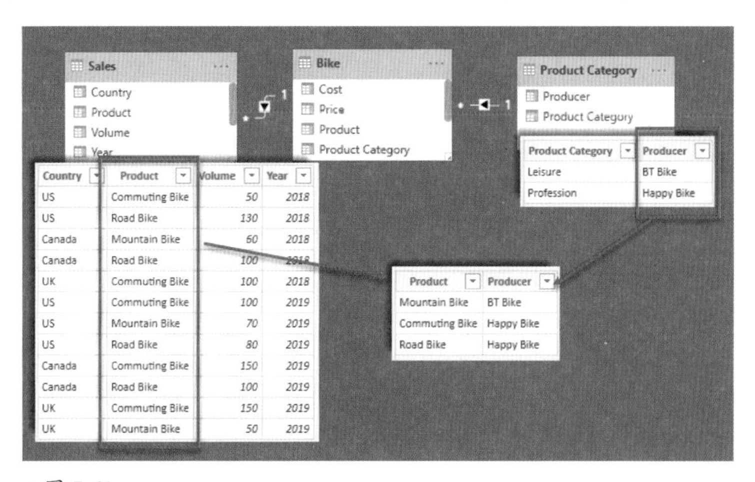

Country	Product	Volume	Year
US	Commuting Bike	50	2018
US	Road Bike	130	2018
Canada	Mountain Bike	60	2018
Canada	Road Bike	100	2018
UK	Commuting Bike	100	2018
US	Commuting Bike	100	2019
US	Mountain Bike	70	2019
US	Road Bike	80	2019
Canada	Commuting Bike	150	2019
Canada	Road Bike	100	2019
UK	Commuting Bike	150	2019
UK	Mountain Bike	50	2019

Product Category	Producer
Leisure	BT Bike
Profession	Happy Bike

Product	Producer
Mountain Bike	BT Bike
Commuting Bike	Happy Bike
Road Bike	Happy Bike

▲图 7-61

```
1 Summarize_Product =
2 SUMMARIZE (
3     Sales,
4     Sales[Product],
5     'Product Category'[Producer],
6     "Total Volume", SUM ( Sales[Volume] )
7 )
```

Product	Producer	Total Volume
Mountain Bike	BT Bike	180
Commuting Bike	Happy Bike	550
Road Bike	Happy Bike	410

▲图 7-62

SUMMARIZE 函数会先分别对两个分组数据列进行合并筛选，再根据表之间的关联关系组合成一个新表作为返回结果。如果在这个基础上再添加一个自定义列，对 Volume 列中的值进行求和运算，则可以获得如图 7-62 所示结果。

这里面，SUM 函数之所以能针对每个厂商生产的商品进行聚合运算，是因为其运算过程既受行上下文影响，也受到筛选上下文的影响。如图 7-63 所示，通过表之间的关联关系，Sales 表和 Product Category 表可以组合成一个联合表，此时，SUMMARIZE 函数会用分组列中的数据对这个联合表进行过滤。例如，使用 Product=Mountain Bike 和 Producer=BT Bike 这两个条件对表进行过滤，之后 SUM 函数会对这张过滤表中的 Volume 列进行聚合运算，并返回相应计算结果。这相当于自定义列“Total Volume”下的每个值，都是通过其对应的行上下文转换成相应的筛选上下文再应用到表达式上所得。

	1.2 Year	Country	Product	Volume	Bike.Product Category	Product Category.Producer
1	2018	US	Commuting Bike	50	Profession	Happy Bike
2	2018	US	Road Bike	130	Profession	Happy Bike
3	2018	Canada	Road Bike	100	Profession	Happy Bike
4	2018	Canada	Mountain Bike	60	Leisure	BT Bike
5	2018	UK	Commuting Bike	100	Profession	Happy Bike
6	2019	US	Commuting Bike	100	Profession	Happy Bike
7	2019	US	Mountain Bike	70	Leisure	BT Bike
8	2019	US	Road Bike	80	Profession	Happy Bike
9	2019	Canada	Commuting Bike	150	Profession	Happy Bike
10	2019	Canada	Road Bike	100	Profession	Happy Bike
11	2019	UK	Commuting Bike	150	Profession	Happy Bike
12	2019	UK	Mountain Bike	50	Leisure	BT Bike

▲图 7-63

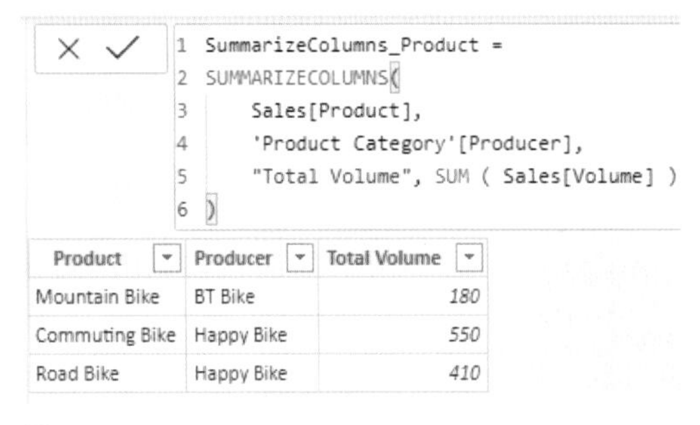

```
1 SummarizeColumns_Product =
2 SUMMARIZECOLUMNS(
3     Sales[Product],
4     'Product Category'[Producer],
5     "Total Volume", SUM ( Sales[Volume] )
6 )
```

Product	Producer	Total Volume
Mountain Bike	BT Bike	180
Commuting Bike	Happy Bike	550
Road Bike	Happy Bike	410

▲图 7-64

SUMMARIZE 函数的运算逻辑其实比较复杂并且存在一定的效率问题，只适用于对特定列进行分组而不需要添加自定义列的情况。如果需要添加自定义列，建议使用 SUMMARIZECOLUMNS 函数来代替。例如，之前图 7-62 所示的表达式可以更改成如图 7-64 所示的使用 SUMMARIZECOLUMNS 函数的表达式。

跟 SUMMARIZE 函数相比，SUMMARIZECOLUMNS 函数无须指定分组表，DAX 计算引擎会自动对所需分组的数据列进行解析，从而更快地获得运算结果。但需要注意的是，与 SUMMARIZE 函数不同，如果在 SUMMARIZECOLUMNS 函数内不添加新列来对分组数据进行聚合，

SUMMARIZECOLUMNS 函数会根据“交叉连接（Cross Join）”规则对分组列中的数据进行匹配然后生成一张新表。如图 7-65 所示，如果使用 SUMMARIZECOLUMNS 函数来对 Product 列和对应的 Producer 列做分类，其计算结果是将两列内的数据值进行了交叉匹配，而没有像之前 SUMMARIZE 函数一样根据表之间的关联关系对数据进行匹配组合。

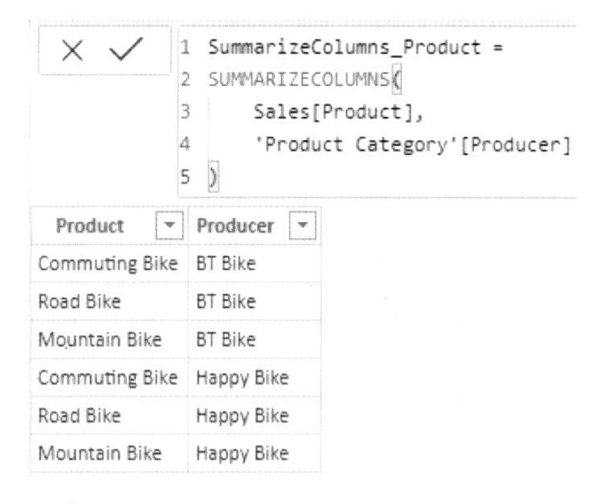

▲图 7-65

2. GROUPBY 函数

GROUPBY 函数是另外一个可以对数据进行分类整合处理的函数，其运算结果与 SUMMARIZE 函数近似，都可以用来对数据进行分类整合处理。但与 SUMMARIZE 函数不同，GROUPBY 函数中并未隐式地包含 CALCULATE 函数的定义，即不具备将行上下文转换成筛选上下文的能力，所以其生成的新表无法直接作为筛选上下文来控制后续参数表达式的计算范围。因此 GROUPBY 函数只能与迭代函数一起使用（如 SUMX、MAXX、AVERAGEX 等），而无法跟使用聚合函数一起使用（如 SUM、MAX、AVERAGE 等）。

GROUPBY 函数的定义几乎与 SUMMARIZE 函数一样，但最大的不同点是在 GROUPBY 函数中，如果要对数据进行计算，只能使用迭代函数，并且迭代函数中的表参数位置必须使用 CURRENTGROUP 函数进行获取，不能是原始表或可以返回的表的表达式。

仍然以学习文件夹\第 7 章\Group.pbix 示例文件为例，使用 GROUPBY 函数也可以对 Product 列和对应的 Producer 列做分类，且添加一个新列并基于 Volume 列中的数据进行求和运算。参考表达式如下，结果如图 7-66 所示。

```
Groupby_Product =
GROUPBY (
    Sales,
    Sales[Product],
    'Product Category'[Producer],
    "Total Volume", SUMX (
        CURRENTGROUP (),
        Sales[Volume]
    )
)
```

Sales_Product	Product Category_Producer	Total Volume
Mountain Bike	BT Bike	180
Commuting Bike	Happy Bike	550
Road Bike	Happy Bike	410

▶图 7-66

在很多场景下，GROUPBY 函数与 SUMMARIZE 函数可以进行相互替换，但如果涉及嵌套计算时，就只能使用 GROUPBY 函数。例如，如果要在图 7-66 所示基础之上继续对 Producer 列进行合并并计算总销量，则可以利用 GROUPBY 函数创建下面的表达式来实现，结果如图 7-67 所示。

```
Groupby_Product =
GROUPBY (
    GROUPBY (
        Sales,
        Sales[Product],
        'Product Category'[Producer],
        "Total Volume_inner", SUMX (
            CURRENTGROUP (),
            Sales[Volume]
        )
    ),
    'Product Category'[Producer],
    "Total", SUMX (
        CURRENTGROUP (),
        [Total Volume_inner]
    )
)
```

如果使用 SUMMARIZE 函数做类似处理，Power BI 会给出如图 7-68 所示的错误提示，因为外层 SUMMARIZE 函数无法识别内嵌 SUMMARIZE 函数获得的子表，因此无法做嵌套计算。

Product Category_Producer	Total
BT Bike	180
Happy Bike	960

▲图 7-67

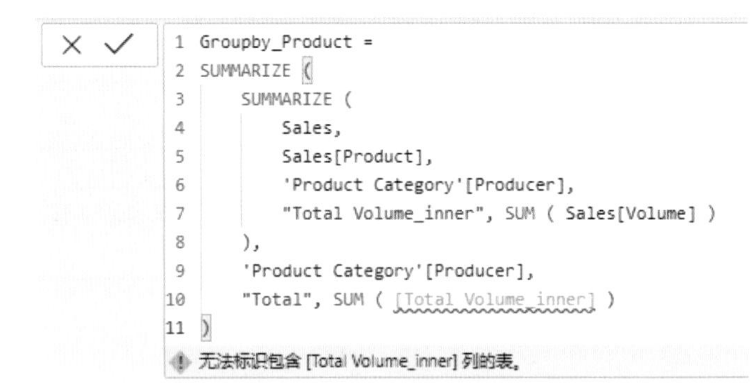

▲图 7-68

另外，从运算效率角度出发，对同样的数据进行处理，GROUPBY 函数比 SUMMARIZE 函数和 SUMMARIZECOLUMNS 函数的效率都要低一些，但在数据量较少时并不明显。因此，通常情况下，当有嵌套需求时，外层运算可以使用 GROUPBY 函数来进行；如果只是单纯地对某些数据列进行分类，则可以使用 SUMMARIZE 函数；在其他情况下，优先考虑使用 SUMMARIZECOLUMNS 函数。

高手自测 27：如果想将图 7-69 所示用户信息合并成一列再与 Department 列组成一张新表，使用 DAX 表达式该如何实现？

Department	Manager	Lead	Member1	Member2	Member3
Finance	Tommy				
Finance		Lucy			
Finance			Peter		
Finance				Jucy	
Marketing	Vivian				
Marketing		Judy			
Marketing			Sam		
Marketing				Lisa	
Marketing					Rudy

▶图 7-69

7.5.4 逻辑函数 IF 和 SWITCH

逻辑函数 IF 和 SWITCH 也同样可以实现对数据的分组计算。这两个函数的特点是可以进行条件判断，之后根据不同的条件设定执行不同的表达式，从而返回不同的计算结果。

1. IF 函数

IF 函数是 DAX 语言中最常使用的逻辑函数，它的功能为对指定条件进行真假判断，之后根据真假情况来执行对应的表达式。其函数定义如下：

```
IF (< logical_test > , < value_if_true > , value_if_false)
```

其中< logical_test >处需要填写可以返回逻辑 TRUE 或 FALSE 的表达式或值。如果填写的表达式使用了一个计算列作为参数，则 IF 函数会对该计算列中的每一行进行运算，然后返回对应运算结果。当 IF 函数中没有定义 value_if_true 或 value_if_false 时，Power BI 会认为该处条件对应的 logical_test 的返回值是空字符串，然后根据 IF 函数中对空字符串的定义来返回相应结果。

利用 IF 函数，可以对数据进行动态分类。以学习文件夹 \ 第 7 章 \Logic.pbix 示例文件中的数据为例，有一个专门的分类表 Segment，定义了销售额划分标准，与其他表之间没有关联关系。如果要依据这个标准对每种产品按照不同销售区域的情况进行评价，可以利用 IF 函数来实现。参考表达式如下，结果如图 7-70 所示。

```
Total Sales =
SUMX (
    Sales,
    Sales[Volume]
        * RELATED ( Bike[Price] )
)
Sales Status =
```

```
IF (
    ISCROSSFILTERED ( Segment ),
    SUMX (
        Segment,
        SUMX (
            Bike,
            IF (
                [Total Sales] >= Segment[Min]
                    && [Total Sales] < Segment[Max],
                [Total Sales]
            )
        )
    ),
    [Total Sales]
)
```

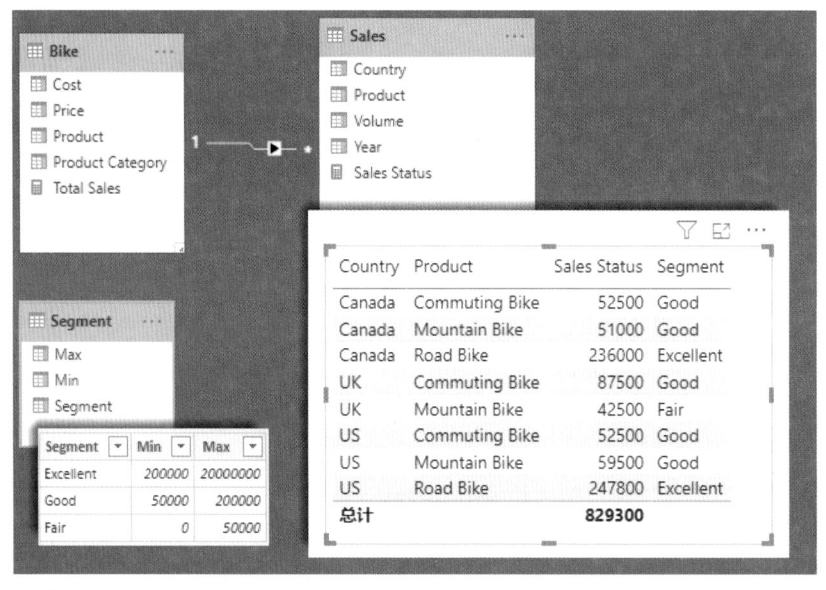

Segment	Min	Max
Excellent	200000	20000000
Good	50000	200000
Fair	0	50000

Country	Product	Sales Status	Segment
Canada	Commuting Bike	52500	Good
Canada	Mountain Bike	51000	Good
Canada	Road Bike	236000	Excellent
UK	Commuting Bike	87500	Good
UK	Mountain Bike	42500	Fair
US	Commuting Bike	52500	Good
US	Mountain Bike	59500	Good
US	Road Bike	247800	Excellent
总计		**829300**	

▲图 7-70

在筛选上下文的影响下，对于这个表达式，外层的 SUMX 函数在当前筛选上下文中对 Segment 表内的每一行数据进行迭代计算，而内层的 SUMX 表达式则在对筛选后的 Bike 表内的每一行数据进行迭代计算，看其对应的 [Total Sales] 值落在 Segment 表中的哪个区间，并返回相应的 [Total Sales] 值。这样就实现了对数据范围的动态划分。

2. SWITCH 函数

SWITCH 函数是另外一个常用来进行逻辑判断的函数。IF 函数内只能定义两条逻辑判断分支，SWITCH 函数则允许定义多条，即 SWITCH 函数可以根据表达式不同的计算结果来返回不同值，其语法定义如下：

```
SWITCH (<expression>, <value>, <result>[, <value>, <result>]…[, <else>])
```

这里面表达式< expression >可以填写任何一个能返回单一逻辑结果的表达式。< value >处应该填写表达式可以返回的一个结果常量，而< result >可以填写任何表达式。当< expression >处的返回结果是当前< result >对应的< value >时，就会对该表达式执行计算。最后的< else >参数是选填项，可以填写任何表达式。如果没有任何值符合< expression >处的返回结果，则输出该表达式返回值。

SWITCH 函数和 IF 函数的应用场景非常相似，都是根据不同的条件设定来获得不同的计算结果。两个函数可以相互替换。例如，IF（< logical_test >，< value_if_true >，value_if_false）可以用 SWITCH 函数改写为 SWITCH（< logical_test >，TRUE（），< value_if_true >，value_if_false）。当有多层逻辑判断时，使用 SWITCH 函数能使计算结果更加清晰易读。

例如，对于下面这个包含四层 IF 嵌套关系的表达式，就可以使用包含 SWITCH 函数的表达式进行替换。

```
IF Function =
IF (
    expression = 100,
    "Excellent",
    IF (
        expression = 90,
        "Good",
        IF (
            expression = 80,
            "Well done",
            IF (
                expression = 70,
                "Keep trying"
            )
        )
    )
)
SWITCH Function =
SWITCH (
    expression,
    100, "Excellent",
    90, "Good",
    80, "Well done",
```

```
    70, "Keep trying"
)
```

如果 IF 内的判断条件是下面这种大于或小于的比较条件时，通过在 SWITCH 表达式内定义第一个参数表达式是 TRUE（），也可以进行替换。

```
If function =
IF (
    expression > A,
    1,
    IF (
        expression > B,
        2,
        C
    )
)
SWITCH function =
SWITCH (
    TRUE (),
    expression > A, 1,
    expression > B, 2,
    C
)
```

高手自测 28：对于图 7-71 所示信息，如果要以 50 个点赞数为分界线对用户划分，使用 DAX 表达式该如何实现？

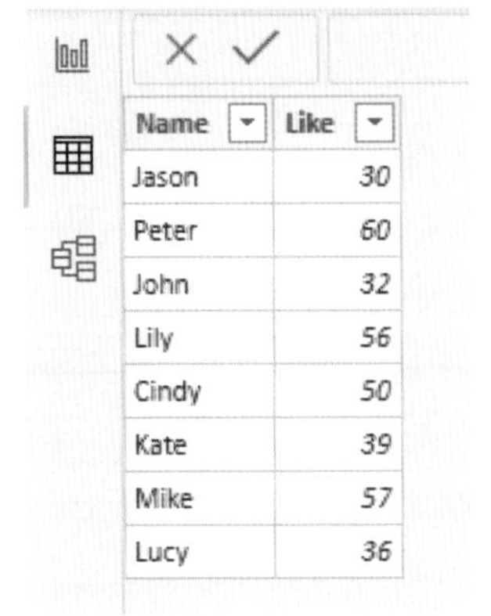

Name	Like
Jason	30
Peter	60
John	32
Lily	56
Cindy	50
Kate	39
Mike	57
Lucy	36

▲图 7-71

高手神器 5：DAX 函数使用手册

DAX 是 Power BI 中用于对数据进行建模所使用的一种语言，它提供了上百个函数方法可以对数据进行分析计算。要想了解 DAX 语言中每种函数的具体使用方法，可以参考以下两处网站上提供的指导手册。

第一处是微软官方网站上的 DAX 使用指南（https://docs.microsoft.com/zh-cn/dax/）。如图 7-72 所示，该网站上面对 DAX 表达式中语句、语法、运算符、参数命名等基本概念进行介绍，还对每个 DAX 函数的使用方法进行了说明，并配备示例供读者了解该函数的具体使用方法。

▲图 7-72

微软官方 DAX 使用指南的优点在于囊括了所有 DAX 函数的使用方法，解释权威，更新及时，并提供中文版。缺点在于对函数具体适用场景的解释说明较少，没有对函数的具体运算逻辑进行讲解，并且提供的使用示例过于简略，不太便于用户对函数使用方法进行深入了解。

第二处 DAX 使用指南由 DAX Guide 网站（https：//dax.guide/all/）提供。如图 7-73 所示，该网站以微软 DAX 官方网站文档中的内容为基础，对函数的使用方法进行了更细致的说明，并通过引用 SQLBI 网站中的文章来对 DAX 内一些主要函数进行了详细的讲解。

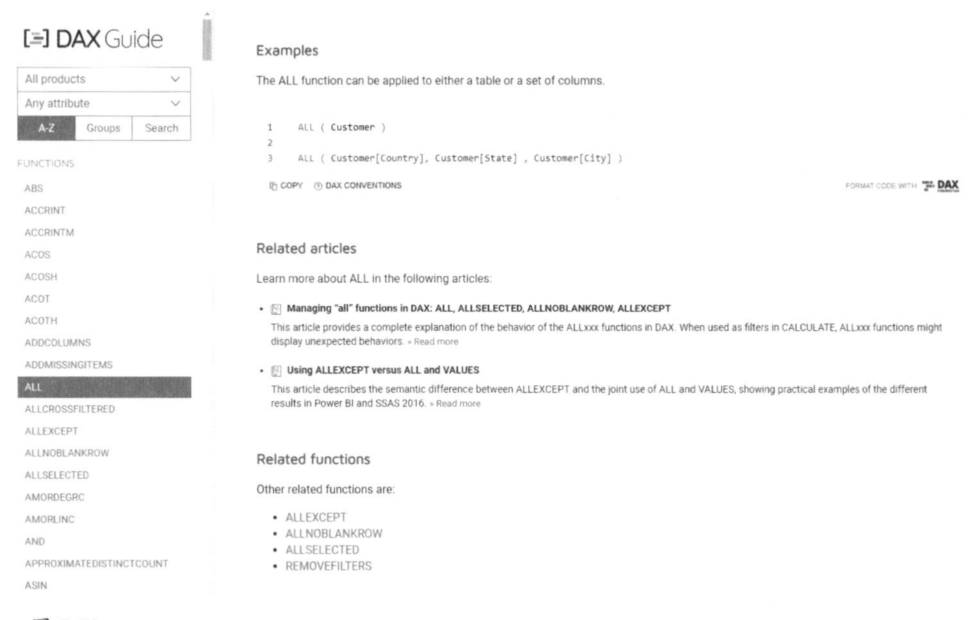

▲图 7-73

相比微软官方网站，DAX Guide 网站上的信息内容更加丰富，有些函数的说明文档中提供了详尽的使用示例，能帮助用户深入了解该函数适用的运算场景及注意事项，让用户能更加全面地学习和掌握该函数的使用方法。但其缺点在于只提供英文版，对于一些英文阅读水平较差的读者不太友好。

7.6 本章小结

本章介绍了如何利用 Power BI 桌面服务中的一些功能及 DAX 表达式对数据进行建模。重点向读者讲解了 DAX 语言中涉及的基本概念、思想及几个关键函数的使用方法。希望读者能通过阅读本章内容掌握最基本的数据建模方法，并能自己编写 DAX 表达式对数据进行计算。

本章“高手自测”答案

高手自测 19：如何用 DAX 表达式实现 Excel 中的 SUMIF 功能?

答：在 Excel 中，对图 7-74 所示的表，可以通过 SUMIF 函数来计算 Category 是 Vegetables 的所有销售额。

在 DAX 语言中没有 SUMIF 函数，要实现类似的计算需求，可以通过 CALCULATE 函数和 SUM 函数来实现。参考表达式如下，结果如图 7-75 所示。

```
SUMIF =
CALCULATE (
    SUM ( SUMIF[Sales] ),
    SUMIF[Category] = "Vegetables"
)
```

F5 =SUMIF(A2:A7,"Vegetables",C2:C7)

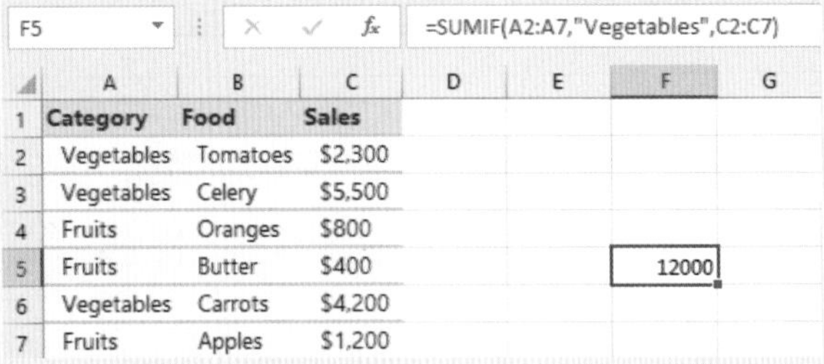

	A	B	C	D	E	F	G
1	Category	Food	Sales				
2	Vegetables	Tomatoes	$2,300				
3	Vegetables	Celery	$5,500				
4	Fruits	Oranges	$800				
5	Fruits	Butter	$400			12000	
6	Vegetables	Carrots	$4,200				
7	Fruits	Apples	$1,200				

▲图 7-74

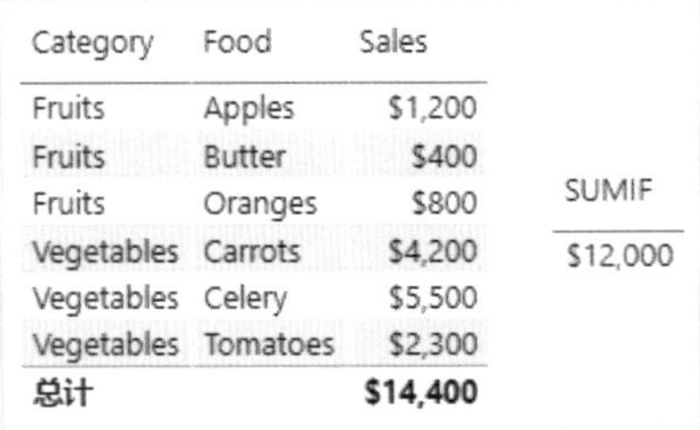

Category	Food	Sales
Fruits	Apples	$1,200
Fruits	Butter	$400
Fruits	Oranges	$800
Vegetables	Carrots	$4,200
Vegetables	Celery	$5,500
Vegetables	Tomatoes	$2,300
总计		$14,400

SUMIF
$12,000

▲图 7-75

高手自测 20：为何无法在图 7-18 所示的数据集中创建一个度量值 Margin 来获得 Bike 表内 Price 列和 Cost 列的差额?

答：如图 7-76 所示，如果创建一个度量值来计算 Price 列和 Cost 列的差额，Power BI 会返回错误信息，提示无法获取列值。产生这一问题的根本原因在于度量值本身没有迭代概念，没有当前行的概念，即没有行上下文的概念。Margin 这个表达式只说了要用 Price 列进行计算，但没说应该如何获取 Price 列下的值，这就导致 DAX 计算引擎并不知道该如何对这个列中的数据进行处理才能获得所需的值来进行相应的减法运算。

```
1 Margin = Bike[Price] - Bike[Cost]
```

无法确定表"Bike"中列"Price"的某一个值。当度量公式引用了包含许多值的列，且未指定用于获取单一结果的 min、max、count 或 sum 等聚合时，可能会发生此情况。

Product	Cost	Price	Product Category
Commuting Bike	180	350	Profession
Mountain Bike	550	850	Leisure
Road Bike	720	1180	Profession

▶图 7-76

而如果使用计算列来创建 Margin 表达式，则如图 7-77 所示，可以获得所需结果。因为在计算列中包含行上下文信息，使得 DAX 引擎可以基于当前行上下文获取 Price 列下对应的数据值。因此可以完成后面的减法运算。

```
1 Margin = Bike[Price] - Bike[Cost]
```

Product	Cost	Price	Product Category	Margin
Commuting Bike	180	350	Profession	170
Mountain Bike	550	850	Leisure	300
Road Bike	720	1180	Profession	460

▶图 7-77

高手自测 21：对于图 7-21 所示的数据集，不添加额外筛选条件，度量值 Total-Rows=SUMX（Sales，[Rows]）的计算结果是多少？其中 Rows 是另外一个度量值，其表达式是 Rows= COUNTROWS（Segment）。

答：如图 7-78 所示，度量值 Total-Rows 的计算结果是 36。由于没有额外的筛选条件，度量值 Rows 会返回 Segment 表的行数，结果是 3。SUMX 是迭代函数，迭代函数的计算特点是会对第二个表达式执行 *N* 次计算，其中第一个参数表有多少行，*N* 值就为多少。由于 Sales 表一共有 12 行，所以度量值 Rows 的返回结果做了 12 次相加操作，因此结果为 36。

36

Total-Rows

▲图 7-78

高手自测 22：对于图 7-30 所示的用户购买信息表，如何获取用户最近一次消费的时间及对应的消费额？

答：以学习文件夹 \ 第 7 章 \latest.pbix 示例文件为例，创建一个度量值，使用 MAX 即可获取用户最近一次消费时间。参考表达式如下：

```
Latest Date =
```

```
MAX ( Customer[Transaction Date] )
```

要获得对应日期的消费额，则需要借助 LOOKUPVALUE 函数，参考表达式如下，结果如图 7-79 所示。

```
Latest Total Amount =
LOOKUPVALUE (
    Customer[Total amount],
    Customer[Transaction Date], MAX ( Customer[Transaction Date] )
)
```

Name	Latest Date	Latest Total Amount
Alexa Watson	5/9/2014 12:00:00 AM	127
Blake Collins	7/31/2014 12:00:00 AM	173
Casey Gutierrez	10/9/2013 12:00:00 AM	131
Geoffrey Gonzalez	5/12/2014 12:00:00 AM	233
Jacquelyn Dominguez	2/2/2014 12:00:00 AM	161
Larry Gill	6/13/2014 12:00:00 AM	237

▶图 7-79

LOOKUPVALUE 函数定义如下，可以返回特定对应行上的匹配值。

```
LOOKUPVALUE ( <result_columnName>, <search_columnName>,
<search_value>[, <search_columnName>, <search_value>]…[,
<alternateResult>])
```

相当于下面这个表达式的快捷执行方式。

```
VAR SearchValue = <Search_Value>
RETURN
    CALCULATE (
        SELECTEDVALUE ( <Result_ColumnName>, <Alternate_Result> ),
        FILTER (
            ALLNOBLANKROW ( <Search_ColumnName> ),
            <Search_ColumnName> == SearchValue
        ),
        ALL ( <table_of_Result_ColumnName> )
    )
```

高手自测 23：对于图 7-35 所示的表，%Month 度量值的计算结果是多少？

答：如图 7-80 所示，%Month 度量值的计算结果都是 100%。

```
%Months =
```

```
DIVIDE (
    SUM ( Sales[Amount] ),
    CALCULATE (
        SUM ( Sales[Amount] ),
        ALL ( Sales[Date].[月份] )
    )
)
```

当前表中的 Date 列是一个日期类型数据列，在默认情况下 Power BI 会自动为 Date 或 Date/Time 类型的字段创建隐藏的日期表，从而构建日期层次结构。也就是说，当前表的 Date 列实际后台关联的是如图 7-81 所示的日期表。当从日期层次结构中选择字段构建视觉对象时，实际上使用的都是来自这个隐藏的日期表内的字段，并且，为了使月份信息在视觉对象中能按照实际代表的月份意义进行排序，而不是按照字母顺序排序，在隐藏日期表内会自动设置 Month 列按照 Month.No 列进行排序。

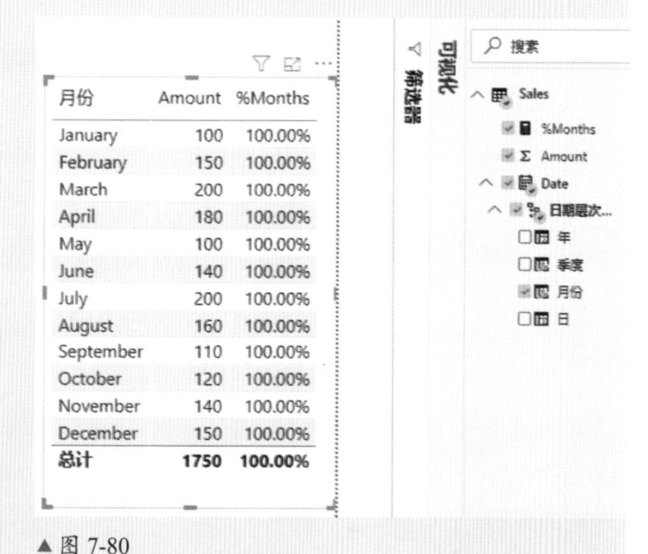

月份	Amount	%Months
January	100	100.00%
February	150	100.00%
March	200	100.00%
April	180	100.00%
May	100	100.00%
June	140	100.00%
July	200	100.00%
August	160	100.00%
September	110	100.00%
October	120	100.00%
November	140	100.00%
December	150	100.00%
总计	**1750**	**100.00%**

▲ 图 7-80

Date	Year	Month.No	Month	Quarter.No	Quarter	Day
Tuesday, January 1, 2019	2019	1	January	1	Quarter 1	1
Wednesday, January 2, 2019	2019	1	January	1	Quarter 1	2
Thursday, January 3, 2019	2019	1	January	1	Quarter 1	3
Friday, January 4, 2019	2019	1	January	1	Quarter 1	4
Saturday, January 5, 2019	2019	1	January	1	Quarter 1	5
Sunday, January 6, 2019	2019	1	January	1	Quarter 1	6
Monday, January 7, 2019	2019	1	January	1	Quarter 1	7
Tuesday, January 8, 2019	2019	1	January	1	Quarter 1	8
Wednesday, January 9, 2019	2019	1	January	1	Quarter 1	9
Thursday, January 10, 2019	2019	1	January	1	Quarter 1	10
Friday, January 11, 2019	2019	1	January	1	Quarter 1	11

▲ 图 7-81

之所以 %Months 的计算结果都是 100%，是因为在 CALCULATE 函数内，ALL 函数只去掉了日期层次结构列中 Sales[Date].[月份] 这个列上的筛选上下文。而实际在当前视觉对象表中，除了有 Sales[Date].[月份] 列和 Amount 列以外，还有一个隐藏的 Sales[Date].[Month.No] 列，这个列作为月份列的排序依据也被添加进来了，并且还作为筛选上下文对计算结果产生了影响。这样，在 Sales[Date].[Month.No] 筛选条件的影响下，CALCULATE 函数的计算结果都是当前月份对应的 Amount 值，而不是全部 12 个月对应的 Amount 值的总和。因此 %Month 的值都是 100%。

要想获得所要结果将 %Month 改造成下面的表达式即可，结果如图 7-82 所示。

```
%Months =
DIVIDE (
    SUM ( Sales[Amount] ),
    CALCULATE (
        SUM ( Sales[Amount] ),
        ALL (
            Sales[Date].[月份],
            Sales[Date].[Month.No]
        )
    )
)
```

月份	Amount	%Months
January	100	5.71%
February	150	8.57%
March	200	11.43%
April	180	10.29%
May	100	5.71%
June	140	8.00%
July	200	11.43%
August	160	9.14%
September	110	6.29%
October	120	6.86%
November	140	8.00%
December	150	8.57%
总计	**1750**	**100.00%**

▲图 7-82

高手自测 24：在 RANKX 函数中，如果不在表达式外使用 CALCULATE 函数将行上下文修改成筛选上下文，还有什么办法能实现同样的需求?

答：可以创建另外一个度量值来执行该表达式，之后将这个度量值作为 RANKX 中的参数来使用。例如，以学习文件夹 \ 第 7 章 \Order.pbix 示例文件中的 Student 表为例，下面这个计算分数排名的表达式内使用了 CALCULATE 函数来修改 SUM 函数运行的上下文。

```
Score_Rank =
RANKX (
    ALL ( Student[Name] ),
    CALCULATE (
        SUM ( Student[Score] )
    ),
    ,
    DESC
)
```

如果不使用 CALCULATE 函数，可以创建一个度量值 TotalScore 来执行 SUM 函数。参考表达式如下：

```
TotalScore =
```

```
SUM ( Student[Score] )
```

之后，将之前 Score_Rank 度量值中的 CALCULATE 函数引领的表达式用这个度量值 TotalScore 来替换即可。

```
Score_Rank =
RANKX (
    ALL ( Student[Name] ),
    [TotalScore],
    ,
    DESC
)
```

在 Power BI 中，每个度量值外都相当于默认被一个 CALCULATE 函数所包围，用来将可视化图表中的行上下文更改成筛选上下文，以限定度量值中表达式的计算范围。所以在 RANKX 函数内通过度量值代替 CALCULATE 函数来实现行上下文向筛选上下文转换的目的。

高手自测 25：如何阻止终端用户修改筛选器上的过滤条件?

答：如图 7-83 所示，在视图模式下的筛选器上有一个“小眼睛”图标，可以用于“向报表读取者显示或隐藏筛选器窗格”。也就是说，如果选择隐藏当前“筛选器窗口”，这样当在 Power BI 在线应用上对某个用户共享了当前报表后，虽然相关数据都是通过这个筛选器过滤后生成的，但是对该用户来说看不到这个筛选器，会给他造成一种可以看到全部数据信息的“错觉”，从而避免将筛选功能暴露给终端客户。

▲图 7-83

高手自测 26：CALCULATE 函数在使用上有哪些特点，有哪些注意事项?

答：CALCULATE 函数及它的关联函数 CALCULATETABLE 作为 DAX 语言中唯一可以将行上下文转换成筛选上下的函数，它的主要特点和使用注意事项如下。

◎ CALCULATE 函数拥有修改其参数表达式运算环境的能力，这个函数的执行顺序是先在外围筛选条件下执行筛选参数，之后将筛选参数获得的结果作为参数表达式运算的上下文，来限定其运行结果。

◎ CALCULATE 函数只有第一个参数表达式是必填项，后面所有的筛选条件表达式都可以省略。如果只是想将行上下文如实地保留作为筛选上下文来使用，则无须填写 CALCULATE 函数后面的参数条件。

◎ CALCULATE 函数的筛选参数有两种形式的表达式。

布尔表达式，例如 Sales[Product]="Mountain Bike"。如果是多个布尔表达式，则必须来自同一个数据列。例如，Sales[Product]="Mountain Bike"||Sales[Product]="Road Bike" 可以作为 CALCULATE 函数的筛选条件来使用，但是 Sales[Product]="Mountain Bike"||Sales[Country]="UK" 则不行，因为 Sales[Product] 和 Sales[Country] 是两个不同的数据列。

能返回一个表的表达式，例如 ALL（Sales）或 ALL（Sales[Product]）。实际上，布尔表达式可以换算成返回表的表达式，参考如下。

```
Total=
CALCULATE (
    SUM ( Sales[Amount] ),
    Sales[Product] = "Mountain Bike"
)
```

等同于：

```
Total =
CALCULATE (
    SUM ( Sales[Amount] ),
    FILTER (
        ALL ( Sales[Product] ),
        Sales[Product] = " Mountain Bike "
    )
)
```

◎ 如果 CALCULATE 函数内包含多个筛选条件表达式，其运算规则会分别在当前上下文环境中对每个筛选表达式进行运算，之后将所有筛选结果按照逻辑“与”进行合并，最后将合并后的结果作为参数表达式的运算环境来使用。

高手自测 27：如果想将图 7-69 所示用户信息合并成一列再与 Department 列组成一张新表，使用 DAX 表达式该如何实现?

答：要将图 7-69 中的 5 列 User 信息合并成一列并与 Department 列组成一张新表，可以利用 SUMMARIZE 函数、CONCATENATEX 函数及 GENERATE 函数来实现。参考表达式如下，结果如图 7-84 所示。

```
New User =
SUMMARIZE (
    User,
    User[Department],
    "Team", CONCATENATEX (
        GENERATE (
```

```
                User,
                VAR _Columns = {
                    [Manager],
                    [Lead],
                    [Member1],
                    [Member2],
                    [Member3]
                }
                VAR _filter =
                    FILTER (
                        _Columns,
                        [Value]
                            <> BLANK ()
                    )
                RETURN
                    _filter
            ),
            [Value],
            ","
        )
    )
```

Department	Team
Finance	Tommy,Lucy,Peter,Jucy
Marketing	Vivian,Judy,Sam,Lisa,Rudy

▲图 7-84

高手自测 28：对于图 7-71 所示信息，如果要以 50 个点赞数为分界线对用户划分，使用 DAX 表达式该如何实现？

答：最简单直接的方法是创建一个计算列，使用 IF 函数对每一行数值进行判断，看其是否大于 50。如果不想使用计算列，而想通过度量值来获得数据分类，可以如图 7-85 所示，先创建一张分类表 Category，标记好分类项。

Category
Great
Good

▲图 7-85

之后创建一个度量值，利用 IF 函数来判断 Like 值是否大于 50，大于 50 该度量值结果就为 1，小于 50 则为 0，参考表达式如下。之后将该度量值作为视觉对象上的筛选条件，即可获得如图 7-86 所示所需结果。

```
Like_Category =
IF (
    SELECTEDVALUE ( Popularity[Category] ) = "Great",
    IF (
```

```
        SUM ( Videos[Like] ) >= 50,
        1,
        0
    ),
    1
)
```

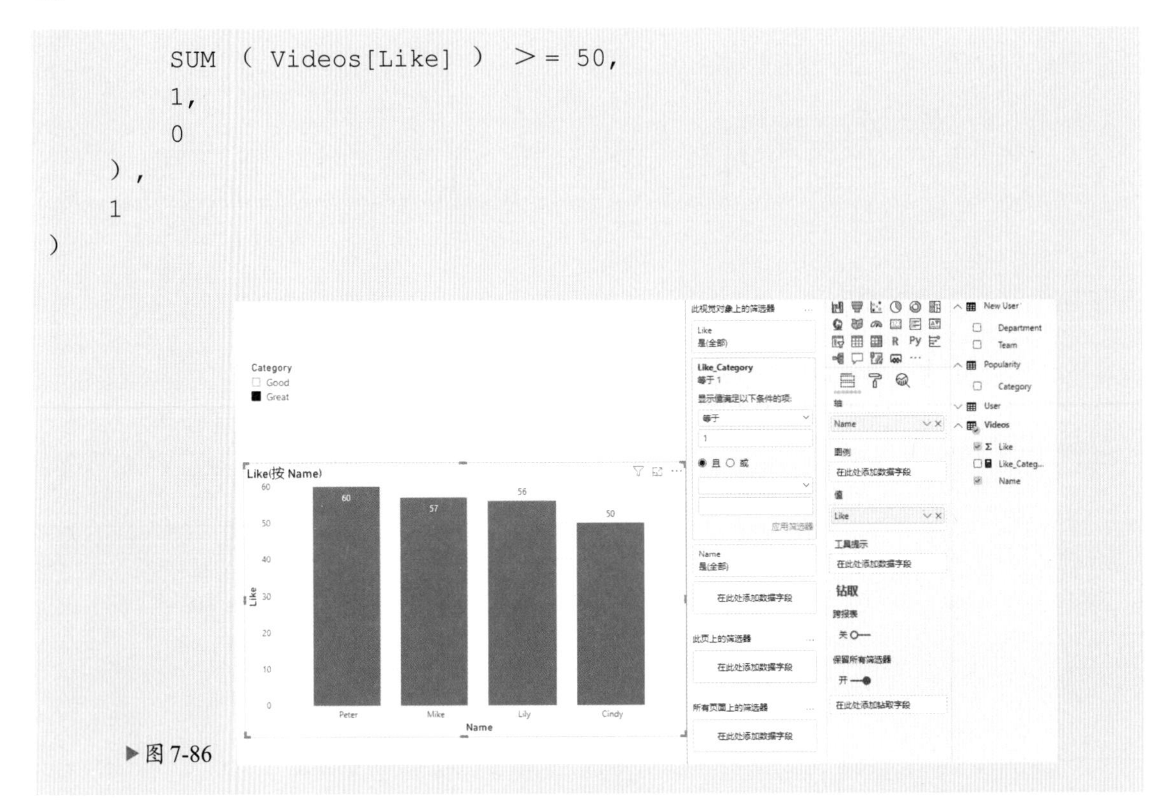

▶ 图 7-86

商业数据的直观展示：数据的可视化处理

对数据完成建模操作后，就可以使用Power BI中提供的视觉对象对数据进行可视化处理，从而将枯燥的文字信息通过图形模式进行生动展示，帮助报表用户更加深入全面地对分析结果进行了解。好的可视化报表能从多个方面对数据情况进行展现，并可以从不同角度出发对数据进行分析解读。因此，作为商业数据分析师，需要充分了解Power BI中每种视觉对象的功能、用法及适用的分析场景，这样才能灵活地选择利用这些视觉对象来创建所需的可视化分析报表。

请带着下面的问题走进本章：

（1）如何才能让可视化报表更加美观？

（2）簇状图和饼图的主要区别有哪些？

（3）折线图适用于哪些使用场景？

（4）散点图和气泡图有何区别？

（5）如何使用Q&A视觉对象？

8.1 打造优秀可视化数据报表的秘诀

Power BI 允许用户创建生动、多样、富含多种信息的可视化交互图表，但对很多商业数据分析师来说，设计一份既能包含丰富数据分析结果又能带来愉悦视觉体验的报表永远不是一份轻松的工作。本小节将对创建可视化图表中的一些注意事项加以说明，帮助读者了解打造优秀数据报表的秘诀。

8.1.1 明确主题

创建 Power BI 报表的目的是将数据分析结果进行可视化展示，这份报表不是普通的网站页面，它所展示的图形信息必须能反映当前商业主体的现状。通过阅读这份可视化报表，读者应该能快速、清晰、准确地获知数据分析结果，从而获悉数据信息背后反映的商业运行规律。

因此，在创建 Power BI 可视化报表时，每页表单都需要有明确的主题内容，所有的视觉对象都应该针对该主题内容进行设定，从不同的角度出发来对同一主题进行全面细致的分析，这样才能更好地帮助报表用户做出商业判断和决策。

如图 8-1 所示，在正式配置 Power BI 视觉对象之前，应该先确定好当前报表页面反映的主题信息，之后拟一份草图，根据需要，将当前报表页面划分成多个区域并规划每个区域将要展示的信息内容。

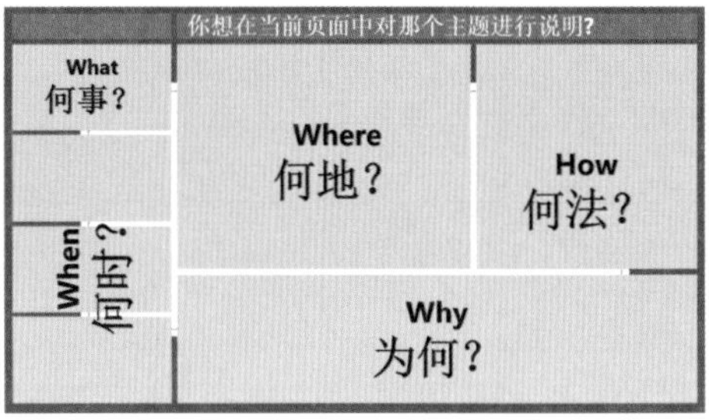

你想在当前页面中对那个主题进行说明?
What
何事?
Where
何地?
How
何法?
When
何时?
Why
为何?

▲图 8-1

8.1.2 选择合适的视觉对象

目前，算上第三方开发的工具，在 Power BI 中有上百种视觉对象可以用来展示数据分析结果。每种视觉对象在外观功能和分析点上都具有独有特征，但又在一定程度上与其他种类的视觉对象在某些功能上具有相似性。

如图 8-2 所示，虽然簇状条形图和折线图都可以用来对比不同数据元素在某一测量标准下的差异，但簇状条形图更强调元素之间量值的差异，而折线图更适合表现某个元素的变化对另外一个元素的影响。因此，如果只希望单纯地对数据进行比较，还是使用簇状条形图更为合适。

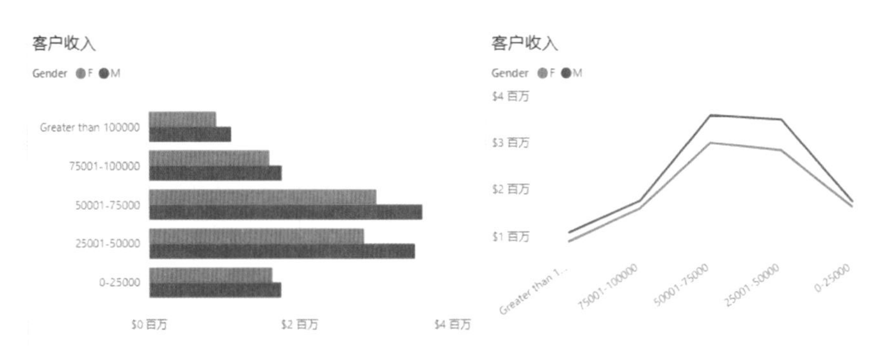

▶图 8-2

确认主体信息后，如图 8-3 所示，根据数据分析指标及相关的区域规划，选取适当的视觉对象来构建报表内容。一个页面上的视觉对象数量不宜过多，每个视觉对象展示的数据信息尽量保证具有唯一性，不同视觉对象的信息之间应该能相互补充说明，从而全面反映整体情况。

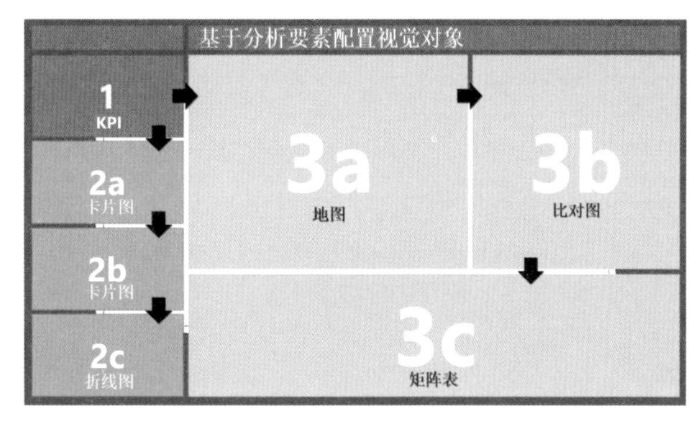

▲图 8-3

8.1.3 设定好标题和说明信息

在设计可视化报表时，每个视觉对象都应该配备相应的标题，用于描述其展示的数据信息。标题应该清晰、明了、易读，尽可能使用简洁的文字对视觉对象反映的信息进行描述。如果视觉对象包含的数据内容比较复杂，通过标题信息无法很好地进行说明，就可以通过在报表上添加单独的文本提示信息进行解释。目前，在 Power BI 报表中添加提示说明信息主要有以下两种方式。

1. 文本框

如图 8-4 所示，给报表页及视觉对象添加说明文字，可以通过使用“文本框”工具来实现。该工具支持编辑文本的格式、字体、颜色，并且可以添加超链接。如果当前 Power BI 报表有相应的说明文档，可以在此添加链接，便于用户查找使用。

使用文本框的优点是可以将信息非常直观明了地添加到 Power BI 报表页面上，能起到醒目的提示说明作用。缺点是所占区域容易比较大，会挤占视觉对象所用空间，用不好容易出现喧宾夺主的情况。因此，对文本框的使用要克制，尽量精简文字信息。

2. 帮助按钮

有些情况下，报表中需要添加大量的背景信息用于对情况进行说明，此时，也可以通过使用“按钮”功能来添加说明文字。如果是文档类的说明帮助信息，可以形成相应的 PDF 文件，存放到网站中。之后，如图 8-5 所示，通过添加“帮助”按钮去链接该文档，从而引导用户去点击查看。

▶图 8-4

▶图 8-5

如果添加的信息内容相对比较少，并且只是针对某个特定视觉对象来进行说明，也可以通过添加浮动书签按钮窗口来实现。这种方法如图 8-6 所示，是利用书签功能设计出一个信息窗口，当用户有需要时可以单击“书签”按钮来浏览信息内容，不需要时该窗口可以隐藏，在使用上近似于网页上的“帮助”按钮。

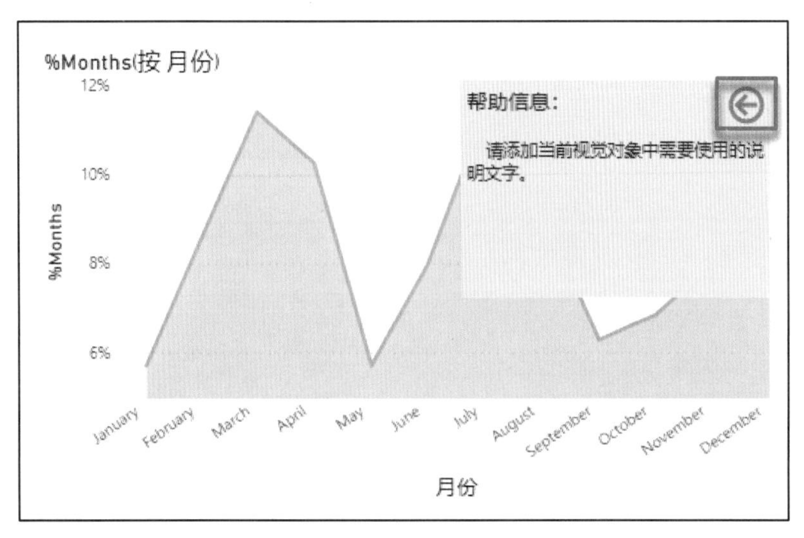

▲图 8-6

8.1.4 规划好数据单位信息

在报表页面中，数据的显示单位尽量保持统一并且简洁易读。例如，当收入信息以百万元为单位进行显示时，支出信息也应该尽量采取同样的显示单位。如图 8-7 所示，左侧视觉对象对以百万作为单位来显示数据信息，相比右侧没有进行单位规划的视觉对象易读性更好。

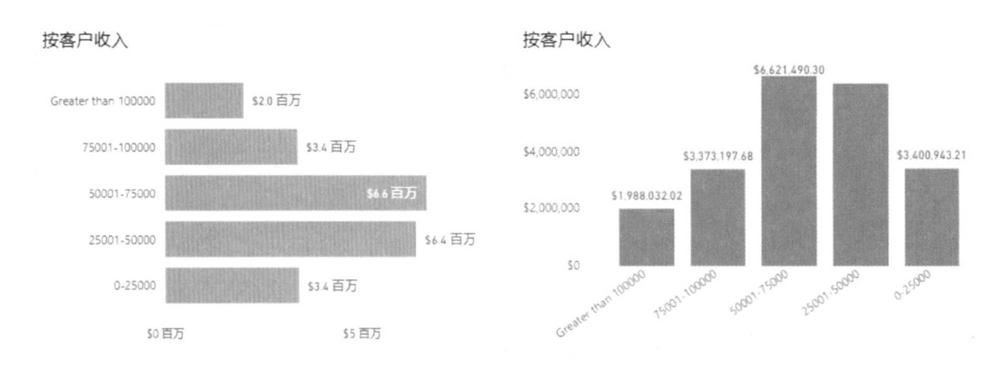

▲图 8-7

对于一些与比例相关的统计信息，如图 8-8 所示，可以通过选中数据列然后将其格式设定成百分比来进行显示。同样的，如果是货币相关统计信息，也可以将其格式显示成货币以便更轻松地让读者了解当前数据代表的货币意义。

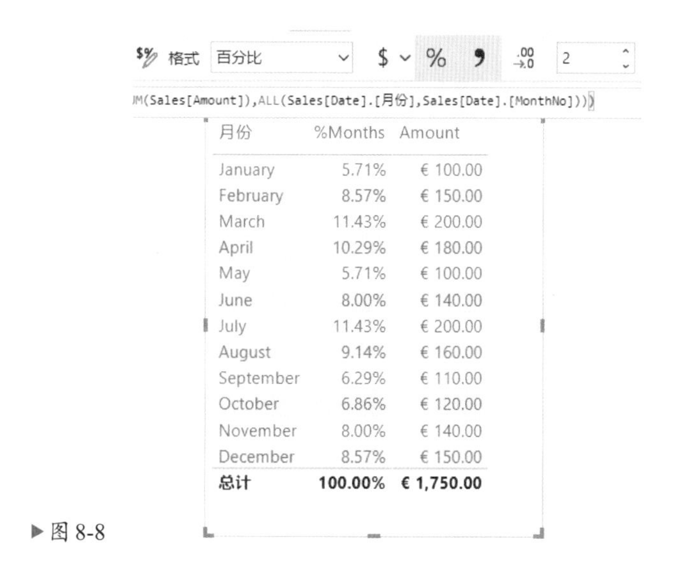

月份	%Months	Amount
January	5.71%	€ 100.00
February	8.57%	€ 150.00
March	11.43%	€ 200.00
April	10.29%	€ 180.00
May	5.71%	€ 100.00
June	8.00%	€ 140.00
July	11.43%	€ 200.00
August	9.14%	€ 160.00
September	6.29%	€ 110.00
October	6.86%	€ 120.00
November	8.00%	€ 140.00
December	8.57%	€ 150.00
总计	**100.00%**	**€ 1,750.00**

▶图 8-8

8.1.5 配置恰当的颜色

为视觉对象图形进行配色是创建可视化报表中非常重要的一步。好的视觉配色不但能凸显数据信息，还能加深报表使用者的感官印象，使其能更加方便地解读数据背后反映的规律。对数据的颜色设定有以下几点建议。

1. 选择恰当的配色方案

对于报表中的配色，应该基于报表的主题内容并结合企业自身的色彩文化来进行选择。常用的配色方案如下。

◎ 对比色

如图 8-9 所示，对比色指的是色轮上 180° 对角的两个颜色。这两个颜色的对比度会非常明显，能起到的强调作用。例如，蓝色和黄色就是一对对比色，如果视觉对象的背景色设置为蓝色，那么将图形颜色更改成黄色就可以起到突出作用。

对比色

▲图 8-9

◎ 三角色

如图 8-10 所示，在色轮上画一个等边三角形，三个顶点所在的色轮就是三角色。这三种色彩虽然相互独立，但和谐性较好，在一起使用时不会有特别强烈的冲突感。如果打算在报表中使用三角色配色方式，通常情况下会选择一个主色，另外一个颜色作为辅助色，然后将第三种颜色作为强调色来使用。

三角色

▲图 8-10

◎ 类似色

如图 8-11 所示，类似色指的是色轮上相邻的三种颜色。这些颜色色彩趋向于同一色调，搭配

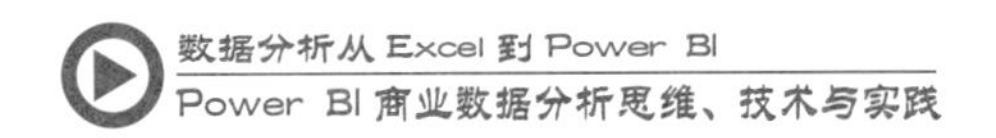

使用时，页面色彩会非常协调。一般情况下，如果使用类似色对可视化报表进行配置，会选择中间位置的颜色作为主色调，左右两边的颜色为辅助色，从而让页面色彩更丰富。例如，以红色为主，以橙红色和紫红色为辅来对视觉对象进行设置。

◎　单一渐变色

如图 8-12 所示，单一渐变色指的是基于色轮上的一种颜色，经过明暗基调变化调整而形成的一组配色。使用单一渐变色配置的报表页面整体非常和谐统一，相比纯色看起来更有质感，视觉对象之间的信息过渡也更加平滑。

▲图 8-11　　▲图 8-12

无论使用何种配色方案，在制作 Power BI 可视化数据报表时使用的颜色种类应该尽量控制在 5 种以内，因为人眼区分 5 种以上的色调会变得比较困难。例如，图 8-13 所示这种配色方式对于一些用户来说就不够友好，不建议在报表中使用。

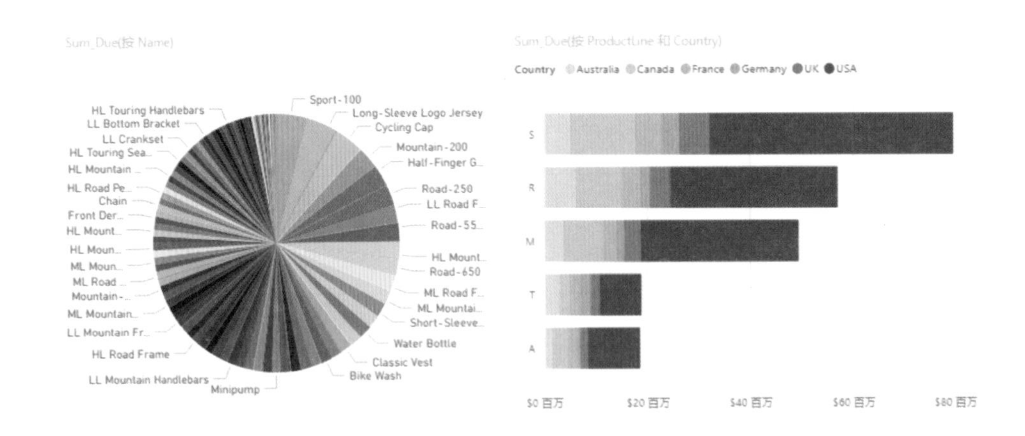

▲图 8-13

2. 同种数据的代表色尽量保持统一

在给具体数据元素进行配色时应该保持统一，即如果某个数据元素在视觉对象 1 中用红色代表，那么当视觉对象 2 中也使用了该元素时，也应该用红色对其进行配置。

如图 8-14 所示，在左侧的视觉对象中用蓝色标记男性客户信息，用红色标记女性客户信息，为了保持一致性，在右侧的视觉对象中也应该使用同样的颜色配置方案来配置男女客户，以便报表用户能很方便地获知两类人群的消费统计信息。

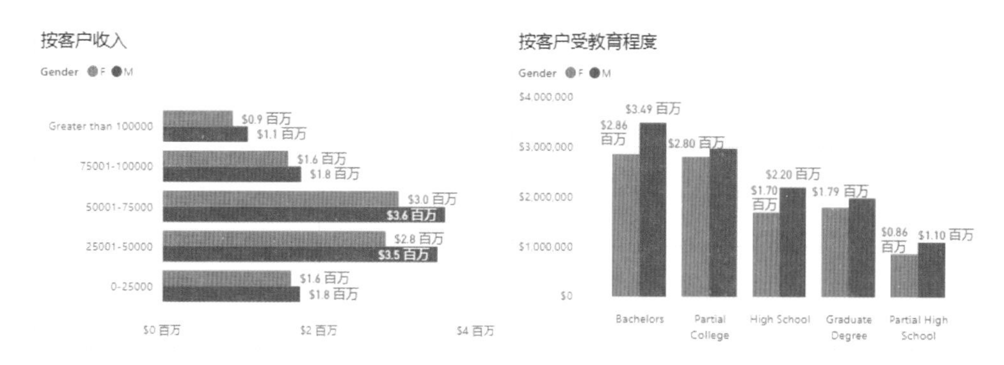

▲图 8-14

3. 图形或文字颜色要与背景颜色有一定的对比度

颜色对比度对视觉效果的影响非常关键，一般来说对比度越大，图像越清晰醒目，色彩也越鲜明艳丽；而对比度小，则会让整个画面都灰蒙蒙的。当图形或文字颜色与背景色对比度较小时，会导致图形或文字信息显示模糊，降低报表的视觉可读性。特别是当使用投影仪展示报表或打印报表时，如果图形或文字颜色与背景色对比度不够，会出现严重的色彩失真现象，导致信息模糊不清，影响用户对报表的使用。

如图 8-15 所示，左侧视觉对象的文字颜色和背景颜色对比度不够，信息显的模糊不清。而右侧的视觉对象文字颜色和背景颜色对比度达到了 6∶1，信息显示清晰，易读性好。

▲图 8-15

要想测试文字颜色和背景颜色的对比度是否符合要求，可以依据 W3C 发布的 Web Content Accessibility Guidelines（WCAG）2.1 中相关标准来进行。目前互联网上有不少开源软件提供测试两种颜色对比度是否符合 WCAG 2.1 中的 AA 和 AAA 标准的服务，如 https://github.com/ThePacielloGroup/CCAe 发布的 Colour Contrast Analyser 工具就可测试。在创建 Power BI 报表时，可以利用这一类工具来检查图形配色是否符合要求。

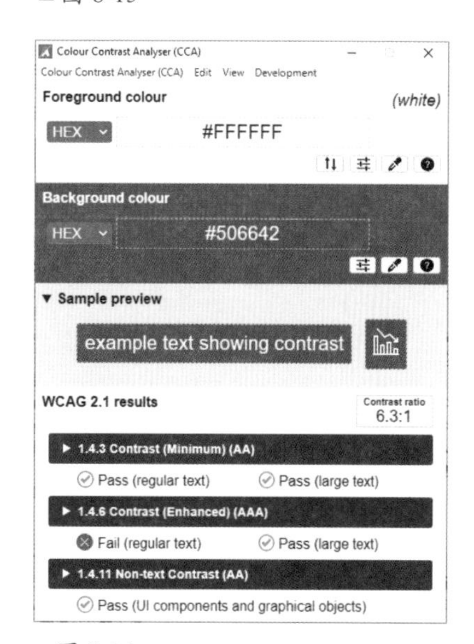

▲图 8-16

Colour Contrast Analyser 的界面如图 8-16 所示，在 Foreground colour 处设置字体颜色，在 Background colour 处设置背景颜色。设置完毕后，工具会自动计算两种颜色的对比度，查看是否满足 WCAG 2.1 要求。一般情况下，满足 AA 要求即可。如果报表使用者中有部分视力障碍人士，如色弱、老花眼、高度近视等，建议颜色对比度满足 AAA 要求。

4. 设置合适的背景色

如果报表需要打印，图表的背景颜色应该尽量选择浅色或纯素色，避免用深色或复杂图片作为背景。因为多数公司都以黑白打印机作为主要打印设备，浅色背景深色文字给读者带来的阅读效果会更好。此外，很多老旧型号或长时间使用的彩色喷墨打印机都存在色彩失真的问题，即使设计报表时选择的字体和背景颜色都符合 WCAG 2.1 AA 标准，但是打印出来的报表也可能会出现字迹模糊、辨别不清的情况。

8.1.6 设定合理的报表布局

完成视觉对象配色后，下一步要做的就是调整页面布局，根据报表主题依次安排好视觉对象在报表中的展示位置。通常情况下，重要的数据分析元素应该位于报表的核心位置，筛选工具可以统一放在报表上下部分，或者左右部分。如果报表中有多个页面，通用筛选工具在不同页面中的布局位置应该相同，以方便客户使用。

如果要在报表中添加文字作为补充描述内容，应该尽量简洁并且有针对性。当需要添加较多的文本时，应该适当减少页面中的视觉对象个数，不要让页面空间填得太满，以免影响报表使用者获取关键信息。此外，页面中添加的图片尽量要有实际意义，并且跟视觉对象中的数据具有高度相关性。如果只是起到点缀作用的装饰性图片，应该控制其使用量，并且不要占据页面中过多位置以防挤占视觉空间。

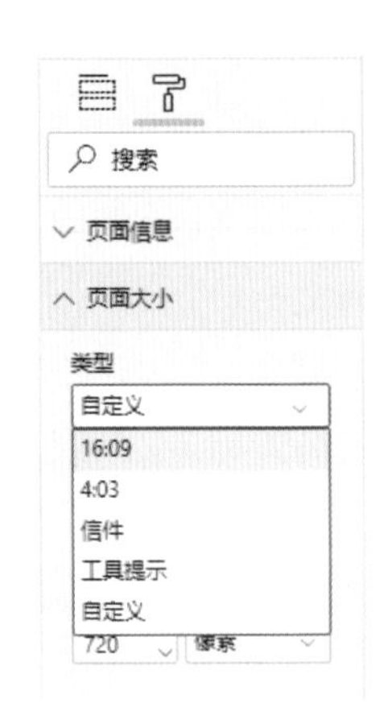

▲图 8-17

默认情况下，Power BI 中的报表页面是 16∶9 的长宽比例和 1280×720 的分辨率。所有使用的报表元素都应该尽量在该页面范围内进行布局。如果需要显示的视觉对象过多，初始页面大小无法满足要求，如图 8-17 所示，可以单击页面空白处，之后选择“格式”面板下的“页面大小”子菜单进行修改。

▲图 8-18

需要注意的是，页面更改变大后 Power BI 默认会以缩放的形式显示页面中的数据，不会出现页面滚动条，此时报表页面中的信息会显示得模糊不清。要想按照真实页面大小来浏览报表中的信息，如图 8-18 所示，可以在“视图”

导航栏下选择“页面视图”中的“实际大小”来关闭缩放浏览模式。

高手自测 29：如何给移动端用户设计 Power BI 报表？

8.2 对比类视觉对象

Power BI 提供了上百种视觉对象可以用于创建可视化数据报表，用户需要根据数据特点和分析需求来选择最恰当的视觉对象进行数据展示。如果想着重强调在某些特定条件下，不同个体之间的差异情况，如图 8-19 所示，可以选择 Power BI 中强调对比关系的视觉对象来显示相关信息。

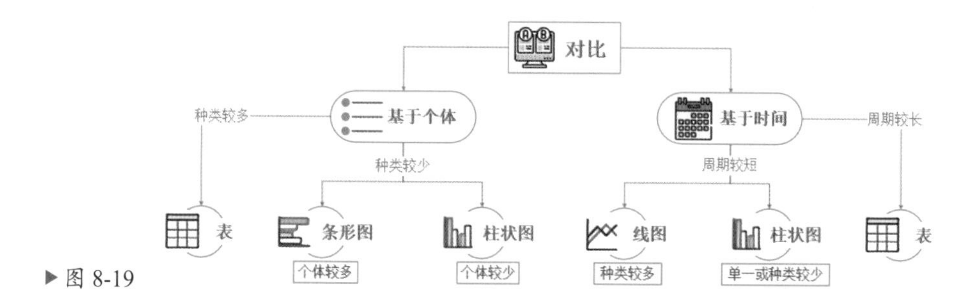

▶图 8-19

8.2.1 条形图和柱状图

在 Power BI 原生视觉对象中，簇状条形图和簇状柱形图有相同的配置信息项，都可以基于一定的属性对多个元素进行对比。如图 8-20 所示，簇状条形图和簇状柱形图主要有 3 个选项需要进行配置。

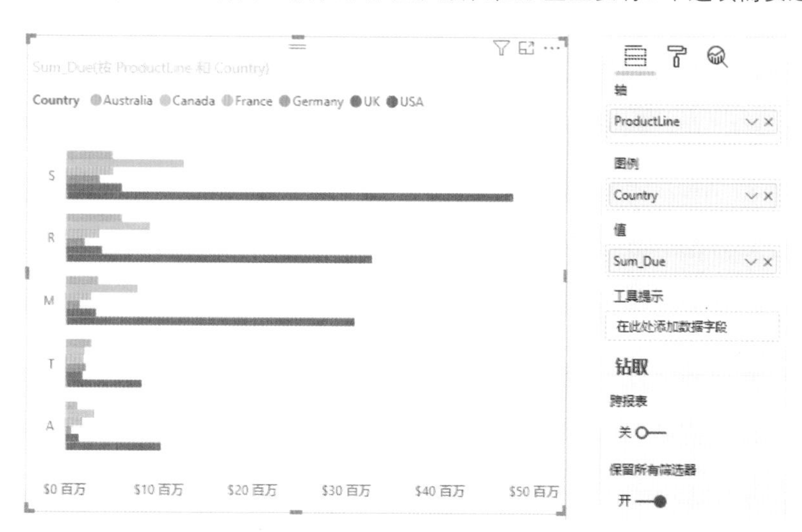

▶图 8-20

◎　轴（必填项）：即 X 轴数据，该字段只能使用原始数据列或计算列，不能使用度量值。如果想使用度量值生成的数据作为轴数据，需要先将度量值转换成计算列。“轴”内允许配置多个字段，以显示不同层次结构数据内容。

◎　值（必填项）：即 Y 轴数据，可以是原始数据列、计算列或度量值。当“图例”配置项为空时，“值”内可以添加多个字段，用来对比这些字段之间的差异。如果“图例”处配置了字段，则“值”内只能添加一个字段，强调的是图例字段之间的对比。

◎　图例（选填项）：用于对 Y 轴数据进行细分类。与“轴”类似，用于配置“图例”的字段只能使用原始数据列或计算列，不能使用度量值。当“值”配置项只有一个字段时，可以使用“图例”配置项对“值”中数据进行详细说明。

如图 8-21 所示，当“轴”配置项内添加多个字段时，视觉对象边框左上方会多出 3 个功能键，右上方会多出 1 个按钮，用于实现数据钻取功能。该功能可以按照轴配置项内设定的层级结构信息向下进行穿透，获得下一个层次数据相关信息。对于数据穿透，Power BI 提供两种方式，一种是普通钻取，一种是深化钻取。

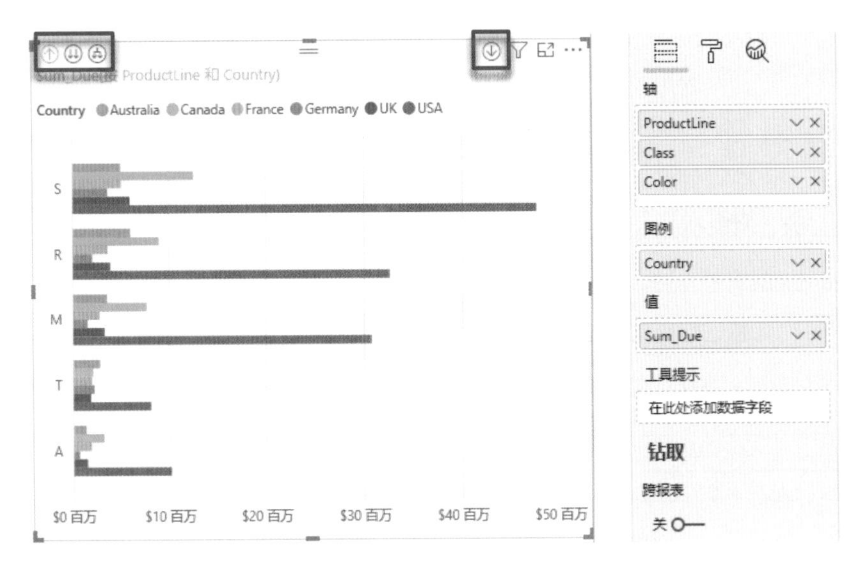

▶图 8-21

普通钻取指的是按照“轴”中提供的数据层次，逐一向下钻取数据。主要使用的功能键如下。

◎　向上钻取：功能键由“(上箭头)”代表，用于返回上一层的数据。

◎　转至层次结构中的下一级别：功能键由“(双向下)”箭头代表。可以根据“轴”中值的层次设定，显示下一层级数据的可视化情况。例如，按照图 8-21 中“轴”进行配置，第一层是 ProductLine，第二层是 Class，第三层是 Color。按照普通钻取的方式，通过“转至层次结构中的下一级别”展开到第二层后，数据会如图 8-22 所示，轴会以 Class 为基准进行数据统计。

◎　展开层次结构中的所有向下级别：功能键由“(从一个分支出发的两个向下)”箭头代

表。该功能会将下一层次结构中的数据追加到当前层数据来显示。例如，对图 8-21 所示簇状条形图按照普通钻取方式，单击“展开层级结构中的所有向下级别”后，会得到如图 8-23 所示结果。第二层次 Class 中的数据会根据第一层次 ProductLine 中的数据进行拆分显示，最多可拆分出 $M \times N$ 条数据（M 是第一层中的数据个数，N 是第二层中的数据个数）。如果第一层和第二层某个数据之间没有对应值，则结果为空，不会在视觉对象中显示。

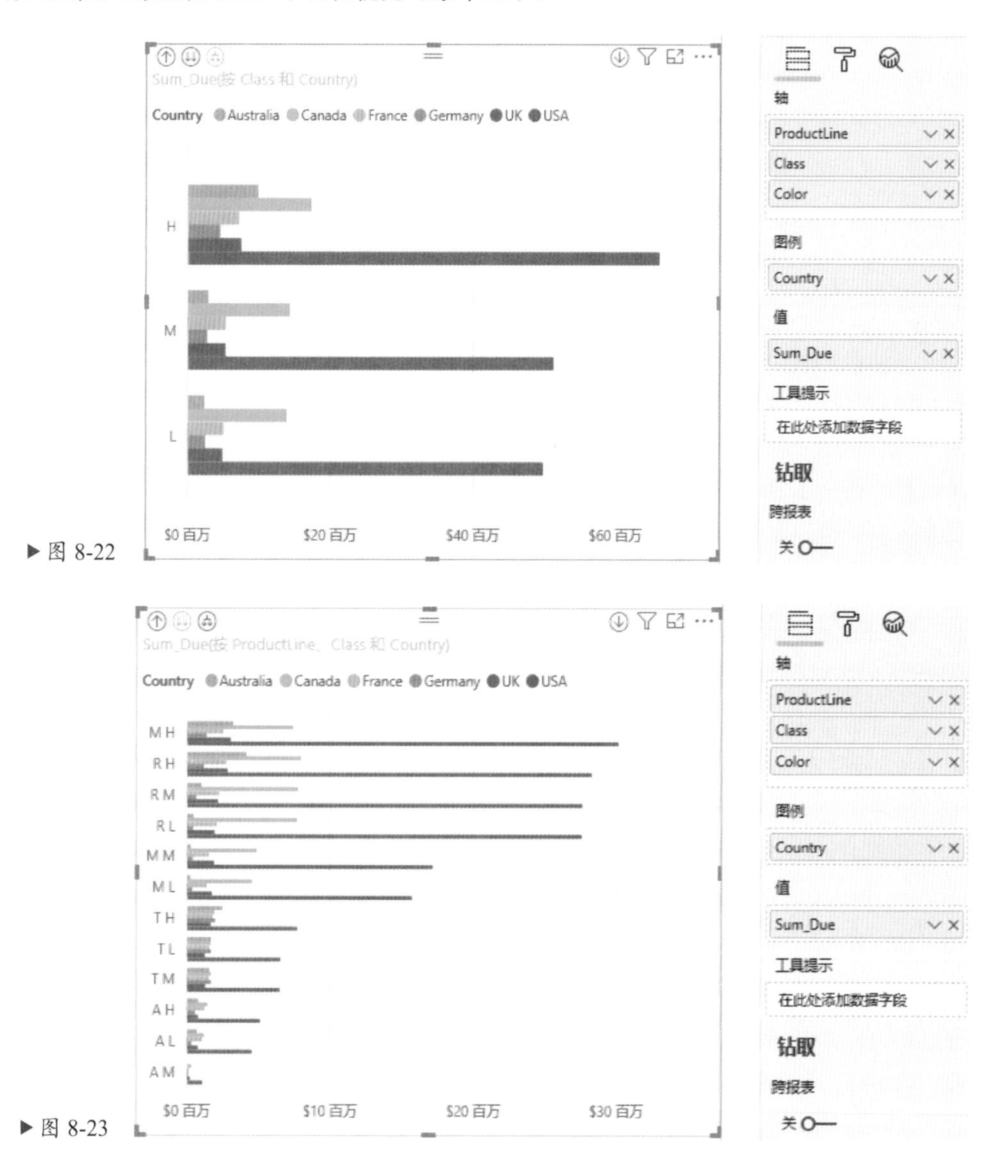

▶ 图 8-22

▶ 图 8-23

深化钻取指的是按照“轴”中提供的数据层次，将当前轴内某个值为基准向下钻取数据。如图 8-24 所示，要启动“深化模式”，需要单击右侧代表“深化钻取”的“Ⓥ（向下箭头）”按键，之后单击要钻取的值即可。

▶图 8-24

8.2.2 折线图

如果想对比某一主体随时间的变化情况，则在 Power BI 原生视觉对象中首选折线图来展示这种数据信息。折线图的配置项与条形图或柱状图几乎相同，但会多一个“次要值”配置项，当图例处为空时，可以对“次要值”进行配置。

那么，何时需要配置次要值呢？如图 8-25 所示，当在同一个折线图中对比 Total Customer 和 Sum_Due 这两个信息时会发现，由于 Sum_Due 值远大于 Total Customer 值，当基于同一个轴进行统计时，就会导致在折线图上代表 Total Customer 的这个线段变成趋近于 0 的横线，几乎看不到任何上升或下降的变化，导致报表用户很难直接从折线图上了解数据随时间变化的情况。

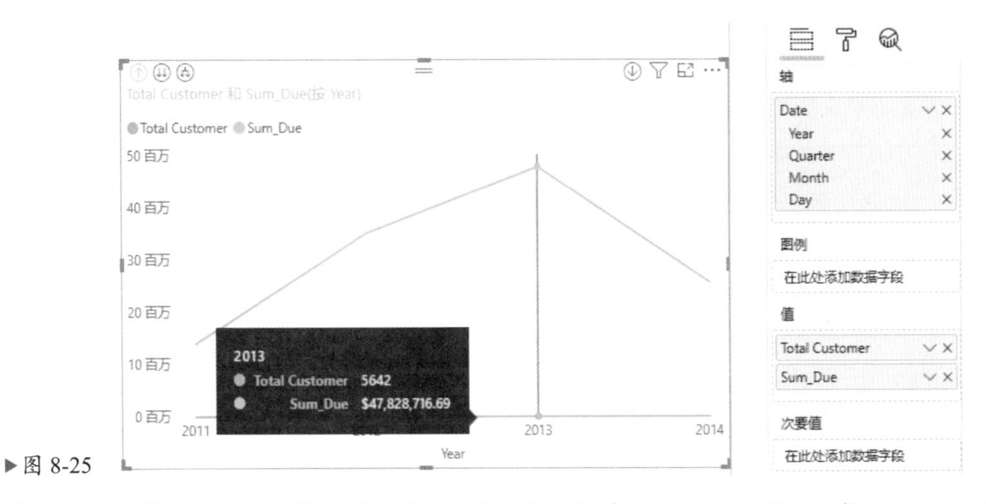

▶图 8-25

当出现上面这样的情况时，就可以通过配置次要值来解决。如图 8-26 所示，将 Sum_Due 配置成次要值后，Power BI 会在折线图右侧新增加一个轴来统计次要值数据，实现了不同类型信息基于不同轴进行统计的需求。这样，即使两类统计信息的数量单位相差很大，也不妨碍用户通过同一个折线图来观察二者随时间变化的情况。

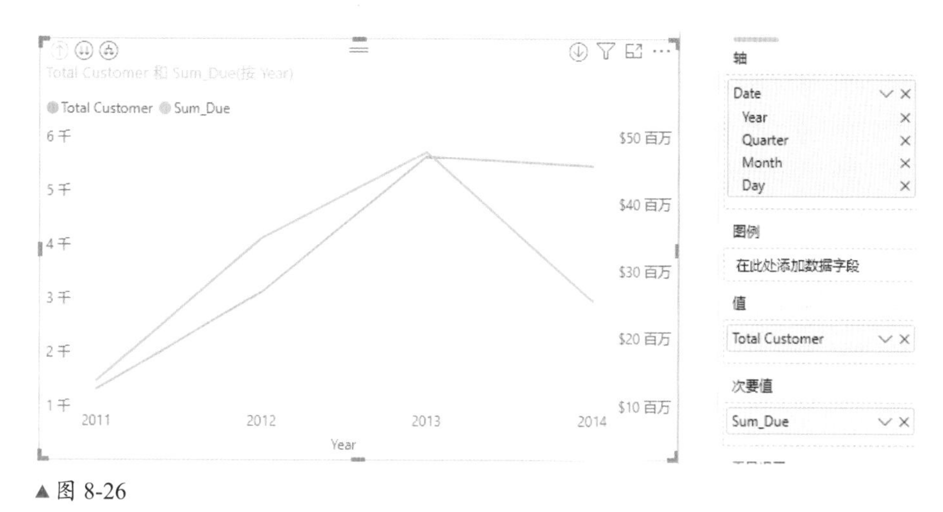

▲图 8-26

8.2.3 表和矩阵

表和矩阵这两个视觉对象几乎在所有的 Power BI 报表中都会被应用到。当所需列举的数据比较多时，通过其他图形类视觉对象进行展示就会显得过于杂乱，此时，通过表或矩阵来展示数据就比较清晰易读。

如果需要以扁平化的形式对数据进行可视化，那么可以通过使用表这一视觉对象来显示结果。表的特点如图 8-27 所示，只有“值”一个配置项，非常适合展示二维结构形式的数据，可以充分体现两个字段之间的对应关系。

Country	Sum_Due
Australia	$11,690,762.57
Canada	$18,244,994.05
France	$8,061,281.81
Germany	$5,430,958.85
UK	$8,508,130.24
USA	$70,539,966.10
总计	$122,476,093.62

▲图 8-27

如图 8-28 所示，如果需要展示多维结构形式的数据，在表中，所有维度的字段都只能添加到“值”这一配置项中进行平铺显示。这样，如果需要添加 M 个字段，并且每个字段下都有 N 个值，那么在表内可能会生成 M 的 N 次方这么

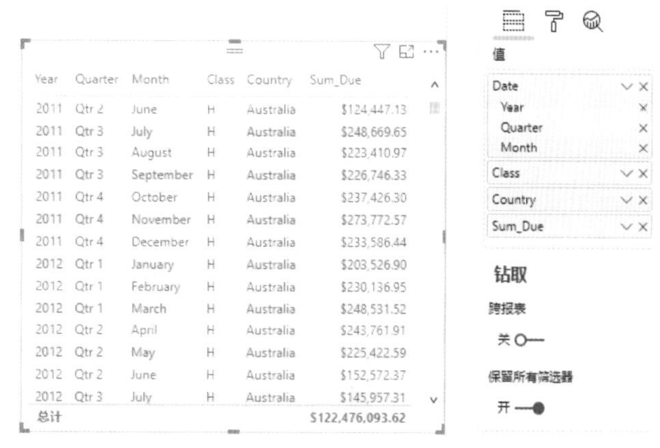

Year	Quarter	Month	Class	Country	Sum_Due
2011	Qtr 2	June	H	Australia	$124,447.13
2011	Qtr 3	July	H	Australia	$248,669.65
2011	Qtr 3	August	H	Australia	$223,410.97
2011	Qtr 3	September	H	Australia	$226,746.33
2011	Qtr 4	October	H	Australia	$237,426.30
2011	Qtr 4	November	H	Australia	$273,772.57
2011	Qtr 4	December	H	Australia	$233,586.44
2012	Qtr 1	January	H	Australia	$203,526.90
2012	Qtr 1	February	H	Australia	$230,136.95
2012	Qtr 1	March	H	Australia	$248,531.52
2012	Qtr 2	April	H	Australia	$243,761.91
2012	Qtr 2	May	H	Australia	$225,422.59
2012	Qtr 2	June	H	Australia	$152,572.37
2012	Qtr 3	July	H	Australia	$145,957.31
总计					$122,476,093.62

▲图 8-28

多行数据才能将信息显示完全。显然，这种显示形式的数据分析结果不能给用户带来很好的使用体验。

因此，如果需要展示多维数据信息，应该使用矩阵这一视觉对象来进行。Power BI 中的矩阵其实就是 Excel 中的 Pivot 表。如图 8-29 所示，相比表，矩阵有 3 个配置项允许用户进行定义，分别是行、列及值。每个配置内都可以添加多个字段进行显示。当“行”或“列”内包含多个字段时，通过钻取功能可以查看下层数据。当“值”内有多个字段时，Power BI 会将这些信息全部显示在表中。

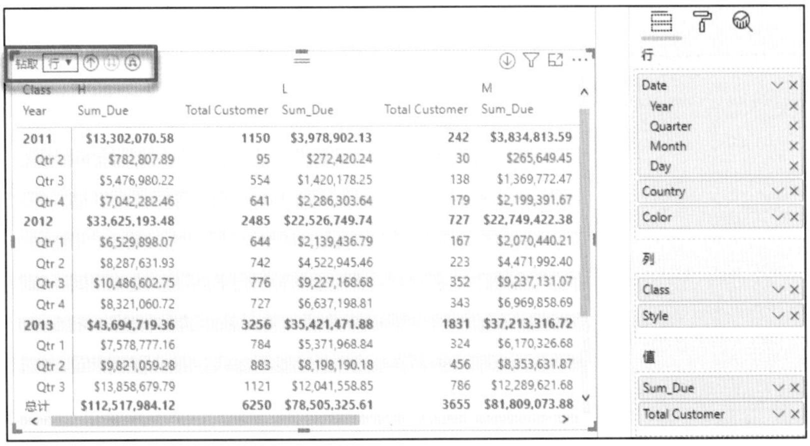

钻取 行

Class	H		L		M
Year	Sum_Due	Total Customer	Sum_Due	Total Customer	Sum_Due
2011	$13,302,070.58	1150	$3,978,902.13	242	$3,834,813.59
Qtr 2	$782,807.89	95	$272,420.24	30	$265,649.45
Qtr 3	$5,476,980.22	554	$1,420,178.25	138	$1,369,772.47
Qtr 4	$7,042,282.46	641	$2,286,303.64	179	$2,199,391.67
2012	$33,625,193.48	2485	$22,526,749.74	727	$22,749,422.38
Qtr 1	$6,529,898.07	644	$2,139,436.79	167	$2,070,440.21
Qtr 2	$8,287,631.93	742	$4,522,945.46	223	$4,471,992.40
Qtr 3	$10,486,602.75	776	$9,227,168.68	352	$9,237,131.07
Qtr 4	$8,321,060.72	727	$6,637,198.81	343	$6,969,858.69
2013	$43,694,719.36	3256	$35,421,471.88	1831	$37,213,316.72
Qtr 1	$7,578,777.16	784	$5,371,968.84	324	$6,170,326.68
Qtr 2	$9,821,059.28	883	$8,198,190.18	456	$8,353,631.87
Qtr 3	$13,858,679.79	1121	$12,041,558.85	786	$12,289,621.68
总计	$112,517,984.12	6250	$78,505,325.61	3655	$81,809,073.88

行
Date
Year
Quarter
Month
Day
Country
Color
列
Class
Style
值
Sum_Due
Total Customer

▶图 8-29

为了使表或矩阵中的数据显示得更加生动形象，如图 8-30 所示，Power BI 提供了一个“条件格式”功能，可以对表或矩阵中的“值”进行装饰，包括设置单元格背景颜色，字体显示颜色，以及用数据条、图标或 Web URL 值来表示单元格值。条件格式功能可以广泛应用到任何文本或数字类型字段，也就是说，当字段值是数字时，颜色名称、代表颜色的十六进制代码或 Web URL 都可以通过条件格式功能为其设置显示样式。

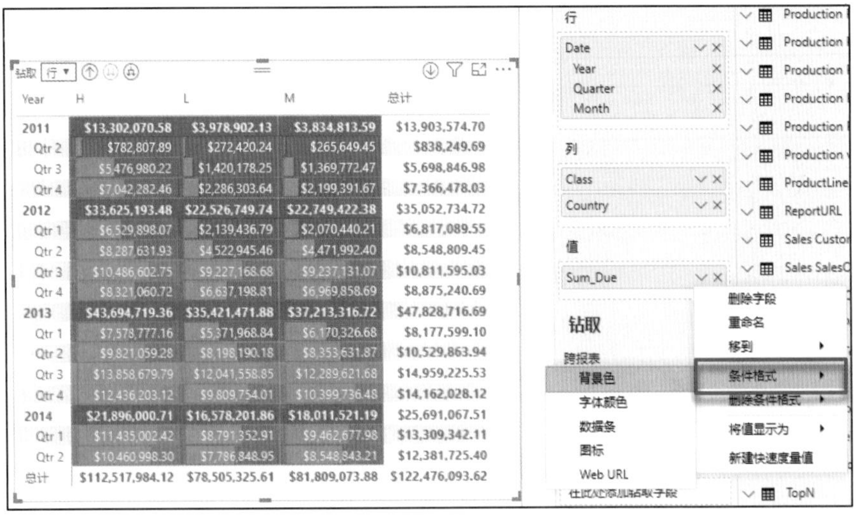

钻取 行

Year	H	L	M	总计
2011	$13,302,070.58	$3,978,902.13	$3,834,813.59	$13,903,574.70
Qtr 2	$782,807.89	$272,420.24	$265,649.45	$838,249.69
Qtr 3	$5,476,980.22	$1,420,178.25	$1,369,772.47	$5,698,846.98
Qtr 4	$7,042,282.46	$2,286,303.64	$2,199,391.67	$7,366,478.03
2012	$33,625,193.48	$22,526,749.74	$22,749,422.38	$35,052,734.72
Qtr 1	$6,529,898.07	$2,139,436.79	$2,070,440.21	$6,817,089.55
Qtr 2	$8,287,631.93	$4,522,945.46	$4,471,992.40	$8,548,809.45
Qtr 3	$10,486,602.75	$9,227,168.68	$9,237,131.07	$10,811,595.03
Qtr 4	$8,321,060.72	$6,637,198.81	$6,969,858.69	$8,875,240.69
2013	$43,694,719.36	$35,421,471.88	$37,213,316.72	$47,828,716.69
Qtr 1	$7,578,777.16	$5,371,968.84	$6,170,326.68	$8,177,599.10
Qtr 2	$9,821,059.28	$8,198,190.18	$8,353,631.87	$10,529,863.94
Qtr 3	$13,858,679.79	$12,041,558.85	$12,289,621.68	$14,959,225.53
Qtr 4	$12,436,203.12	$9,809,754.01	$10,399,736.48	$14,162,028.12
2014	$21,896,000.71	$16,578,201.86	$18,011,521.19	$25,691,067.51
Qtr 1	$11,435,002.42	$8,791,352.91	$9,462,677.98	$13,309,342.11
Qtr 2	$10,460,998.30	$7,786,848.95	$8,548,843.21	$12,381,725.40
总计	$112,517,984.12	$78,505,325.61	$81,809,073.88	$122,476,093.62

行
Date
Year
Quarter
Month
列
Class
Country
值
Sum_Due
钻取
跨报表
背景色
字体颜色
数据条
图标
Web URL
删除字段
重命名
移到
条件格式
删除条件格式
将值显示为
新建快速度量值
Production
ProductLine
ReportURL
TopN

▶图 8-30

如图 8-31 所示，在条件格式设定模块中，“背景色”和“字体颜色”配置选项完全相同，唯一的不同点就是一个设置作用在背景色上，另外一个设置作用在字体颜色上。对于背景色或字体格式，Power BI 提供 3 种格式设定模式，分别是色阶、规则和字段值。

▲图 8-31

◎ 色阶

若要按色阶设置单元格背景或字体颜色，如图 8-31 所示，需要先在“依据为字段”下配置一个字段，然后根据喜好，指定最小值、中间值（可选）及最大值的颜色。之后，Power BI 会自动分析字段中的数值并给出从小到大的颜色渐变方案。

“应用于”用来控制对哪些信息进行着色，而“默认格式”则可以用来设定“空值”的显示颜色。当“默认格式”为 0 就代表按照数字 0 所使用的颜色对空值进行填充。如果不想对空值进行着色，可以选择“不设置格式”。如果想对空值进行特殊着色，可以选择“指定颜色”来进行配置。

◎ 规则

若要按某个区间范围或百分比规则来设置单元格背景或字体颜色，如图 8-32 所示，可以通过“规则”模式来进行。与“色阶”设置类似，需要先选择一个字段作为配色依据，之后根据需要可以基于“百分比”或“数字”来对字段中的数值区间进行着色。与“色阶”方式相比，按照“规则”设定的优势在于可以明确地根据数据分布区间来指定颜色配置，不便之处在于当数据量较多，或者变化波动较大时，配置起来可能会相对麻烦。

▲图 8-32

◎ 字段值

前两种着色规则都是依据数值大小来进行，如果想对文本类型的字段进行着色，如希望当Class列值是H时，对相应数据标记成绿色，是L就标记成橙色等，就需要通过“字段值”格式对背景或字体颜色进行设定。要完成该着色需求，首先需要创建一个计算列或度量值对文本类型字段下的值进行颜色标记。参考度量值表达式如下：

```
SalesColor =
IF (
    SELECTEDVALUE ( 'Production Product'[Class] ) = "H",
    "#9fcfbe",
    IF (
        SELECTEDVALUE ( 'Production Product'[Class] ) = "L",
        "#dabca3",
        IF (
            SELECTEDVALUE ( 'Production Product'[Class] ) = "M",
            "#b3c5f8",
            "#ff947a"
        )
    )
)
```

有了这个度量值后，如图8-33所示，就可以使用字段值规则对数据进行着色。在字段值模式中“依据为字段”处只能配置文本类型的字段，不能使用数字、日期等其他类型字段。如果此处配置了原始列或计算列，Power BI还会增加一个“摘要”配置项，用于定义字段中文本数据的聚合方式。由于是文本类型数据，只能指定以“首先”和“最后一个”两种方式进行聚合。

配置完成后如图8-34所示，Power BI会根据设定条件使用相应的颜色对数据进行着色。例如，当某个地区在特定日期范围内只销售了Class类型是M的商品时，该相关信息对应的销售额单元格背景色就会变成绿色。如果某个地区在特定日期范围销售了多种 Class 类型的商品，则对应的销售额所在单元格背景颜色就是红色。

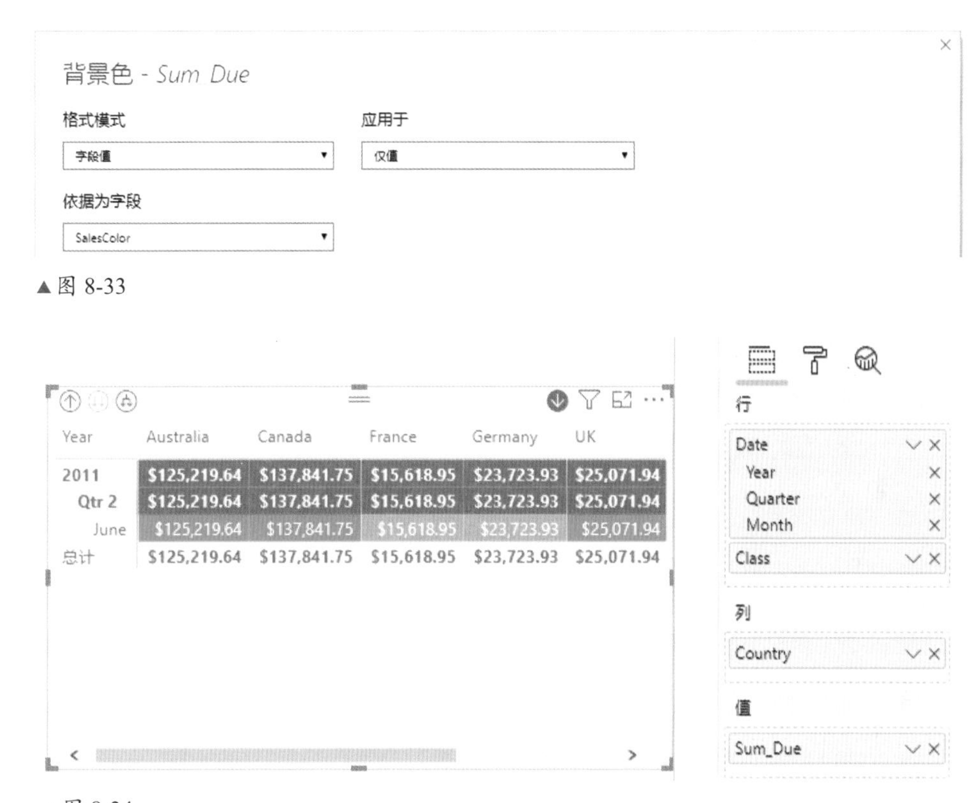

▲图 8-33

▲图 8-34

如果觉得单纯通过颜色变化来代表数据表现情况仍然不够清晰明了，如图 8-35 所示，可以使用“条件格式”下的“数据条”功能，通过条形图的长短来代表单元格中值的大小。

▶图 8-35

默认情况下，Power BI 会根据当前字段中的最低值和最高值情况来计算每个单元格内数据对应的条形图长短，数值越大，条形图就越长。用户还可以根据需要自定义最小值和最大值的标准及条形图的颜色。如图 8-36 所示，相比单纯的数字信息，数据条能让用户一眼就了解到当前表单中数据的大小情况，给人带来的视觉体验效果更好。

Year	Australia	Canada	France	Germany	UK	USA	总计
2011	**$1,593,552.02**	**$2,087,268.69**	**$223,831.16**	**$263,524.92**	**$385,400.60**	**$9,349,997.31**	$13,903,574.70
Qtr 2	$125,219.64	$137,841.75	$15,618.95	$23,723.93	$25,071.94	$510,773.47	$838,249.69
Qtr 3	$709,642.00	$924,983.61	$93,708.75	$113,183.07	$189,767.62	$3,667,561.93	$5,698,846.98
Qtr 4	$758,690.38	$1,024,443.33	$114,503.45	$126,617.93	$170,561.05	$5,171,661.91	$7,366,478.03
2012	**$2,367,815.40**	**$6,213,629.20**	**$1,578,499.37**	**$600,343.53**	**$1,628,875.62**	**$22,663,571.59**	$35,052,734.72
Qtr 1	$695,327.93	$1,234,163.79	$117,692.09	$178,244.40	$131,337.26	$4,460,324.08	$6,817,089.55
Qtr 2	$641,865.94	$1,551,452.15	$256,633.32	$154,704.97	$207,284.65	$5,736,868.42	$8,548,809.45
Qtr 3	$487,436.76	$1,944,185.63	$687,601.01	$115,703.07	$698,727.05	$6,877,941.51	$10,811,595.03
Qtr 4	$543,184.77	$1,483,827.63	$516,572.95	$151,691.10	$591,526.66	$5,588,437.58	$8,875,240.69
2013	**$4,465,407.77**	**$6,938,832.31**	**$3,835,702.06**	**$2,612,329.39**	**$3,960,004.97**	**$26,016,440.20**	$47,828,716.69
Qtr 1	$681,338.31	$1,404,564.03	$474,937.39	$203,603.15	$517,922.97	$4,895,233.26	$8,177,599.10
Qtr 2	$762,856.51	$1,665,289.95	$624,560.58	$438,465.71	$688,269.97	$6,350,421.22	$10,529,863.94
Qtr 3	$1,397,123.48	$2,019,548.85	$1,369,413.70	$1,006,671.90	$1,372,731.31	$7,793,736.29	$14,959,225.53
Qtr 4	$1,624,089.48	$1,849,429.48	$1,366,790.39	$963,588.63	$1,381,080.72	$6,977,049.42	$14,162,028.12
2014	**$3,263,987.37**	**$3,005,263.85**	**$2,423,249.22**	**$1,954,761.00**	**$2,533,849.05**	**$12,509,957.00**	$25,691,067.51
Qtr 1	$1,660,434.10	$1,576,544.64	$1,158,660.91	$1,046,526.03	$1,243,703.70	$6,623,472.73	$13,309,342.11
Qtr 2	$1,603,553.28	$1,428,719.21	$1,264,588.32	$908,234.97	$1,290,145.35	$5,886,484.28	$12,381,725.40
总计	$11,690,762.57	$18,244,994.05	$8,061,281.81	$5,430,958.85	$8,508,130.24	$70,539,966.10	$122,476,093.62

▲图 8-36

如果不喜欢通过颜色对表或矩阵中的数据进行标记，也可以通过在单元格内添加图标的方式让用户快速获知数据的变化情况。如图 8-37 所示，在图标模式下，可以依据“规则”或“仅值”来设定图标，其配置方法也是通过在“依据为字段”下设置字段来进行。

图标 - Sum Due

格式模式：规则　应用于：仅值

依据为字段：Sum_Due

图标布局：数据左侧　图标对齐方式：上　样式

规则　反转图标顺序　+ 新规则

如果值				和				则为
如果值	大于或等于	0	百分比	和	小于	33	百分比	则为 ◆
如果值	大于或等于	33	百分比	和	小于	67	百分比	则为 ▲
如果值	大于或等于	67	百分比	和	小于或等于	100	百分比	则为 ●

了解详细信息　确定　取消

▲图 8-37

除了表和矩阵以外，很多其他类型的视觉对象也提供了“条件格式”功能来对数据进行加工，商业数据分析师可以根据报表主题灵活利用该功能来提升报表的可视化效果。

8.3 关系类视觉对象

如果想着重强调不同关联因素通过相互作用对个体产生的影响，如图 8-38 所示，可以选择 Power BI 中强调关联关系的视觉对象来对数据进行可视化展示。

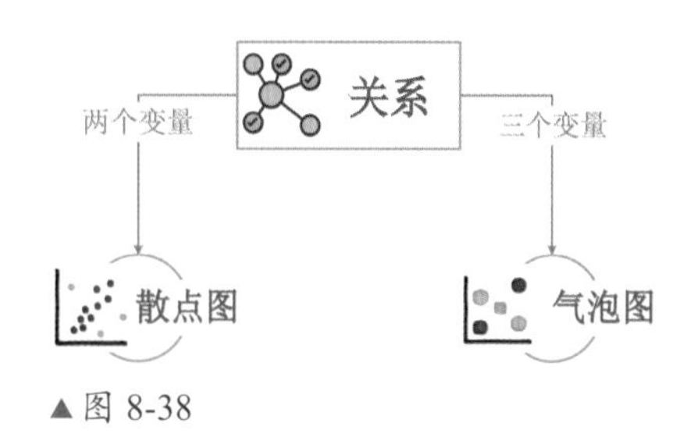

▲图 8-38

8.3.1 散点图

如果要分析一个主体变量随两个具有相关性变量变化的情况，通常情况下，可以使用散点图来进行数据展示。散点图主要是在回归分析中用来展示数据在直角坐标系上的分布情况，可以用来分析数据的总体发展趋势及分布走向。散点图主要反映两个变量之间的关联关系，图中每个点所在位置都是通过其所对应的 X 轴坐标和 Y 轴坐标来确定的。

在图 8-39 所示的散点图中，对 500 多个样本的身高和体重进行了可视化展示。图中每一个数据点都代表样本中某个个体的身高和体重数值。从数据点的分布情况可知，身高和体重呈正相关。当身高值低于 140 厘米时，代表男性样本个体的数据点和代表女性样本个体的数据点重合情况比较多。当高于 140 厘米后，男性样本数据点发展趋势逐渐高于女性，并且更为集中在右上角区域。

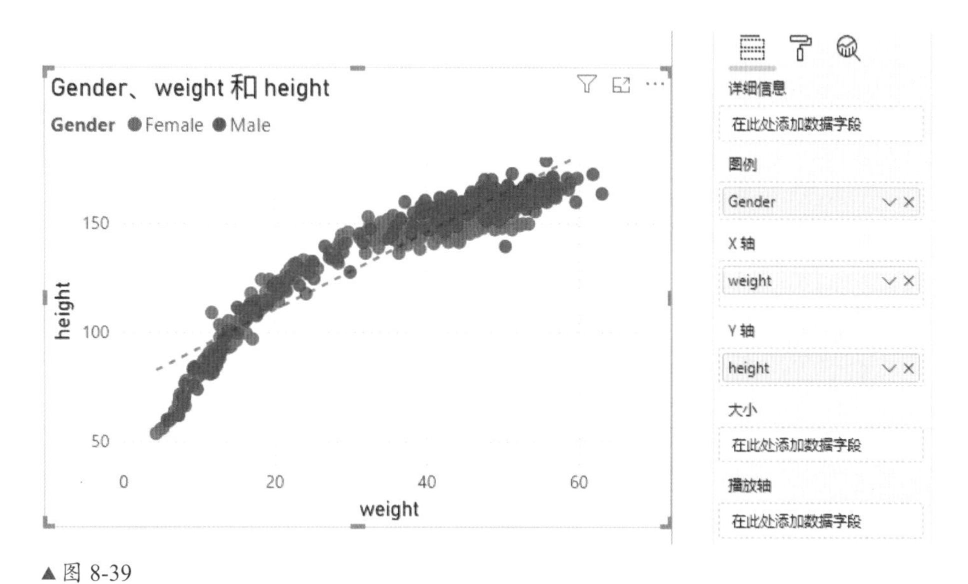

▲图 8-39

散点图主要配置的字段如下。

◎ 详细信息（选填项）：该处可以添加用于说明散点图中数据属性的字段。只能添加原始数据列或计算列，不能使用度量值。当添加多个字段时会开启数据钻取功能。

◎ 图例（选填项）：图例的功能是对散点进行标记划分。该处设置只能填写一个字段，必须是原始数据列或计算列，不能使用度量值。

◎ *X*轴（必填项）：只能填写数字类型的字段，可以是原始数据列，计算列或度量值。如果配置了“详细信息”选项，则*X*轴中配置的原始数据列或计算列字段必须使用聚合设置，否则Power BI会返回如图8-40所示的错误信息。

删除“详细信息”即可显示 x 轴和 y 轴对。也可以保留“详细信息”，并为 x 轴和 y 轴设置汇总。 请参阅详细信息

▲图 8-40

◎ *Y*轴（必填项）：与*X*轴有相同的配置要求。

◎ 播放轴（选填项）：如图8-41所示，播放轴可以在散点图下方增加一个类似于播放器进度条的控件。在单击三角形的播放按钮后，散点图会根据播放轴上不同的字段显示当前对应的*X*轴和*Y*轴数据，从而实现数据动态变化的效果。播放轴中适合填写时间类字段，可以展示数据在不同时间段内的变化情况。目前，该字段只能使用原始数据列或计算列，不能使用度量值。此外，如果要使用播放轴功能，*X*轴或*Y*轴中配置的原始数据列或计算列字段必须使用聚合设置，否则Power BI会返回类似之前图8-40中的错误提示。

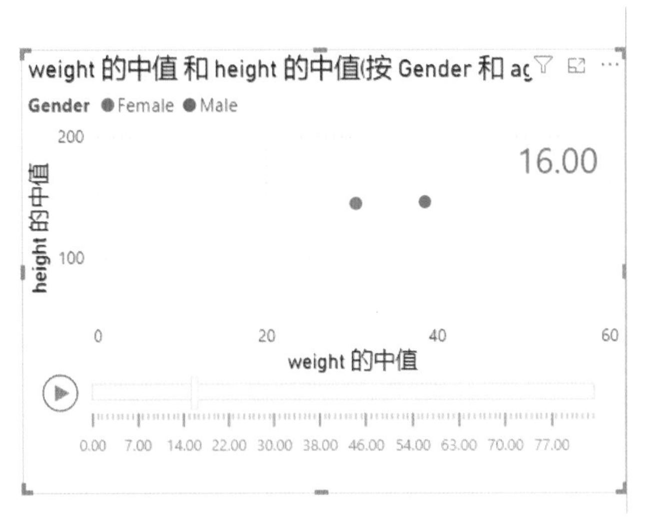

▲图 8-41

8.3.2 气泡图

气泡图是在散点图的基础上增加一个变量，用来将点替换成大小不一的气泡，以气泡面积来代表第三个变量值的大小。如图8-42所示，通过气泡图可以反映出增长率、销售额及用户数这三个维度之间的变化关系，方便用户对当前销售情况进行判断。

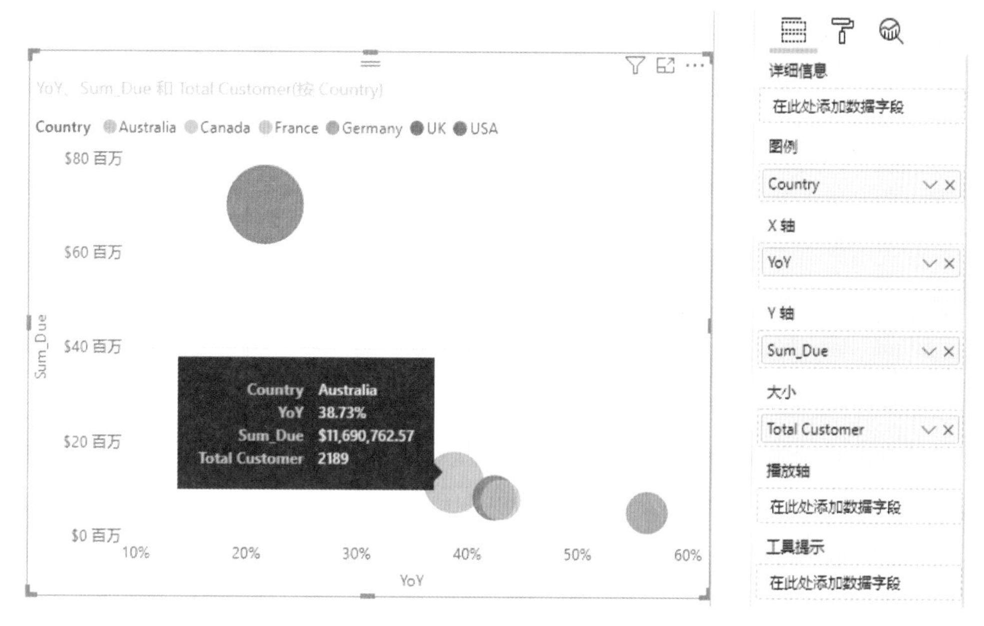

▶图 8-42

气泡图是通过散点图这个视觉对象来生成的，当在散点图中配置了“大小”选项后就可以生成气泡图。这个“大小”配置项中的字段可以使用原始数据列、计算列或度量值。当使用原始数据列或计算列时，Power BI 会自动对其进行聚合设置，不会直接显示列中的数据值。

默认情况下，散点图中的数据都是以圆形来代表，如果想使用其他图形，如图 8-43 所示，可以在“格式”面板下的“形状”配置项内进行更改。Power BI 不但可以一次性对所有数据标记形状进行更改，还允许用户将不同的图例标记成不同的形状，方便进行区分。

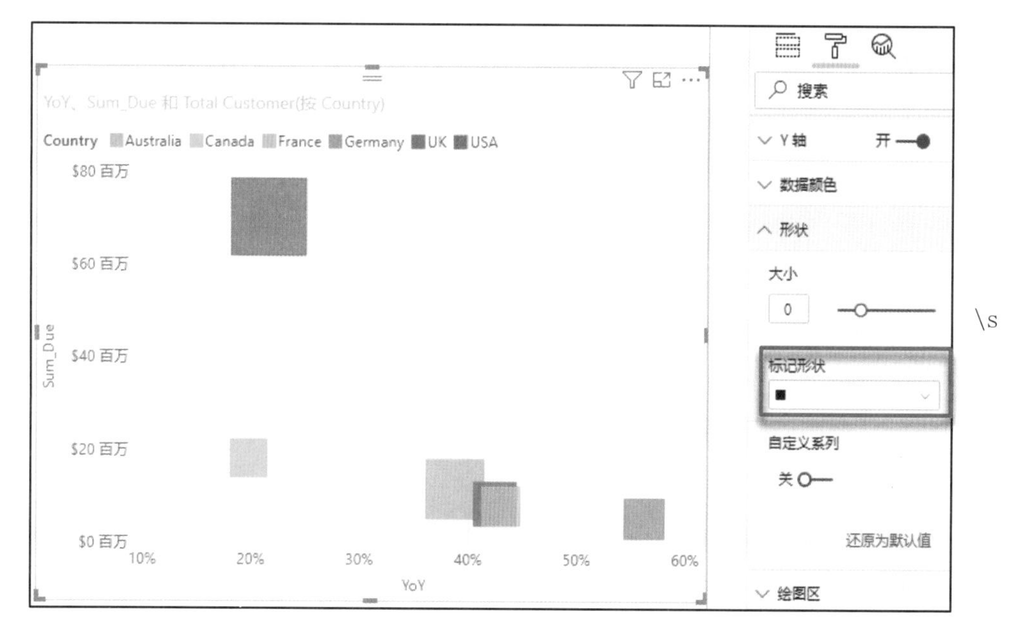

▶图 8-43

需要注意的是，由于散点图数据的特点，其需要展示的数据元素可能会很多，为了避免在散点图中加载过多数据而影响报表的响应效率，可以在散点图上设置最大允许显示的数据量。具体方法是通过设置“格式”面板下“常规”菜单中的数据量来控制。可设定范围为 3500~10000，即散点图最多可以显示 10000 个数据点。不过，在气泡图中没有数据量限定的设置，原因是气泡图要求使用的 X 轴和 Y 轴数据是聚合类型数据，其数据点数量相对可控，因此不需要对其进行特别控制。

8.4 组成类视觉对象

如果体现某个个体的组成情况或强调不同组成元素所占比例，如图 8-44 所示，可以选择 Power BI 中能体现组成关系的视觉对象来对数据进行可视化展示。

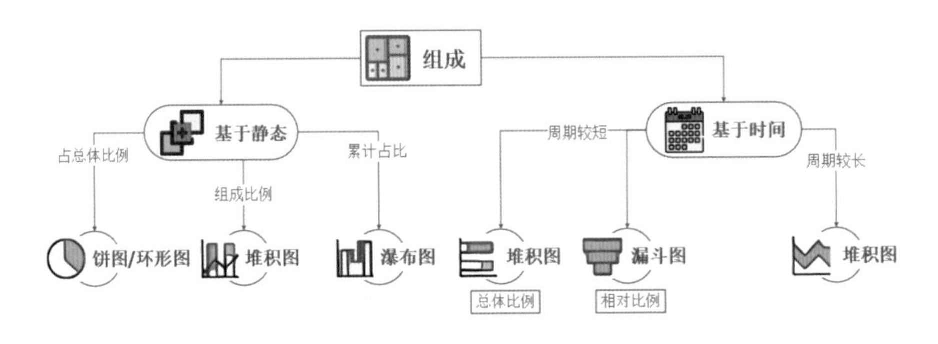

▲ 图 8-44

8.4.1 饼图和环形图

如图 8-45 所示，通过饼图或环形图这两类视觉对象，可以展示不同个体在整体中所占的比例，帮助报表用户快速发现整体中的核心要素。

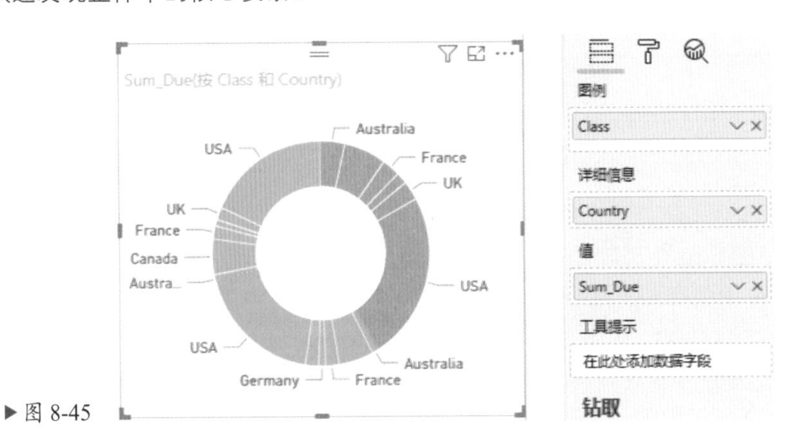

▶ 图 8-45

饼图和环形图中共有 3 处配置项。

◎ 图例（选填项）：确定图形如何进行划分。如果“图例”为空，则必须填写“详细信息”项。图例中的字段只能是原始数据列或计算列，不能是度量值。当“图例”中配置多个字段后能开启数据钻取功能，以显示不同层次结构数据相关内容。

◎ 详细信息（选填项）：可以在“图例”的基础上对每一部分数据进行二次划分。与图例的要求一样，配置字段只能使用原始数据列或计算列，不能使用度量值。

◎ 值（必填）：用于确定图例面积大小，可以是原始数据列、计算列或度量值。如果“详细信息”配置项为空，则“值”内可以添加多个字段。

8.4.2 树状图

当整体中的组成项较少时，适合使用饼图或环形图来展现各项所占比例，但当整体中的组成项比较多或要强调有一定层级结构关系的组成项占比时，则如图 8-46 所示，应该考虑使用树状图来展现。

▶图 8-46

树状图中也有三个配置项，分别是“组”“详细信息”和“值”，其使用规则与饼图或环形图类似，“组”用来控制树状图如何进行划分，只能是原始数据列或计算列，不能是度量值。而通过对“详细信息”项的配置则可以对“组”内数据进行再次划分，树状图中每个图形的大小则通过“值”来控制，是必填项。

在树状图中，通过图形面积的大小可以清晰地展示和对比不同数据之间的差别。同时，在开启数据“钻取”功能后，可以不断地对下层节点数据进行展开，对结构性数据进行分析，使用起来比饼图、堆积图、簇状图等其他几类图形更加方便。

8.4.3 分解树

如果更关心关联数据间的层级结构关系，并且想将数据结构以平层形式进行展开，而不想通过“钻取”功能向下查找，则可以如图 8-47 所示，通过使用分解树这个视觉对象来对数据进行展示。

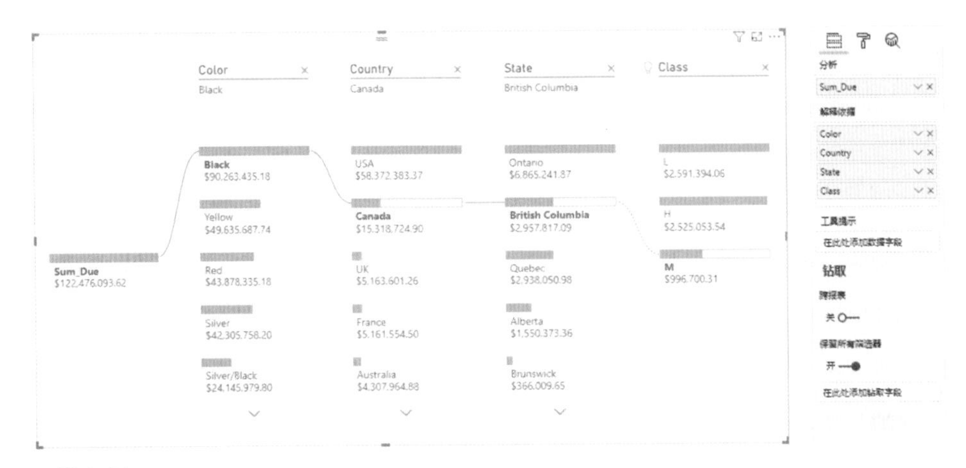

▲图 8-47

分解树的特点在于可以对多个维度的数据进行展示，并且可以按照任意顺序解析某个维度信息，它主要有两个配置项。

◎ 分析（必填项）：配置需要分析的指标字段，可以使用度量值或聚合形式的原始列及计算列。

◎ 解释依据（必填项）：配置需要解释的字段，只能使用原始列或计算列，可以添加多个。

除此之外，分解树中还提供了人工智能可视化功能，可以按照一定的要求对维度中的数据进行查询，然后进行展开。如图 8-48 所示，在对某个数据进行拆分时可以使用“AI”功能来确定下层数据的排序方法。当选择按照“高值”进行展开时，Power BI 中会对下层所有可用字段进行查询，找到分析字段中的最高值，然后再将其所在层数据按照从高到低的顺序进行排列。与“高值”相反，当选择按照“低值”时，Power BI 会选取分析字段最低值所在层按照从低到高的顺序对数据进行展开。

▲图 8-48

需要注意的是，分解树最多只能有 50 层，并且一次最多只能展示 5000 个数据点。如果超出限制，Power BI 会进行截断，只显示前 n 层，并且每层只显示 10 个数据点。

8.4.4 漏斗图

漏斗图可以按照一定顺序或根据特定阶段流程来显示各个元素的占比情况，可以用来反映最终结果和初始状态之间的差距，体现某个事物发展变化的好坏。例如，如图 8-49 所示，使用漏斗图可以清楚地反映不同销售机会的变化情况，方便用户对销售效率进行分析，以便对未来的销售结果进行预测。

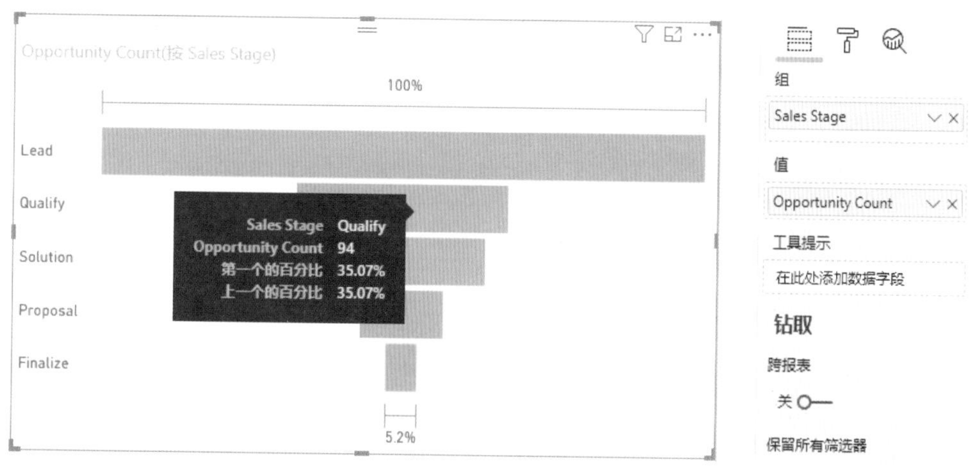

▲图 8-49

漏斗图与分解树类似，也只有两个主要配置选项。

◎ 组（必填项）：配置需要分析的数据组字段，只能使用原始列或计算列。当添加多个字段后，可以开启漏斗图的向下钻取功能。

◎ 值（必填项）：用于确定漏斗内每个阶段条形图的大小，可以是原始数据列、计算列或度量值。

漏斗图适用于对有一定事件发展顺序的数据进行展示。在使用漏斗图之前，需要确保数据已经按照阶段发展要求进行了划分。一般情况下，第一阶段的数据量要最大，之后阶段的数据量由于事件的发展会逐步变小。例如，销售转化情况、消费支出情况、选拔比赛等相关数据都可以用漏斗图进行分析。

高手神器 6：自定义 Power BI 报表主题

在创建 Power BI 报表时，选择何种配色设置视觉对象是一件让很多数据分析师头痛的事情。颜色选得好，不但能提高报表的专业性，还能提高报表的可读性；颜色选得不好，报表的显示效果就会大打折扣，无法对报表使用者产生足够的吸引力。

那么，如何才能给报表定义恰当的配色呢？答案是可以通过 Power BI 报表主题功能来进行。如图 8-50 所示，在 Power BI 桌面服务中，微软内置了十几种主题供用户使用。用户可以先在报表中对视觉对象进行基础配置，之后选择相应的主题来更改报表的显示样式，从而实现批量设置视觉对象颜色的需求。

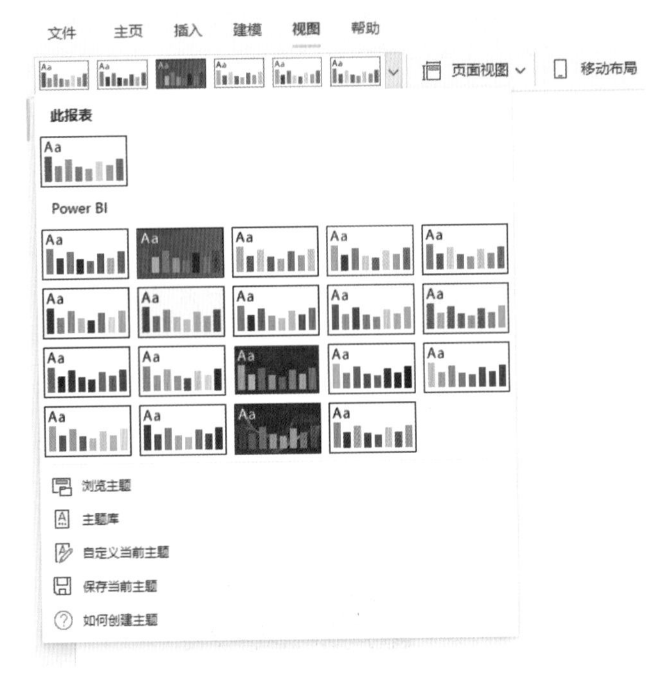

▲图 8-50

如果不满意内置主题的显示效果，如图 8-51 所示，可以选择从 Power BI 社区的主题库单元（https：//community.powerbi.com/t5/Themes-Gallery/bd-p/ThemesGallery）中下载网友创建的自定义主题，然后导入 Power BI 桌面服务中使用。目前，Power BI 社区的主题库内有上百种自定义主题供用户下载使用，每种主题都配有相应的效果显示图供参考，使用起来很方便。

▲图 8-51

如果还是没有选择到合适的颜色，可以根据需要自定义一份主题来使用。在自定义前，可以参考一些设计网站来确定报表中所需使用的颜色。例如，https：//visme.co/blog/website-color-schemes/ 网站上就列举了 50 个优秀网站的配色方案，如图 8-52 所示，可以选择一个喜欢的配色方案作基准。

7 Stylish and Sophisticated

Bordel Studio

This elegant color scheme brings together dark muted tones to create a clean and sophisticated look. Its shades of gray and blue are ideal for more conservative designs.

▶图 8-52

选定好颜色后，使用 Power BI 桌面服务中的“自定义当前主题”功能来创建主题，或者使用 https：//themes.powerbi.tips/ 网站提供的 Power BI 主题生成器来自定义主题。相比 Power BI 内置的自定义主题功能，Power BI.tips 网站的主题生成器能进行更加精细化的主题设定，更适合对主题配置要求较高的用户来使用。

如图 8-53 所示，Power BI.tips 网站的主题生成器有两个配置页面，Palette 页面下主要用来设置自定义主题内使用的颜色。当应用该主题后，Power BI 在会根据定义的顺序由上至下选择相应的颜色来配置视觉对象。

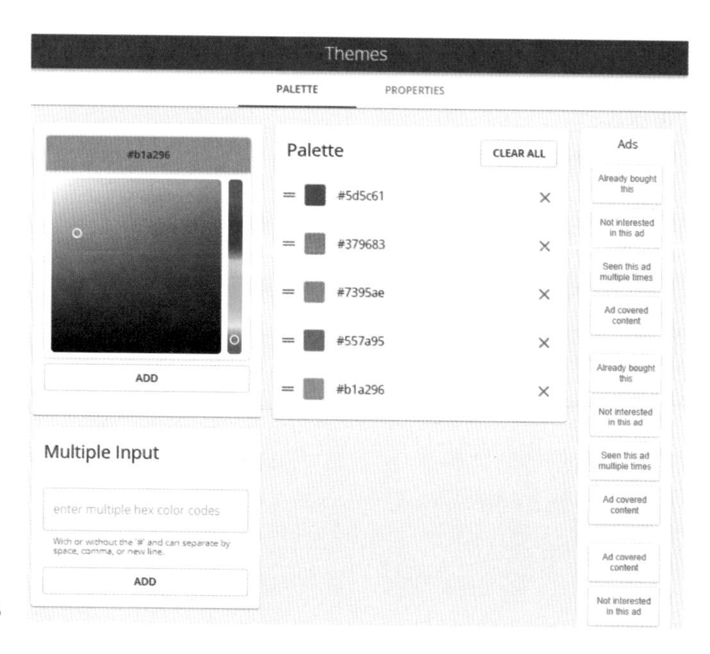

▶图 8-53

Properties页面可以对具体某个视觉对象的显示效果进行设定。如图8-54所示，可以对堆积条形图中的X轴设置显示颜色。这样，应用该主题后，Power BI报表内所有堆积条形图中的X轴都会自动显示设定的颜色，从而实现对视觉对象配置的统一管理。

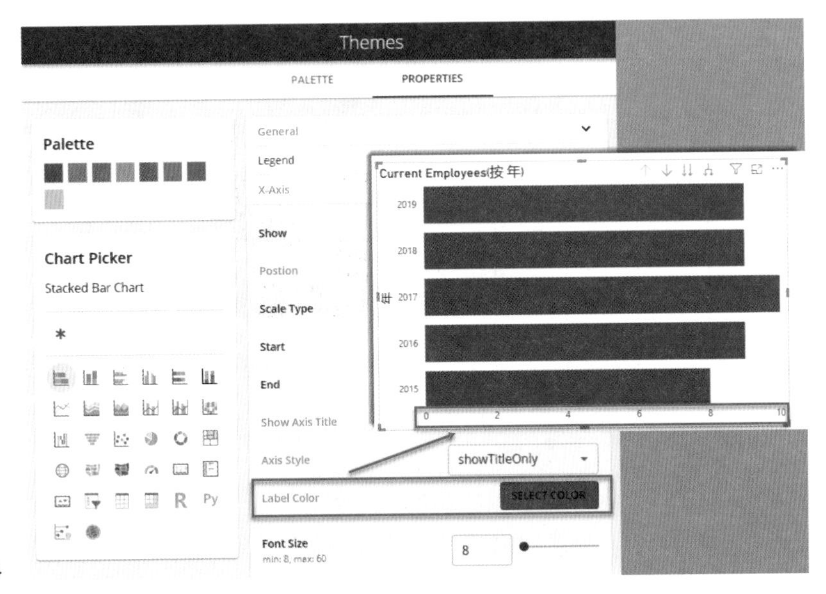

▶图8-54

8.5 本章小结

本章介绍了使用Power BI创建可视化数据报表的基本方法和注意事项，对常用的几款内置视觉对象做了介绍说明。读者阅读本章能了解创建优秀可视化数据报表的秘诀，并能根据实际需求，灵活地选择和配置视觉对象，使自己的数据报表在满足数据分析实用性要求的同时又兼具美观性和易用性，大幅提升报表的价值。

本章“高手自测”答案

高手自测29：如何给移动端用户设计Power BI报表?

答：如果要给移动端用户设计Power BI报表，就必须基于移动端页面大小对视觉对象进行布局。设计方法是在Power BI桌面服务中，首先，将需要添加到移动端报表的视觉对象都放在一个报表页面中，之后如图8-55所示，单击“视图”导航栏下的“移动布局”按钮，Power BI会在当前页面中新建一个手机样式的画布，并将之前页面中的视觉对象以缩略图的形式安放在左侧可视侧边栏中供选择使用。

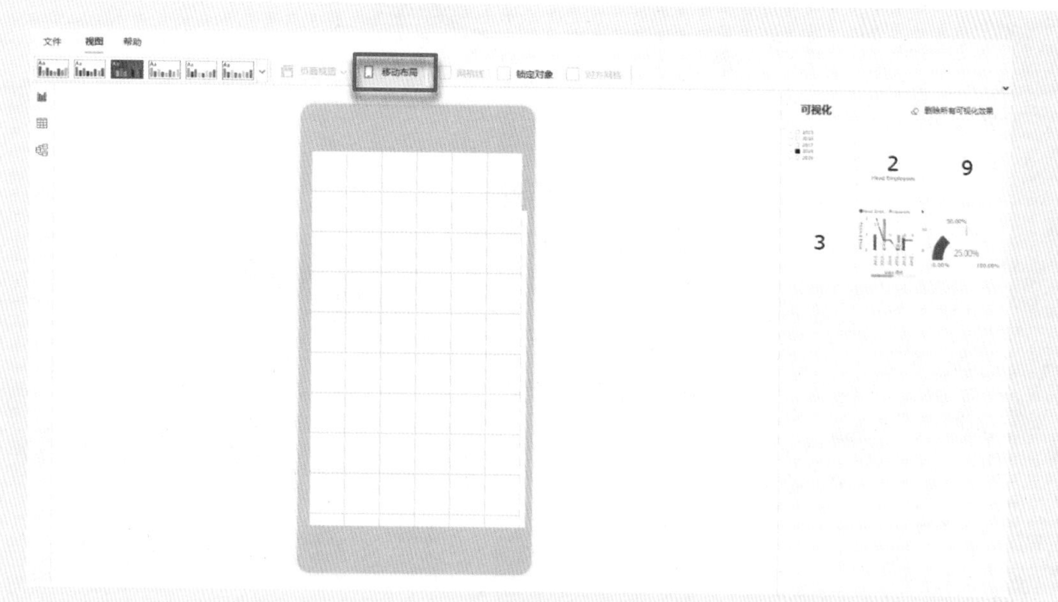

▲图 8-55

最后，根据需要，将左侧的视觉对象拖曳到手机画布上进行布局，即可完成移动端报表页面的设计。

需要注意的是，在移动布局模式下无法对视觉对象进行详细配置。因此，在切换到移动端布局前，应该在普通页面视图模式下完成对视觉对象的名称、数据格式、颜色等属性的配置工作，以方便后续创建移动端报表时使用。

商业数据分析结果呈现：报表的生成与发布

完成了数据的收集、筛选、整理、建模及可视化展示后，就进入了商业数据分析的最后一个阶段，即按照商业分析的主题要求生成相应的数据报表并发布共享给指定用户。作为数据分析工作的收尾阶段，分析师需要从商业问题出发，将相关的分析内容和结果按照一定逻辑一一呈现在报表中，使得用户能快速、清晰、完整地获得所需信息。

报表的设计不仅体现了分析师的数据分析能力，还体现了其页面交互设计能力、文字表达能力及逻辑叙述能力等。好的分析师不仅能挖掘出数据背后隐藏的规律，还能让报表使用者也快速获知数据反映出的经济规律。因此，一个优秀的商业数据分析师必定具备良好的报表设计能力。

请带着下面的问题走进本章：

（1）数据分析报表有几种表现形式？

（2）如何根据分析主题恰当选择报表格式？

（3）如何对 Power BI 报表进行发布？

（4）如何对 Power BI 中的数据设置监控警报？

（5）如何编写 Power BI 报表的说明文档？

9.1 数据分析报表的 4 种形式

数据分析报表必须围绕所要分析的商业主题进行创建，不同的主题、不同的使用对象所需的报表样式也不尽相同，分析师需要根据实际情况进行恰当选择。如图 9-1 所示，常见的数据分析报表有以下 4 种形式，适用于不同的场景和不同的使用对象。

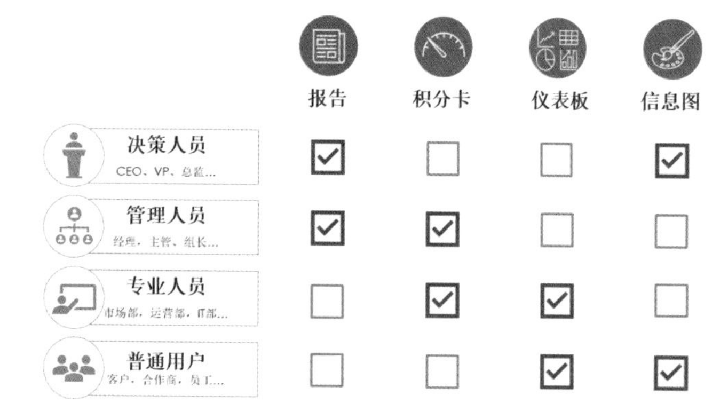

▲图 9-1

9.1.1 报告

如果创建数据分析报表的目的是对某些商业现象的分析结果进行阐述，那么建议按照报告格式要求来创建相应的 Power BI 报表。报告的结构特点在于除了包含数据分析结果以外，还会包含商业问题相关的描述信息，以及为了调查研究该商业问题进行的数据采集及加工处理等有关工作的简述。报告是对当前商业问题的研究性陈述，带有一定的汇报性质，目的是让读者全方位地了解当前商业问题现状，并可作为制订解决方案的依据。

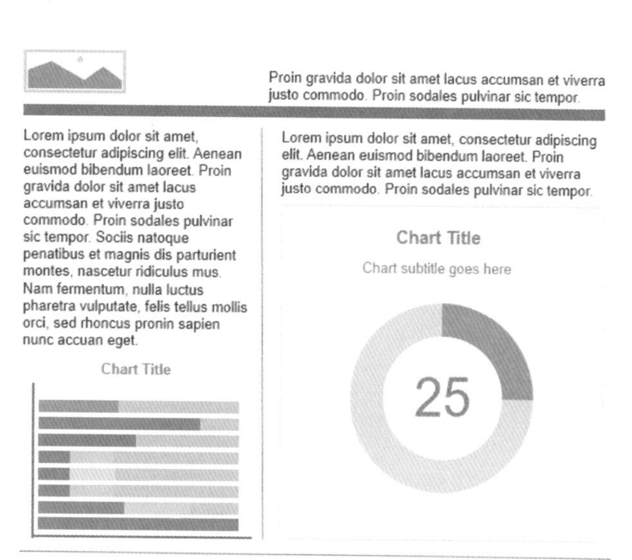

Column 1	Column 2	Column 3

▲图 9-2

如图 9-2 所示，报告的格式主要以文字类信息块为主，然后辅以表、饼图、柱状图、折线图等视觉对象作为补充信息，并使用少量的图形卡片作为点缀说明。通常情况下根据需要，可以对报告内容进行章节划分，每小节都有各自的主题，并围绕该相关内容选择恰当的数据信息进行说明。在报告中通常很少使用切片器等带有选择性质的视觉对象，各类图表通常只针对当前文字描述部分内容进行说明解释，整个报告的核心内容应该以文字信息为主。

报告的使用对象通常是公司的决策层和管理层，如 CEO、董事长、各部门 VP（Vice

President)、总监、经理等人员。决策层或管理层需要通过报告中的信息来帮助其找到相关商业问题的解决方案，从而有针对性地对涉及的企业流程或人事安排进行调整，以便提高企业的运行效率，从而获得更高的利润。

9.1.2 积分卡

如果需要对某些核心绩效数据进行监控，为了突出数据信息内容，建议 Power BI 数据分析报告按照积分卡格式进行创建。积分卡格式报表的特点在于使用清晰易读的视觉对象将读者关注的绩效指标进行展现，使其能一目了然地获知当前企业的运营状况，从而及时发现生产活动中的相关问题并整改。

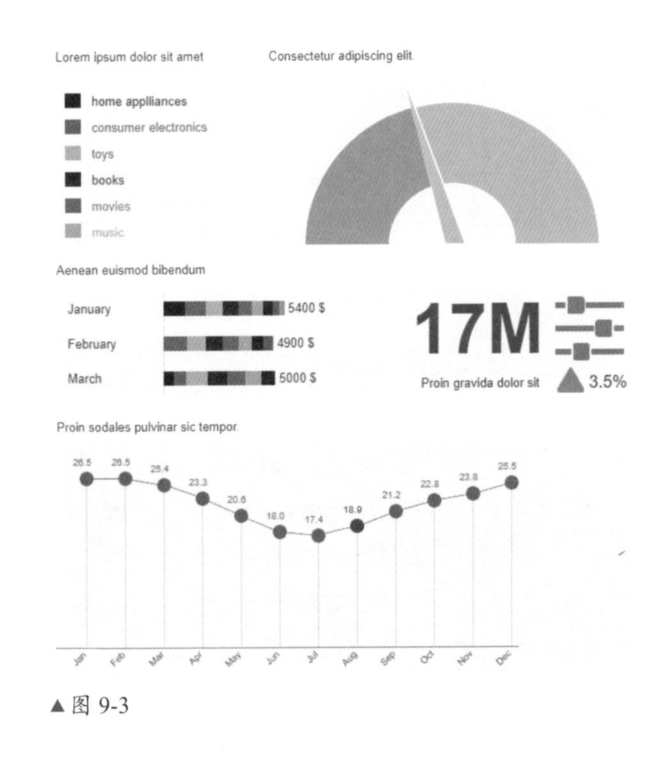

▲图 9-3

如图 9-3 所示，在积分卡中，经常使用的是指示器类型的视觉对象，如 KPI 和仪表等；其次是信息说明类视觉对象，如表、卡片、多行卡等。另外，各种图形类视觉对象，如柱状图、折线图、饼图等视觉对象也可以在积分卡中使用，用来对关键数据信息进行补充描述。此外，在积分卡中也可以配置切片器，以便用户对不同信息进行筛选。

通常情况下，除了每个视觉对象的标题信息以外，其他文本内容很少出现在积分卡中。在色彩主题配置上，积分卡内的各个指标信息需要通过比较醒目的颜色进行展示，并且基本只使用简单的背景图片进行修饰，不会加入其他装饰类图片。

积分卡的使用对象主要是公司的管理层和一些从事某些专项工作的业务人员。例如，IT 部门会创建积分卡形式的报表对一些核心服务器的运行情况进行监控，并对一些核心指标设置预警。这样，当服务器运行出现异常状况时，Power BI 能及时发出警报，使得 IT 人员能第一时间获得通知并对异常情况进行排查。

9.1.3 仪表板

如果需要对某一主题事件相关数据进行全面展示，让用户能从多个角度对数据进行审阅、对比和分析，则建议按照仪表板格式来创建 Power BI 数据分析报表。仪表板是若干个视图的集合，与通常只在一个页面上展示核心数据情况的积分卡不同，仪表板可以包含多个页面，每个页面中都会部署多个视觉对象来对某个子标题内容进行分析，所有页面上的视觉对象相互之间都有一定的关联关系，组合到一起后可以对主题内容进行全方位的完整描述，从而帮助管理层对相关业绩情况进行管理，以便加速制定决策信息。

如图 9-4 所示，在 Power BI 中，可以通过书签功能将多个页面进行串联来制作仪表板，使其样式类似于常见的应用程序管理页面，便于用户使用。在仪表板中可以应用各种样式的视觉对象，通常情况下，使用最多的就是各种图形类的视觉对象，如柱状图、折线图、饼图、地图等；其次是切片器及卡片类视觉对象；此外，指示器类型及表类型的视觉对象也很常见。仪表板中可以适当添加装饰类图片对信息内容进行修饰，也可以添加少量的描述信息对视觉对象中的内容加以说明，以方便用户对信息进行读取。

▶图 9-4

仪表板的使用对象主要是公司内的专业人员和普通用户。例如，销售团队会创建仪表板形式的销售报表来对企业的销售情况进行分析。该仪表板内可包含多个分析页面，并依据人员、地区、产品、渠道等多角度来对销售情况进行分析，从而帮助团队对当前销售情况进行评估，挖掘新的客户群，及时发现潜在风险，以提高销售业绩。

9.1.4 信息图

信息图指的是通过生动形象的图形来创建数据信息表单。与传统的数据可视化使用的柱状图、饼图等不同，信息图中的图形是代表实际事物的抽象图标，能更加清晰、明了、便捷地向用户传递数据信息。例如，用纸币或硬币图标代表货币信息，用头像图标代表用户数等。如果分析师需要向缺乏专业背景知识的用户来展示数据信息，就可以考虑按照信息图格式来创建 Power BI 可视化报表。

如图 9-5 所示，相比使用常规视觉对象的报告或仪表板，信息图能更加生动形象地展示数据分析结果，让用户更轻松地获取其所需内容。

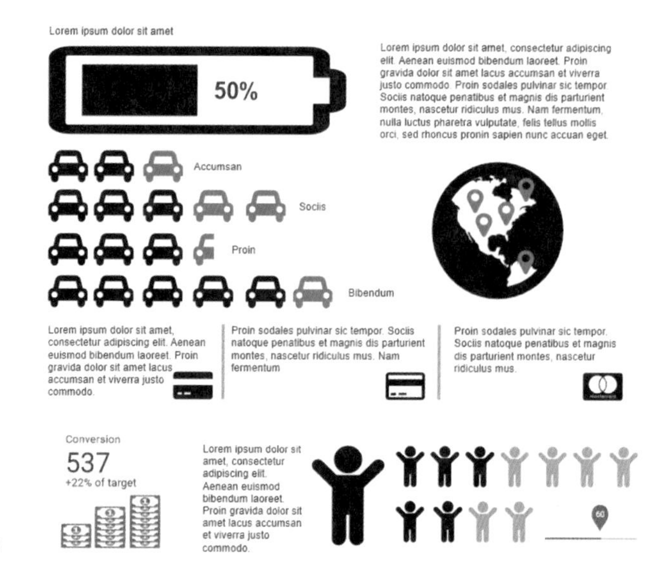

▶图 9-5

如果要在 Power BI 中创建信息图，需要在微软的 AppSource 中下载 Infographic Designer 这一可视化控件来对视觉对象图形进行设定。Infographic Designer 是由微软开发的 Power BI 控件，它允许用户对视觉对象中使用的图形形状、颜色和布局进行自定义，从而通过更加生动形象的图标来表述数据代表的实际意义。例如，如图 9-6 所示，通过 Infographic Designer 可以对柱状图进行改造，将长方体替换成钱袋图形，从而让用户一目了然地获知当前视觉对象反映的信息内容。

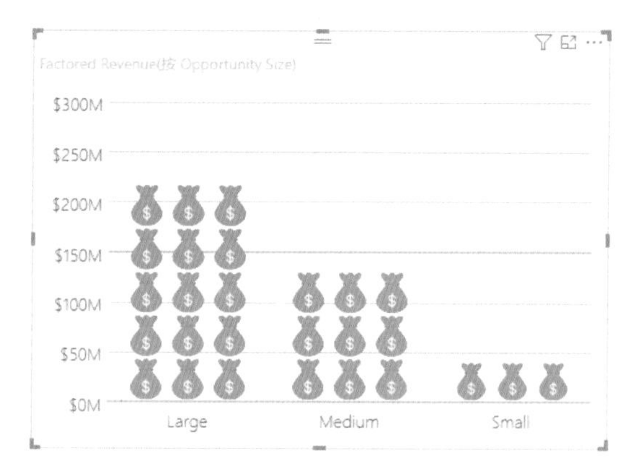

▲图 9-6

通过 Infographic Designer 可以生成 4 种格式的视觉对象，分别是柱状图（Column）、条形图（Bar）、折线图（Line）及卡片图（Card）。如图 9-7 所示，Infographic Designer 内有 5 个配置字段，其中值（Measure）是核心字段，可以配置度量值和进行了聚合运算的原始数据列或计算列。

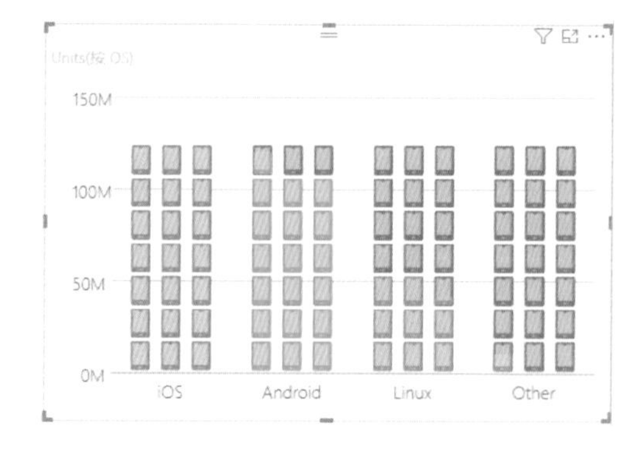

▶图 9-7

剩下的 4 个字段中，类别（Category）和图例（Legend）是一组关联配置。如图 9-8 所示，当将字段配置到了类别或图例中后，可以创建柱状图（Column）、条形图（Bar）或折线图（Line）这 3 种形式的视觉对象。

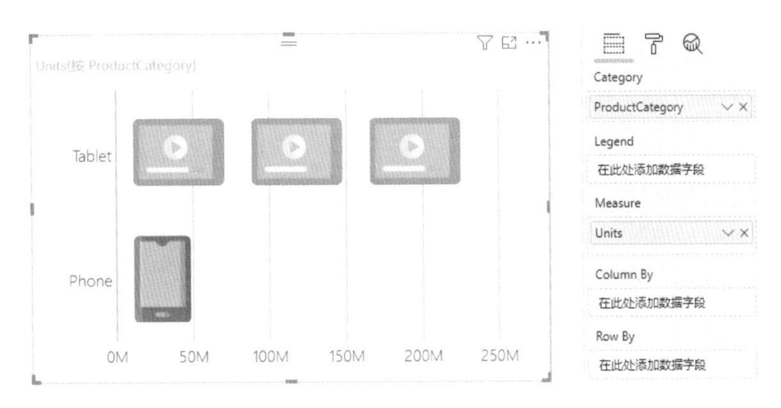

▶图 9-8

剩下的两个设置，列（Column By）和行（Row By）是一组关联配置。如图 9-9 所示，如果将字段配置到了按列或按行设置项中，则可以创建出卡片类型的视觉对象。

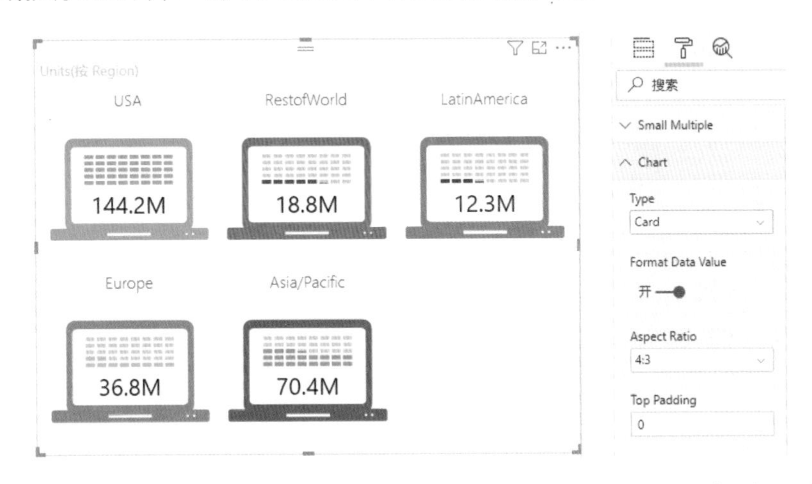

▶图 9-9

配置好字段后，就可以单击 Infographic Designer 控件内的“编辑”按钮（铅笔图标）来对视觉对象中使用的图标进行配置。如图 9-10 所示，Infographic Designer 中的配置主要有两部分，在上面的 Marker Designer 窗口内可以创建多个图层，用于设定需要在视觉对象中进行显示的图标。而下面的 Format/Layout 窗口则可针对每个图层中的图形来配置其显示状态。例如，可以对图像设定是否需要重复显示、是否进行缩放、使用哪种填充方式，以及显示何种配色及背景等。

如图 9-11 所示，在 Infographic Designer 中可以创建 3 种类型的图层，分别是形状、文本及图片。Infographic Designer 默认提供了几十个形状的图形供用户使用，如果有需要，还可以上传自定义的 SVG 格式文件作为形状来使用。通过创建多个图层可以将几个形状、文本及图片合并成一个新的图形，并通过相应的配置来控制其可视化效果。

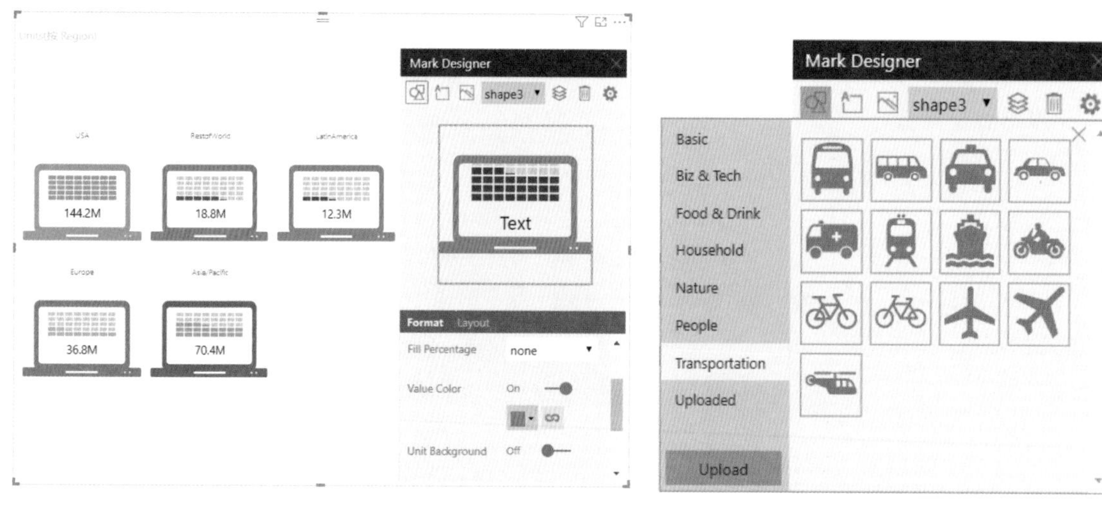

▲图 9-10　　▲图 9-11

在信息图中除了使用 Infographic Designer 这类视觉对象以外，还会经常使用文本类工具对数据信息加以说明。此外，一些常规的视觉对象，如饼图、柱状图、地图、卡片、表等也可以在信息图中使用。

信息图的使用对象主要是公司的决策层和公司内外的普通用户，如企业员工、合作伙伴、供应商等。通过信息图能非常直观明了地对企业当前状况进行表述，虽然没有报告中的内容充实全面，但信息更具有概括性，阅读性更好，能让用户很容易获取所需内容。

9.2 在 Power BI 在线服务中管理报表

在 Power BI 桌面服务中完成对报表的创建后，就可以将其发布到 Power BI 在线服务中，然后共享给其他用户来使用。Power BI 在线应用服务是基于微软云平台的商业分析服务，主要用于数据分析报表的发布、管理和共享，使用对象为数据分析报表的使用者。

在 Power BI 在线应用上，报表创建者可以管理其上传的数据集文件，然后以此为基准创建可视化报表并向特定人群发布分享使用权限。对于普通报表用户，可以浏览他人共享的报表数据，对报表数据发表评论，将报表内容进行打印或导出成 PowerPoint 或 PDF 文件供线下使用等。

9.2.1 发布 Power BI 报表

当数据建模完成后，就可以通过 Power BI 桌面应用服务中的发布功能将数据集发布到 Power BI 在线应用服务中来进行管理。发布的方法如图 9-12 所示，首先登录 Power BI 桌面应用并打开报表，之后单击“主页”导航栏上的“发布”按钮进行数据发布。单击需要发布到的工作区名称，之后单击“选择”按钮即可完成发布。

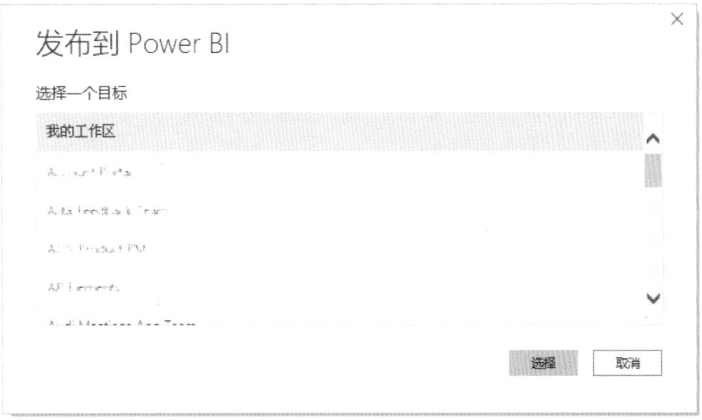

▶图 9-12

发布成功后，可以在 Power BI 在线应用服务相应的工作区中找到一份以刚刚发布的 Power BI 桌面文件名称命名的数据集，以及一个同名的报表。

如果 Power BI 桌面应用文件发生了更改，根据该文件存储位置的不同，将修改更新到 Power BI 在线应用服务上也稍有不同。

1. 本地磁盘

如果 Power BI 数据集文件存储在本地磁盘，当通过 Power BI 桌面服务对数据内容进行修改后，需要使用“发布”功能再次将数据集发布到 Power BI 在线应用服务上来替换的同名数据集文件，从而完成对数据的更新。

之所以要通过重新发布的方式来更新数据集文件，是因为在线应用服务上存储的是之前数据集文件的一个副本，它与本地磁盘上的文件并没有建立任何关联关系，本地磁盘文件的修改不会被自动同步到在线服务器上。因此必须手动通过重新发布的方式来替换旧文件以达到更新的目的。

2. OneDrive

如果 Power BI 桌面应用文件存储在微软的 OneDrive 网站上，当文件更新完毕并在 OneDrive 上成功保存后，只需等待一段时间，就可以在 Power BI 在线应用上看到更新过后的数据集文件。

OneDrive 和 Power BI 在线应用同属于微软 Azure 云上的两个服务，两者之间有内置的数据同步关系。通常情况下，Power BI 在线应用每小时都会对 OneDrive 进行一次扫描，查看是否有需要更新的数据集文件。如果有，就会自动进行同步，从而完成数据集的更新。

目前，微软的 OneDrive 有两个版本：企业版和个人版。当用户使用同一个账号登录企业版 OneDrive 和 Power BI 在线应用后，无须任何配置，两者之间就能自动建立连接信任关系，从而实现数据的同步。如果使用的是个人版的 OneDrive，则需要进行一次登录验证，使得 Power BI 可以与个人版 OneDrive 建立连接关系以完成数据更新请求。

3. SharePoint Online

如果 Power BI 数据集文件存储在了微软的 SharePoint Online 网站上，与企业版 OneDrive 类似，通过 Power BI 在线应用和 SharePoint Online 网站之间自动建立的连接关系可以对数据进行自动更新。但需要注意，对于存储在 SharePoint 网站上的 Power BI 桌面应用文件，当对其进行修改时，如图 9-13 所示，需要通过 Power BI 桌面服务连接到 SharePoint Online 网站来读取相关文件，这样才能确保数据进行正确更新。

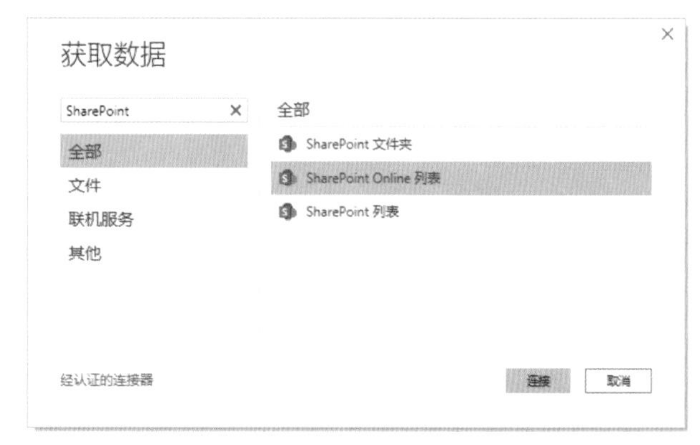

▲图 9-13

9.2.2 配置数据源连接

当 Power BI 报表发布成功后，必须定期对数据进行刷新，才能保证数据的时效性。由于每次进行数据刷新时，Power BI 都需要连接到原始数据源才能完成更新操作，因此数据源的连接方式决定了可以设置何种刷新计划来对 Power BI 中的数据进行更新。

当数据源通过 DirectQuery 或 LiveConnect 模式进行连接时，Power BI 数据集中并不存储原始数据，所有视觉对象中的信息都是通过每次用户交互查询实时生成的。因此，在 DirectQuery 或 LiveConnect 模式下，只要能成功连接数据源，就可以基于最新的数据内容来生成可视化报表。

而当数据以“导入模式”加载到 Power BI 数据集中时，报表中的视觉对象都是基于存储在数据集中的副本数据而生成。因此，当外部数据源中的数据发生变化时，必须通过刷新操作来更新 Power BI 中的数据集，才能更新报表信息，从而保证报表的时效性。

根据数据源存储的位置，目前在 Power BI 中有以下 3 种刷新配置方案。

1. 本地数据源

如果 Power BI 数据集使用的数据源来自本地服务器，并且无法通过公网进行直接连接，则如图 9-14 所示，需要通过部署 Power BI 本地网关来建立本地数据服务器与 Power BI 在线服务之间的连接关系，从而实现数据的更新。

当进行数据刷新时，Power BI 在线应用会将相应的数据查询更新请求连同存储的数据源加密凭证一并发送给 Azure 云服务网关。之后，Azure 云服务网关会对收到的查询信息进行分析，然后将数据更新请求推送给相应 Azure 服务总线。在地端，Power BI 本地网关以轮询机制对 Azure 服务总线发送请求，看是否有需要进行处理的任务。当发现有数据更新请求后，本地网关会对授权凭证进行解密，确认其是合法请求后，会使用该凭证连接数据源。再之后，数据源根据查询请求内容，将相应数据返回给本地网关。最后，本地网关将对数据进行打包加密，并通过 Azure 服务总线及

Azure 云服务网关将更新发送回给 Power BI 在线应用服务。

如图 9-15 所示，Power BI 的本地网关可以通过 Power BI 在线服务的“下载”功能进行下载。

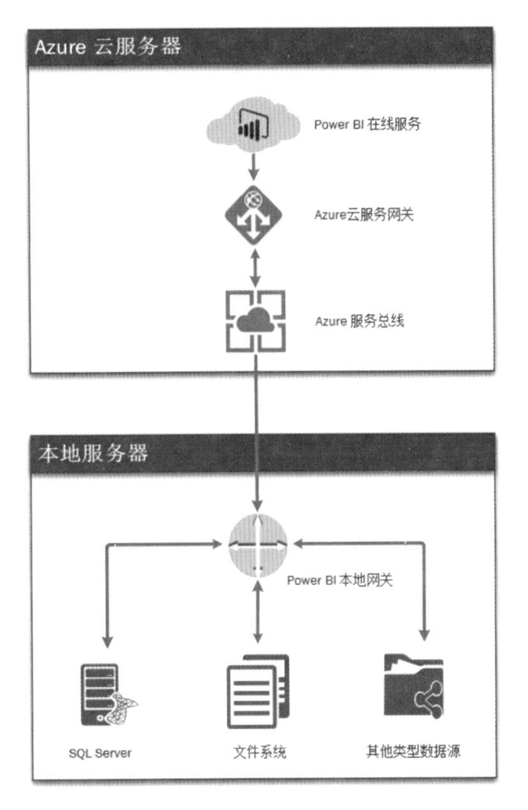

▲图 9-14

▲图 9-15

Power BI 本地网关有两个版本，一个是标准模式，可以允许多个用户连接到多个本地数据源，适合于企业环境使用。另一个是个人模式，只允许一个用户对数据源进行连接，不支持与他人共享数据，适用于个人使用。两者的主要区别如表 9-1 所示。

表 9-1　Power BI 本地网关两个版本的主要区别

功能	标准模式	个人模式
支持的云服务列表	Power BI、Power Apps、Azure Logic Apps、Power Automate、Azure Analysis Services、Dataflows	Power BI
可服务用户数	多个用户	单一用户
运行方式	以 Windows 服务形式运行	以 Windows 应用程序形式运行
导入数据和设置刷新计划	支持	支持
DirectQuery	支持	不支持
实时连接 Analysis Services	支持	不支持

对于个人模式的 Power BI 本地网关，安装完毕后无须进行配置，只需输入登录 Power BI 在线应用的用户账号及密码，完成网关注册后即可使用。

对于标准模式的 Power BI 本地网关，如图 9-16 所示，安装完毕后需要进行额外配置。可以选择新注册一个网关集群并将当前服务器上的网关作为该集群中的一个节点；或选择将当前网关作为一个节点添加到现有网关集群中。如果新建，需要设定一个恢复密钥，当该网关集群需要进行恢复或有新的网关节点需要添加到该集群中时，需要使用这个恢复密钥来进行认证。

Power BI 本地网关配置完毕后，就可以在 Power BI 在线服务中的“设置”页面内对数据集设定刷新计划。

如果是个人模式，如图 9-17 所示，需要在“网关连接”处选择刚刚安装完毕的本地网关，之后单击“应用”按钮，在数据集和网关之间建立连接关系。

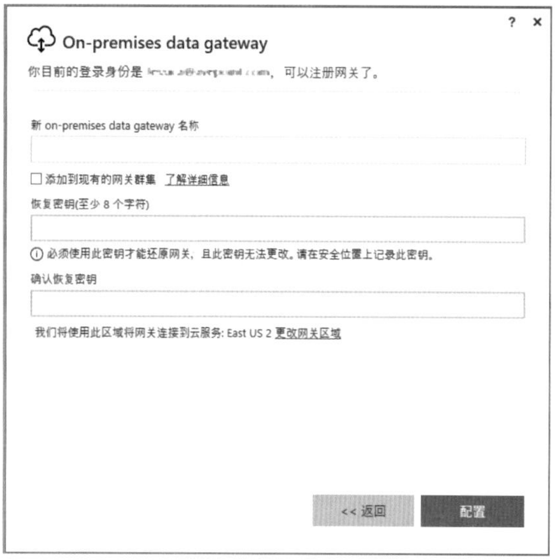

On-premises data gateway
你目前的登录身份是 ……，可以注册网关了。
新 on-premises data gateway 名称
添加到现有的网关群集 了解详细信息
恢复密钥(至少 8 个字符)
必须使用此密钥才能还原网关，且此密钥无法更改。请在安全位置上记录此密钥。
确认恢复密钥
我们将使用此区域将网关连接到云服务: East US 2 更改网关区域
<< 返回 配置

▲图 9-16

▲图 9-17

网关连接配置完成后需要配置数据源凭据，使得网关能获得访问数据源的权限，从而完成刷新操作，不同数据源凭据设置稍有不同。例如，当数据源是存储在本地共享磁盘的 Excel 或 CSV 等文件时，需要确保当前运行 Power BI 个人模式网关的机器可以使用本机管理员账号来对这些文件进行访问。如果数据源是部署在本地的 SQL Server，则如图 9-18 所示，除了可以使用 Windows 认证以外，还可以使用 SQL 认证方式来配置凭证。

如果是标准模式，则如图 9-19 所示，需要在“管理网关”页面下，先对数据集中使用的数据源信息进行配置，之后才能设置刷新计划来执行数据更新任务。

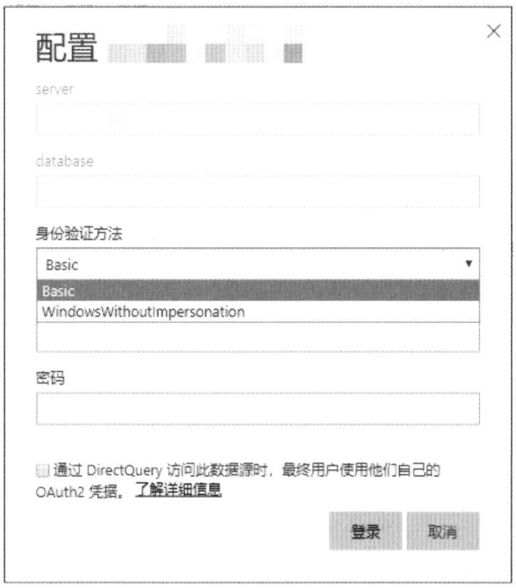

配置
server
database
身份验证方法
Basic
Basic
WindowsWithoutImpersonation
密码
通过 DirectQuery 访问此数据源时，最终用户使用他们自己的 OAuth2 凭据。了解详细信息
登录
取消

▲图 9-18

添加数据源
网关群集
On-Pre Data Gateway
Excel
新数据源
测试所有连接
数据源设置
用户
数据源名称
SQL Server
数据源类型
SQL Server
服务器
spaio
数据库
demo-test
身份验证方法
Basic
凭据是使用本地存储在网关服务器上的密钥加密而成。
用户名
sa
密码
>高级设置
添加
放弃

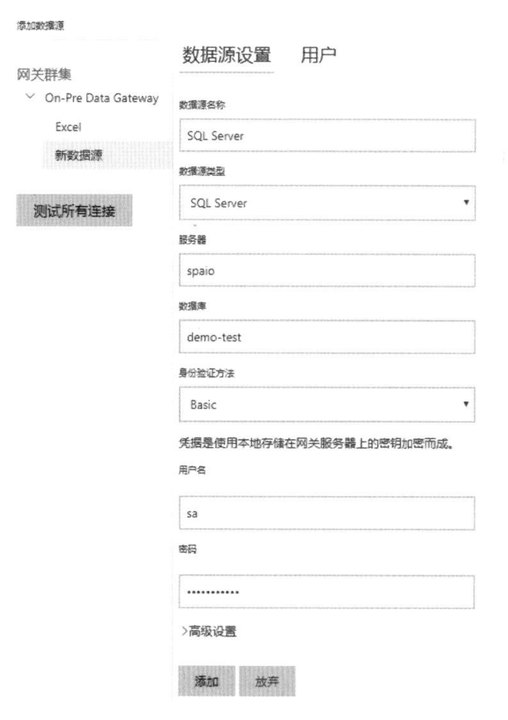

▲图 9-19

2. 云端数据源

如果 Power BI 数据集使用的数据源来自云端服务器，如 Azure SQL，则无须使用网关就可以与云端数据源进行连接并获取数据进行刷新。如图 9-20 所示，对于使用云端数据源的数据集，只需提供数据源连接凭证即可完成连接设定。

配置 Azure DB Analysis
server
pbicontest.database.chinacloudapi.cn
database
pbiDB
身份验证方法
Basic
用户名
密码
此数据源的隐私级别设置
通过 DirectQuery 访问此数据源时，最终用户使用他们自己的 OAuth2 凭据。了解详细信息
登录
取消

▲图 9-20

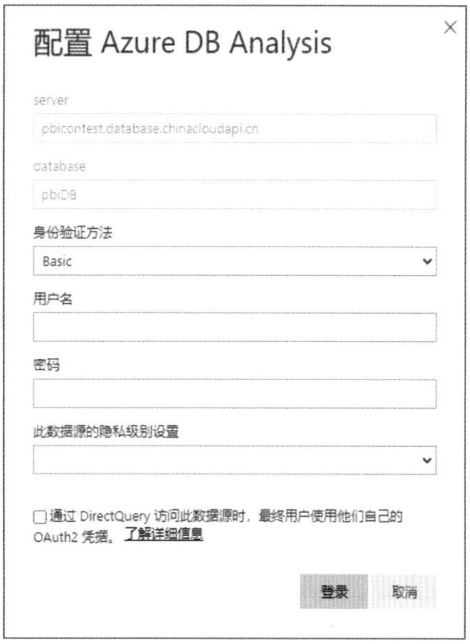

3. 混合数据源

如果 Power BI 数据集中一部分数据来自本地服务器，另外一部分来自云服务器，则必须通过配置 Power BI 本地网关才能实现数据刷新要求。如图 9-21 所示，在网关群集设置内，当启用了“允许用户的云数据源通过此网关群集进行刷新，无须在此网关群集下配置这些云数据源。”选项后，Power BI 网关就可以支持合并或追加来自本地源和云端源的数据，从而实现对混合形式数据源的数据集进行更新。

▶图 9-21

9.2.3 对数据继续刷新

将 Power BI 数据集配置好数据源连接方式后，就可以对数据进行刷新。目前，在 Power BI 在线应用中对数据集有 2 种刷新方式，即立即刷新和计划刷新。

1. 立即刷新

如图 9-22 所示，在“数据集”菜单栏下，找到需要刷新的数据集文件，单击其名称旁边的“打开菜单”按钮⋮，然后选择“立即刷新”选项即可对数据集中的数据进行刷新。立即刷新的触发次数不受限制，Power BI 管理员可根据需求随时对数据集进行更新。

2. 计划刷新

如果想定期自动对数据集进行更新，可以单击数据集名称旁边“打开菜单”按钮⋮，然后选择“安排刷新时间”选项来打开如图 9-23 所示的计划刷新配置项。

▲图 9-22　　▲图 9-23

默认情况下，Power BI 在线应用会每天对数据集进行一次刷新。如果对数据的实时性要求较高，可以通过添加多个计划刷新时间来增加每天数据更新的频率。目前，对于免费版或专业版客户，Power BI 允许用户每天最多进行 8 次定时数据刷新。如果是增值版客户，Power BI 则最多允许每天进行 48 次刷新计划。

9.2.4 设置数据警报

商业数据报表使用者大多不会每天时刻关注 Power BI 报表内的数据变化情况。但有些时候，当数据发生异常变化时，如果报表使用者没有及时发现，可能会带来一定的商业损失。因此，为了防止用户错过关键信息的变化而对企业的运营产生影响，Power BI 在线应用服务提供了数据警报功能，方便用户对报表数据信息变化进行监控。

▲图 9-24

如图 9-24 所示，警报功能允许用户对 Power BI 在线服务仪表板中特定格式磁贴内的数据设置一个阈值，当数据变化超过或低于当前阈值时，Power BI 将给用户发送一封邮件进行提醒，从而使得用户可以不必频繁登录 Power BI 在线应用即可对数据的变化进行监控。

目前，Power BI 只支持对卡片图、仪表图及 KPI 图设定数据警报，其他类型的磁贴无法设置警报功能。此外，对于使用自定义流数据方式添加到仪表板上的磁贴，也不能设置警报。

9.2.5 使用指标分析

为了便于分析师了解当前用户对报表的使用情况，Power BI 在线应用服务针对报表和仪表板，提供了一个“使用指标”功能。该功能会自动生成一个报告，用来显示过去 90 天之内，用户对当前报表的访问情况。

获取“使用指标”分析报告的方法很简单，只需找到需要分析的报表或仪表板，单击右上角的“使用指标”按钮即可获得如图 9-25 所示的分析报告。该报告会显示当前有多少用户访问了该报表或仪表板，访问的次数和频率，以及所使用的访问设备，同时还会显示具体访问者的姓名和邮件地址，方便分析师对报表使用情况进行全面了解。

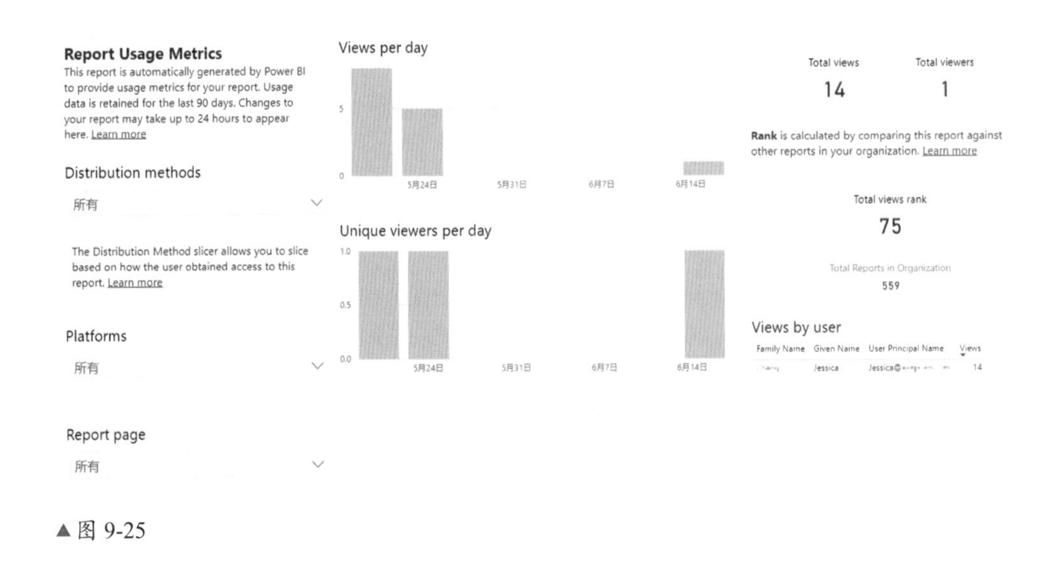

▲图 9-25

9.3 编写 Power BI 报表说明文档

为了方便后续对 Power BI 报表的维护，同时也为了便于对报表信息的再次利用，很多企业要求数据分析师编写报表说明文档，将报表中使用的数据源、数据建模方法及视觉对象的基本信息等进行记录，以便进行统一追踪管理。

报表说明文档与数据分析报告不同，后者的主要内容是对数据分析结果进行阐述，用途是帮助企业解决面临的某个问题。而说明文档则类似于产品说明书，它着重介绍当前 Power BI 报表的创建方法和依据，目的是帮助用户快速了解报表内容信息，从而方便后续的日常使用。通常情况下，报表说明文档包含以下几部分信息。

9.3.1 概要介绍

通常情况下，报表说明文档的第一部分是报表内容信息的概括介绍，主要阐述当前 Power BI 报表的创建目的、适用对象，以及主要分析的商业问题。这部分内容应该尽量使用简洁概括的语言进行描述，只需包括关键信息点即可，无须做深入介绍。

▲图 9-26

如图 9-26 所示，对于概要信息，通常使用 3~4 个自然段进行描述即可。如果需要介绍的内容相对较多，可以划分成多个小节进行，但也应尽量控制在 2~3 页完成所有内容，避免进行过多细节描述。

9.3.2 数据源信息

数据分析报表具有多大价值很大程度上取决于其使用的数据源。因此，在报表说明文档中应该记录当前 Power BI 数据集连接的数据源信息，以便报表用户对当前信息的可靠性进行判断。此外，当报表数据集结构需要进行修改时，也可以通过该信息进行溯源，方便后期对 Power BI 报表的维护。

一般情况下，在数据源信息这一章内应该包括使用的数据源的基本信息，如服务器名称和地址、使用的认证方式和连接凭证，以及数据更新频率等。如果有需要，还可以标注数据源的开发团队，这样当数据连接出现问题时就可及时找到相关技术人员来解决。

如果使用的数据源较多，且数据筛选比较复杂，还应该将数据查询整理方案也进行记录，便于后续的维护管理。此外，对于一些样本量较小、可靠性一般的数据信息，还应该进行特殊标记，以提醒报表使用者该分析信息可能存在较大误差。

对于数据源的信息描述，应该尽量清晰完整，如图 9-27 所示，可以添加流程图或表单等让使用者更加方便地了解数据源情况。

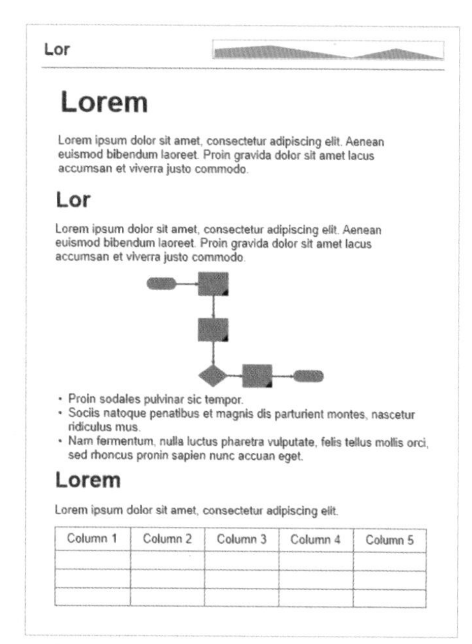

▲图 9-27

9.3.3 数据建模信息

在报表说明文档中，应该对 Power BI 数据集中创建的度量值和计算列进行记录，说明其计算原理和返回结果，以便日后可以基于已有数据模型生成新的可视化图形。

如图 9-28 所示，可以将度量值或计算列的名称、功能、说明等信息通过表单形式进行记录，方便用户查找。对于一些比较复杂的表达式，可以附加一些补充信息，以便后续维护。

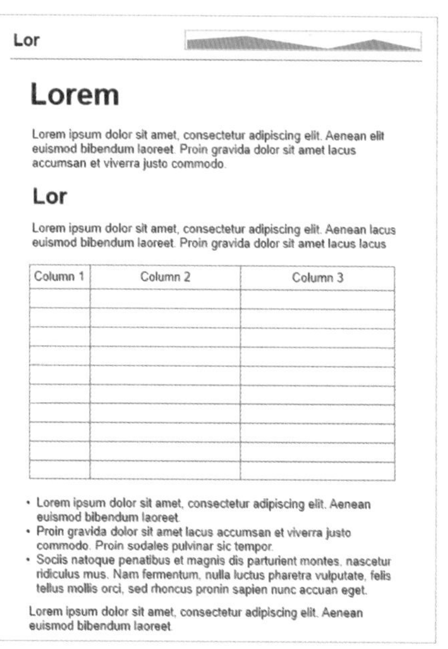

▲图 9-28

9.3.4 视觉对象简介

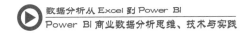

对于 Power BI 报表中创建的视觉对象，应该在说明文档中进行相应记录，说明其分析对象、分析角度和分析目的，以便于日后的使用和维护。

如图 9-29 所示，可以根据 Power BI 报表内容对视觉对象进行分类记录，然后简要介绍视觉对象的内容和配置项即可，无须对其分析内容进行详细描述。

▶图 9-29

Power BI 报告说明文档编写完成后应该存放在指定位置供日后使用。如果有需要，也可以在 Power BI 报表中添加“帮助”形式的书签，然后连接到相应的说明文档，方便用户使用。

9.4 本章小结

本章主要介绍了 Power BI 数据分析报表常见的 4 种编写格式，并对每种格式的使用场景和注意事项做了一一介绍。此外，本章还对 Power BI 报表的发布和刷新情况进行了重点说明，目的是帮助读者掌握数据分析报表的维护方法。相信阅读本章后，读者应该能了解到如何根据日常工作需要来编写和维护 Power BI 报表，从而使数据分析工作更加轻松顺手。

实战：商业数据分析项目应用

在前面的几个章节中分别介绍了如何使用 Power BI 工具对数据进行查询整理、建模计算及创建相应的可视化分析报表。为了巩固之前的学习内容，本章将使用商业应用中 3 个常见案例来讲解如何使用 Power BI 对数据进行分析，带读者了解如何一步步将枯燥乏味的数字变成生动形象并且具有使用意义的图形报表。

请带着下面的问题走进本章：

（1）如何将文件夹中的数据批量导入 Power BI 报表中？

（2）何时需要使用 USERELATIONSHIP 函数？

（3）DATESMTD、DATESQTD 及 DATESYTD 函数该如何使用？

（4）如何在矩阵中设置数据显示样式？

（5）如何使用 M 语言脚本来创建日历表？

10.1 人力资源数据分析

人力资源分析报表是 HR 部门日常使用频率最高的一类数据分析报表。这类报表针对企业员工的相关信息进行分析，帮助管理层了解人力资源现状并对企业未来的招聘、培训、薪酬福利及绩效管理等规划提供数据服务基础。

人力资源分析报表所包含的内容与企业的用工性质有很大关联关系，数据来源主要是企业内部的人力及财务等管理系统。通常情况下，主要包括招聘配置分析、用人情况分析、薪酬福利分析、员工绩效分析等几方面内容。

10.1.1 数据准备

以学习文件夹 \ 第 10 章 \HRdata.csv 为数据源，将其加载到 Power BI 后可以获得如图 10-1 所示的员工基本信息，包括员工 ID、姓名、性别、入职时间及离职时间。其中，离职时间如果为空则表明是在职员工。

Employee Id	Name	Gender	Start Date	End Date
1	Edward Price	M	Thursday, January 1, 2015	
2	Ewan Kelly	M	Thursday, January 1, 2015	
3	David Henderson	M	Tuesday, February 10, 2015	Thursday, December 31, 2015
4	Kian Holmes	F	Thursday, March 12, 2015	
5	Toby Hawkins	M	Wednesday, April 15, 2015	Wednesday, May 31, 2017
6	Mitchell Hickman	F	Wednesday, April 15, 2015	Monday, April 30, 2018
7	Carter Ayala	F	Monday, June 15, 2015	Saturday, October 31, 2015
8	Hank Lynn	M	Saturday, June 20, 2015	Tuesday, February 5, 2019
9	Alvaro English	F	Sunday, September 20, 2015	Sunday, March 10, 2019
10	Peyton Wheeler	F	Monday, October 12, 2015	Friday, September 30, 2016
11	Ryan Brown	M	Tuesday, January 5, 2016	
12	Frankie Barrett	M	Friday, February 5, 2016	
13	Leslie Gallagher	M	Monday, March 13, 2017	Friday, March 31, 2017
14	Reggie Lawson	M	Monday, March 20, 2017	Friday, April 12, 2019
15	Cameron Hill	F	Saturday, May 20, 2017	Saturday, February 10, 2018
16	Tyler Cantrell	F	Wednesday, January 10, 2018	Saturday, February 10, 2018
17	Skye Weber	M	Sunday, May 20, 2018	
18	Aiden Dennis	M	Wednesday, March 20, 2019	
19	Emerson Massey	F	Monday, May 13, 2019	
20	Aiden Barton	F	Sunday, December 8, 2019	

▶图 10-1

这个 HR 数据表的内容信息虽然很少，但是从人力资源分析的角度出发，仍然可以帮助企业获知某个时间段内在职员工数、入职员工数、离职员工数、在职率（离职率）这几个关键指标，有助于企业制订员工招聘和培养计划。

如果想要基于时间线来分析企业基本人力情况数据，就需要创建相应的日历表与主表中的日期列相关联，从而获得连续的时间轴，然后以此为基准来对其他元素进行分析。

日历表的创建方法有很多，可以使用 M 语言脚本，也可以使用 DAX 表达式。通常情况下，使用 DAX 语言中的 CALENDAR 函数来创建日历表最为方便，可以基于既定的时间段来创建，也可以基于已知表单中的最早日期和最晚日期来创建。对于当前的 HRdate.csv 示例数据，为了便于统计，采用基于特定时间段的方式来创建日历表，参考表达式如下，结果如图 10-2 所示。

```
Calendar =
CALENDAR (
    DATE ( 2015, 01, 01 ),
    DATE ( 2019, 12, 31 )
)
```

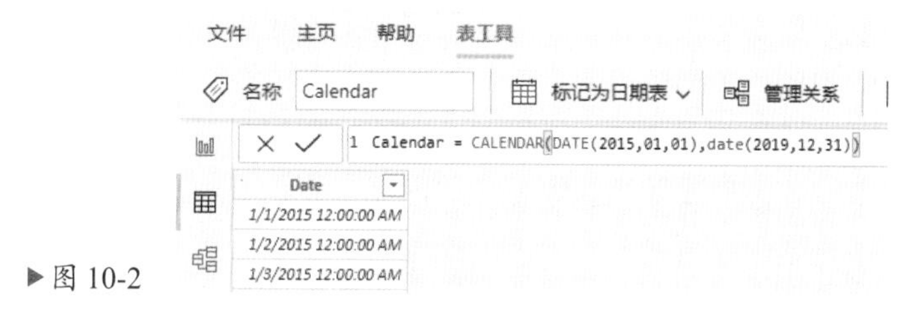

▶图 10-2

有了日期表之后，就可以与主表 HRdata 之间建立连接关系。如图 10-3 所示，由于 HRdata 中有 Start Date 和 End Date 两个日期列，可以将这两列都与日期表进行关联，以备后续及建模使用。

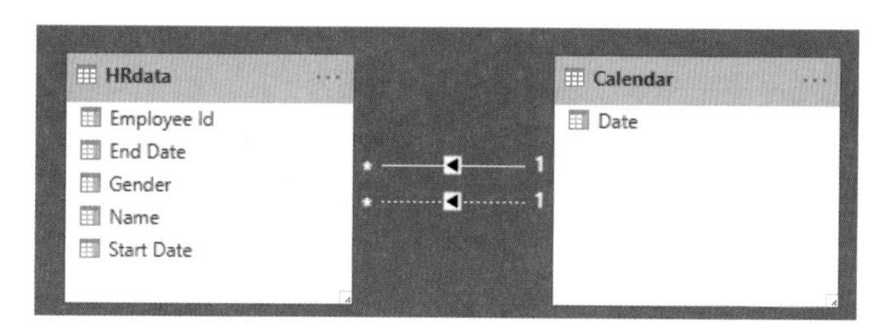

▶图 10-3

10.1.2 数据建模

数据整理完毕后就可以开始相应的建模工作。基于当前的这份 HRdata，可以计算出入职员工数、在职员工数、离职员工数、在职率（离职率）这 4 个关键指标，具体计算方法如下。

1. 入职员工数

入职员工数指的是企业在某一阶段入职的员工总人数。由于在 HRdata 表中，员工都是按照 Employee ID 作为唯一标识，因此要想获得入职员工数，只需使用 COUNT 函数计算 Employee ID 的个数即可，参考表达式如下，结果如图 10-4 所示。

```
Hired Employees =
COUNT ( HRdata[Employee Id] )
```

▶图 10-4

2. 离职员工数

在 HRdata 表中，当某个员工信息行对应的 End Date 列中值不为空时，表明该员工已经离职，基于这一特点就可以获得当前离职员工数。计算思路是使用 CALCULATE 函数来限定 COUNT 函数的计算范围，使其只针对 End Date 列值不为空的数据进行计算。

不过需要注意，由于 Calendar 表中的 Date 列与当前 HRdata 表中 End Date 列之间是不可用的关联关系，如果按照下面的公式直接进行计算，可以获得如图 10-5 所示结果，当用 Calendar 表中的 Date 列对数据进行筛选时，无法获得正确的离职员工数。

```
Separated Employees =
CALCULATE (
    COUNT ( HRdata[Employee Id] ),
    NOT (
        ISBLANK ( HRdata[End Date] )
    )
)
```

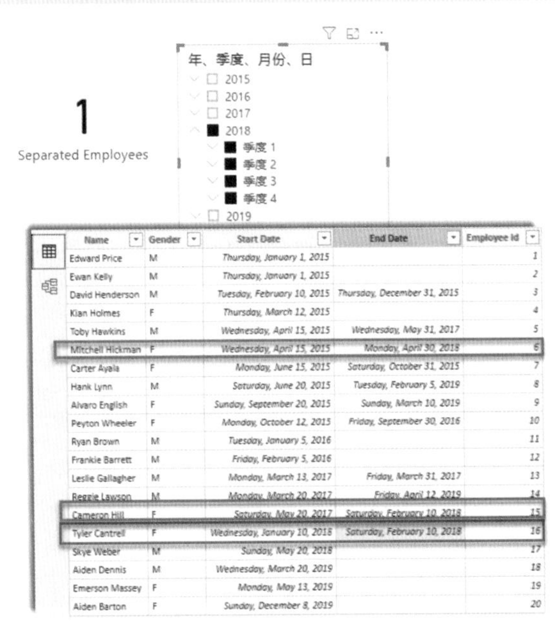

Name	Gender	Start Date	End Date	Employee Id
Edward Price	M	Thursday, January 1, 2015		1
Ewan Kelly	M	Thursday, January 1, 2015		2
David Henderson	M	Tuesday, February 10, 2015	Thursday, December 31, 2015	3
Kian Holmes	F	Thursday, March 12, 2015		4
Toby Hawkins	M	Wednesday, April 15, 2015	Wednesday, May 31, 2017	5
Mitchell Hickman	F	Wednesday, April 15, 2015	Monday, April 30, 2018	6
Carter Ayala	F	Monday, June 15, 2015	Saturday, October 31, 2015	7
Hank Lynn	M	Saturday, June 20, 2015	Tuesday, February 5, 2019	8
Alvaro English	F	Sunday, September 20, 2015	Sunday, March 10, 2019	9
Peyton Wheeler	F	Monday, October 12, 2015	Friday, September 30, 2016	10
Ryan Brown	M	Tuesday, January 5, 2016		11
Frankie Barrett	M	Friday, February 5, 2016		12
Leslie Gallagher	M	Monday, March 13, 2017	Friday, March 31, 2017	13
Reggie Lawson	M	Monday, March 20, 2017	Friday, April 12, 2019	14
Cameron Hill	F	Saturday, May 20, 2017	Saturday, February 10, 2018	15
Tyler Cantrell	F	Wednesday, January 10, 2018	Saturday, February 10, 2018	16
Skye Weber	M	Sunday, May 20, 2018		17
Aiden Dennis	M	Wednesday, March 20, 2019		18
Emerson Massey	F	Monday, May 13, 2019		19
Aiden Barton	F	Sunday, December 8, 2019		20

▶图 10-5

按照HRdata中的记录，2018年一共有3名员工离职，但当前这个公式计算出的离职员工数是1，不符合实际情况。产生该问题的原因在于Calendar表中的Date列与HRdata表中的Start Date列之间是可用的关联关系，当使用Date列对HRdata表进行过滤时，Date列实际上过滤的是Start Date列。这样，Power BI会先将Start Date是2018年的数据筛选出来，之后再过滤看哪些数据对应的End Date不为空，最后计算不为空的数据个数，这就导致该公式的计算结果是1，而不是3。

要解决该问题，需要通过USERELATIONSHIP函数来启用Calendar表中Date列与HRdata表中End Date列之间的关联关系，这样Power BI能按照End Date列来过滤数据，从而筛选出所需信息。参考表达式如下，结果如图10-6所示。

```
Separated Employees =
CALCULATE (
    COUNT ( HRdata[Employee Id] ),
    USERELATIONSHIP ( 'Calendar'[Date], HRdata[End Date] ),
    NOT (
        ISBLANK ( HRdata[End Date] )
    )
)
```

▶图10-6

3. 在职员工数

在职员工数指的是企业当前累计招聘进来并且没有离职的员工总人数。要获得某一时间在职员工数，就需要通过CALCULATE函数和FILTER函数的组合，来筛选出从该时间开始到Start Date最早时间点这一段时间内累计入职并且End Date不为空的全部数据，参考表达式如下，结果如图10-7所示。

```
Current Employees =
CALCULATE (
    COUNT ( HRdata[Employee Id] ),
    FILTER (
        ALL ( HRdata ),
        HRdata[Start Date]
```

```
            <= MAX ( 'Calendar'[Date] )
            && (
                ISBLANK ( HRdata[End Date] )
                    || HRdata[End Date]
                        > MAX ( 'Calendar'[Date] )
            )
    )
)
```

在这个表达式中，FILTER函数内使用了ALL函数来清空外围筛选条件，从而实现根据日历表中设定的日期来对HRdata表进行过滤，找到所有Start Date小于或等于选定日期，并且End Date为空或大于选定日期的数据。这些数据即是当前在职员工的数据，然后用COUNT函数求其个数，就可获得在职员工数。

▲图 10-7

4. 离职率

离职率是企业衡量人力资源流动状况的一个重要指标，一般情况下，离职率等于当期离职人数除以当前员工总人数，其中，当期员工总人数等于期末在职员工数与离职员工数之和。

要根据HRdata中的数据计算离职率，可以通过DIVIDE函数及之前获得的离职员工数与在职员工数来进行，参考表达式如下，结果如图10-8所示。

```
Dimission Rate =
DIVIDE (
    [Separated Employees],
    ( [Separated Employees] + [Current Employees] )
)
```

▶图 10-8

10.1.3 创建可视化报表

对数据完成建模计算后，就可以开始配置视觉对象对计算结果进行可视化展示。由于 HRdata 表中的数据信息相对简单，分析出的结果又都属于人力资源管理中的核心计算指标，因此可以按照积分卡格式创建数据分析报表，从而帮助管理人员快速获知当前企业人力资源信息。

如图 10-9 所示，可以通过简单的卡片、KPI 及簇状图或折线图来展示入职员工数、在职员工数、离职员工数等相关信息。如果有需要，还可以添加折线图来展示不同时期企业员工的变化情况。

▲图 10-9

10.2 利润数据分析

利润表也称为收益表或损益表，它展示的是企业在一段会计期间内的经营成果，包括实现的各项收入、发生的各种费用，以及相关的成本和支出。利润分析报表可以帮助管理层对当前企业经营状况和盈利能力进行分析，并制订后续的发展策略，是财务分析中最常使用的一类报表。

一般情况下，利润分析报表都是基于企业一定会计期间内各项收入和费用的会计表生成，主要分析点包括营业收入、营业利润、销售净额、销售成本、经营费用、毛利率、净收入等。

10.2.1 数据准备

以学习文件夹 \ 第 10 章 \Finance Date 文件夹为数据源，如图 10-10 所示，这个文件夹内包含两部分数据，一部分是存放在 Monthly Date 文件夹下按月记录企业各项收支的 CSV 文件；另一部分是存放在 Reference Tables 文件夹下用于解释收支记录表内各种代号信息的 Excel 文件。

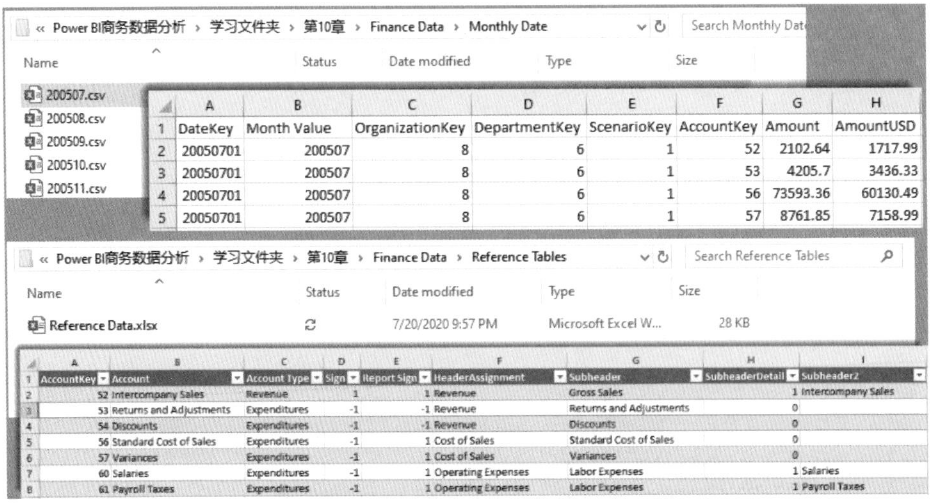

« Power BI商务数据分析 › 学习文件夹 › 第10章 › Finance Data › Monthly Date　　Search Monthly Dat

Name	Status	Date modified	Type	Size
200507.csv				
200508.csv				
200509.csv				
200510.csv				
200511.csv				

	A	B	C	D	E	F	G	H
1	DateKey	Month Value	OrganizationKey	DepartmentKey	ScenarioKey	AccountKey	Amount	AmountUSD
2	20050701	200507	8	6	1	52	2102.64	1717.99
3	20050701	200507	8	6	1	53	4205.7	3436.33
4	20050701	200507	8	6	1	56	73593.36	60130.49
5	20050701	200507	8	6	1	57	8761.85	7158.99

« Power BI商务数据分析 › 学习文件夹 › 第10章 › Finance Data › Reference Tables　　Search Reference Tables

Name	Status	Date modified	Type	Size
Reference Data.xlsx		7/20/2020 9:57 PM	Microsoft Excel W...	28 KB

	A	B	C	D	E	F	G	H	I
1	AccountKey	Account	Account Type	Sign	Report Sign	HeaderAssignment	Subheader	SubheaderDetail	Subheader2
2	52	Intercompany Sales	Revenue	1	1	Revenue	Gross Sales	1	Intercompany Sales
3	53	Returns and Adjustments	Expenditures	-1	-1	Revenue	Returns and Adjustments	0	
4	54	Discounts	Expenditures	-1	-1	Revenue	Discounts	0	
5	56	Standard Cost of Sales	Expenditures	-1	1	Cost of Sales	Standard Cost of Sales	0	
6	57	Variances	Expenditures	-1	1	Cost of Sales	Variances	0	
7	60	Salaries	Expenditures	-1	1	Operating Expenses	Labor Expenses	1	Salaries
8	61	Payroll Taxes	Expenditures	-1	1	Operating Expenses	Labor Expenses	1	Payroll Taxes

▲图 10-10

要想创建利润分析表，首先需要将按月记录收支信息的众多 CSV 文件合并成一张表并加载到 Power BI 中。由于所有的 CSV 文件都存放在同一个文件夹内，因此，可以利用 Power BI 从文件夹中获取数据的功能来加载数据。单击“主页”导航栏上的“获取数据”按钮，然后选择从“文件夹”中加载数据，如图 10-11 所示，在“预览”窗口中可见所需加载的 CSV 文件的基本信息，之后单击“合并并转换数据”选项开始对数据进行加载设置。

Power BI商务数据分...

Content	Name	Extension	Date accessed	Date modified	Date created	Attributes	Folder Path
Binary	200507.csv	.csv	7/27/2020 9:43:25 AM	7/20/2020 8:58:38 PM	7/20/2020 9:43:58 PM	Record	C:\Users\jessica\OneDrive - AvePoi
Binary	200508.csv	.csv	7/20/2020 9:49:44 PM	7/20/2020 8:58:38 PM	7/20/2020 9:43:58 PM	Record	C:\Users\jessica\OneDrive - AvePoi
Binary	200509.csv	.csv	7/20/2020 9:49:43 PM	7/20/2020 8:58:38 PM	7/20/2020 9:43:58 PM	Record	C:\Users\jessica\OneDrive - AvePoi
Binary	200510.csv	.csv	7/20/2020 9:49:43 PM	7/20/2020 8:58:38 PM	7/20/2020 9:43:58 PM	Record	C:\Users\jessica\OneDrive - AvePoi
Binary	200511.csv	.csv	7/20/2020 9:49:43 PM	7/20/2020 8:58:38 PM	7/20/2020 9:43:58 PM	Record	C:\Users\jessica\OneDrive - AvePoi
Binary	200512.csv	.csv	7/20/2020 9:49:43 PM	7/20/2020 8:58:38 PM	7/20/2020 9:43:58 PM	Record	C:\Users\jessica\OneDrive - AvePoi
Binary	200601.csv	.csv	7/20/2020 9:49:43 PM	7/20/2020 8:58:38 PM	7/20/2020 9:43:58 PM	Record	C:\Users\jessica\OneDrive - AvePoi
Binary	200602.csv	.csv	7/20/2020 9:49:42 PM	7/20/2020 8:58:38 PM	7/20/2020 9:43:58 PM	Record	C:\Users\jessica\OneDrive - AvePoi
Binary	200603.csv	.csv	7/20/2020 9:49:42 PM	7/20/2020 8:58:38 PM	7/20/2020 9:43:58 PM	Record	C:\Users\jessica\OneDrive - AvePoi
Binary	200604.csv	.csv	7/20/2020 9:49:42 PM	7/20/2020 8:58:39 PM	7/20/2020 9:43:58 PM	Record	C:\Users\jessica\OneDrive - AvePoi
Binary	200605.csv	.csv	7/20/2020 9:49:42 PM	7/20/2020 8:58:39 PM	7/20/2020 9:43:58 PM	Record	C:\Users\jessica\OneDrive - AvePoi
Binary	200606.csv	.csv	7/20/2020 9:49:42 PM	7/20/2020 8:58:39 PM	7/20/2020 9:43:58 PM	Record	C:\Users\jessica\OneDrive - AvePoi
Binary	200607.csv	.csv	7/20/2020 9:49:41 PM	7/20/2020 8:58:39 PM	7/20/2020 9:43:58 PM	Record	C:\Users\jessica\OneDrive - AvePoi
Binary	200608.csv	.csv	7/20/2020 9:49:41 PM	7/20/2020 8:58:39 PM	7/20/2020 9:43:58 PM	Record	C:\Users\jessica\OneDrive - AvePoi
Binary	200609.csv	.csv	7/20/2020 9:49:41 PM	7/20/2020 8:58:39 PM	7/20/2020 9:43:58 PM	Record	C:\Users\jessica\OneDrive - AvePoi
Binary	200610.csv	.csv	7/20/2020 9:49:41 PM	7/20/2020 8:58:39 PM	7/20/2020 9:43:58 PM	Record	C:\Users\jessica\OneDrive - AvePoi
Binary	200611.csv	.csv	7/20/2020 9:49:41 PM	7/20/2020 8:58:39 PM	7/20/2020 9:43:58 PM	Record	C:\Users\jessica\OneDrive - AvePoi
Binary	200612.csv	.csv	7/20/2020 9:49:41 PM	7/20/2020 8:58:39 PM	7/20/2020 9:43:58 PM	Record	C:\Users\jessica\OneDrive - AvePoi
Binary	200701.csv	.csv	7/20/2020 9:49:40 PM	7/20/2020 8:58:39 PM	7/20/2020 9:43:58 PM	Record	C:\Users\jessica\OneDrive - AvePoi
Binary	200702.csv	.csv	7/20/2020 9:49:40 PM	7/20/2020 8:58:39 PM	7/20/2020 9:43:58 PM	Record	C:\Users\jessica\OneDrive - AvePoi

由于大小限制，已截断预览中的数据。

组合　加载　转换数据　取消
合并并转换数据
合并和加载

▶图 10-11

在如图 10-12 所示的“合并文件”设置窗口中，Power BI 会根据 CSV 文件中的内容预定义合并规则。由于原始数据比较规整，因此无须进行特殊修改，直接单击“确定”按钮将数据加载到查询编辑器中以备整理。

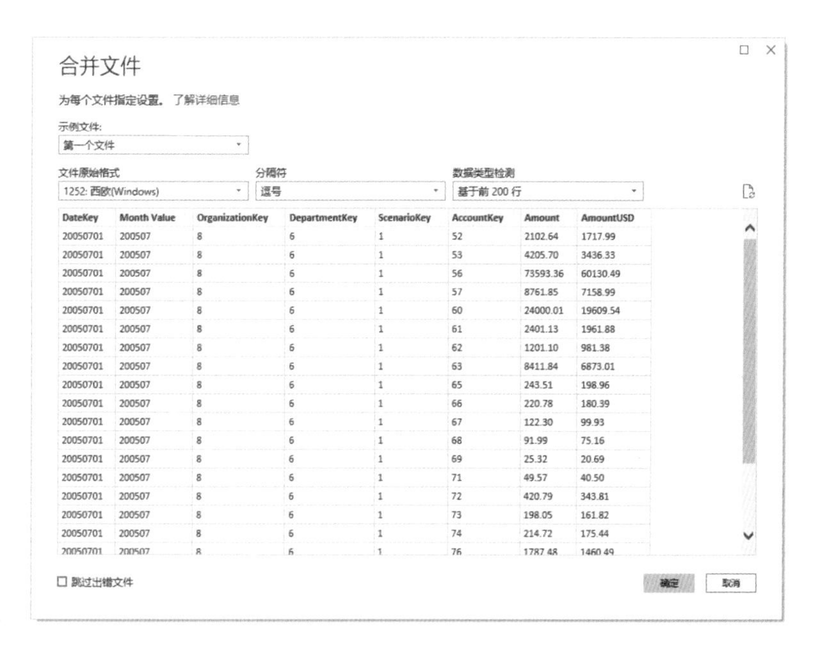

DateKey	Month Value	OrganizationKey	DepartmentKey	ScenarioKey	AccountKey	Amount	AmountUSD
20050701	200507	8	6	1	52	2102.64	1717.99
20050701	200507	8	6	1	53	4205.70	3436.33
20050701	200507	8	6	1	56	73593.36	60130.49
20050701	200507	8	6	1	57	8761.85	7158.99
20050701	200507	8	6	1	60	24000.01	19609.54
20050701	200507	8	6	1	61	2401.13	1961.88
20050701	200507	8	6	1	62	1201.10	981.38
20050701	200507	8	6	1	63	8411.84	6873.01
20050701	200507	8	6	1	65	243.51	198.96
20050701	200507	8	6	1	66	220.78	180.39
20050701	200507	8	6	1	67	122.30	99.93
20050701	200507	8	6	1	68	91.99	75.16
20050701	200507	8	6	1	69	25.32	20.69
20050701	200507	8	6	1	71	49.57	40.50
20050701	200507	8	6	1	72	420.79	343.81
20050701	200507	8	6	1	73	198.05	161.82
20050701	200507	8	6	1	74	214.72	175.44
20050701	200507	8	6	1	76	1787.48	1460.49

▶图 10-12

如图 10-13 所示，数据加载完成后首先可以删除用来记录 CSV 文件名的 Source.Name 列，以减少需要加载的数据量。其次，对于 DateKey 列，该列虽然是数字列，但其代表的实际意义是每条数据生成的日期，因此可以将其改成日期列以方便后续数据建模使用。

```
= Table.TransformColumnTypes(#"Expanded Table Column1",{{"Source.Name", type text}, {"DateKey", Int64.Type}, {"Month
```

	Source.Name	DateKey	Month Value	OrganizationKey	DepartmentKey	ScenarioKey
1	200507.csv	20050701	200507	8	6	
2	200507.csv	20050701	200507	8	6	
3	200507.csv	20050701	200507	8	6	
4	200507.csv	20050701	200507	8	6	
5	200507.csv	20050701	200507	8	6	
6	200507.csv	20050701	200507	8	6	
7	200507.csv	20050701	200507	8	6	
8	200507.csv	20050701	200507	8	6	
9	200507.csv	20050701	200507	8	6	
10	200507.csv	20050701	200507	8	6	

▶图 10-13

在 DateKey 列中，数据存放的规则是从左往右，前四位代表年份，之后两位代表月份，最后两位另外代表日期。根据这一特点，如图 10-14 所示，可以利用“示例中的列”功能对数据进行快速转换，将数字转换成日期。新的 Date 列创建完毕后就可以删除之前的 DateKey 列，从而减少非必要数据的加载。

从示例中添加列
输入示例值以创建一个新列(Ctrl+Enter 即可应用)。
转换 Date.From(Text.From([DateKey], "en-US"))
确定 取消

	DateKey	Month Value	Organiza	Date
1	20050701	200507		7/1/2005
2	20050701	200507		7/1/2005
3	20050701	200507		7/1/2005
4	20050701	200507		7/1/2005
5	20050701	200507		7/1/2005
6	20050701	200507		7/1/2005

▶图 10-14

将 Monthly Date 文件夹中的数据整理完毕后就可以加载 Reference Tables 文件夹中的 Reference Data.xlsx 文件。如图 10-15 所示，Reference Data.xlsx 文件中包含 5 张表，都需要加载到 Power BI 中。

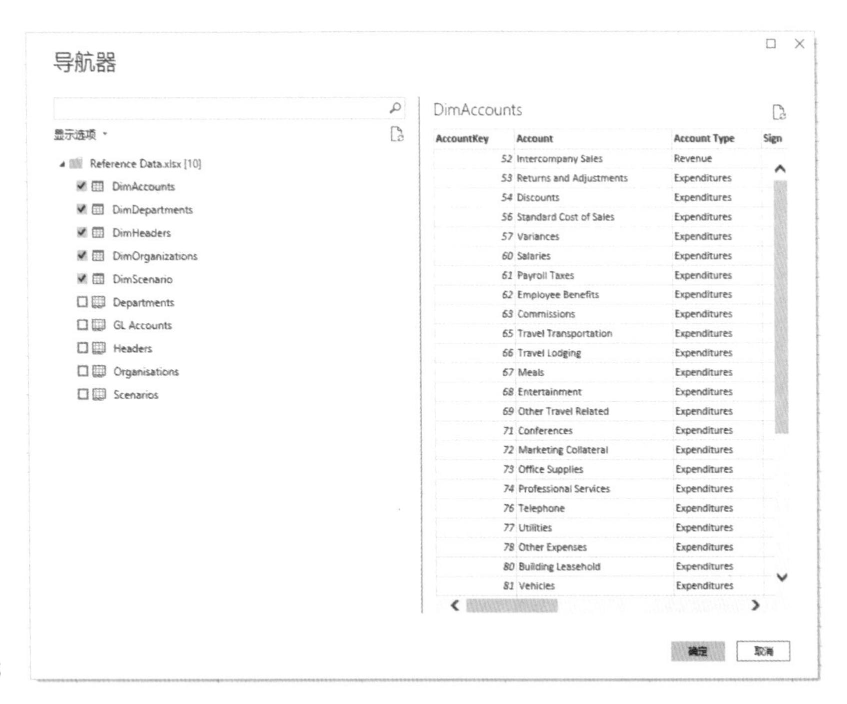

▶图 10-15

外部数据都导入 Power BI 之后，可以利用 DAX 语言中的 CALENDAR 函数来创建一张日期表，以便基于时间条件对数据进行分析。所有数据准备完毕后就可以到“关系视图”下给表之间建立关联关系。默认情况下，Power BI 会自动检测并创建表之间的关联关系。如果有某个关联关系未检测到或者关联得不正确，如图 10-16 所示，可以在“管理关系”窗口下进行新建或编辑。

管理关系

可用	从:表(列)	到:表(列)
✔	DimAccounts (HeaderAssignment)	DimHeaders (Header)
✔	Monthly Date (AccountKey)	DimAccounts (AccountKey)
✔	Monthly Date (Date)	Calendar (Date)
✔	Monthly Date (DepartmentKey)	DimDepartments (DepartmentKey)
✔	Monthly Date (OrganizationKey)	DimOrganizations (OrganizationKey)
✔	Monthly Date (ScenarioKey)	DimScenario (ScenarioKey)

新建... 自动检测... 编辑... 删除
关闭

▶图 10-16

10.2.2 数据建模

表关联关系整理完毕后，数据准备阶段就基本结束了，接下来就可以对数据进行分析，开始进行建模工作。对于利润分析表，主要计算项包括当期利润、上一年度利润、税前收入、税后收入、增长率等。

1. 区分收益和支出

在制作利润分析表时需要注意，如果是收益相关的数据，应该按照正数参与计算；如果是支出相关的数据，则需要当作负数来处理。在企业收支表 Monthly Date 中，如图 10-17 所示，由于所有项目的 Amount 值都以正数形式进行记录，因此，需要结合 DimAccount 表中的信息对数据进行校对，将支出相关项目对应的 Amount 值转换成负数，然后才能计算总收入。

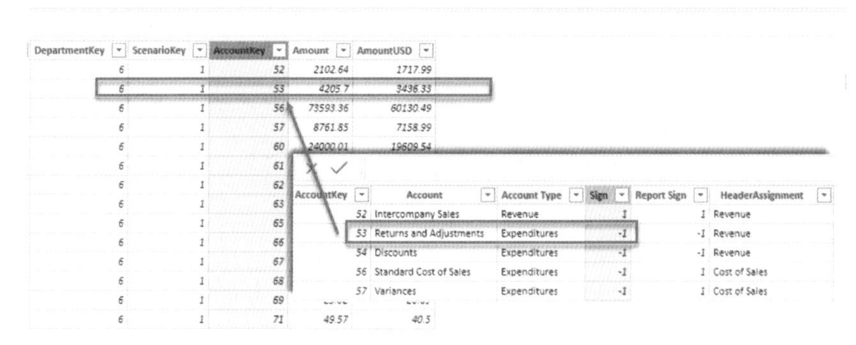

▲图 10-17

转换方法是在 Monthly Date 表中创建一个计算列，之后借助 DimAccount 表中的 Sign 列进行计算。参考表达式如下：

```
Cor_Amount =
'Monthly Date'[Amount]
    * RELATED ( DimAccounts[Sign] )
```

2. 当期收支、历史同期收支和变化率

区分好收益和支出数据后，就可以创建一个度量值来对数据进行汇总。参考表达式如下：

```
Total Amount =
SUM ( 'Monthly Date'[Cor_Amount] )
```

不过在收支表 Monthly Date 中，数据被分为了预算项和实际发生项，要获得当期收支就需要对数据进行筛选。如图 10-18 所示，可以利用 DimScenario 表来获得 Monthly Date 表中的实际发生项，然后创建一个度量值来计算当期收支。参考表达式如下：

```
Actual =
CALCULATE (
```

```
    SUM ( 'Monthly Date'[Cor_Amount] ),
    DimScenario[ScenarioKey] = 1
)
```

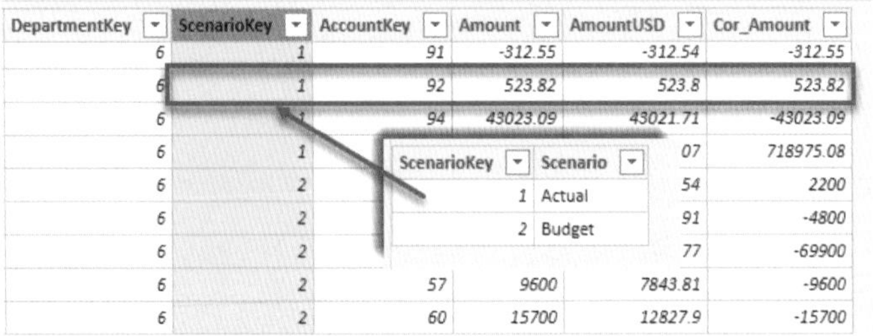

▶图 10-18

有了当期收支，可以利用 SAMEPERIODLASTYEAR 函数来获得历史同期收支，参考表达式如下：

```
Actual_PY =
CALCULATE (
    [Actual],
    SAMEPERIODLASTYEAR ( 'Calendar'[Date] )
)
```

获取了当期收支和历史同期收支后，可以由此获得变化率，参考表达式如下：

```
Actual_Growth =
DIVIDE (
    ( [Actual] - [Actual_PY] ),
    [Actual_PY]
)
```

3. 当月累计、当季累计和当年累计

当月累计、当季累计及当年累计也是利润分析中经常使用的指标。如果想基于某个时间点来获取这 3 个累计值，如图 10-19 所示，可以新建一张表来存储当月累计、当季累计和当年累计选项信息。

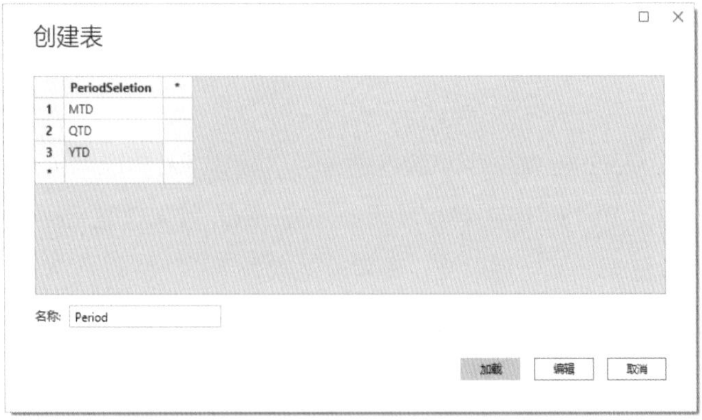

▶图 10-19

之后，创建一个度量值，利用 DAX 函数中的 DATESMTD、DATESQTD 及 DATESYTD 函数来根据不同的选项信息计算相应的累计值，参考表达式如下，结果如图 10-20 所示。

```
Actual_by_Period =
VAR SelectedPeriod =
    SELECTEDVALUE ( Period[PeriodSeletion] )
VAR Total = [Actual]
VAR MonthTotal =
    CALCULATE (
        [Actual],
        DATESMTD ( 'Calendar'[Date] )
    )
VAR QuarterTotal =
    CALCULATE (
        [Actual],
        DATESQTD ( 'Calendar'[Date] )
    )
VAR YearTotal =
    CALCULATE (
        [Actual],
        DATESYTD ( 'Calendar'[Date] )
    )
RETURN
    SWITCH (
        SelectedPeriod,
        "MTD", MonthTotal,
        "QTD", QuarterTotal,
        "YTD", YearTotal,
        Total
    )
```

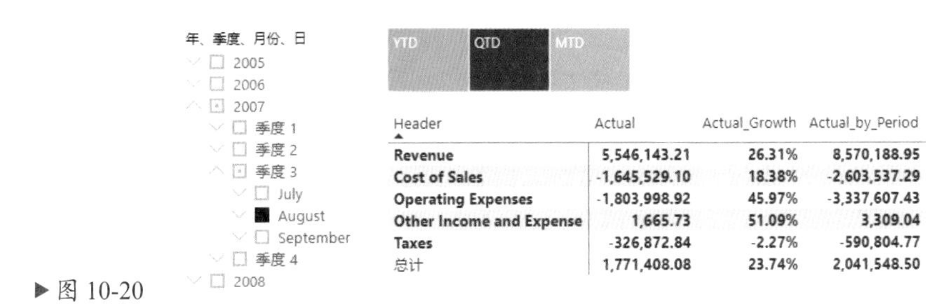

Header	Actual	Actual_Growth	Actual_by_Period
Revenue	5,546,143.21	26.31%	8,570,188.95
Cost of Sales	-1,645,529.10	18.38%	-2,603,537.29
Operating Expenses	-1,803,998.92	45.97%	-3,337,607.43
Other Income and Expense	1,665.73	51.09%	3,309.04
Taxes	-326,872.84	-2.27%	-590,804.77
总计	1,771,408.08	23.74%	2,041,548.50

▶图 10-20

10.2.3 创建可视化报表

完成建模计算后就可以开始添加视觉对象来创建可视化报表。对于利润分析表，数值一般代表相应的货币量，因此，如图 10-21 所示，需要对数据格式进行调整，将其配置成“货币”，并指定

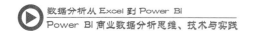

相应的货币单位。此外，对于小数单位也需要限制成只保留两位，以符合实际使用意义。

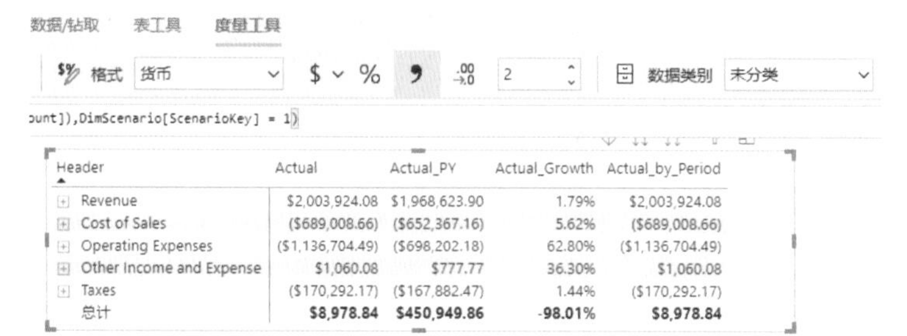

Header	Actual	Actual_PY	Actual_Growth	Actual_by_Period
Revenue	$2,003,924.08	$1,968,623.90	1.79%	$2,003,924.08
Cost of Sales	($689,008.66)	($652,367.16)	5.62%	($689,008.66)
Operating Expenses	($1,136,704.49)	($698,202.18)	62.80%	($1,136,704.49)
Other Income and Expense	$1,060.08	$777.77	36.30%	$1,060.08
Taxes	($170,292.17)	($167,882.47)	1.44%	($170,292.17)
总计	$8,978.84	$450,949.86	-98.01%	$8,978.84

▶图 10-21

调整好数据单位后可以对矩阵中数据显示的样式进行设置。如图 10-22 所示，对于 Actual 列中的数据，可以将负数显示成红色字体，从而与正数值进行区分，方便用户使用。

▶图 10-22

显示利润表主要信息的矩阵配置完毕后，如图 10-23 所示，可以使用一些 KIP、卡片、仪表等视觉对象来丰富报表内容，使其更加符合日常使用要求。

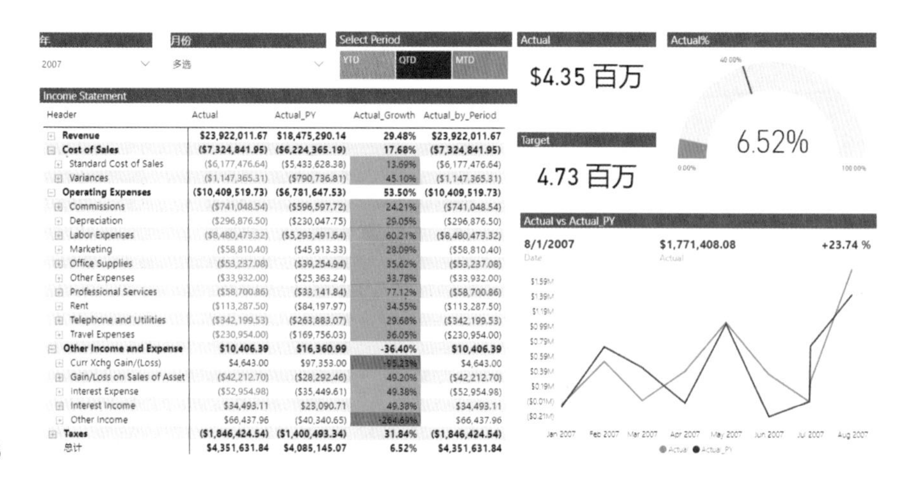

Header	Actual	Actual_PY	Actual_Growth	Actual_by_Period
Revenue	$23,922,011.67	$18,475,290.14	29.48%	$23,922,011.67
Cost of Sales	($7,324,841.95)	($6,224,365.19)	17.68%	($7,324,841.95)
Standard Cost of Sales	($6,177,476.64)	($5,433,628.38)	13.69%	($6,177,476.64)
Variances	($1,147,365.31)	($790,736.81)	45.10%	($1,147,365.31)
Operating Expenses	($10,409,519.73)	($6,781,647.53)	53.50%	($10,409,519.73)
Commissions	($741,048.54)	($596,597.72)	24.21%	($741,048.54)
Depreciation	($296,876.50)	($230,047.75)	29.05%	($296,876.50)
Labor Expenses	($8,480,473.32)	($5,293,491.64)	60.21%	($8,480,473.32)
Marketing	($58,810.40)	($45,913.33)	28.09%	($58,810.40)
Office Supplies	($53,237.08)	($39,254.94)	35.62%	($53,237.08)
Other Expenses	($33,932.00)	($25,363.24)	33.78%	($33,932.00)
Professional Services	($58,700.86)	($33,141.84)	77.12%	($58,700.86)
Rent	($113,287.50)	($84,197.97)	34.55%	($113,287.50)
Telephone and Utilities	($342,199.53)	($263,883.07)	29.68%	($342,199.53)
Travel Expenses	($230,954.00)	($169,756.03)	36.05%	($230,954.00)
Other Income and Expense	$10,406.39	$16,360.99	-36.40%	$10,406.39
Curr Xchg Gain/(Loss)	$4,643.00	$97,353.00	-95.23%	$4,643.00
Gain/Loss on Sales of Asset	($42,212.70)	($28,292.46)	49.20%	($42,212.70)
Interest Expense	($52,954.98)	($35,449.61)	49.38%	($52,954.98)
Interest Income	$34,493.11	$23,090.71	49.38%	$34,493.11
Other Income	$66,437.96	($40,340.65)	-264.69%	$66,437.96
Taxes	($1,846,424.54)	($1,400,493.34)	31.84%	($1,846,424.54)
总计	$4,351,631.84	$4,085,145.07	6.52%	$4,351,631.84

▶图 10-23

10.3 客户消费行为分析

客户消费行为分析报表是市场部门、运营部门、产品部门或销售部门经常创建使用的一种分析报表。它基于调查问卷及相关的历史购买记录等信息来划分维度，然后基于各种维度对客户的消费行为进行分析，从而挖掘客户的消费习惯，以便找到提高产品销量的方法。

通常情况下，客户消费行为分析报表的内容主要包括产品价格、折扣率与销量之间的关系，客户性别、年龄、受教育程度、家庭可支配收入与购买量之间的关系，以及销售人员提成比例与销售量之间的关系等。

10.3.1 数据准备

以学习文件夹\第 10 章\CustomerBehavior.xlsx 为数据源，将 Excel 表中的数据加载到 Power BI 中后可获得如图 10-24 所示的表集合，内容包括销售信息、产品信息及客户的基本信息。

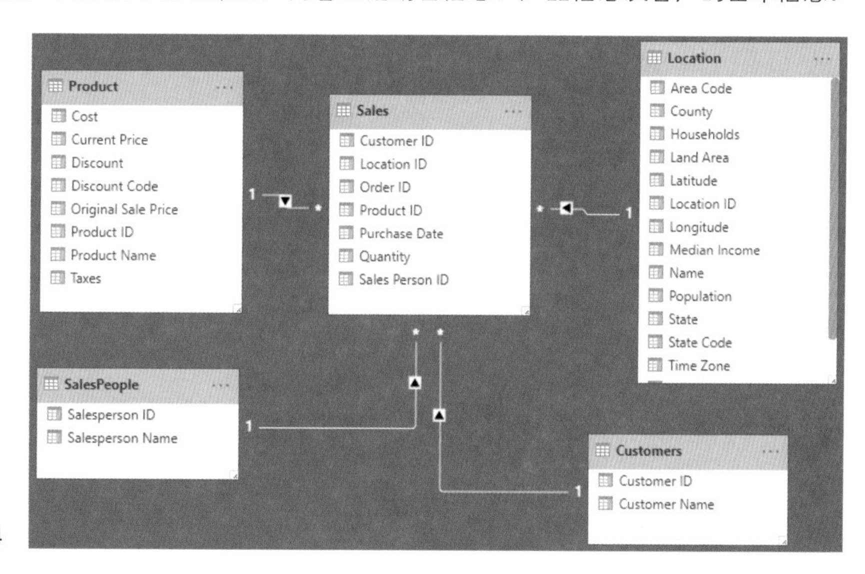

▶图 10-24

与其他分析报表类似，为了基于时间变化对客户的消费行为进行分析，需要手动创建一张日历表作为后续建模的时间轴来使用。可以通过在查询编辑器中编写一段 M 语言脚本来创建日历表。如图 10-25 所示，新建一个空查询，然后打开“高级编辑器”，之后使用 #date 关键字来创建日历表。参考脚本如下：

```
let
    Source = #date (2015,1,1) ,
    #"Create List" = List.Dates(Source, Number.From(#date(2017,12,31))-
Number.From (Source)  ,#duration (1,0,0,0) ) ,
    #"Converted to Table" = Table.FromList (#"Create List", Splitter.
SplitByNothing () , null, null, ExtraValues.Error) ,
```

```
    #"Renamed Columns" = Table.RenameColumns(#"Converted to Table",{{"Column1", "Date"}})
in
    #"Renamed Columns"
```

高级编辑器

Calendar

显示选项

```
1  let
2      Source = #date(2015,1,1),
3      #"Create List" = List.Dates(Source, Number.From(#date(2017,12,31))- Number.From(Source) ,#duration(1,0,0,0)),
4      #"Converted to Table" = Table.FromList(#"Create List", Splitter.SplitByNothing(), null, null, ExtraValues.Error),
5      #"Renamed Columns" = Table.RenameColumns(#"Converted to Table",{{"Column1", "Date"}})
6  in
7      #"Renamed Columns"
```

✓ 未检测到语法错误。

完成 取消

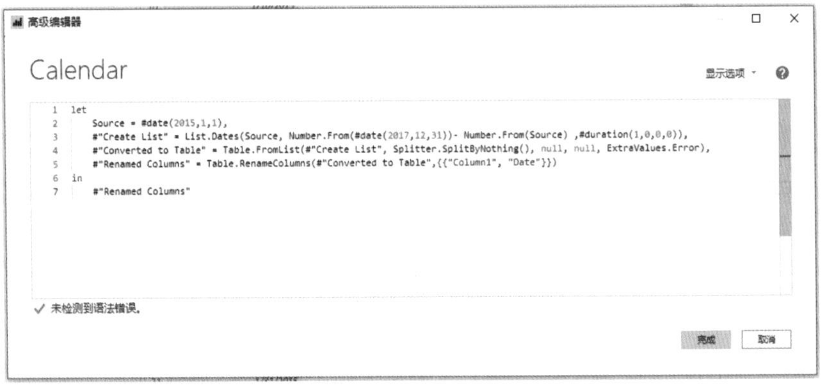

▶图 10-25

日历表创建完毕后，将其 Date 列与 Sales 表中的 Purchase Date 列相关联，这样就可以基于时间来分析客户的消费行为。

10.3.2 数据建模

数据准备完毕后，就可以开始进行建模分析。在客户消费行为分析报表中通常关注的指标包括销售额、销售成本、销售利润、客户总消费额、客户平均消费额、消费频率、每单平均消费额等。

1. 销售额、销售成本、销售利润和交易单数

销售额、销售成本及销售利润是与销售相关的分析报告中最基础、最常用的 3 个指标。在示例数据中，通过 Sales 表和 Product 表之间的关联关系可以获得销售额及销售成本，然后将这两个指标相减即可获得销售利润。而交易单数指的是交易订单数量，通过计算 Sales 表中 Order ID 列内的非重复项个数即可获得。获得这几个指标的参考表达式如下，结果如图 10-26 所示。

```
Total Sales =
SUMX (
    Sales,
    Sales[Quantity]
        * RELATED ( Product[Current Price] )
)
Total Costs =
SUMX (
    Sales,
    Sales[Quantity]
        * RELATED ( Product[Cost] )
```

```
)
Profits =
DIVIDE (
    ( [Total Sales] - [Total Costs] ),
    [Total Sales]
)
Total Transactions =
DISTINCTCOUNT ( Sales[Order ID] )
```

Product Name	Total Sales	Total Costs	Total Transactions	Profits
Product 63	864864	622674	160	28%
Product 28	833998	491982	159	41%
Product 47	739870	466026	164	37%
Product 59	729011	495805	153	32%
Product 84	693684	575748	166	17%
Product 29	689466	448168	151	35%
Product 67	646119	458865	158	29%
Product 81	637663	484548	133	24%
Product 51	636006	343406	134	46%
Product 66	632544	518760	138	18%
Product 56	618760	470208	138	24%
Product 64	601216	306592	166	49%
Product 79	598734	323343	160	46%
Product 90	594146	362341	140	39%
Product 34	591322	325200	141	45%
Product 33	588133	417703	146	29%
总计	35143145	23714225	14915	33%

▶图 10-26

2. 客户平均消费额

客户平均消费额指的是以客户为单位来分析计算平均每个客户的消费额是多少。客户平均消费额可以从两个角度来计算获得，第一种是以所有客户为基准，来计算其平均消费额，不受客户筛选条件的影响；第二种是基于所选客户信息来计算这些客户的平均消费额，受客户筛选条件的影响。两种分析计算角度的参考表达式如下，结果如图 10-27 所示。

```
Ave_Selected_Customer =
AVERAGEX (
    VALUES ( Customers ),
    [Total Sales]
)
Ave_All_Customer =
CALCULATE (
    [Ave_Selected_Customer],
    ALL ( Customers )
)
```

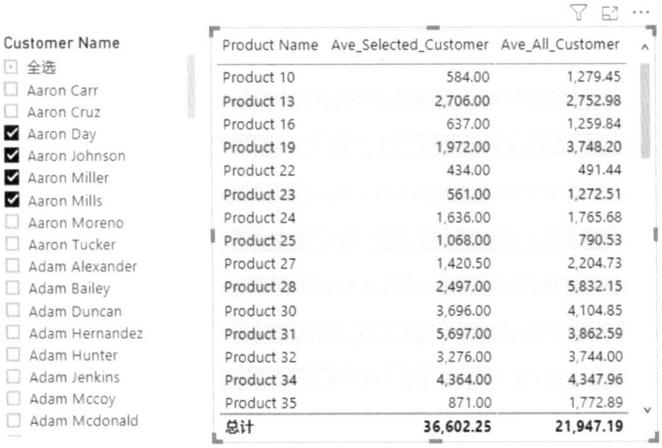

Customer Name
- ☐ 全选
- ☐ Aaron Carr
- ☐ Aaron Cruz
- ☑ Aaron Day
- ☑ Aaron Johnson
- ☑ Aaron Miller
- ☑ Aaron Mills
- ☐ Aaron Moreno
- ☐ Aaron Tucker
- ☐ Adam Alexander
- ☐ Adam Bailey
- ☐ Adam Duncan
- ☐ Adam Hernandez
- ☐ Adam Hunter
- ☐ Adam Jenkins
- ☐ Adam Mccoy
- ☐ Adam Mcdonald

Product Name	Ave_Selected_Customer	Ave_All_Customer
Product 10	584.00	1,279.45
Product 13	2,706.00	2,752.98
Product 16	637.00	1,259.84
Product 19	1,972.00	3,748.20
Product 22	434.00	491.44
Product 23	561.00	1,272.51
Product 24	1,636.00	1,765.68
Product 25	1,068.00	790.53
Product 27	1,420.50	2,204.73
Product 28	2,497.00	5,832.15
Product 30	3,696.00	4,104.85
Product 31	5,697.00	3,862.59
Product 32	3,276.00	3,744.00
Product 34	4,364.00	4,347.96
Product 35	871.00	1,772.89
总计	36,602.25	21,947.19

▶图 10-27

3. 客户保持率

客户保持率指的是与已有客户进行再次交易的比例，该指标可以用来分析客户与产品之间的黏性，帮助企业对未来销售情况进行预测。要计算客户保持率，需要获得当月客户总数、当月新增客户数及上月客户总数。当月客户总数可以通过 DISTINCTCOUNT 函数来获得，参考表达式如下：

```
Total Customers =
DISTINCTCOUNT ( Customers[Customer ID] )
```

对于上月客户总数，可以使用 CALCULATE 函数和 PREVIOUSMONTH 函数获得。思路是将时间轴向前移动一个月，然后计算客户总数。参考表达式如下，结果如图 10-28 所示。

```
Last Period Total Customers =
CALCULATE (
    DISTINCTCOUNT ( Customers[Customer ID] ),
    PREVIOUSMONTH ( 'Calendar'[Date] )
)
```

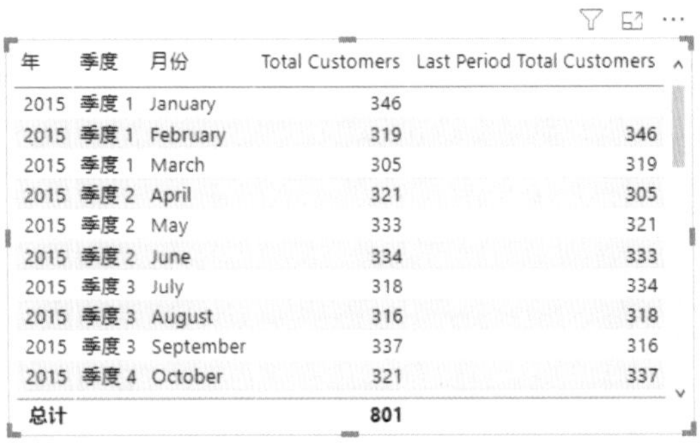

年	季度	月份	Total Customers	Last Period Total Customers
2015	季度 1	January	346	
2015	季度 1	February	319	346
2015	季度 1	March	305	319
2015	季度 2	April	321	305
2015	季度 2	May	333	321
2015	季度 2	June	334	333
2015	季度 3	July	318	334
2015	季度 3	August	316	318
2015	季度 3	September	337	316
2015	季度 4	October	321	337
总计			801	

▶图 10-28

对于当月新增客户数，需要先判断什么样的客户是当月新增客户。如果该客户历史累计购买额与当月购买额相等，可以认为该客户是当月新增客户。基于这一思路，先创建一个度量值来获取累计购买额，参考表达式如下：

```
Cumulative Sales =
CALCULATE (
    [Total Sales],
    FILTER (
        ALL ( 'Calendar'[Date] ),
        'Calendar'[Date]
            <= MAX ( 'Calendar'[Date] )
    )
)
```

有了累计购买额之后，再创建一个度量值，获取当月购买额。参考表达式如下，结果如图 10-29 所示。

```
Current_Month_Sales =
CALCULATE (
    [Total Sales],
    DATESMTD ( 'Calendar'[Date] )
)
```

年	季度	月份	Customer Name	Cumulative Sales	Current_Month_Sales
2015	季度 1	February	Kenneth Ryan	11238	3132
2015	季度 1	February	Kevin Campbell	3566	
2015	季度 1	February	Kevin Gomez	1535	
2015	季度 1	February	Kevin Webb	3520	3520
2015	季度 1	February	Kevin Wheeler	1083	947
2015	季度 1	February	Kevin Willis	3221	3186
2015	季度 1	February	Kevin Wood	886	
2015	季度 1	February	Larry Dunn	7491	7491
2015	季度 1	February	Larry Freeman	8352	6348
2015	季度 1	February	Larry Ray	2701	
2015	季度 1	February	Larry Ross	4085	
2015	季度 1	February	Larry Stone	127	127
2015	季度 1	February	Lawrence Kelly	1671	1671
总计				35143145	949844

▶图 10-29

获得客户累计购买额和当月购买额之后，就可以创建另外一个度量值来计算当月新增客户数量。方法是对 Customer 表单进行筛选，将历史累计购买额和当月购买额相同的客户过滤出来生成一张新的子表，之后计算该子表行数即可获知当前月份对应的新增客户。参考表达式如下：

```
New Customers =
VAR newcustomers =
    FILTER (
        ADDCOLUMNS (
            Customers,
            "Cum_Sales", [Cumulative Sales],
```

```
            "Cur_Sales", [Current_Month_Sales]
        ),
        [Cumulative Sales] = [Current_Month_Sales]
            && [Current_Month_Sales] > 0
    )
RETURN
    IF (
        [Total Sales] > 0,
        COUNTROWS ( newcustomers )
    )
```

准备好当月客户总数、当月新增客户数及上月客户总数的度量值之后，就可以计算客户保持率。参考表达式如下，结果如图 10-30 所示。

```
CRR =
DIVIDE (
    ( [Total Customers] - [New Customers] ),
    [Last Period Total Customers]
)
```

年	季度	月份	Total Customers	Last Period Total Customers	New Customers	CRR
2015	季度 1	January	346		346	
2015	季度 1	February	319	346	181	39.88%
2015	季度 1	March	305	319	109	61.44%
2015	季度 2	April	321	305	64	84.26%
2015	季度 2	May	333	321	43	90.34%
2015	季度 2	June	334	333	21	93.99%
2015	季度 3	July	318	334	14	91.02%
2015	季度 3	August	316	318	9	96.54%
总计			801			

▶图 10-30

10.3.3 创建可视化报表

数据建模完成后可以开始配置视觉对象来创建可视化报表。在客户消费行为分析中主要关心客户总消费额、消费频率、消费产品，以及消费日期等信息。可以结合客户自身特点或产品特点从多个维度对这些核心数据进行解析，以便分析出客户的消费规律，从而制订相应的营销策略。

如图 10-31 所示，在客户消费行为分析报表中可以使用柱状图、折线图、卡片、表等多种类型的视觉对象来展示数据分析结果，还可以添加一些图片信息以增加报表的易读性。

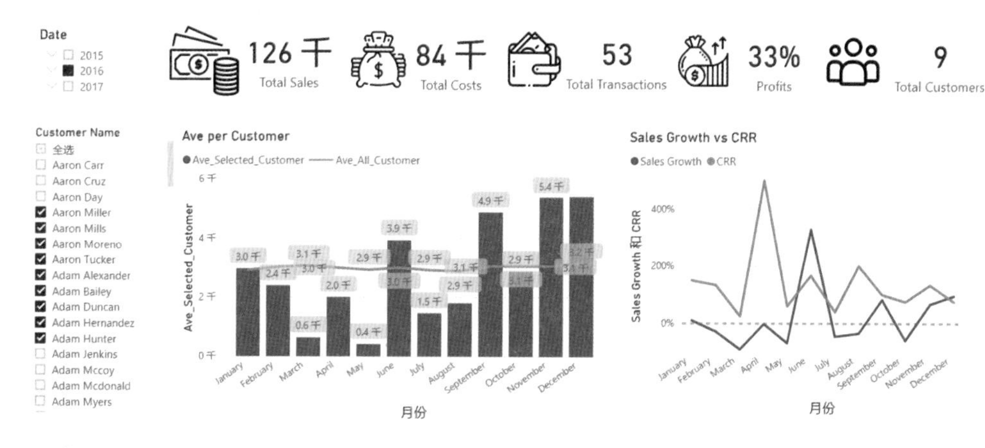

▲图 10-31

10.4 本章小结

本章通过对 3 个基础商业数据分析案例进行讲解，将前几章所学知识进行串联和回顾，带读者进一步了解如何使用 Power BI 工具来对数据进行分析建模。希望阅读完本章的几个案例后，读者能够进一步了解 Power BI 的使用方法，并能在今后的工作中灵活运用这一工具来进行数据分析的相关工作。